"十四五"职业教育国家规划教材

园林植物病虫害防治

（第4版）

陈 友　孙丹萍　主编

中国林业出版社
China Forestry Publishing House

内容简介

本教材是按照高等职业技术院校培养高技术应用型人才的目标和要求,以培养园林植物病虫害综合管控能力为重点,总结编者多年从事园林植物病虫害防治教学和生产实践经验基础上编写的。本教材在理论知识上注重职业性与系统性有机结合,在实践技能上突出生产性和应用性,内容编排上强调直观性和适用性。教材内容共分7个模块16个项目33个任务,包括识别园林植物病虫害、园林植物病虫害发生发展规律、园林植物病虫害调查与测报、园林植物病虫害防治策略及措施、园林植物害虫及其防治技术、园林植物微生物病害及其防治技术、园林植物其他有害生物及其防治技术。每个任务由工作任务、知识准备、任务实施、知识拓展、自测题和自主学习资源库6个部分组成。本教材广泛吸纳了园林植物病虫害防治的最新技术、规范和研究成果,采用大量彩色图片,直观展现了园林植物病虫的形态特征及其危害表现,方便学生对课程内容的把握。

本教材适用于高等职业院校的园林技术、园林工程技术、园艺技术等专业,也可作为中等职业学校园林类相关专业的教材,还可作为从事园林和农林业植物保护工作人员的培训教材和参考书。

图书在版编目(CIP)数据

园林植物病虫害防治 / 陈友,孙丹萍主编. —4版. —北京:中国林业出版社,2019.10(2025.1重印)
"十四五"职业教育国家规划教材
ISBN 978-7-5219-0362-1

Ⅰ.①园… Ⅱ.①陈… ②孙… Ⅲ.①园林植物—病虫害防治—高等职业教育—教材 Ⅳ.①S436.8

中国版本图书馆CIP数据核字(2019)第274671号

中国林业出版社·教育分社

策划编辑:田 苗	责任编辑:田 苗 曾琬淋
电 话:83143630	传 真:83143516

出版发行	中国林业出版社(100009 北京市西城区刘海胡同7号)
	E-mail:jiaocaipublic@163.com
	https://www.cfph.net
印 刷	北京中科印刷有限公司
版 次	2005年4月第1版(共印3次)
	2007年11月修订版(共印2次)
	2013年8月第2版(共印1次)
	2016年1月第3版(共印3次)
	2019年10月第4版
印 次	2025年1月第7次印刷
开 本	787mm×1092mm 1/16
印 张	21.25
字 数	540千字(含数字资源)
定 价	56.00元

数字资源

未经许可,不得以任何方式复制或抄袭本书之部分或全部内容。

版权所有 侵权必究

《园林植物病虫害防治》（第4版）
编写人员

主 编
陈 友　孙丹萍

副 主 编
赵俊侠　黄翠琴　王 琳

编写人员
（按姓氏拼音排序）
陈 友
（重庆城市管理职业学院）
段明革
（重庆城市管理职业学院）
范晓龙
（山西林业职业技术学院）
胡慧芳
（大连市中山区城区建设服务中心）
黄翠琴
（福建林业职业技术学院）
罗长维
（重庆城市管理职业学院）
孙丹萍
（河南林业职业学院）
汤春梅
（甘肃林业职业技术学院）
王 慧
（四川蜀汉生态环境有限公司重庆分公司）
王 琳
（云南林业职业技术学院）
赵俊侠
（杨凌职业技术学院）
张灵丁
（重庆市园博园公园建设有限公司）

《园林植物病虫害防治》（第3版）
编写人员

主 编
陈 友　孙丹萍

副 主 编
赵俊侠　黄翠琴　王 琳

编写人员
（按姓氏拼音排序）
陈 友
（重庆城市管理职业学院）
段明革
（重庆城市管理职业学院）
范晓龙
（山西林业职业技术学院）
胡慧芳
（大连市中山区园林管理处）
黄翠琴
（福建林业职业技术学院）
罗长维
（重庆城市管理职业学院）
孙丹萍
（河南林业职业学院）
汤春梅
（甘肃林业职业技术学院）
王 琳
（云南林业职业技术学院）
杨忠文
（大理农林职业技术学院）
赵俊侠
（杨凌职业技术学院）

《园林植物病虫害防治》（第2版）
编写人员

主　编
陈　友　孙丹萍

副主编
赵俊侠　黄翠琴

编写人员
（按姓氏拼音排序）
陈　友
（重庆城市管理职业学院）
范晓龙
（山西林业职业技术学院）
胡慧芳
（大连市中山区园林管理处）
黄翠琴
（福建林业职业技术学院）
孙丹萍
（河南林业职业学院）
汤春梅
（甘肃林业职业技术学院）
赵俊侠
（杨凌职业技术学院）

《园林植物病虫害防治》（第1版）
编写人员

主　编
宋建英

副主编
王明忠

编写人员
（按姓氏笔画排序）
王明忠
（黑龙江农垦林业职业技术学院）
卢希平
（山东农业大学科技学院）
刘永红
（山西林业职业技术学院）
李艳杰
（辽宁林业职业技术学院）
宋建英
（福建林业职业技术学院）

主　审
叶建仁
（南京林业大学）
陈顺立
（福建农林大学）

第4版前言

教材是教学内容的支撑和依据,是实施课程改革的重要载体。加快教材改革创新是更新教学内容、推进教学改革、提升职业院校办学质量和人才培养质量的重要措施。2019年1月,国务院颁发的《国家职业教育改革实施方案》(国发〔2019〕4号)明确要求,"建设一大批校企'双元'合作开发的国家规划教材,倡导使用新型活页式、工作手册式教材并配套开发信息化资源;每3年修订1次教材,其中专业教材随信息技术发展和产业升级情况及时动态更新"。根据文件精神,为了更好提升园林相关专业人才培养质量,结合国内外园林植物病虫害防治的最新研究成果和《国家职业教育改革实施方案》中"各类课程与思想政治理论课同向同行"的具体要求,在《园林植物病虫害防治》(第3版)的基础上开展修订工作。修订后的教材除保留第3版教材突出生产应用性、强调学做合一和强化职业特色等特点外,还具有以下两个特色:

(1)坚持"三全育人",注重课程思政教学设计。2017年2月,中共中央、国务院印发的《关于加强和改进新形势下高校思想政治工作的意见》指出,"坚持全员全过程全方位育人,把思想价值引领贯穿教育教学全过程和各环节;加强课堂教学的建设管理,充分挖掘和运用各学科蕴含的思想政治教育资源"。为此,开发建设了基于"园林植物病虫害防治"课程教学内容的思想政治教育数字资源,根据课程16个项目33个任务的教学内容,查询与之相关的精神内涵、诗词歌赋、成语谚语、轶闻趣事、名人名家生平故事、里程碑事件,从中提炼思想政治教育元素,设计并形成了课程思政教学实施方案,"把思政的'盐'溶进专业教育的'汤'",实现立德树人润物无声。

(2)坚持产教融合,强调校企合作双元开发。根据《国家职业教育改革实施方案》中"强化行业指导、企业参与,广泛调动社会力量参与教材建设,鼓励'双元'合作开发教材,注重吸收行业企业技术人员、能工巧匠等深度参与教材编写"的要求,教材编写团队吸纳了3位来自园林行业生产一线的技术主管负责修订教材中的生产实践内容,密切联系园林植物病虫害防治生产实践的新技术、新工艺和新规范，实现教材内容与生产实际的无缝对接。

本教材由陈友、孙丹萍任主编，赵俊侠、黄翠琴、王琳任副主编。陈友负责第4版前言、模块1的修订和全书的统稿工作，孙丹萍修订模块2，范晓龙和王慧修订模块3，汤春梅和段明革修订模块4，赵俊侠和罗长维修订模块5，王琳和胡慧芳修订模块6，黄翠琴和张灵丁修订模块7。

本教材的编写和修订得到了中国林业出版社和各参编单位的大力支持，并参考了大量文献资料，在此一并致谢！

由于编者水平有限，错漏和不足之处在所难免，敬请读者批评指正。

编　者

2019年5月

第3版前言

园林绿地中外来植物大量引种、植物配置和布局不合理、植物生长环境持续恶化（污染严重、光照不足、透气性差、缺水、缺肥）等因素的影响，使园林植物的抗逆性和抗病虫能力大大削弱，从而导致一定区域内园林植物病虫种类不断增加，病虫害发生更加频繁，危害更加严重，极大地破坏了园林植物的美化效果，阻碍了园林生态功能的正常发挥，甚至造成园林植物成片死亡，严重威胁城乡园林绿化建设成果。"十二五"期间，随着城市化建设和新农村建设的不断推进，我国城乡园林绿化事业取得了巨大的发展。据全国绿化委员会统计，截至2014年底，全国城市建成区绿化覆盖面积达190.8万hm^2，人均公园绿地面积$12.6m^2$；建成区绿化覆盖率、绿地率分别达39.7%和35.8%。而且，根据党的十八届三中全会提出的生态文明发展战略和国家新型城镇化规划（2014—2020）的相关建设要求，我国城乡园林绿化建设事业在"十三五"期间仍将保持较高速度的增长。为了维持和巩固园林绿化建设成果，社会急需能够对园林绿地进行科学管护的专业技术人才，"园林植物病虫害防治"课程正是培养这类技术人才的重要支撑。

教材建设是专业建设的重点内容之一，是课程建设和改革的良好载体。为了培养园林植物病虫害防治的高技术应用型专门人才，我们根据多年的教学经验和园林植物病虫害防治的实践经验，结合国内外园林植物病虫害防治的最新技术、规范和研究成果，编写了本教材。本教材是在第2版的基础上进行修订的，在注重理论知识系统性的同时编排操作性强的实训任务，充分体现"以工作任务组织教学内容"的特征。本教材由7个学习模块16个项目33个学习性工作任务组成。主要特色包括：

（1）突出生产应用性。教材以园林植物栽培养护技术规程为依据，以园林植物病虫害防治典型工作过程（病虫害识别诊断→发生规律与测报→制订防治方案→组织实施）为主线编排教材内容，体现工作过程，突出实践应用。

（2）强调学做合一。内容的解构和重组体现"学做结合"的特点，实训内容与理论知识同步编排，实现理论和实践的有机统一，充分体现"学即用，用即学"原则。

（3）职业特色显著。教材从园林植物保护工、园林绿化工、花卉园艺师等岗位的国家职业标准和典型工作任务入手，融入职业资格技能考核要点，突出职业能力的培养。

本教材由陈友、孙丹萍任主编，赵俊侠、黄翠琴、王琳任副主编。具体编写分工如下：教材前言、绪论、附录和全书的统稿工作由陈友负责，陈友和孙丹萍编写模块1和模块2，范晓龙和杨忠文编写模块3，汤春梅和段明革编写模块4，赵俊侠和罗长维编写模块5，王琳和胡慧芳编写模块6，黄翠琴编写模块7。

在教材的编写过程中，得到了各参编单位和中国林业出版社的大力支持；教材参考并引用了大量文献和图片资料，在此一并表示衷心感谢！

由于编者水平有限，错漏和不足之处在所难免，敬请读者批评指正。

编　者
2015年12月

第 2 版前言

随着我国经济建设的迅猛发展，城市化建设和新农村建设的不断推进，人们对环境的要求越来越高，园林绿化投资占比逐年提升，城市园林绿化事业得到了迅猛发展，城市森林覆盖率和人均绿地面积持续增长，大力建设生态家园已成为城市的共同追求。城市发展也由生产型城市、生活型城市转向生态型城市建设，不少城市将建设生态园林城市作为城市发展目标，花草树木被种植在城市的每一个角落，这不仅为城市增添了赏心悦目的园林景观，而且大大改善了城市的生态环境。但是，这些花、草、树木在生长过程中，往往会受到各种病虫害的袭击，使其失去观赏价值及绿化效果，甚至引起城市园林植物景观成片衰败或死亡，造成重大的经济损失。目前，我国已记载的园林植物病害有 5500 余种，园林害虫逾 8260 种，它们的危害降低了园林植物的观赏价值，极大地破坏了园林植物的美化效果，阻碍园林生态功能的发挥。加上新的绿化树种大量引进，城市园林植物的立地条件和生长环境持续恶化，园林绿化布局和植物配置不合理，导致病虫种类不断增加，病虫害发生此起彼伏，危害更加严重。

为了培养园林植物病虫害防治的高技术应用型专门人才，我们根据多年的教学经历和从事园林植物病虫害防治的生产实践经验，结合国内外园林植物病虫害防治最新的技术、规范和研究成果，编写了本教材。与第 1 版相比，本书打破传统教材编写体例，从内容到形式力求体现高等职业教育发展方向，从园林植物保护工的国家职业标准和典型工作任务入手，进行教材内容的选取与设计，以园林植物病虫害的识别诊断、发生规律与测报、制订防治方案、组织实施的工作过程为主线，切实体现"教、学、做合一"的工学结合模式，增强了教材的职业性与实用性。

本教材由 7 个单元 16 个项目 33 个工作任务组成，每个工作任务由工作任务描述、知识准备、任务实施、知识拓展、自测题和自主学习资源库 6 个部分组成，理论知识与技能操作高度融合，体现了"以工作任务为中心整合教学内容"的特征。教材的特色与创新主要表现在以下几个方面：一是职业性与系统性有机结合，即学习内容的整合和学习资源的排序都体现了园林植物保护工的典型工作过程和植保知识前后关联的逻辑关系；二是"工学结合"特色鲜明，即内容的重构和组合体现了"学即用""用即学"，实训内容与理论知识同步编排，实现理论和实践的有机架构，充分体现"工学结合"特点；三是着力突出生产性和应用性，将"园林植物非侵染性病害""园林昆虫成虫以外虫态识别"等许多生产实践中经常用到的内容重点突出编写；四是强调直观性和适用性，采用实验实训和生产活动中拍摄的大量原创彩色图片代替原来教材中的插图，增加了教材内容的直观性，基本实现看图识物的效果，便于学生学习和掌握。本教材不仅适用于高等职业技术院校的园林技术、园林工程技术、商品花卉、环境艺术、城市园林等专业的教学，也可作为中等职业学校园林及相关专业的教材，还可作为从事园林和植物保护工作人员的培训教材和参考书。

  本教材由陈友、孙丹萍任主编。具体编写分工如下：编写工作由陈友牵头组织开展。教材的前言、绪论、项目1和项目3由陈友执笔，项目2和项目4由孙丹萍执笔，项目5和项目6由范晓龙执笔，项目7和项目8由汤春梅执笔，项目9和项目10由赵俊侠执笔，项目11和项目12由胡慧芳执笔，项目13、项目14、项目15和项目16由黄翠琴执笔。最后，由陈友完成全书的统稿工作。

  本教材参考应用了国内外网络上大量的昆虫和病害的图片及文献资料，在此，我们向这些作者致以衷心的感谢！

  我国从南到北地理跨度很大，各地自然条件多样性明显，园林植物病虫害种类繁多，由于篇幅所限，实难一一囊括，书中只能收录部分代表性病虫，请读者谅解；由于编者水平有限，错漏和不当之处在所难免，敬请读者及时予以批评指正。

编 者

2013 年 5 月

第1版前言

21世纪是全球城市化的世纪，也是人类追求可持续发展、大量营造"绿色城市"的世纪。园林植物的种植、造景是美化和绿化的一项主要工作，但园林植物常受到病虫害的严重危害。目前，我国已记载的园林植物害虫有3000多种，其中经常性带来严重危害的主要害虫有数百种之多。它们在造成巨大经济损失的同时，极大地破坏了园林植物的绿化和美化效果。病害也随时发生，轻者使植株发育受阻，形态失常；重者造成植株死亡，大大降低了观赏价值，造成的经济损失和生态环境景观的破坏是无法挽回的。

为了培养面向21世纪在园林植物生产、服务、技术和管理第一线工作的应用型专门人才和管理人才，我们根据多年的教学、科研实践，收集和参考国内外相关文献，编写了这部教材，深入浅出地介绍了园林植物病虫害的基本理论和病虫害防治的基本技能。编写中力求结合生产实际，注重实用性、先进性和技术性。

本教材是根据教育部《关于加强高职高专教育人才培养工作的意见》及《关于加强高职高专教育教材建设的若干意见》的精神和要求进行编写的。编写中，以高等职业技术教育的岗位技能为依据，以适应农村和城市经济发展需求为目标，以应用为主旨，以强化技术应用能力为主线，以高职高专教学目标为切入点，以必需、够用、实用为度，讲清基本理论、基本知识和基本技能，优化技能教育结构。为使教学过程体现以学生为主体、以教师为主导，教材的每个单元后都列出数量适当、难度适宜、联系生产实际、具有综合性和启发性的复习思考题，以激发学生学习的主动性，培养学生的创新能力。

本教材具较强的系统性和实用性，不仅适用于高职高专园林专业的教学，同时也可作为中等职业学校园林专业以及相关专业培训教材，并可供园林、植物保护的技术工作者、园林植物生产者以及花卉爱好者参考使用。

由于我国地域辽阔，下篇和实训内容较多，各院校在讲授时可根据不同地域和各自的情况进行选择。

本教材的前言、绪论、第十章至第十二章、实验九至实验十一由宋建英执笔，

第四章至第八章、实验三至实验六由王明忠执笔，第九章、实验七和实验八由卢希平执笔，第一章至第三章、第十三章、第十六章至第十八章、实验一、实验二、实验十二、实验十六、实训一至实训四由刘永红执笔，第十四章、第十五章、实验十三至实验十五由李艳杰执笔。全书最后由宋建英统稿。书稿完成后经叶建仁教授和陈顺立教授悉心审阅，在此一并致谢！

  本教材参阅了国内外大量文献，内容上具有一定的先进性，在此我们也向这些文章的作者致以衷心的谢意！

  由于编者水平有限，加之我国疆域辽阔，自然条件差异很大，园林植物及其病虫害种类繁多，很难照顾周全，错误和不当之处在所难免，敬请读者批评指正。

编　者
2004 年 8 月

目 录

第 4 版前言
第 3 版前言
第 2 版前言
第 1 版前言

绪　论 ··· **001**
模块 1　识别园林植物病虫害 ··· **007**
　项目 1　识别昆虫 ·· 008
　　任务 1.1　识别昆虫成虫 ·· 008
　　任务 1.2　识别昆虫卵、幼虫和蛹 ·· 021
　　任务 1.3　识别园林昆虫常见目 ·· 027
　项目 2　识别园林植物病害 ·· 042
　　任务 2.1　了解园林植物病害相关概念 ·· 042
　　任务 2.2　识别园林植物非侵染性病害 ·· 048
　　任务 2.3　识别园林植物真菌病害 ·· 053
　　任务 2.4　识别园林植物其他微生物病害 ·· 064
模块 2　园林植物病虫害发生发展规律 ··· **071**
　项目 3　园林植物害虫发生发展规律 ·· 072
　　任务 3.1　观测昆虫个体发育过程及其行为和习性 ·· 072
　　任务 3.2　分析影响昆虫生活的环境因子 ·· 078
　项目 4　园林植物侵染性病害的发生发展规律 ·· 086
　　任务 4.1　判断园林植物侵染性病害的发生、发展及流行 ·· 086
模块 3　园林植物病虫害调查与测报 ··· **095**
　项目 5　采集、制作与保存园林植物病虫害标本 ·· 096
　　任务 5.1　采集园林植物病虫害标本 ·· 096
　　任务 5.2　制作与保存园林植物病虫害标本 ·· 102
　项目 6　园林植物病虫害调查及预测预报 ·· 110
　　任务 6.1　调查园林植物病虫害 ·· 110

任务 6.2　预测预报园林植物病虫害 ……………………………………………… 114

模块 4　园林植物病虫害防治策略及措施 ………………………………………… 121

项目 7　园林植物病虫害的防治措施 …………………………………………………… 122
　　任务 7.1　植物检疫 ……………………………………………………………… 122
　　任务 7.2　园林栽培防治 ………………………………………………………… 129
　　任务 7.3　生物防治 ……………………………………………………………… 132
　　任务 7.4　物理机械防治 ………………………………………………………… 138
　　任务 7.5　化学防治 ……………………………………………………………… 143

项目 8　园林植物病虫害防治策略 ……………………………………………………… 157
　　任务 8.1　园林植物病虫害综合治理 …………………………………………… 157

模块 5　园林植物害虫及其防治技术 ……………………………………………… 161

项目 9　杀虫剂 …………………………………………………………………………… 162
　　任务 9.1　掌握杀虫剂的作用原理及应用 ……………………………………… 162

项目 10　园林植物害虫及其防治 ……………………………………………………… 174
　　任务 10.1　鉴别及防治园林植物地下害虫 …………………………………… 174
　　任务 10.2　鉴别及防治园林植物食叶害虫 …………………………………… 189
　　任务 10.3　鉴别及防治园林植物钻蛀性害虫 ………………………………… 211
　　任务 10.4　鉴别及防治园林植物吸汁害虫 …………………………………… 225

模块 6　园林植物微生物病害及其防治技术 …………………………………… 247

项目 11　杀菌剂 ………………………………………………………………………… 248
　　任务 11.1　杀菌剂的作用原理与应用 ………………………………………… 248

项目 12　园林植物微生物病害及其防治 ……………………………………………… 259
　　任务 12.1　鉴别及防治园林植物叶部病害 …………………………………… 259
　　任务 12.2　鉴别及防治园林植物枝干部病害 ………………………………… 274
　　任务 12.3　鉴别及防治园林植物根部病害 …………………………………… 289

模块 7　园林植物其他有害生物及其防治技术 ………………………………… 297

项目 13　园林植物有害螨类及其防治技术 …………………………………………… 298
　　任务 13.1　识别及防治园林有害螨类 ………………………………………… 298

项目 14　园林植物线虫病害及其防治技术 …………………………………………… 304
　　任务 14.1　识别及防治园林植物线虫病害 …………………………………… 304

项目 15　园林植物其他有害动物及其防治技术 ……………………………………… 310
　　任务 15.1　识别及防治园林其他有害动物 …………………………………… 310

项目 16　园林寄生植物、杂草及其防治技术 ………………………………………… 315
　　任务 16.1　识别及防治园林寄生植物、杂草 ………………………………… 315

参考文献 ……………………………………………………………………………………… 325

绪 论

1 园林绿化在城市建设中的作用

（1）生态效益

园林绿化对城市生态系统的影响表现在改善小气候、净化大气、减弱噪声、防风固沙、保持水土、涵养水源等方面，其中突出表现为3个方面：一是园林绿化改善了城市小气候环境。据测定，森林中的空气湿度比城市内高30%左右，市区气温经常比大量植被覆盖的郊区高2~5℃，即所谓"城市热岛效应"。由于树木具有强大的蒸腾作用，通过叶面蒸发水分，可降低自身的温度，提高附近的空气湿度，为人们提供消暑纳凉、防暑降温的良好环境，所以在绿化率较高的地方，人们会感到空气清新、凉爽舒适。二是园林绿化净化了城市空气。大量园林植物以其巨大的叶面积、浓密的枝干，阻滞、过滤、吸附空气中的灰尘，滞留、分散、吸收大气中的各种有毒气体，并通过光合作用吸收二氧化碳，排出大量氧气，从而使城市空气得到净化。据调查，公园的降尘量比附近的商业区高54%，比一般居住区高300%。绿化覆盖率分别为10%、20%和40%时，大气中的总悬浮颗粒物浓度分别下降15.7%、31.4%和62.9%，二氧化硫的浓度分别下降20%、40%和80%。三是园林绿化能减弱城市噪声。绿化树木庞大的树冠和密集的枝干，可以吸收和隔离噪声。资料表明，一个结构合理的9m宽的绿化带，实际可以降低噪声11~13dB，而35m宽的绿化带可以降低噪声25~29dB。可见，园林绿化是噪声的"消声器"，可用来隔离噪声源，减弱或避免噪声对居民的干扰。

（2）社会效益

人与自然和谐共生是推进生态文明建设的根本要求。城市生活节奏紧张，下班之后或工作的间歇，人们都希望有一些能满足其散步休闲、锻炼游憩、舒缓压力等需求的园林绿地。园林绿化是以植物为主体，利用其丰富的形态、绚丽的色彩、独特的气味、丰硕的果实创造出多功能的人工植物群落，构成富有自然情趣和艺术魅力的意境，使自然美和人文艺术有机统一，启迪心智、陶冶情操，促进人们的身心健康，提高市民文化素质。而且，园林绿化还可以遮挡不美观的物体或建筑，使城市面貌更加整洁、美观并充满生机；大块的园林绿地能吸收强光中对眼睛视神经系统产生不良刺激的紫外线，对眼睛视网膜组织有调节作用，从而消除视觉疲劳。

（3）经济效益

园林绿化经济效益有直接经济效益和间接经济效益之分。直接经济效益是指园林绿化部门所获得的绿化林副产品、门票、服务等的直接经济收入，主要指公共绿地直接产出值。间接经济效益是指园林绿化所形成的良性生态效益和社会效益，主要包括绿化植被涵养水源、保持水土、释放氧气、旅游保健等方面的价值。据统计，一株正常生长的50年生树木，按照其提供的各方面效益折算经济价值如下：放出氧气价值逾20万元，防大气污染价值逾40万元，防止土壤侵蚀、增强土壤肥力价值逾20万元，涵养水源、促进水分再循环效益价值逾25万元，为鸟类及昆虫提供栖息环境价值逾20万元。此外，绿化是一个渗透性比较强的行业，与一、二、三产业关系密切。许多旅游城市通过不断提高城市的生态环境来带动城乡经济和第三产业的发展。近年来，随着国家大力建设生态园林城市，城市园林绿化已经成为一个新兴的环境产业，在国家相关法规和政策的调控下，城市园林绿化与经济发展相互促进、互为基础。

2 病虫害对城市园林植物危害的严重性及园林植物病虫害防治的意义

园林植物病虫害的存在和发生是一种正常的自然现象，无树不虫、无树不病。园林植物病虫是园林生态系统的一个重要组成部分，是天敌生存、繁衍不可缺少的食料，同时园林植物具有自我修复、自我补偿能力，环境中也具有病虫的许多自然控制因子，各生态因子相互作用、相互影响。通常状态下，园林植物、病虫和天敌处于一种平衡状态。但由于城市生态相对脆弱，自然调节能力有限，城市园林植物的健康生长受多种因素影响，不合理的管护、天气的异常变动、城市空气的污染以及人为的干扰随时会打破已形成的平衡状态，诱发园林植物病虫害的严重发生，导致园林植物生长不良、残缺不全，或者出现坏死斑点，发生畸形、凋萎、腐烂等，降低园林植物的质量，使之失去观赏价值和绿化效果，严重时引起植物整株或整片死亡。例如，2004年椰心叶甲在广东省珠海市危害大王椰子、假槟榔、皇后葵、针葵等棕榈科植物累计逾30万株，其中有虫株数逾20万株，危害严重的逾10万株。蔗扁蛾的寄主植物种类达60种以上，仅在广东省平均每年造成的经济损失就达1000万元之多，危害严重时盆栽马拉巴栗有虫株率达40%，巴西木在催芽期间有30%柱桩受害。1979年在我国辽宁省东部地区发现的美国白蛾，可危害200多种林木、果树、农作物和野生植物，其喜食的树种有100多种。当虫情暴发时，黑色的幼虫爬满树叶，可以在极短的时间内吃光所有的叶片。若无喜欢吃的树叶，它将会把农作物、蔬菜、杂草等一切绿色植物一扫而光。因其繁殖能力强、扩散快，每年可向外扩散35~50km，至2019年该虫已经蔓延到北京、天津、河北等13个省（自治区、直辖市）595个县（市、区），其中2018年新增陕西、上海2个省级行政区和22个县级行政区，较2013年增加4个省级行政区和132个县级行政区。在日本造成松树大片死亡的松材线虫，1982年在我国南京中山陵首次被发现，2019年已蔓延到江苏、浙江等18个省（自治区、直辖市）590个县（市、区），其中2018年新增天津、云南2个省级行政区和282个县级行政区，较2013年增加4个省级行政区和411个县级行政区。据不完全统计，我国有超过5000万株松树死于松材线虫病，损失木材超过$500×10^4m^3$，年均发生面积近$6×10^4hm^2$，导致的直接经济损失约25亿元，间接损失约250亿元。

开展园林植物病虫害的科学防治，不仅可以有效保证园林绿化建设成果，使园林绿地的生态效益、社会效益和经济效益得到充分发挥，而且对于实现城市生态、安全、绿色、环保的可持续发展也具有重要意义。

3 园林植物病虫害防治的特点

园林植物病虫害防治与农业病虫害防治、森林病虫害防治等具有许多共同的特点，但由于园林生态系统的特殊性和复杂性，园林植物病虫害的发生和防治也有其自身的特点。

（1）园林植物病虫害种类繁多，区域分布差异较大

人们引种栽培的园林植物种类远远多于农作物和园艺作物。由于每一种植物病虫都有一定的寄主范围，种类繁多的园林植物为病虫提供了广泛的寄主，致使植物病虫种类尤其繁多。据20世纪80年代开展的园林植物病虫害调查数据显示，全国43个大中城市共有园林植物病害5500多种，园林植物害虫8260多种。园林植物病虫害区域性很强，不同省（自治区、直辖市）、不同地区会因为环境条件、绿化植物组成、防治基础等不同而导致病虫种类、分布、优势种群、危害程度、发生规律等存在较大差别。例如，2003—2006年武汉地区进行园林植物病虫害普查时，共调查到园林害虫563种，分属13目96科，与20世纪80年代的普查结果相比较，新增5科113种，园林病害304种，新增病害种类49种；天津市园林植物病虫害种类由2002年的158种递增到2010年的465种；2001年贵州省调查发现园林害虫320多种；2007年调查发现太原市园林害虫为82种；2004—2005年苏州市共调查到园林害虫种类180种。就调查范围和园林植物种类来看，这只是园林植物病虫种类中的一部分，还有许多种类的病虫尚未发现，或者发现了还未能鉴定出种名。

（2）园林植物病虫害的发生和危害情况复杂

近年来，随着城市园林绿化格局的大调整，城市绿化面积大幅度增加，国外疏林草地、规则绿化等园林风格丰富了我国传统园林格局，使得园林植物种类和数量大大增加，植物配置和种植方式更加多样，从而改变了城市中原有的园林植物病虫种类和结构，使危害情况变得更加复杂，如园林害虫种类已由大型害虫转向小型害虫，危害部位由暴露转向隐蔽。目前，"园林六小害虫"（蚜、螨、蚧、粉虱、蓟马、网蝽）、蛀干害虫（天牛、木蠹蛾、吉丁虫、小蠹虫等）和生态性黄化、枝枯、烂根、流胶等已成为城市园林植物的主要病虫害。据调查，我国仅园林植物蚧虫就达1024种。另外，每一种植物上的病虫种类不同，危害程度不同，发生时期不同，有时不同植物上的病虫会发生交互感染，使得病虫害的发生和危害显得较为复杂，这完全不同于农作物的大田栽培——面积大，农作物品种单一，病虫种类相对简单。此外，园林植物遭受城市恶劣生态环境的影响而使其受害情况变得更加复杂。其地上部分遭受温度胁迫、大气污染物胁迫以及人为破坏，如高温可引起日灼，低温导致植物冻害，废气使叶片产生叶斑、褪色、枯焦、皱缩和大量脱落，烟尘易诱发蚧虫危害和影响植株呼吸作用等；而园林植物地下部分受到城市环境胁迫则更严重，城市的硬覆盖和人流践踏使土壤高度密实，城市建筑的砖渣、煤渣、砾石、石灰、水泥和各种管道设施等侵入体改变了土壤层次结构，使植物遭受营养胁迫、干旱胁迫、盐碱胁迫以及重金属胁迫等。

（3）外来有害生物不断入侵，新的病虫危害更加猖獗

由于园林绿化的需要，国内许多部门热衷于直接从国外引种、引苗，使我国成为遭受外来入侵生物危害最严重的国家之一。据中国外来入侵物种数据库数据显示，截至目前，我国外来入侵生物已有753种，其中植物病原物134种、动物（含昆虫）267种、植物352种。其中，除了造成园林植物重大损失的美国白蛾、蔗扁蛾、椰心叶甲等著名入侵生物外，日本龟蜡蚧、吹绵蚧、温室白粉虱等刺吸式外来入侵生物已广泛危害国内各地的园林植物。此外，2005年在广东省首次发现的红火蚁，不仅对草坪景观产生严重破坏，而且因其杂食性和攻击性还危及到农林生态平衡和人畜安全。

（4）园林植物病虫害的防治技术要求高

园林植物及其花果直接构成了人们的生产、生活环境，与人们的关系十分密切，加上城市人口稠密，城市绿地多是人们休闲的公共场所，这都决定了园林植物病虫害防治工作需要更高的技术要求。一些化学农药的应用可能直接污染公共环境，影响人体健康，如果污染水源，特别是污染饮用水源，将会造成严重的社会问题。此外，同一绿地园林植物种类多，各种植物的耐药性不同，一种农药的使用，可能会造成部分植物产生药害，从而影响植物的观赏价值。因此，园林植物病虫害防治要强调以安全为前提，以园林技术措施为基础，采取一些生态防治方法和高效低毒的化学药物进行综合治理。

4　本课程的性质和任务

园林植物病虫害防治是高等职业院校园林类专业的一门专业核心课程。该课程从园林植物病虫害识别入手，介绍园林植物病虫害的发生、发展规律以及防治策略和措施，实现园林植物病虫害持续有效控制，保证园林植物的绿化美化作用和生态功能的正常发挥。"园林植物病虫害防治"课程包括识别园林植物病虫害、园林植物病虫害发生发展规律、园林植物病虫害调查与测报、园林植物病虫害防治策略及措施、园林植物害虫及其防治技术、园林植物微生物病害及其防治技术、园林植物其他有害生物及其防治技术等内容。

该课程是一门综合性的专业课程，需要学生具备一定的基础知识，包括园林植物、园林植物生产与经营、园林植物栽培与养护、园林植物生长发育与环境等课程的相关内容。

通过对该课程的学习，理论上要求掌握园林害虫、真菌、细菌等园林植物侵染性病原、非侵染性病原、害螨、蜗牛等其他有害生物的鉴别特征、危害特点、标本制作技术、调查方法、发生发展规律以及防治措施等知识。技能上要求能够通过园林植物被害特点判别有害生物类别，能够根据园林植物病虫害发生发展规律制订科学有效的防控技术方案，并能够根据防控技术方案组织开展园林植物病虫害防治工作。

5　本课程的学习方法

（1）善于理论联系实际

园林植物病虫害防治是一门实践性较强的课程，学习本课程一定要养成随时将课本知识与身边熟知的事物联系起来的习惯。具体包括：一是联系自身的实际，在学习每一类有害生物的形态和生理特性时，自觉地跟自身的形态和生理特性相比较，如学习昆虫的消化、呼吸、血液循环等各大系统的器官组成、结构和功能时，对照人的消化、呼吸、血液循环等相应系统的器官组成、结构和功能，找出其间的异同，有利于加强对知识的理解和把握；又如对照人的细菌病害和病毒病害症状表现、发病规律及防治措施，十分有助于对植物细菌病害和病毒病害相应知识的把握。二是联系生活实际，在日常的生活环境中，随处都有病虫的存在，及时到生活环境中去印证学到的每一个知识点，有助于强化认识，加深印象。三是联系生产实际，要做一个园林病虫害防治的有心人，关注园林植物病虫害防治生产实践的各种信息和事件，并结合书本知识，认真思考、充分讨论，做到举一反三、融会贯通。

（2）勤于观察记录

由于园林植物病虫种类繁多，危害方式多样，其在不同的地区和不同园林植物上的危害特点和发生发展规律不尽相同，这就要求在学习园林植物病虫害防治相关知识时要不唯书、不唯上。教材介绍的每一类病虫害的发生发展规律都是相对的，都是一个大致的范围，不同地方不同环境下会有一些差异，很难具体到当地的实际情况，因此，想要得到当地某一病虫害发生发展的确切规律，就要养成勤于观察记录的习惯，实际观察到的情况才是科学开展防控工作的最好指导。

（3）勇于实践，敢于创新

"实践出真知"，只有通过实践检验，才能获得对理论知识更加牢固的认识。同时，勇于实践也是获得生产经验的重要途径。本课程对技能训练有明确的要求，要达到能够通过园林植物被害特点判别有害生物类别、通过园林植物病虫害发生发展规律制订科学有效的防控技术方案、根据防控技术方案组织开展园林植物病虫害防治工作，就要求学习时以技术应用为主，积极参加病虫害防治的实践活动，着力训练实践操作技能。要在勇于实践的基础上敢于创新，从生态学观点出发，系统分析病虫害的实际情况，大胆创新防治手段，实现园林植物病虫害的持续有效控制。

识别园林植物病虫害

在园林植物的生长过程中，不良环境的侵袭和有害生物的危害均可能导致其生长不良，观赏价值受损，甚至死亡。通过本模块的学习和训练，应能够根据植物的受害表现准确地判别有害物类型，为下一步制订有效的防治方案打好基础。本模块包括2个项目共7个任务，任务框架如下：

项目1　识别昆虫

园林昆虫是园林生态系统中的主要类群，其中，害虫是园林植物生长过程中的主要危害生物，它们不但造成园林植物枝叶残缺不全、枝枯叶落，使其失去观赏价值和绿化效果，还会令树体油腻污黑，使人感到恶心难受，严重时甚至造成植株成片死亡。要想很好地控制园林害虫的危害，首要是能够准确判别园林昆虫的种类，分清有害昆虫和有益昆虫。通过本项目3个任务的学习和训练，要求能够牢固把握园林昆虫生活各个阶段的形态特征，并能准确判定园林昆虫的主要类群。

◇ **知识目标**

（1）了解昆虫成虫的基本特征。
（2）掌握昆虫成虫头部、胸部、腹部及其附属器官的构造和功能。
（3）掌握昆虫的卵、幼虫（若虫）和蛹（茧）的形态特征。
（4）熟悉园林昆虫常见目的主要形态特征。

◇ **技能目标**

（1）能熟练指出昆虫外部形态各部位的名称。
（2）能准确判别昆虫成虫的口器、触角、翅、足的类型。
（3）能准确判别昆虫幼虫（若虫）、蛹（茧）的类型。
（4）能熟练应用检索表判别园林昆虫常见目及其亚目。

任务1.1　识别昆虫成虫

◇ **工作任务**

通过本任务的学习和训练，能够准确判定蝗虫、虾、蟹、蜘蛛、蜈蚣、马陆、蝼蛄、白蚁、刺蛾、夜蛾、蚕蛾、天蛾、凤蝶、蓟马、蜻、蝉、螳螂、叩头甲、金龟甲、水龟甲、象甲、天牛、马蜂、蜜蜂、大蚊、食蚜蝇等常见园林节肢动物中哪些属于昆虫，并能正确判别这些昆虫的头部附器、胸部附器、腹部附器的类型。

要准确判定园林动物是否属于昆虫，首先要掌握昆虫纲成虫的基本特征，同时还必须了解昆虫与其他节肢动物的主要区别；要准确判断昆虫成虫附器的类型，需要了解昆虫都有哪些附器，这些附器的结构和功能如何，它们有哪些常见类型，各种类型具有什么特征。

◇ **知识准备**

1.1.1　昆虫与其他节肢动物的区别

1.1.1.1　昆虫成虫的基本特征

昆虫是动物界（Animalia）节肢动物门（Arthropoda）昆虫纲（Insecta）所有动物的统称。昆虫纲不但是节肢动物门中最大的一纲，也是动物界中最大的一纲，是世界上最繁盛的动物，至今已发现逾 100 万种。最近的研究表明，全世界的昆虫可能有 1000 万种，约占地球生物物种的 50%。昆虫不但种类多，而且同种的个体数量也十分惊人，如一个蚂蚁群体可多达 50 万个个体，一棵树可拥有 10 万个蚜虫个体。此外，昆虫的分布几乎遍及整个地球，从赤道到两极，从海洋到沙漠，高至世界屋脊——珠穆朗玛峰、低至深几米的土壤里，都有昆虫的存在。这样广泛的分布，说明昆虫有惊人的适应能力，这也是昆虫种类繁多的生态学基础。如此众多的昆虫，它们的共同识别特征如下（图 1-1）：

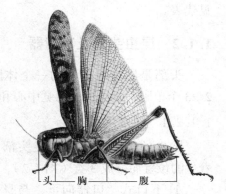

图 1-1　昆虫的体躯构造
（陈树椿，2003）

（1）体躯的若干环节集合成 3 个体段，分别称为头部、胸部和腹部。

（2）头部具有 1 对触角和 1 个口器，通常还具有 1 对复眼和 2~3 个单眼，这是昆虫的感觉中心和取食中心。

（3）胸部由 3 个体节组成，一般着生有 3 对足和 2 对翅（少数为 1 对翅或无翅），是昆虫的运动中心。

（4）腹部由若干个体节组成，内含大部分内脏和生殖系统，多数昆虫腹末具有外生殖器，是昆虫的营养中心和生殖中心。

（5）昆虫在生长发育过程中，其内部构造及外部形态上需经过一系列显著的变化（该过程称为变态），才能转变为成虫。

1.1.1.2　其他常见节肢动物的特征

（1）蛛形纲（Arachnoidea）

体躯的分节集合成头胸部和腹部 2 个体段。无触角、复眼和翅，有 2~6 个单眼和 2 对或 4 对步行足。此外，头胸部还有 1 对螯肢和 1 对触肢。常见类群如蜘蛛、蝎子、蜱、螨等。

（2）甲壳纲（Crustacea）

体躯一般分为头胸部和腹部 2 个体段。有 2 对触角、1 对复眼和至少 5 对步足，无翅，头胸部具有发达的甲壳，称为头胸甲。常见类群如鼠妇、虾、蟹等。

（3）唇足纲（Chilopoda）

体躯分为头部和胴部 2 个体段。有 1 对触角和 1 对复眼，无翅。每个体节有 1 对行动足,第1对足特化成颚状的毒爪。蜈蚣为本纲常见代表。

(4)重足纲(Diplopoda)

本纲特征与唇足纲相同,故也有将其与唇足纲合并称为多足纲(Myriapoda)。但它的体节除头节无足、头节后的3个体节每节有1对足外,其余各节有2对足。马陆为本纲常见代表。

1.1.2 昆虫头部及其附器

头部是昆虫最前面的一个体段。着生有1个口器和1对复眼、1对触角,有的还有2~3个单眼,是昆虫的感觉中心和取食中心。

1.1.2.1 昆虫的头式

昆虫的头式常以口器在头部着生的位置而分成3类(图1-2)。

① 下口式　口器向下,与身体纵轴约垂直。如蝗虫、黏虫等,取食方式比较原始。

② 前口式　口器向前斜伸,与身体纵轴成一钝角。如步行虫、草蛉幼虫等。

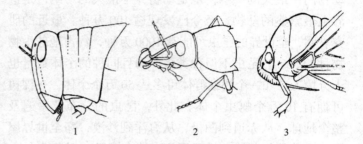

图1-2　昆虫的头式
1. 下口式　2. 前口式　3. 后口式

③ 后口式　口器向后斜伸,与身体纵轴成一锐角,不用时常弯贴在身体腹面。如蝽象、蝉、蚜虫等。

1.1.2.2 触角

触角是昆虫头部的附肢。昆虫一般都具有1对触角。触角一般着生在头部的额区,有的位于复眼之前,有的位于复眼之间。

(1)触角的构造和功能

触角具有许多分节,由基部向端部通常可分为柄节、梗节和鞭节3个部分(图1-3)。柄节是触角基部的第一节,短而粗大,着生于触角窝内,四周有膜相连;梗节是触角的第二节,较柄节小;鞭节是触角的端节,又由许多亚节组成。昆虫触角的变化一般表现在鞭节上。

触角是昆虫主要的感觉器官,主要具有嗅觉的功能,常用以找寻食物和配偶;也具有触觉和听觉的功能。在有些昆虫中,触角还有其他功能,如雄性芫菁在交尾时用来抱握雌虫。

(2)触角的类型

触角的变化主要发生在鞭节部分,其形状因种类不同而变化很大,大致可分为下列常见基本类型(图1-4)。

① 刚毛状　触角很短小,基部1~2节稍粗,鞭节纤细,类似刚毛。如蝉、蜻蜓的触角。

② 丝状　又称线状。触角细长如丝,鞭节各亚节大致相同。如蟋蟀、叶甲的触角。

③ 念珠状　又称串珠状。触角各节大小相似,近于球形,整个触角形似一串念珠。如白蚁的触角。

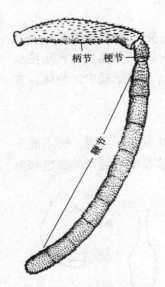

图1-3 触角的基本构造

（徐明慧，1993）

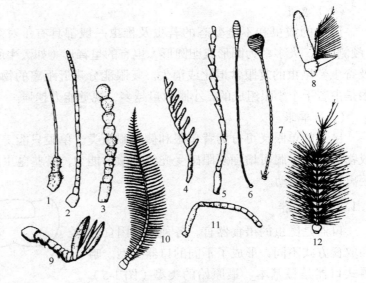

图1-4 触角的类型（武三安，2007）

1. 刚毛状 2. 丝状 3. 念珠状 4. 栉齿状 5. 锯齿状 6. 棒状 7. 锤状
8. 具芒状 9. 鳃片状 10. 羽毛状 11. 膝状 12. 环毛状

④ 栉齿状　又称梳状。鞭节各亚节向一侧突出成梳齿，整个触角形如梳子。如绿豆象雄虫的触角。

⑤ 锯齿状　简称锯状。鞭节的各亚节向一侧突出成三角形，整个触角形似锯条。如芫菁和叩头虫雄虫的触角。

⑥ 棒状　又称球杆状。鞭节基部若干亚节细长如丝，端部数节逐渐膨大如球。如蝶类的触角。

⑦ 锤状　类似球杆状，但端部数节突然膨大，末端平截，形状如锤。如部分瓢甲、郭公甲的触角。

⑧ 具芒状　触角较短，一般分为3节，端部一节膨大，其上生有一刚毛状的构造，称为触角芒，有的芒上还有许多细毛。如蝇类的触角。

⑨ 鳃片状　鞭节的端部数节（3~7节）延展成薄片状叠合在一起，状如鱼鳃。如金龟甲的触角。

⑩ 羽毛状　又称双栉齿状。鞭节各亚节向两侧突出成细枝状，整个触角形如篦子或羽毛。如大蚕蛾、家蚕蛾的触角。

⑪ 膝状　又称肘状或曲肱状。柄节特别长，梗节短小，鞭节由若干大小相似的亚节组成，基部柄节与鞭节之间呈膝状或肘状弯曲。如胡蜂、象甲的触角。

⑫ 环毛状　除触角的基部两节外，鞭节的各亚节环生一圈细毛，越靠近基部的细毛越长，向端部渐短。如蚊类的触角。

1.1.2.3　复眼和单眼

昆虫的视觉器官包括复眼和单眼两大类。

（1）复眼

昆虫的成虫和不全变态的若虫及稚虫一般都具有1对复眼。复眼位于头部的侧上方（颅侧区），大多数为圆形或卵圆形，也有的呈肾形（如天牛的复眼）。低等昆虫、穴居昆虫及寄生性昆虫的复眼常退化或消失。复眼能分辨近距离的物体，特别是运动中的物体。复眼是由若干个小眼组成的，小眼数量越多，视觉能力越强。

（2）单眼

昆虫的单眼又可分为背单眼和侧单眼两类。单眼只能辨别光的方向和强弱，而不能形成物像。背单眼可增强复眼感受光线刺激的能力，某些昆虫的侧单眼能辨别光的颜色和近距离物体的移动。

1.1.2.4 口器

口器是昆虫的摄食器官。各种昆虫因食性和取食方式不同，形成了不同的口器类型。咀嚼式口器是最基本、最原始的类型（图1-5），其他类型口器都是由咀嚼式口器演化而来的。

（1）咀嚼式口器

咀嚼式口器一般由上唇、上颚、下颚、下唇、舌5个部分组成，其主要特点是具有坚硬而发达的上颚，用以咬碎食物，并将其吞咽下去。其中下颚须和下唇须的节数是分类的依据。

（2）刺吸式口器

刺吸式口器是指能刺入寄主体内吸食植物汁液或动物血液的昆虫所具有的口器类型。刺吸式口器的主要特点是：上颚和下颚延长，特化为针状的构造，称为口针；下唇延长成分节的喙，将口针包藏于其中，食窦和前肠的咽喉部分特化成强有力的抽吸机构——咽喉唧筒。

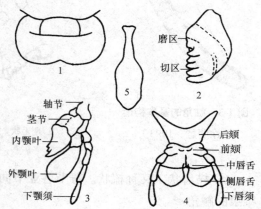

图1-5 蝗虫的咀嚼式口器（李成德，2004）

1. 上唇 2. 上颚 3. 下颚 4. 下唇 5. 舌

（3）嚼吸式口器

嚼吸式口器兼有咀嚼固体食物和吸食液体食物两种功能，为一些高等蜂类所特有。

（4）虹吸式口器

虹吸式口器的显著特点是具有一条能弯曲和伸展的喙，由左、右下颚的外颚叶结合而成，用于吸食花蜜。不取食时，喙像发条一样盘卷；取食时借肌肉与血液的压力伸直。为多数鳞翅目成虫所特有。

（5）舐吸式口器

舐吸式口器是指具有舐吸汁液的大形唇瓣但缺少口针的口器。为双翅目蝇类所特有。

（6）锉吸式口器

锉吸式口器为缨翅目昆虫蓟马所特有，取食时用口针刮破寄主组织，然后吸取寄主流出的汁液。锉吸式口器的主要特点是：喙由上唇、下颚的一部分及下唇组成，右上颚退化或消失，左上颚和下颚的内颚叶变成口针，其中左上颚基部膨大，具有缩肌，是刺锉寄主组织的主要器官。

1.1.2.5 不同口器害虫的危害特点

（1）吸收式害虫及其危害

吸收式害虫是指口器为刺吸式、虹吸式和锉吸式等口器，以植物汁液为食的害虫的统称。常见危害园林植物的有叶蝉、蚜虫、蚧虫、木虱、粉虱、网蝽、蓟马等。吸收式害虫对植物的危害可分为直接危害和间接危害。

① 直接危害　指吸收式害虫因取食对植物造成的生理伤害。吸收式害虫取食时，因其口针不断刺入植物组织，对植物造成机械伤害，同时分泌唾液和吸取植物汁液，使植物细胞和组织的化学成分发生明显变化，造成病理和生理伤害。植物内部因害虫取食，大量消耗植物体内的水分、氨基酸和糖类，而导致营养失调。植物外表表现为褪色斑点，以后逐渐变黄、变褐，严重时植物生长势减弱，甚至整株死亡。卷曲、皱缩、畸形、枯萎等是比较常见的危害状。

② 间接危害　吸收式害虫是植物病毒病的重要媒介，有的还会为某些病原菌的侵入提供通道。此外，蚜虫等刺吸式害虫在取食危害的同时排出大量水分、蜜露，易招致霉污病的发生，还直接污染叶片和果实，阻碍植物的正常生长发育。

（2）咀嚼式害虫及其危害

咀嚼式害虫是以咀嚼式口器取食危害植物的害虫的简称。其中危害园林植物的多集中为甲虫、蝶蛾幼虫、叶蜂等。根据在植物上的取食部位和危害特点可分为：食根类害虫（又称地下害虫）、食叶类害虫（包括暴露危害和潜藏危害两类）、蛀茎干类害虫、蛀果类害虫等。其危害特点表现为：

① 缺苗或干枯　害虫取食植物的嫩芽、根或根皮，使植物地上部分缺苗或干枯死亡，这是地下害虫的典型危害状。

② 顶芽停止生长　害虫取食植物的生长点，使顶尖停止生长或造成断头。

③ 叶片残缺不全　按危害状不同又可分为4类：

潜食　潜叶蛾类在叶片的两层表皮间取食叶肉，形成各种透明的虫道。

蚀食　叶甲类、瓢虫等取食叶肉，而留下完整透明的上表皮，形成箩底状。

剥食　粉蝶类的幼虫等将叶片咬成不同形状和大小的孔洞，严重危害时将叶肉吃光，仅留叶脉或大叶脉。

吞食　蝗虫和一些鳞翅目害虫的暴食期，取食时将叶片吃成各种形状和缺刻，严重时将整片叶吃光，甚至将植株吃成光杆。

④ 茎秆枯死折断　为蛀茎类害虫的典型危害状。蛀茎后造成心叶枯死，后期造成茎秆折断。

⑤ 落花、落果　棉铃虫、食心虫等取食花蕾、果实或籽粒，造成花果提前掉落。

1.1.3 昆虫的胸部及其附器

1.1.3.1 胸部的基本构造

胸部是昆虫的第二体段，位于头部之后。胸部由3个体节组成，由前向后依次称为前胸、中胸和后胸。每一胸节各具1对足，分别称为前足、中足和后足。大多数昆虫在中、后胸上还各具有1对翅，分别称为前翅和后翅。中、后胸由于适应翅的飞行，互相紧密结合，内具发达的内骨和强大的肌肉。中、后胸又称为具翅胸节，简称翅胸。昆虫胸部每一胸节都由4块骨板构成，即背板、腹板和两个侧板。骨板按其所在胸骨片部位而各有名称，如前胸背板、中胸背板、后胸背板等。前胸背板在各类昆虫中变异很大，中、后胸背板为具翅胸节背板。腹板为胸节腹面的骨板。侧板是胸部体节两侧背、腹板之间的骨板。

1.1.3.2 胸足

（1）胸足的构造

昆虫的胸足是胸部行动的附肢，着生在各节的侧腹面，基部与体壁相连，形成一个膜质的窝，称为基节窝。成虫的胸足一般由6节组成，自基部向端部依次为基节、转节、腿节、胫节、跗节和前跗节（图1-6）。

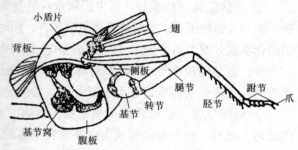

图1-6　昆虫足的构造（武三安，2007）

① 基节　是胸足的第一节，通常与侧板的侧基突相接，形成基节窝，为牵动全足运动的关节构造。基节常较短粗，多呈圆锥形。

② 转节　是胸足的第二节，一般较小。转节一般为1节，只有少数昆虫种类如蜻蜓等的转节为2节。

③ 腿节　常为胸足中最强大的一节，末端与胫节以前后关节相接，腿节和胫节间可做较大范围活动，使胫节可以折贴于腿节之下。

④ 胫节　通常较细长，比腿节稍短，边缘常有成排的刺，末端常有可活动的距。

⑤ 跗节　通常较短小，成虫的跗节分为1~5个亚节，各亚节间以膜相连，可以活动。有的昆虫如蝗虫等的跗节腹面有较柔软的垫状物，称为跗垫，可用于辅助行动。

⑥ 前跗节　是胸足的最末一节，在一般昆虫中，前跗节退化而被两个爪和爪间垫所取代。

（2）胸足的类型

昆虫胸足的原始功能为行动器官，但在各类昆虫中，由于适应不同的生活环境和生活方式，而特化成了许多功能不同的构造。胸足的构造类型可以作为分类和了解昆虫生活习性的依据之一。常见的昆虫胸足类型有以下几种（图1-7）。

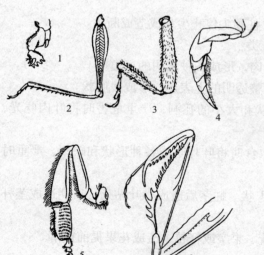

图1-7　昆虫足的类型（李成德，2004）

1. 开掘足　2. 跳跃足　3. 步行足　4. 游泳足　5. 携粉足　6. 捕捉足

① 开掘足　形状扁平，粗壮而坚硬，腿节或胫节上具齿，适于挖土及锯断植物的细根。如蝼蛄、金龟甲等在土中活动的昆虫的前足。

② 跳跃足　其腿节特别发达，多为后足所特化，用于跳跃。如蝗虫、蚤蝼等的后足。

③ 步行足　这是昆虫中最普通的一类胸足。一般比较细长，适于步行和支撑身体。

④ 游泳足　多见于水生昆虫的中、后足，呈扁平状，生有较长的缘毛，用以划水。如龙虱、仰蝽、负子蝽等的后足。

⑤ 携粉足　蜜蜂类用以采集和携带花粉的构造，各节均具有长毛，胫节基部较宽扁，边缘有长毛，形成花粉篮，第一跗节膨大，内侧具有数排横列的硬毛，可梳集黏着在体毛上的花粉。

⑥ 捕捉足　基节通常特别延长，用以捕捉猎物、抓紧猎物，防止其逃脱。如螳螂、螳蛉等的前足。

1.1.3.3　翅

（1）翅的基本构造

昆虫的翅通常呈三角形，具有 3 条边和 3 个角。翅展开时，靠近头部的一边，称为前缘；靠近尾部的一边，称为内缘；在前缘与内缘之间、与翅基部相对的一边，称为外缘。前缘与内缘间的夹角，称为肩角；前缘与外缘间的夹角，称为顶角；外缘与内缘间的夹角，称为臀角（图 1-8）。有些昆虫为了适应翅的折叠与飞行，翅上常有 3 条褶线将翅面分为 4 区。翅基部具有腋片的三角形区域称为腋区，腋区外侧的褶称为基褶，从腋区的外角发出的臀褶和轭褶将翅面腋区以外的部分分为臀前区、臀区和轭区。

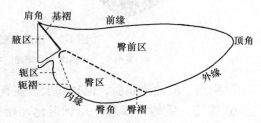

图 1-8　昆虫翅的构造（李成德，2004）

（2）翅的类型

昆虫翅的主要作用是飞行，翅的类型划分依据翅的有无或退化、形状和质地 3 个方面的变化。有的昆虫一直无翅，有的昆虫在不同季节或世代出现无翅型。翅的质地一般为膜质。但不少昆虫由于长期适应其生活条件，前翅或后翅发生变异，或具保护作用，或演变为感觉器官，质地也发生了相应变化。翅的质地类型是昆虫分目的重要依据之一。翅的主要类型有以下几种（图 1-9）。

① 复翅　质地较坚韧似皮革，翅脉大多可见，但一般不司飞行，平时覆盖在体背和后翅上，起保护作用。如蝗虫、蟋蟀的前翅。

② 半鞘翅　基半部为皮革质，端半部为膜质，膜质部的翅脉清晰可见。所有蝽类的前翅属此类型。

③ 鞘翅　质地坚硬如角质，翅脉不可见，不司飞行，用以保护体背和后翅。如甲虫类的前翅。

④ 膜翅　质地为膜质，薄而透明，翅脉明显可见。如蜂类、蜻蜓等的前、后翅，甲虫、蝗虫、蝽的后翅。

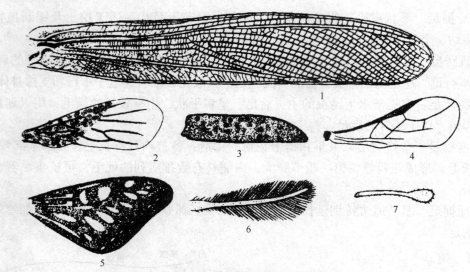

图 1-9　翅的主要类型（武三安，2007）
1. 复翅　2. 半鞘翅　3. 鞘翅　4. 膜翅　5. 鳞翅　6. 缨翅　7. 平衡棒

⑤鳞翅　质地为膜质，但翅面上覆盖有密集的鳞片。如蛾、蝶类的前、后翅。

⑥缨翅　质地为膜质，翅脉退化，翅狭长，在翅的周缘缀有很长的缨毛。如蓟马的前、后翅。

⑦平衡棒　由后翅退化而成，形似小棍棒状，在飞翔时有保持躯体平衡的作用。如苍蝇、蚊子的后翅。

（3）翅脉和翅室

昆虫用来飞翔的翅为膜质，翅面上有纵横交错的翅脉。翅脉实际上是翅面在气管部位加厚形成的，它就像骨架一样对翅面起着支撑、加固的作用，还与飞行时翅的扭转运动有关。翅脉在翅面上的分支与排列形式称为脉序或脉相。昆虫的脉序是分类鉴定的重要依据，还可以通过脉序的比较追溯昆虫的演化关系。人们对现代昆虫和古代昆虫化石的翅脉加以分析、比较，归纳概括为模式脉序，作为鉴别和描述昆虫脉序的标准（图 1-10）。

翅脉可分为纵脉和横脉两种。纵脉是从翅基部伸向翅边缘的脉，有前缘脉（C）、亚前缘脉（Sc）、径脉（R）、中脉（M）、肘脉（Cu）、臀脉（A）、轭脉（J）；横脉是两条纵脉之间的短脉，常见的有肩横脉（h）、径横脉（r）、径分横脉（s）、径中横脉（r-m）、中横脉（m）、中肘横脉（m-Cu）等。

翅室是翅面被翅脉划分成的小区。翅室四周完全为翅脉所封闭的，称为闭室；有一边不被翅脉封闭而向翅缘开放的，则称为开室。翅室的名称用其前缘的纵脉名称来表示。

（4）翅的连锁

前翅发达、后翅不发达的昆虫，在飞行时，后翅必须以某种构造挂连在前翅上，用前翅来带

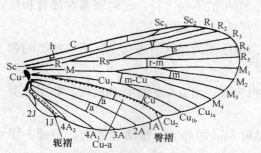

图 1-10　翅的假想原始脉序（李成德，2004）

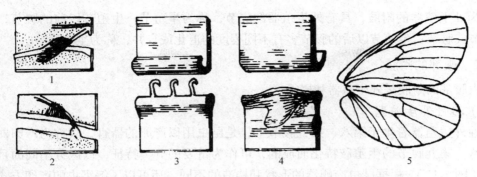

图 1-11　昆虫翅的连锁（李成德，2004）

1. 翅轭连锁（反面）　2. 翅缰连锁（反面）　3. 翅钩连锁（反面）　4. 翅褶连锁（正面）　5. 翅抱连锁（反面）

动后翅飞行，二者协同动作。将昆虫的前、后翅连锁成一体，以增进飞行效率的各种特殊构造称为翅的连锁器，主要有以下几种类型（图 1-11）。

① 翅抱连锁　蝶类和一些蛾类（如枯叶蛾等），前、后翅之间虽无专门的连锁器，但其后翅肩角膨大，并且有短的肩脉突伸于前翅后缘之下，以使前、后翅在飞翔过程中紧密贴接和动作一致。这类连锁也称膨肩连锁或贴合式连锁。

② 翅轭连锁　低等的蛾类如蝙蝠蛾科中的某些种类，前翅轭区的基部有一指状突起，称为翅轭，飞行时伸在后翅前缘的反面，前翅臀区的一部分叠盖在后翅上，将后翅夹住，以使前后翅保持连接。

③ 翅缰连锁　在后翅前缘基部有 1 根或几根强大刚毛，称为翅缰，在前翅反面翅脉上有 1 簇毛或鳞片，称为翅缰钩。飞翔时翅缰插入翅缰钩内以连接前、后翅。大部分蛾类的翅属此种连锁方式。

④ 翅钩连锁　在后翅前缘中部生有一排向上及向后弯曲的小钩，称为翅钩，在前翅后缘有一条向下卷起的褶，飞行时翅钩挂在卷褶上，以协调前、后翅的统一动作。膜翅目蜂类及部分同翅目昆虫的翅即属此种连锁方式。

⑤ 翅褶连锁　在前翅的后缘近中部有一向下卷起的褶，在后翅的前缘有一段短而向上卷起的褶，飞翔时前、后翅的卷褶挂连在一起，使前、后翅动作一致。如部分半翅目、同翅目昆虫的翅属此种连锁方式。

1.1.4　昆虫的腹部及其附器

腹部是昆虫体躯的第三个体段，紧连于胸部之后。消化、排泄、循环和生殖系统等的主要内脏器官即位于腹腔内，其后端还有生殖附肢，因此腹部是昆虫营养中心和生殖的中心。

1.1.4.1　腹部的基本构造

昆虫腹部的原始节数应为 12 节，但在现代昆虫的成虫中，一般成虫腹节 10 节。腹部多为纺锤形、圆筒形、球形、扁平或细长。腹部节间伸缩自如，并可膨大和缩小，以帮助呼吸、脱皮、羽化、交配、产卵等活动。腹节有发达的背板和腹板，但没有像胸节那样发达的侧板。在多数种类的成虫中，腹部的附肢大部分都已退化，但第八、第九腹节常保留有特化为外生殖器的附肢。具有外生殖器的腹节，称为生殖节；生殖节以前的腹节，称为生殖前节或脏节；生殖节以后的腹节多有不同程度的退化或合并，称为生殖后节。

1.1.4.2 腹部的附肢

成虫腹部的附肢是外生殖器和尾须。

（1）雌性外生殖器

雌性外生殖器着生于第八、第九腹节上，是昆虫用以产卵的器官，故称为产卵器。它是由第八、第九腹节的生殖肢特化而成的，可作为重要的分类特征，以区分不同的目、科和种类（图1-12）。根据昆虫产卵器的形状和构造的不同，还可以了解害虫的产卵方式和产卵习性，从而采取针对性的防治措施。

（2）雄性外生殖器

昆虫的雄性外生殖器又称为交配器。多数雄性昆虫的交配器由将精子输入雌体的阳具及交配时挟持雌体的1对抱握器两个部分组成。各类昆虫的交配器构造复杂，种间差异也十分明显，但在同一类群或虫种内个体间比较稳定，因而可作为鉴别虫种的重要特征（图1-13）。

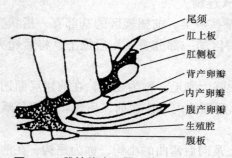

图1-12　雌性外生殖器（武三安，2004）

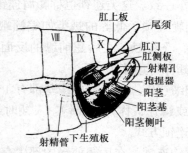

图1-13　雄性外生殖器（武三安，2004）

（3）尾须

尾须是由第十一腹节附肢演化而成的1对须状外突物，存在于部分无翅亚纲和有翅亚纲中的蜉蝣目、蜻蜓目、直翅类及革翅目等较低等的昆虫中。尾须的形状变化较大，有的不分节，有的细长多节呈丝状，有的硬化呈铗状。尾须上生有许多感觉毛，具有感觉作用。在革翅目昆虫中，由尾须骨化成的尾铗具有防御敌害和帮助折叠后翅的功能。

◇任务实施

观察昆虫成虫的基本特征并判别其附器类型

【任务目标】

（1）熟悉昆虫体躯的基本特征和昆虫头部、胸部及腹部的一般构造。

（2）熟悉昆虫口器、触角、翅、胸足等主要附器的基本结构。

(3) 能辨别昆虫与其他节肢动物。
(4) 能判别昆虫口器、触角、翅、胸足的类型。

【材料准备】
① 玻片标本　各种类型口器、触角、胸足等附器的玻片标本。
② 浸渍标本　蝗虫、虾、蟹、蜘蛛、蜈蚣、鼠妇、马陆等。
③ 干制标本　蝼蛄、白蚁、刺蛾、夜蛾、蚕蛾、天蛾、凤蝶、蓟马、蜉、蝉、螳螂、叩头甲、金龟甲、水龟甲、象甲、天牛、马蜂、蜜蜂、大蚊、食蚜蝇等。

【方法及步骤】

1. 昆虫纲特征及昆虫躯体各部位观察

(1) 观察蝗虫浸渍标本，准确区分头部、胸部和腹部。观察每一体段的分节情况及单眼、复眼、口器、触角、翅、胸足等主要附器的着生位置。

(2) 观察虾、蟹、蜘蛛、蜈蚣、鼠妇、马陆等浸渍标本，了解昆虫与其他节肢动物的区别。

(3) 观察蝗虫（下口式）、步甲（前口式）、蝉（后口式）的头式，根据口器着生位置判断各干制标本的头式类型。

2. 昆虫头部附器观察

(1) 观察蝗虫的口器，准确区分上唇、上颚、下颚、下唇和舌。观察不同口器类型的玻片标本，掌握各种类型口器的主要特征，然后对照教材中口器的图片和特征描述判断其余干制标本的口器类型。

(2) 观察蜜蜂的触角，准确区分柄节、梗节、鞭节。观察不同触角类型的玻片标本，掌握各种类型触角的主要特征，然后对照教材中口器的图片和特征描述判断其余干制标本的触角类型。

(3) 观察蝗虫的单眼和复眼主要特征，掌握单眼的形态和着生位置，判断其余干制标本单眼的个数。

3. 昆虫胸部附器观察

(1) 观察夜蛾的翅，明确翅的 3 边、3 角和 4 区的位置；观察马蜂（翅钩）、凤蝶（翅抱）、天蛾（翅缰）的前、后翅的连锁方式；对照教材中不同类型翅的图片和特征描述，观察干制标本的前、后翅质地和特征，并判断其前、后翅的类型。

(2) 观察蝗虫的足，准确区分基节、转节、腿节、胫节、跗节和前跗节，观察不同类型足的玻片标本，掌握各种类型足的主要特征，然后对照教材中足的图片和特征描述判断其余干制标本前、中、后足类型。

4. 昆虫腹部附器观察

(1) 观察蝗虫的腹部，掌握昆虫腹部的一般构造和特点。

(2) 观察蝗虫的雌性外生殖器（产卵器）和雄性外生殖器（交配器），了解其基本构造。

【成果汇报】
(1) 列表比较昆虫纲与其他节肢动物的主要形态区别（表 1-1）。
(2) 列表比较各干制标本的附器类型（表 1-2）。

表 1-1　昆虫与其他节肢动物的区别

标本名	纲名	体躯分段	眼	触角	胸足	翅
蝗虫	昆虫纲					
蜘蛛	蛛形纲					
蜈蚣	唇足纲					
马陆	重足纲					
虾	甲壳纲					

表 1-2　各干制标本的附器类型

序号	标本名	口器	触角	前翅	后翅	前足	中足	后足
1	蝼蛄							
2	白蚁							
…	……							

◇ 自测题

1. 名词解释

头式，触角，口器，胸足，翅脉，脉相，翅室，横脉，纵脉，翅的连锁。

2. 填空题

（1）昆虫的头部由于口器着生位置不同，头部的形式也发生相应变化，可分为 3 种头式：_____、_____、_____。

（2）昆虫翅的连锁结构有_____、_____、_____、_____、_____5 种。

（3）昆虫的触角由_____、_____、_____ 3 节构成。

（4）昆虫的胸足由_____、_____、_____、_____、_____、_____6 节构成。

（5）昆虫一般具有_____对复眼、_____对翅、_____对胸足。

（6）昆虫身体分为 3 个体段，其中头部是_____中心，胸部是_____中心，腹部是_____中心。

（7）昆虫的 3 个胸节分别称为_____、_____、_____，前翅着生在_____上，后翅着生在_____上。

（8）昆虫的翅通常呈三角形，具有_____、_____、_____ 3 个边，_____、_____、_____ 3 个角。

（9）典型的咀嚼式口器由_____、_____、_____、_____、_____ 5 个部分构成。

3. 单项选择题

（1）下列节肢动物中不是昆虫的是（　　）。

　　A．蝗虫　　　　B．蜘蛛　　　　C．蝴蝶　　　　D．蝉

（2）蝗虫的前翅是（　　）。

A．膜翅　　　　B．鞘翅　　　　C．半鞘翅　　　　D．复翅

（3）蝉的口器是（　　）。

　　A．咀嚼式口器　B．刺吸式口器　C．虹吸式口器　　D．舐吸式口器

（4）昆虫的前翅着生在（　　）的背面。

　　A．前胸　　　　B．中胸　　　　C．中后胸交界处　D．后胸

4. 多项选择题

（1）昆虫的触角由（　　）组成。

　　A．基节　　　　B．柄节　　　　C．梗节
　　D．鞭节　　　　E．跗节　　　　F．胫节

（2）昆虫触角有（　　）功能。

　　A．味觉　　　　B．听觉　　　　C．嗅觉　　　　　D．触觉

5. 简答题

（1）昆虫纲（成虫）的主要形态特征有哪些？

（2）昆虫口器类型有哪些？

（3）昆虫触角的基本构造如何？有哪些类型？

（4）昆虫翅的基本构造如何？有哪些类型？

（5）昆虫胸足的基本构造如何？有哪些类型？

（6）刺吸式口器和咀嚼式口器相比，有哪些特点？

（7）昆虫胸部构造有何特点？

（8）昆虫腹部构造有何特点？

◇ 自主学习资源库

1. 普通昆虫学．2版．彩万志，庞雄飞，花保祯，等．中国农业大学出版社，2011．
2. 昆虫分类学报：http://xbkcflxb.alljournal.net/xbkcflxb/ch/index.aspx．
3. 昆虫学报：http://www.insect.org.cn/CN/0454-6296/home.shtml．
4. 环境昆虫学报：http://hjkcxb.alljournals.net/ch/index.aspx．
5. 应用昆虫学报：http://www.ent-bull.com.cn/index.aspx．
6. 中国科普博览：http://www.kepu.net.cn/gb/lives/insect．
7. 昆虫视界：http://www.yellowman.cn．

任务1.2　识别昆虫卵、幼虫和蛹

◇ 工作任务

　　通过本任务的学习和训练，能够正确识别菜粉蝶、蟒、蝗虫、草蛉、螳螂、蚜蟓、灯蛾、瓢甲、天蛾等昆虫卵的类型，菜粉蝶、尺蠖、叶蜂、金龟甲、天牛、家蝇、步甲、叩头甲、大

蚊等昆虫幼虫的类型，家蝇、菜粉蝶、小地老虎、天牛、金龟甲等昆虫蛹的类型，以及刺蛾、象甲、金龟甲、叶蜂、松毛虫、蓑蛾等昆虫茧的类型。

能够准确判定园林昆虫的卵（卵块）、幼虫（虫包）和蛹（茧）的类型，掌握昆虫个体发育过程中的基本概念，了解昆虫个体发育过程中的常见现象，熟悉园林昆虫的卵（卵块）、幼虫（虫包）和蛹（茧）的形态和常见类型。

◇ 知识准备

1.2.1　昆虫的变态

在个体发育过程中，昆虫的外部形态和内部组织器官要经过一系列的显著变化才能转变为成虫，这种现象称为变态。昆虫在进化过程中，随着成虫与幼虫体态的分化、翅的获得，以及幼虫期对生活环境的特殊适应和其他生物学特性的分化，形成了各种不同的变态类型。园林常见昆虫的变态类型大致分为不完全变态和完全变态。

1.2.1.1　不完全变态

不完全变态是指个体发育过程只经过卵、若虫和成虫3个虫期（图1-14）。其特点是成虫和幼虫的形态和生活习性相似，形态无太大差别，只是幼虫身体较小，生殖器官未发育成熟，翅未发育完全。

园林常见昆虫的不完全变态大致分为以下3种。

（1）渐变态

成虫与幼虫在形态、习性上均相似，幼体称为若虫，随虫龄增长，成虫的特征逐步完备。如蝗虫、蟋蟀、蝽及蝉等。

（2）半变态

成虫陆栖，幼虫（若虫或稚虫）水栖且有临时性器官，两者习性和形态构造完全不同。如蜻蜓、石蝇等。

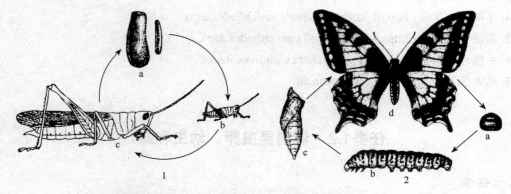

图1-14　园林昆虫两种常见的变态类型（武三安，2004）

1. 不完全变态（蝗虫）：a. 卵　b. 若虫　c. 成虫
2. 完全变态（金凤蝶）：a. 卵　b. 幼虫　c. 蛹　d. 成虫

（3）过渐变态

经过卵、活泼幼体、不活泼幼体（拟蛹而非真蛹，有翅芽）而成为成虫。如蚜虫、蓟马等。

1.2.1.2 完全变态

昆虫的个体发育经过卵、幼虫、蛹和成虫4个阶段的变态类型叫作完全变态（图1-14）。完全变态的幼虫与成虫在形态构造和生活习性上有明显差别，如毛虫与蛾、蛴螬与金龟甲，从幼虫到成虫要经过一个蛹期，在蛹期内完成剧烈的组织和器官的改造。

1.2.2 昆虫的卵

1.2.2.1 昆虫卵的大小

昆虫卵的大小与虫体大小、潜在产卵量及营养健康状况有关，一般长为1～2mm，但是一种螽蟖卵可长达10mm，一些卵寄生蜂的卵小于0.02mm。

1.2.2.2 昆虫卵的形状

昆虫卵的形状多种多样，最常见的为卵圆形或肾形，如直翅类、许多双翅目和寄生性膜翅目昆虫的卵，还有球形（蚜类）、半球形（夜蛾类）、桶形（蝽类）、瓶形（叶甲）、纺锤形（种蝇）、鸟卵形（金龟甲）等。

1.2.2.3 昆虫的产卵方式

有的昆虫将卵单个分产，有的将许多卵粒聚集排列在一起形成各种形状的卵块。不同昆虫的产卵环境也有区别，有的产卵在暴露的地方，如叶甲产卵在树叶表面，蜡蝉产卵在枝干上；有的产卵地比较隐蔽，如蝗虫、螽蟖把卵产在土中，蝉利用发达的产卵器把卵产在植物组织中，一些天牛、象甲等用上颚在寄主植物上咬成缺口或小孔，然后把卵产入其中，而蜻蜓、蚊子则把卵产在水中。

1.2.3 昆虫的幼虫

昆虫幼虫的显著特点是大量取食获得营养，进行生长发育。对园林害虫来说，幼虫期是主要危害时期，也是防治的重点虫期。

完全变态昆虫的幼虫形态差异显著，根据胚胎发育后身体的分节、足的数目及发育情况主要有以下3种类型（图1-15）。

（1）多足型幼虫

多足型幼虫的主要特点是幼虫除具胸足外，还有数对腹足。如大部分脉翅目、广翅目、长翅目、鳞翅目和膜翅目叶蜂类的幼虫。其中，鳞翅目幼虫又常称为蠋型

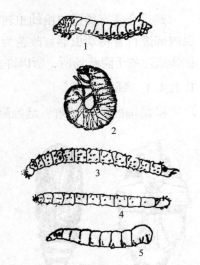

图1-15 完全变态类昆虫幼虫的类型（武三安，2004）

1. 多足型 2. 寡足型 3. 无足型（全头）
4. 无足型（半头）5. 无足型（无头）

幼虫或蛹。

（2）寡足型幼虫

其主要特点是幼虫胸足发达，但无腹足。如大部分鞘翅目、毛翅目和部分脉翅目的幼虫。根据体形和胸足发达程度又可分为4种亚型。

① 肉食甲型幼虫　体较扁平，前口式，胸足发达，行动迅速。如草蛉、步甲、瓢甲等肉食性昆虫的幼虫。

② 蛴螬型幼虫　幼虫体肥胖，呈"C"形弯曲，胸足较短，行动迟缓。如金龟甲幼虫。

③ 金针虫型幼虫　体细长，稍扁平，胸部和腹部粗细相仿，胸足较短。如叩头虫幼虫。

④ 伪蠋型幼虫　表皮柔软，胸足不发达，行动不活泼。如叶甲的幼虫。

（3）无足型幼虫

无足型幼虫又称蠕虫型幼虫，主要特点是既无胸足，也无腹足。如双翅目、蚤目和鞘翅目象甲科、天牛的幼虫。根据头部的骨化程度，又可分为3种亚型。

① 显头无足型幼虫　又称为全头无足型幼虫，头部骨化并全部外露。如吉丁虫、天牛、蚊子、跳蚤和少数潜叶鳞翅目的幼虫。

② 半头无足型幼虫　头部仅前半部骨化并显露，后半部缩入胸内。如长角亚目大蚊科、短角亚目多数虻类及一些寄生性膜翅目幼虫等。

③ 无头无足型幼虫　又称为蛆型幼虫，头部退化，完全缩入胸部，或仅有口钩外露。如双翅目芒角亚目蝇类的幼虫。

1.2.4　昆虫的蛹（茧）

蛹是全变态类昆虫由幼虫转变为成虫时必须经过的一个特有的静止虫态，在这个时期昆虫内部进行着将幼虫器官改造为成虫器官的剧烈变化。蛹的抗逆力一般都比较强，且多有保护物或隐藏于隐蔽场所，所以许多种类的昆虫常以蛹的虫态躲过不良环境或季节，如越冬。

1.2.4.1　蛹的类型

根据蛹的翅和触角、足等附肢是否紧贴于蛹体，以及这些附属器官能否活动和其他外形特征，可将蛹分为离蛹、被蛹和围蛹3种类型（图1-16）。

（1）离蛹

离蛹又称为裸蛹。其特点是除翅和附肢在基部着生外，其余部分与蛹体分离，可以活动，腹部各节间也能自由扭动，一些脉翅目和毛翅目的蛹甚至可以爬行或游泳。长翅目、鞘翅目、膜翅目等的蛹均为此种类型。

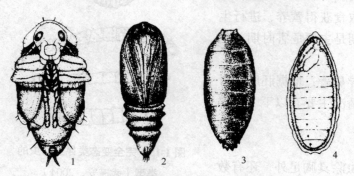

图1-16　全变态类昆虫蛹的类型（武三安，2004）
1. 离蛹　2. 被蛹　3. 围蛹　4. 围蛹的透视

（2）被蛹

被蛹的特点是翅和附肢都紧贴于身体，不能活动，大多数腹节或全部腹节不能扭动。鳞翅目，鞘翅目的隐翅虫，以及双翅目的虻、瘿蚊等的蛹均属此类，其中以鳞翅目的蛹最为典型。

（3）围蛹

围蛹为双翅目蝇类所特有。围蛹体实为离蛹，但是在离蛹体外被有末龄幼虫未脱去的蜕。如蝇类幼虫将3龄脱下的表皮硬化成为蛹壳，4龄幼虫就在蛹壳里，成为不吃不动的前蛹，前蛹再经脱皮即形成离蛹，而脱下的皮又附加在3龄幼虫的皮下。

1.2.4.2 茧的类型

茧是完全变态昆虫蛹期的囊形保护物。有的由丝腺分泌的丝织成，如蚕和蓖麻蚕的茧；有的由分泌的黏液和泥土胶合而成，如金龟甲的茧；有的由分泌的钙质形成，如刺蛾的茧；有的利用植物纤维编织而成，如象甲的茧。

◇任务实施

昆虫卵、幼虫、蛹的基本特征观察及类型判别

【任务目标】

（1）熟悉昆虫变态的主要类型和各虫态的基本特征。
（2）能准确判别常见昆虫卵的类型。
（3）能准确判别幼虫的类型。
（4）能准确判别蛹的主要类型。

【材料准备】

① 生活史标本 蝗虫、蝽、叶蝉、蝼蛄、菜粉蝶、金龟甲、白蚁等。
② 卵 粉蝶、蝽、蝗虫、草蛉、螳螂、蚱蝉、灯蛾、瓢甲、天蛾。
③ 幼虫 菜粉蝶、尺蠖、叶蜂、金龟甲、天牛、家蝇、步甲、叩头甲、大蚊等。
④ 蛹 家蝇、菜粉蝶、小地老虎、天牛、金龟甲等。
⑤ 茧 刺蛾、象甲、金龟甲、叶蜂、松毛虫、蓑蛾等。

【方法及步骤】

1. 变态类型观察

以蝽（或蝗虫、蝼蛄）生活史标本为材料观察不全变态昆虫的卵、若虫、成虫3个虫态；观察菜粉蝶、金龟甲的生活史标本，熟悉完全变态昆虫发育经过的卵、幼虫、蛹、成虫4个虫态。观察其幼虫（若虫）与成虫在翅（翅芽）、复眼、口器等形态结构上的区别，以及其生活习性（如危害、生境等）的异同。

2. 卵的结构与类型观察

观察蝗虫卵、蝽卵、粉蝶卵、草蛉卵、螳螂卵、蚱蝉卵、瓢虫卵、灯蛾卵、天蛾卵。注意卵的形状、卵面的花纹、有无被覆物及其形状。

3. 幼虫的基本形态特征和类型观察

观察粉蝶、尺蛾、叶蜂、金龟甲、天牛、家蝇、步甲、叩头甲、大蚊等昆虫的幼虫标本，判定幼虫是属于无足型、寡足型还是多足型。如果为无足型幼虫，需指出它们分别属于显头无足型、半头无足型还是无头无足型；如果是寡足型幼虫，需指出它们属于肉食甲型、蛴螬型、叩头甲型和伪蠋型中的哪一类。

4. 蛹的结构及类型观察

观察家蝇、菜粉蝶、小地老虎、天牛、金龟甲等昆虫的蛹。区分被蛹、离蛹和围蛹，熟悉其各自的特征及相互间的区别。

【成果汇报】

（1）列表记述所观察昆虫卵的特点（表1-3）。

表1-3 昆虫卵的特点

序号	虫名	卵的形状	卵面的花纹	被覆物

（2）列表记述所观察昆虫幼虫的特点和类型（表1-4）。

表1-4 昆虫幼虫的特点和类型

序号	虫名	胸足数量	腹足数量	幼虫类型

（3）列表记述所观察昆虫蛹的特点和类型（表1-5）。

表1-5 昆虫蛹的特点和类型

序号	虫名	类型	特点

◇ 自测题

1. 名词解释

变态，不完全变态，完全变态，蛹，寡足型幼虫，无足型幼虫，多足型幼虫。

2. 填空题

（1）昆虫不完全变态类型有_____、_____、_____。

（2）不完全变态昆虫一般经历_____、_____、_____3个虫期。

（3）完全变态昆虫一般经历_____、_____、_____、_____4个虫期。

（4）根据体形和胸足发达程度，可将寡足型幼虫分为_____、_____、_____、_____4种亚型。

（5）根据头部的骨化程度，可将无足型幼虫分为_____、_____、_____3种亚型。

（6）根据蛹的翅和触角、足等附肢能否活动和其他外形特征，可将蛹分_____、_____、_____3种类型。

3. 单项选择题

（1）蝗虫的变态属于（ ）。

　　A．半变态　　　　B．渐变态　　　　C．过渐变态　　　　D．完全变态

（2）蝶和蛾的变态属于（ ）。

　　A．半变态　　　　B．渐变态　　　　C．过渐变态　　　　D．完全变态

（3）蝇的幼虫属于（ ）。

　　A．原足型　　　　B．寡足型　　　　C．多足型　　　　D．无足型

（4）触角和附肢等紧贴在蛹体上，不能活动，腹节多数或全部不能扭动，这种蛹为（ ）。

　　A．离蛹　　　　B．被蛹　　　　C．围蛹　　　　D．裸蛹

4. 简答题

（1）昆虫的不全变态和全变态的主要区别是什么？

（2）如何区别不同类型的幼虫？

（3）如何区别不同类型的蛹？

（4）昆虫的卵有哪些类型？常见的产卵方式有哪些？

◇ **自主学习资源库**

1. 蓝色动物学（中国动物学科普网）：http://www.blueanimalbio.com/index.htm。
2. 海高生物在线——生物天地：http://www.zjhaigao.net/bio/swtd/kunchong/index.htm。
3. 嘎嘎昆虫网：http://gaga.biodiv.tw/9701bx/in5.htm。
4. 中国科普博览——昆虫博物馆：http://www.kepu.net.cn/gb/lives/insect/index.html。

任务1.3　识别园林昆虫常见目

◇ **工作任务**

通过本任务的学习和训练，能够准确判定白蚁、蝗虫、螽蟴、蟋蟀、蝼蛄、管蓟马、蓟马、负子蝽、叶蝉、木虱、粉虱、蚜虫、蜡蚧、粉蛉、蝶角蛉、草蛉、蜂、天蛾、粉蝶、叶蜂、天牛、家蝇、步甲、大蚊、象甲等常见园林昆虫属于哪个目和亚目，并掌握这些目和亚目的主要识别特征，熟悉昆虫分类检索表的应用，了解昆虫分类的基本知识。

◇ **知识准备**

1.3.1 昆虫分类概述

1.3.1.1 分类阶元

昆虫分类与其他动、植物分类一样,分为一系列阶元,主要包括界、门、纲、目、科、属、种7个等级。其中种是分类的基本单位,是客观存在的实体。物种是指自然界能够交配、产生可育后代,并与其他种存在生殖隔离的群体。而种以上的分类阶元则是代表在形态、生理、生物学等方面相近的若干种的集合单位。为了更客观地反映物种之间的亲缘关系,常在种以上的基本分类阶元间增设新的阶元,如在纲、目、科、属下设亚纲、亚目、亚科、亚属;也有在目、科上加设总目、总科等。

1.3.1.2 命名法

各种生物在不同的地区都有不同的俗名,容易引起混淆或造成误解。为便于国际间的交流,规定所有的生物都要使用统一的名称,即学名。按照国际动物命名法规,昆虫的科学名称采用林奈的双名法命名,即一种昆虫的学名由属名和种加词两个拉丁文组成,属名在前,属名的第一个字母大写,其余字母小写。在种名之后通常还附上命名人的姓,第一个字母也要大写。物种学名印刷时常用斜体,命名人的姓用正体,以便识别。如日本龟蜡蚧的学名为 *Ceroplastes japonicas* Guaind。

1.3.1.3 昆虫分目检索

分类检索表是鉴定昆虫种类的工具,广泛应用于各分类阶元的鉴定。检索表的编制使用对比分析和归纳的方法,从不同阶元(目、科、属或种)的特征中选出比较重要、突出、明显而稳定的特征,根据它们之间的相互绝对性状,做成简短的条文,按一定的格式排列而成。检索表的运用和编制,是昆虫分类工作的重要基础,学习和研究昆虫分类,必须熟练掌握检索表的制作和使用。检索表的形式常用的有双项式、单项式(连续式)和包孕式(退格式)3种,其中以双项式检索表最为常见。双项式检索表的特点是:每一条包含两项对应的特征,所鉴定的对象符合哪一项,就按哪一项所指示的条数继续向下检索,直至检索到其名称为止。

以下为与园林植物生产密切相关的10个目编制的双项式检索表。

与园林植物生产密切相关的10个目检索表

1 有1对翅,跗节5节···双翅目 Diptera
  有2对翅,如果只有1对翅,跗节仅1节(雄蚧虫)···2
2 前翅半鞘翅,基半部为角质或革质,端半部为膜质···半翅目 Hemiptera
  前翅基部与端部质地相同···3
3 前翅为鞘翅···鞘翅目 Coleoptera
  前翅不是鞘翅···4
4 前后翅均为鳞翅,口器虹吸式或退化···鳞翅目 Lepidoptera
  前后翅都不是鳞翅···5

5	前后翅膜质狭长，边缘有长的缨毛，口器锉吸式	缨翅目 Thysanoptera
	前后翅无长的缨毛，口器非锉吸式	6
6	口器为刺吸式	同翅目 Homoptera
	口器为咀嚼式	7
7	前翅为复翅，跗节4节以下，后足为跳跃足或前足为开掘足	直翅目 Orthoptera
	前翅为膜翅	8
8	前翅大，后翅小	膜翅目 Hymenoptera
	前后翅形状、大小及脉相均相似	9
9	触角念珠状	等翅目 Isoptera
	触角丝状或棒状	脉翅目 Neuroptera

无论是哪一种检索表，使用时都必须从第一条开始查起，绝不能从中间插入，以免"误入歧途"。另外，由于检索表受文字篇幅限制，其中只列少数几个主要特征，还有很多特征不能引入，所以在进行种类鉴定时，不能完全依赖检索表，必要时须查阅有关分类文献中的全面特征描述。

1.3.2 园林昆虫常见目

1.3.2.1 等翅目（Isoptera）

等翅目通称白蚁，分类上简称蟊。体白色柔软，小型到中型，口器咀嚼式，上颚很发达，触角念珠状。在一个群体中，有长翅型、短翅型和无翅型之分，有翅成虫具2对狭长的膜翅，前后翅质地、大小、形状及脉序均相同。跗节4或5节，有2爪。渐变态。

白蚁是社会性昆虫，营群体生活，有较复杂的"社会"组织和分工。在同一群体内由于所处的地位不同，分工不同，有不同的品级分化，从外部形态和生理机能上可将白蚁个体分为生殖型和非生殖型两大类。生殖型一般包括原始蚁王蚁后、短翅补充蚁王蚁后、无翅补充蚁王蚁后3个品级；非生殖型包括工蚁和兵蚁两个品级，无翅，这类白蚁虽有完整的生殖器官，但发育不完全，没有生殖机能。危害园林植物的是白蚁科（Termitidae）。

1.3.2.2 直翅目（Orthoptera）

直翅目包括蝗虫、螽斯、蝼蛄和蟋蟀等。体中型到大型，下口式，口器为典型的咀嚼式，触角线状或鞭状，单眼2～3个。前胸发达，前翅为复翅，后翅膜质，扇状折叠。产卵器常发达，剑状、刀状、矛状或凿状。常具听器及发音器。渐变态，若虫形态、生活环境和取食习性都与成虫相似。本目下分3个亚目。

（1）蝗亚目（Locustodea）

触角短，鞭状。前足步行足，后足跳跃足，跗节3节。听器位于第1腹节两侧，产卵器凿形。如蝗科（Locustidae）。

（2）螽斯亚目（Tettigoniodea）

触角长于身体，丝状。前足步行足，后足跳跃足，跗节3～4节。听器位于前足胫节内侧，产卵器刀状或剑状。如螽斯科（Tettigoniidae，图1-17）、蟋蟀科（Gryllidae，图1-18）。

（3）蝼蛄亚目（Gryllotalpodea）

触角 30 节以上，但短于身体。营土中生活，前足开掘足，后足步行足，跗节 2～3 节。听器位于前足胫节，产卵器退化。如蝼蛄科（Gryllotalpidae，图 1-19）。

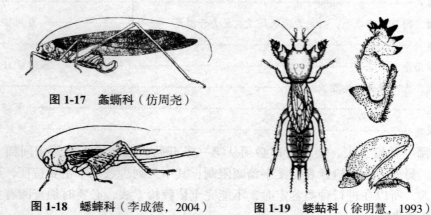

图 1-17　螽斯科（仿周尧）

图 1-18　蟋蟀科（李成德，2004）　　图 1-19　蝼蛄科（徐明慧，1993）

1.3.2.3　缨翅目（Thysanoptera）

缨翅目统称蓟马，成虫体长大多 1～2mm，小的仅 0.5mm，最大的不超出 15mm。口器为锉吸式，触角线状，6～9 节，有翅的种类兼具单眼和复眼，无翅的种类无单眼。翅狭长，翅脉简单，最多具 2 条长的纵脉，翅的边缘具长的缨毛，称为缨翅。过渐变态，从若虫发育为成虫要经过一个不食不动的时期，2 龄以前翅芽在体内发育，3 龄以后翅芽在体外发育，兼有不完全变态和全变态的特点。本目下分两个亚目。

（1）管尾亚目（Tubulifera）

前翅无翅脉，或仅有一简单缩短的中脉，翅面无微毛。雌虫无外露产卵器，腹部末端管状，卵产于花上、叶表面、真菌菌褶内、虫瘿内、树皮裂缝或其他昆虫所造成的隧道内。如管蓟马科（Phlaeothripidae）。

（2）锥尾亚目（Terebrantia）

均有翅，翅的表面有微毛，前翅有一缘脉，至少有一纵脉直达翅端。以锯状产卵器插入植物组织内产卵。如蓟马科（Thripidae）。

1.3.2.4　半翅目（Hemiptera）

半翅目俗称蝽，由于很多种能分泌挥发性臭油，又名臭板虫。成虫体型大小不一，体壁坚硬、扁平。口器刺吸式，着生于头的前面；触角线状或棒状，3～5 节；单眼 2 个或无。前胸背板大，中胸小盾片发达。前翅半鞘翅，半鞘翅可分为基部的革区、爪区和端部的膜区，膜区上的脉相是分科的依据（图 1-20）。渐变态，若虫一般经历 5 个龄期。本目下分两个亚目。

（1）隐角亚目（Cryptocerata）

触角比头部短，隐藏在头部下方或头腹面的凹沟中，水生种类。如负子蝽科（Belostomatidae）。

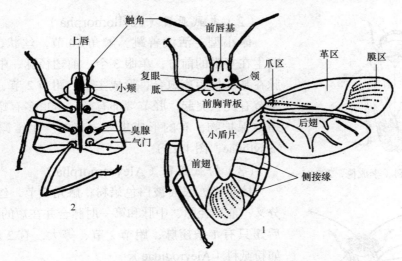

图 1-20 半翅目（蝽科）形态特征（仿周尧）
1. 背面观 2. 腹面观

（2）显角亚目（Gymnocerata）

触角明显，伸出头的前方，4~5节，显露，臭腺发达，多为陆生种类。园林常见网蝽科（Tingidae）、缘蝽科（Coreidae）、蝽科（Pentatomidae）、猎蝽科（Reduviidae）（图1-21）等。

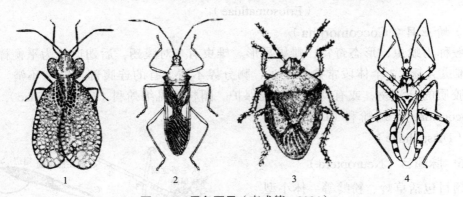

图 1-21 显角亚目（李成德，2004）
1. 网蝽科 2. 缘蝽科 3. 蝽科 4. 猎蝽科

1.3.2.5 同翅目（Homoptera）

同翅目包括叶蝉、飞虱、木虱、粉虱、蚜虫、蚧虫等。体小型到大型；口器刺吸式，从头的后方伸出；触角短，呈刚毛状或丝状；单眼2~3枚。前翅质地相同，膜翅或复翅，静止时常呈屋脊状置于体上或竖立于体上，有些种类有有翅和无翅个体。渐变态，若虫与成虫形态相似，但蚧虫的雄虫经过类似全变态的"蛹期"。本目下分5个亚目。

（1）蝉亚目（Cicadomorpha）

体小型到大型，触角短，刚毛状，跗节3节，翅脉发达，前翅至少有4条翅脉从翅的基部发出，飞翔能力强或善跳。如叶蝉科（Cicadellidae，图1-22）。

图1-22 叶蝉科（李成德，2004）

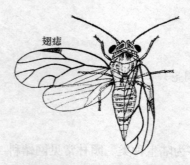

图1-23 木虱科形态特征（仿周尧）

（2）木虱亚目（Psyllomorpha）

体小型，活泼善跳。触角10节，丝状，末端分叉，着生在复眼的前方；单眼3个；前翅径脉、中脉和第一肘脉在基部长距离愈合，形成主干；跗节2节、等大，后足基节有疣状突起，胫节端部有刺。若虫多有蜡腺，能分泌蜡质保护物，有的形成虫瘿，有的产生蜜露。如木虱科（Psyllidae，图1-23）。

（3）粉虱亚目（Aleyromorpha）

体小型，表面被白色蜡粉；触角7节，丝状，末端不分叉；前翅径脉、中脉和第一肘脉合并在短的共同主干上，后翅只有1条翅脉；跗节2节、等大，有2爪和1中垫。如粉虱科（Aleyrodidae）。

（4）蚜亚目（Aphidomorpha）

统称蚜虫，体小型，分无翅型和有翅型，有翅个体有单眼，无翅个体无单眼，触角3～6节，跗节2节，第一节很短，腹部常有腹管，末节背板和腹板分别形成尾片和尾板。园林常见蚜科（Aphididae，图1-24）和绵蚜科（Eriosomatidae）。

（5）蚧亚目（Coccomorpha）

一般称为蚧虫，形态奇特，雌雄异形。雄虫有1对膜翅，后翅退化为平衡棒，跗节1节；雌虫无翅，3个体段常愈合，头、胸分界不清，有的连腹部也分节不清。常被有蜡质、胶质的分泌物，或有特殊的蚧壳保护。园林常见绵蚧科（Margarodidae）、粉蚧科（Pseudococcidae）、蜡蚧科（Coccidae）、盾蚧科（Diaspididae）。

1.3.2.6 脉翅目（Neuroptera）

脉翅目包括草蛉、粉蛉等。体小型至大型，口器咀嚼式，触角细长，前胸短小。前、后翅均为膜翅，大小、形状相似，大多翅脉呈网状、在边缘多分叉，少数种类翅脉少而简单。跗节5节。完全变态。卵多呈长卵圆形，有的具长卵柄（草蛉）或具小突起（粉蛉）。幼虫寡足型，胸足发达。本目下分3个亚目。

（1）粉蛉亚目（Conioptrygodea）

翅的纵脉和横脉较少，径分脉最多只有1个分叉。体微小，被白色蜡粉。

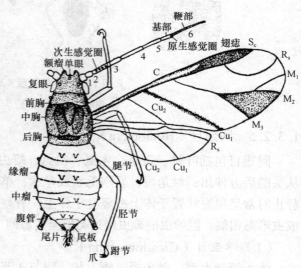

图1-24 蚜科形态特征（徐明慧，1993）

如粉蛉科（Coniopterygidae）。

（2）蚁蛉亚目（Myrmeleontodea）

翅的纵脉和横脉较多，径分脉有多数分支，肘脉终止于翅的端部。触角末端膨大。如蝶角蛉科（Ascalaphidae）。

（3）褐蛉亚目（Hemerobiodea）

翅的纵脉和横脉较多，径分脉有多数分支，肘脉终止于翅的中部以前。触角末端不膨大。如草蛉科（Chrysopidae，图1-25）。

图1-25　草蛉科（仿袁峰）
1. 成虫　2. 幼虫

1.3.2.7　鳞翅目（Lepidoptera）

鳞翅目包括所有的蛾类和蝶类昆虫，是昆虫纲的第二大目。成虫体小型至大型，触角多节，线状、梳状、羽毛状或棒状，复眼发达，口器虹吸式或退化。前胸小，中胸大。前、后翅均为鳞翅，翅的纵脉相对固定，前翅从前到后依次为 Sc、R（3~5条）、M_1、M_2、M_3、Cu_1、Cu_2、A（1~3条），后翅从前到后依次为 $Sc+R_1$、Rs、M_1、M_2、M_3、Cu_1、Cu_2、A（1~3条），其中翅脉的特征和 R 脉、A 脉的数量是分科的依据。翅脉的命名满足"从中室伸出的最后一条脉为 Cu_2 脉"，其中中室是指翅面中央的一个长形翅室（图1-26）。完全变态。幼虫蠋型，口器咀嚼式，身体各节密布分散的刚毛或毛瘤、毛簇、枝刺等；有腹足2~5对，以5对者居多，具趾钩。蛹为被蛹。本目下分3个亚目。

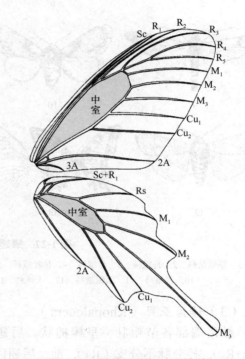

图1-26　鳞翅目脉相（凤蝶科）

（1）轭翅亚目（Jugatae）

触角线状或羽毛状。前、后翅脉相似，后翅的 R 脉也有3~5条，前、后翅以翅轭连锁，为低等的蛾类。如蝙蝠蛾科（Hepialidae，图1-27）。

（2）缰翅亚目（Frenatae）

触角线状、梳状或羽毛状。后翅纵脉与前翅不同，亚前缘脉与第一径脉合并（$Sc+R_1$），径分脉不分支（Rs），前、后翅以翅缰连锁，休息时翅伸展在身体两侧呈屋脊状或放在腹部背面呈钟罩状，为高等蛾类。园林常见夜蛾科（Noctuidae）、舟蛾科（Notodontidae）、卷蛾科（Tortricidae）、刺蛾科（Limacodidae）、袋蛾科（Psychidae）、毒蛾科（Lymantridae）、灯蛾科（Hypercompe）、螟蛾科（Pyralididae）、斑蛾科（Zygaenidae）、枯叶蛾科（Lasiocampidae）、透翅蛾科（Sesiidae）、木蠹蛾科（Cossidae）等（图1-27）。

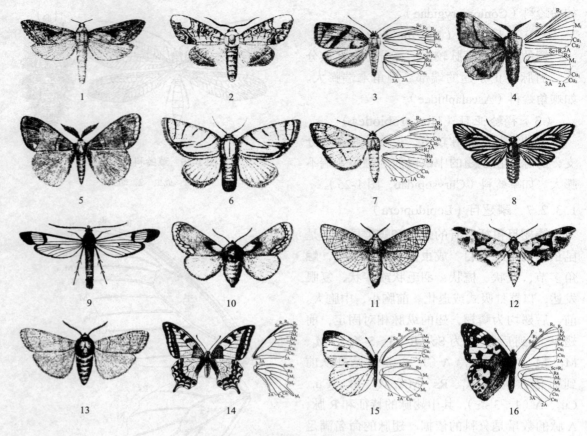

图 1-27 鳞翅目（李成德，2004）

1. 蝙蝠蛾科　2. 舟蛾科　3. 卷蛾科　4. 枯叶蛾科　5. 毒蛾科　6. 灯蛾科　7. 螟蛾科　8. 斑蛾科　9. 透翅蛾科
10. 刺蛾科　11. 木蠹蛾科　12. 天蛾科　13. 夜蛾科　14. 凤蝶科　15. 粉蝶科　16. 蛱蝶科

（3）锤角亚目（Rhopalocera）

触角端部各节粗壮，呈棒槌状。后翅纵脉与前翅不同，亚前缘脉与第一径脉合并（Sc+R_1），径分脉不分支（Rs），前、后翅以翅抱连锁，休息时翅竖立在身体背面。包括所有蝶类，如凤蝶科（Papilionidae）、粉蝶科（Pieridae）、蛱蝶科（Nymphalidae）、斑蝶科（Danaidae）（图1-27）。

1.3.2.8　鞘翅目（Coleoptera）

鞘翅目通称甲虫，是昆虫纲中乃至动物界种类最多、分布最广的目。成虫体小型至大型，体躯坚硬。触角形状多变，有线状、锯齿状、锤状、膝状和鳃片状等。复眼发达，常无单眼。口器咀嚼式。前胸发达。前翅鞘翅，质地坚硬，角质化，静止时在背中央相遇成一条直线；后翅膜质，通常纵横叠于鞘翅下。后足基节窝是否将第一腹板分割开及头部是否延伸是分类的重要依据。完全变态。幼虫一般狭长，头部发达、坚硬，口器咀嚼式，寡足型或显头无足型，其中寡足型包括肉食甲型、蛴螬型、伪蠋型、金针虫型等。蛹为离蛹。本目常分3个亚目（图1-28）。

（1）肉食亚目（Adephaga）

后足基节固定在后胸腹板上不能活动，基节窝将第一腹板完全分割开。园林常见步甲科（Carabidae）、虎甲科（Cicindelidae）（图1-29）。

（2）多食亚目（Polyphaga）

后足基节能活动，基节窝不将第一腹板完全隔离。头部正常，不向前延伸。园林常见天牛科（Cerambycidae）、鳃金龟科（Melolonthidae）、丽金龟科（Rutelidae）、花金龟科（Cetoniidae）、瓢甲科（Coccinellidae）、叶甲科（Chrysomelidae）、叩头甲科（Elateridae）、吉丁甲科（Buprestidae）（图1-29）。

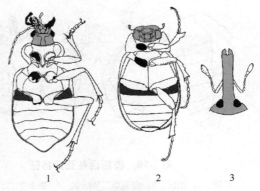

图1-28 鞘翅目各亚目特征

1. 肉食亚目 2. 多食亚目 3. 象甲亚目

（3）象甲亚目（Rhynchophora）

象甲亚目又称为管头亚目，后足基节能活动，基节窝不将第一腹板完全隔离，头部向前延伸成象鼻状或鸟喙状。园林常见小蠹科（Scolytidae）、象甲科（Curculionidae）（图1-29）。

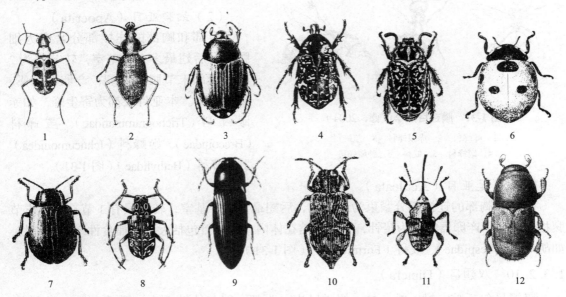

图1-29 鞘翅目（李成德，2004）

1. 虎甲科 2. 步甲科 3. 丽金龟科 4. 花金龟科 5. 鳃金龟科 6. 瓢甲科
7. 叶甲科 8. 天牛科 9. 叩头甲科 10. 吉丁甲科 11. 象甲科 12. 小蠹科

1.3.2.9 膜翅目（Hymenoptra）

膜翅目包括所有的蜂和蚂蚁，是昆虫纲中第三大目、最高等的类群。头活动，触角线状、锤状或膝状，复眼大，口器一般为咀嚼式，仅蜜蜂为嚼吸式。两对翅都是膜翅，

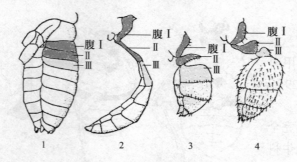

图 1-30 膜翅目各亚目特征

1. 广腰　2. 细腰　3. 腹部第二节结状　4. 腹部第二、三节结状

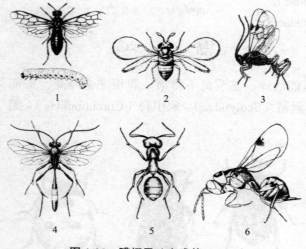

图 1-31 膜翅目（李成德，2004）

1. 叶蜂科　2. 赤眼蜂科　3. 茧蜂科
4. 姬蜂科　5. 蚁科　6. 肿腿蜂科

前翅大，后翅小，后翅前缘有一列小钩与前翅连锁。腹部第一节并入后胸，称为并胸腹节；第二节常缩小成"腰"，称为腹柄。雌虫有发达的产卵器，多数为针状或有刺蜇能力。完全变态。卵多数，卵圆形或香蕉形。食叶的幼虫为多足型，与鳞翅目幼虫相似，但没有趾钩。蛹为离蛹。

膜翅目分为3个亚目（图1-30）。

（1）广腰亚目（Rhynchophora）

腹部与胸部广阔相连，相接处不收缩为细腰状，后翅至少有3个基室，转节2节，产卵器锯状或管状。幼虫植食性，具胸足3对，多数有腹足，但没有趾钩。本亚目大都危害植物，如叶蜂科（Tenthredinidae，图1-31）。

（2）细腰亚目（Apocrita）

腹部和胸部的连接部分紧束为细腰状，后翅最多2个基室，转节多为2节，腹部末节腹板纵裂，产卵器外露。幼虫无足。本亚目大都为寄生蜂，如赤眼蜂科（Trichogrammatidae）、茧蜂科（Braconidae）、姬蜂科（Ichneumonidea）、肿腿蜂科（Bethylidae）（图1-31）。

（3）针尾亚目（Aculeata）

腹部和胸部的连接部分紧束为细腰状，后翅最多2个基室，转节只有1节，腹部末节腹板不纵裂，产卵器特化为蜇针，不用时缩在体内。本亚目包括大量的捕食性蜂类和蚂蚁，如胡蜂科（Vespidae）、蚁科（Formicidae）（图1-31）。

1.3.2.10 双翅目（Diptera）

双翅目包括蚊、蠓、蚋、虻、蝇类昆虫。头部一般与体轴垂直，活动自如，下口式。复眼大，常占头的大部。口器刺吸式、舐吸式或舔吸式。前翅为发达的膜翅，后翅退化为平衡棒。跗节5节。完全变态。幼虫为无足型，大多数为无头无足型，全体柔软，前端小、后端大。蛹为离蛹或围蛹。本目常分3个亚目。

（1）长角亚目（Nematocera）

成虫体细小，触角丝状、羽状或环毛状，8节以上，口器刺吸式，下颚须4~5节。通常所说的蚊类昆虫属于本亚目。如瘿蚊科（Cecidomyiidae）。

（2）短角亚目（Brachycera）

体粗壮，触角4～6节，短于胸部，下颚须2节以下。通常所说的虻类昆虫属于本亚目。如食虫虻科（Aslidae）。

（3）芒角亚目（Aristocera）

触角3节，具芒状，下颚须2节以下。通常所说的蝇类昆虫属于本亚目。如潜蝇科（Agromyzidae）、食蚜蝇科（Syrphidae）。

◇任务实施

应用昆虫分类检索表判别园林昆虫常见目

【任务目标】

（1）掌握利用分类检索表鉴定昆虫的方法。

（2）掌握园林常见十大目及其各亚目的主要鉴别特征。

【材料准备】

干制标本：白蚁、蝗虫、螽斯、蟋蟀、蝼蛄、管蓟马、蓟马、蝽、负子蝽、叶蝉、木虱、粉虱、蚜虫、蜡蚧、粉蛉、蝶角蛉、草蛉、天蛾、粉蝶、叶蜂、天牛、家蝇、步甲、大蚊、象甲等。

【方法及步骤】

（1）利用常见园林昆虫分目（十目）检索表鉴定所给标本分别属于哪一目。

（2）对照教材上相应目及其亚目的主要形态特征，仔细观察所给标本的相应识别特征。

【成果汇报】

编制一个包含白蚁、蝗虫、螽斯、蝼蛄、管蓟马、蓟马、负子蝽、蝽、叶蝉、木虱、粉虱、蚜、蜡蚧、粉蛉、蝶角蛉、草蛉、天蛾、粉蝶、叶蜂、天牛、家蝇、步甲、大蚊、象甲的双项式检索表。

◇小贴士

杨集昆先生笔下的昆虫分目诗

杨集昆先生（1925—2006）是我国著名的昆虫分类学家，长期致力于昆虫分类的研究和教学工作。他亲手采集20多万个昆虫标本，其分类涉及昆虫纲18目100余科。不仅如此，他还命名了2000多个新种及一些新属、新科，是我国昆虫分类学的先驱之一。他不仅学识渊博，还擅长写打油诗，用神来之笔把科学融入诗词。"体分头胸腹，四翅并六足；生长多变态，昆虫百万数"就是杨集昆先生对昆虫的高度概括。其后他又为代表我国昆虫大类群的32个目各作一首"打油诗"，把昆虫纲各目巧妙地划分开来，使各目的特征描述不再显得呆板，记忆变得流畅，学习变得快乐。

原尾目（Protura）：

举足原尾目，触角却独无；腹部节十二，前三有腹足。

弹尾目（Collembola）：
善跳弹尾目，腹节不过六；基部有腹管，跳器在端部。
虱目（Anoplura）：
前口刺吸为虱目，跗爪各一攀缘足；胸部愈合亦无翅，虱虮吸血害哺乳。
双尾目（Diplura）：
盲目双尾目，触角如念珠；尾须或尾铗，一七泡刺突。
缨尾目（Thysanura）：
具眼缨尾目，触角长如丝；尾须中尾丝，二九泡刺突。
蜉蝣目（Ephemeroptera）：
朝生暮死蜉蝣目，触角如毛口若无；多节尾须三两根，四或二翅背上竖。
食毛目（Mallophaga）：
下口咀嚼食毛目，触角短小节三五；前胸单独全无翅，鸟虱寄生禽兽肤。
缨翅目（Thysanoptpra）：
钻花蓟马缨翅目，体小细长常翘腹；短角聚眼口器歪，缨毛围翅具泡足。
直翅目（Orthoptera）：
后足喜跳直翅目，前胸发达前翅覆；雄鸣雌具产卵器，蝗虫蟋蟀蝼蛄叫。
蜻蜓目（Odonata）：
飞行捕食蜻蜓目，刚毛触角多刺足；四翅发达有结痣，粗短尾须细长腹。
蜚蠊目（Blattariae）：
畏光喜暗蜚蠊目，盾形前胸头上覆；体扁椭圆触角长，扁宽基节多刺足。
纺足目（Embioptera）：
足丝蚁乃纺足目，前足纺丝在基跗；胸长尾短节分二，雄具四翅雌却无。
襀翅目（Pleeoptora）：
扁软石蝇襀翅目，方形前胸三节跗；前翅中肘多横脉，尾须丝状或短突。
螳螂目（Mantodea）：
合掌祈祷螳螂目，挥臂挡车猛如虎；头似三角复眼大，前胸延长捕捉足。
等翅目（Isoptera）：
害木白蚁等翅目，四翅相同角如珠；工兵王后专职化，同巢共居千余数。
革翅目（Dermaptera）：
前翅短截革翅目，后翅如扇脉如骨；尾须坚硬呈铗状，蠼螋护卵若鸡孵。
蜻目（Phasmatode）：
奇形怪虫为蜻目，体细足长如修竹；更有宽扁似树叶，如枝似叶害林木。
缺翅目（Zoraptera）：
触角九节缺翅目，一节尾须二节跗；无翅有翅常脱落，隐居高温高湿处。
同翅目（Homoptera）：
前翅同质同翅目，喙出头下近前足；叶蝉飞虱蚜和蚧，常害农林与果蔬。
半翅目（Hemiptera）：

基草端膜半翅目，前胸发达盾片覆；刺吸口器分节喙，水陆取食动植物。
脉翅目（Neuroptera）：
草蛉粉蛉脉翅目，外缘分叉脉特殊；咀嚼口器下口式，捕食蚜蚧红蜘蛛。
鳞翅目（Lepidoptera）：
虹吸口器鳞翅目，四翅膜质鳞片覆；蝶舞花间蛾扑火，幼虫多足害植物。
鞘翅目（Coleoptera）：
硬壳甲虫鞘翅目，前翅角质背上覆；触角十一咀嚼式，幼虫寡足或无足。
膜翅目（Hymenoptera）：
前翅钩列膜翅目，蜂蚁细腰并胸腹；捕食寄生或授粉，害叶幼虫为多足。
双翅目（Diptera）：
蚊蠓虻蝇双翅目，后翅平衡五节跗；口器刺吸或舔吸，幼虫无足头有无。
啮虫目（Psocoptera）：
书虱树虱啮虫目，前胸如颈唇基突；前翅具痣脉波状，跗节三两尾须无。
蛇蛉目（Raphidiodea）：
头胸延长蛇蛉目，四翅透明翅痣乌；雌具针状产卵器，幼虫树干捉小蠹。
长翅目（Mecoptera）：
头呈喙状长翅目，四翅狭长腹特殊；蝎蛉雄虫如蝎尾，蚊蛉细长似蚊足。
毛翅目（Trichoptera）：
石蛾似蛾毛翅目，四翅膜质波毛覆；口器咀嚼足生距，幼虫水中筑小屋。
捻翅目（Strepsiptera）：
寄生昆虫捻翅目，雌无角眼缺翅足；雄虫前翅平衡棒，后胸极大形特殊。
蚤目（Siphonaptera）：
侧扁跳蚤为蚤目，头胸密接跳跃足；口能吸血多传病，幼虫如蛆尘埃住。
广翅目（Megaloptera）：
鱼蛉泥蛉广翅目，头前口式眼凸出；四翅宽广无缘叉，幼虫水生具腹突。
[买国庆. 昆虫分目科普诗. 生命世界，2006(3):18-25.]

◇ **自测题**

1. 名词解释
物种，双项式检索表，双名法。

2. 填空题
（1）白蚁的口器为_____式，触角为_____状，前翅为_____翅，后翅为_____翅，属于_____目。
（2）直翅目蝗科昆虫的口器为_____式，触角为_____状，前翅为_____翅，后翅为_____翅，听器位于_____，产卵器呈_____状，后足为_____式；螽斯科的听器位于_____，产卵器呈_____状；蝼蛄科的前足为_____式。

（3）缨翅目昆虫统称为_____，口器为_____，前翅为_____翅，变态为_____。

（4）半翅目前翅为_____翅，一般可分为_____、_____和_____3个区，口器为_____式，俗称_____；隐角亚目昆虫触角比头部_____，隐藏在头部下方或头腹面的凹沟中，而触角明显伸出头前方的是_____亚目，多为_____生种类。

（5）同翅目昆虫的口器为_____式，触角短，呈_____状或_____状，前翅_____相同，_____变态；同翅目下分5个亚目，其中蝉亚目跗节_____节，蚜亚目、粉虱亚目和木虱亚目跗节均为_____节，蚧亚目跗节_____节，雄虫前翅为_____翅，后翅为_____。

（6）草蛉属于_____目，口器_____式，前后翅均为_____翅，_____变态。卵多呈长卵圆形，具有_____。

（7）鳞翅目成虫口器_____式，前后翅均为_____翅，蝴蝶属_____亚目，触角为_____状，蛾触角为_____状、_____状和_____状。_____变态，幼虫_____型，口器_____式，大多有_____对腹足，具_____。蛹为_____。

（8）红蜡蚧的拉丁学名为 *Ceroplastes rubens* Maskell，其中 *Ceroplastes* 代表_____，*rubens* 代表_____，Maskell 代表_____。

（9）鞘翅目昆虫通称_____，是昆虫纲中第_____大目；成虫口器_____式，前翅_____翅；幼虫一般狭长，_____式口器，_____型或_____型，_____变态；蛹为_____蛹。常分3个亚目，其中步甲科属于_____亚目，天牛科属于_____亚目，小蠹科属于_____亚目。

（10）所有的蜂和蚂蚁属于_____目，口器一般为_____式，仅蜜蜂为_____式，两对翅都是_____翅，前翅大、后翅小，以_____连锁。腹部第一节并入后胸，称为_____；第二节常缩小成"腰"，称为_____。雌虫常有发达的_____。_____变态，食叶的幼虫为_____型，与鳞翅目幼虫相似，但没有_____。蛹为_____蛹。本目下分为3个亚目，其中，叶蜂等危害植物的种类属于_____亚目，而蚂蚁、胡蜂等捕食性种类属于_____亚目，赤眼蜂等寄生性种类大多属于_____亚目。

（11）双翅目依据触角的长短和形状一般分为3个亚目，其中蚊类昆虫属于_____亚目，虻类昆虫属于_____亚目，蝇类昆虫属于_____亚目。

3. 单项选择题

（1）蝗虫的后足是（　　）。
  A. 跳跃足　　B. 开掘足　　C. 游泳足　　D. 步行足

（2）蝼蛄的前足是（　　）。
  A. 开掘足　　B. 步行足　　C. 捕捉足　　D. 跳跃足

（3）蝶和蛾的前、后翅都是（　　）。
  A. 膜翅　　B. 半鞘翅　　C. 鳞翅　　D. 鞘翅

（4）甲虫的前翅为（　　）。
  A. 膜翅　　B. 半鞘翅　　C. 鞘翅　　D. 鳞翅

（5）蜻象的前翅是（　　）。
　　A．膜翅　　　　B．半鞘翅　　　　C．鞘翅　　　　D．鳞翅
（6）蜂的前、后翅是（　　）。
　　A．膜翅　　　　B．半鞘翅　　　　C．鞘翅　　　　D．鳞翅
（7）蝇的后翅是（　　）。
　　A．膜翅　　　　B．半鞘翅　　　　C．复翅　　　　D．平衡棒

4. 简答题

（1）昆虫的分类阶元有哪些？基本的分类阶元是什么？
（2）直翅目昆虫形态上有什么共同特征，如何分亚目？
（3）同翅目昆虫形态上有什么共同特征，如何分亚目？
（4）半翅目昆虫和同翅目昆虫在形态上有哪些异同？
（5）鳞翅目昆虫形态上有什么共同特征，如何分亚目？
（6）鞘翅目昆虫形态上有什么共同特征，如何分亚目？

◇ 自主学习资源库

1. 普通昆虫学．2版．彩万志，庞雄飞，花保祯，等．中国农业大学出版社，2011．
2. 昆虫分类学报：http://xbkcflxb.alljournal.net/xbkcflxb/ch/index.aspx．
3. 昆虫学报：http://www.insect.org.cn/CN/0454-6296/home.shtml．
4. 环境昆虫学报：http://hjkcxb.alljournals.net/ch/index.aspx．
5. 应用昆虫学报：http://www.ent-bull.com.cn/index.aspx．
6. 中国科普博览——昆虫博物馆：http://www.kepu.net.cn/gb/lives/insect．
7. 昆虫视界——昆虫学狂热者：http://www.yellowman.cn．

项目 2　识别园林植物病害

园林植物病害是严重影响园林植物生产和园林景观的一种常见自然灾害。园林植物在生长发育和贮运过程中，由于受到不良环境的影响，或受其他生物的侵染，导致生长发育不良，品质变劣，降低绿化效果及观赏价值，甚至引起死亡，造成经济损失。通过本项目4个任务的学习和训练，要求能够牢固掌握园林植物病害的病原特征与症状表现，并能准确识别与诊断园林植物病害。

◇ **知识目标**

（1）了解园林植物病害的概念。
（2）掌握园林植物病害的症状类型。
（3）掌握园林植物非侵染性病害的主要病原和症状特点。
（4）掌握园林植物病原真菌的形态及特征。
（5）熟悉园林植物其他病原的形态及特征。

◇ **技能目标**

（1）能正确区分园林植物病害与植物损伤。
（2）能准确识别与诊断园林植物非侵染性病害。
（3）能准确识别与诊断园林植物真菌病害。
（4）能准确识别与诊断园林植物其他侵染性病害。

任务2.1　了解园林植物病害相关概念

◇ **工作任务**

通过本任务的学习和训练，能够知晓园林植物病害的相关概念，能准确区分植物病害与植物损伤，能准确区分园林植物斑点病、白粉病、霜霉病、锈病、煤污病、畸形病、枯萎病、菌膜、溢脂等病害症状的类型及特征。

◇ 知识准备

2.1.1 园林植物病害与损伤

2.1.1.1 病害

园林植物在生长发育和贮运过程中，由于受到不良环境的影响，或受其他生物的侵染，导致生理、组织结构、形态上产生局部或整体的不正常变化，使生长发育不良、品质变劣，甚至引起死亡，降低绿化效果及观赏价值和造成经济损失，这种现象称为园林植物病害。

园林植物发病所经历的一系列病理变化过程，简称病变。病变首先表现在生理机能的变化上，如呼吸作用和蒸腾作用的加强，同化作用的降低，酶活性的改变，以及水分和养分吸收与运转的失常等，称为生理病变；其次是内部组织的变化，如叶绿体或其他色素的减少或增加，细胞体积和数目的增减，维管束的堵塞，细胞壁的加厚，以及细胞和组织的坏死等，称为组织病变；最后导致外部形态的变化，如叶斑、枯梢、根腐、霉烂、畸形等，称为形态病变。生理病变是组织病变和形态病变的基础，组织和形态上的病变又进一步扰乱了园林植物正常的生理程序，使病变逐渐加深。病理变化过程是识别园林植物病害的重要标志。

需要说明的是，并非所有发生植物病理变化过程的现象都称为病害。如异常美丽的'金心'黄杨、'银边'黄杨和'银边'虎尾兰都是因为受到病毒的感染而形成的，羽衣甘蓝是食用甘蓝病变的产物，'绿菊'和'绿牡丹'也是病理变化的杰作，这些植物都被视为园林植物中的名花或珍品，经济价值和观赏价值大大提高，一般不作为病害植物处理。

2.1.1.2 损伤

损伤与病害是两个不同的概念。无论非生物因素或是生物因素，都可以引起植物的损伤。风折、雪压、动物咬伤、害虫啃伤、冻拔等，都是园林植物在短时间内受外界因素的作用而突然形成的，没有经历病理变化过程，因此不能称为病害而称为损伤或伤害。

2.1.2 园林植物病害的病原

引起园林植物发生病害的原因称为病原。感病的园林植物称为寄主。

2.1.2.1 侵染性病原

引起园林植物病害的有害生物（即病原物），称为侵染性病原。主要有真菌、细菌、病毒、植原体、类病毒、寄生性种子植物、线虫、藻类和螨类等。病原物属于菌类的称为病原菌。上述由生物因子引起的植物病害都能相互传染，有侵染过程，称为侵染性病害。在田间常先出现中心病株，有从点到面扩展危害的过程。

2.1.2.2 非侵染性病原

引起园林植物病害的不良环境条件，称为非侵染性病原。如温度过高（引起灼伤）、低温（引起冻害）、土壤水分不足（引起枯萎）、排水不良及积水（造成根系腐烂甚至植株枯死）、营养元素不足（引起缺素症），还有空气和土壤中的有害化学物质及农药使用不当

（引起生长不良）等。这类非生物因子引起的病害不能互相传染，没有侵染过程，称为非侵染性病害，也称生理性病害。常大面积成片发生，全株发病。

环境一方面影响病原物的生长发育，另一方面也影响植物的生长状态，增强或降低植物对病原的抵抗力。如环境有利于植物生长发育而不利于病原的活动，病害就难以发生或发展很慢，植物受害也轻；反之，病害就容易发生或发展很快，植物受害也重。植物病害的发生过程实质上就是病原、植物和环境的相互影响与相互制约而发生的一系列顺序变动的总和。人类活动对植物病害的发生发展产生重大影响。

2.1.3 园林植物病害的症状及类型

2.1.3.1 园林植物病害的症状

园林植物感病后，在外部形态上所表现出来的不正常变化，称为症状。症状可分为病状和病症。病状是感病植物本身所表现出来的不正常状态。病症是病原物在感病植物上所表现出来的特征。如大叶黄杨褐斑病，在叶片上形成的近圆形、灰褐色的病斑是病状，后期在病斑上由病原菌长出的小黑点是病症。

所有的园林植物病害都有病状，而病症只在由真菌、细菌、寄生性种子植物和藻类所引起的病害上表现较明显；病毒、植原体和类病毒等所引起的植物病害无病症；线虫多数在植物体内寄生，一般体外无病症表现；非侵染性病害也无病症。植物病害一般先表现病状，病状易被发现，而病症常要在病害发展至某一阶段才能显现。

2.1.3.2 症状的主要类型

植物病害的症状种类很多，每一种都有其特点，常见的有以下类型。

（1）病状的主要类型（图2-1）

① 花叶　整株或局部叶片颜色深浅不匀，浓绿和黄绿间杂，有时出现红、紫斑块。一般由病毒引起。如紫丁香花叶病、大丽花花叶病。

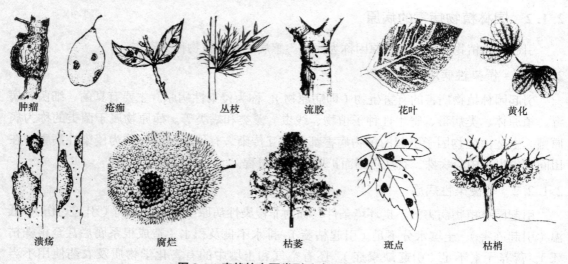

图 2-1　病状的主要类型（武三安，2007）

② 黄化　叶绿素含量减少，整株或局部叶片均匀褪绿。进一步发展导致白化。一般由病毒、植原体或生理原因引起。如香石竹斑驳病毒病、栀子黄化病、翠菊黄化病。

③ 斑点　多发生在叶片和果实上，形状和颜色不一。病斑后期有的出现霉点或小黑点。一般由真菌、细菌等引起。如月季黑斑病、山茶灰斑病、山茶炭疽病、兰花炭疽病。

④ 溃疡　枝干皮层、果实等部位局部组织坏死，形成凹陷病斑，病斑周围常为木栓化愈伤组织所包围，后期病部常开裂，并在坏死的皮层上出现黑色的小颗粒或小型的盘状物。一般由真菌、细菌或日灼等引起。如槐树溃疡病、杨树溃疡病。

⑤ 腐烂　发生于根、干、花、果上。病部组织腐烂。多汁幼嫩的组织常为湿腐，如羽衣甘蓝软腐病；含水较少、较硬的组织常发生干腐，如三棱掌腐烂病。腐烂一般由真菌或细菌引起。

⑥ 枯梢　枝条从顶端向下枯死，甚至扩展到主干上。一般由真菌、细菌或生理原因引起。如马尾松枯梢病、柳黑枯病。

⑦ 枯萎　由于干旱、根系腐烂或输导组织受阻，部分枝条或整个树冠的叶片凋萎、脱落或整株枯死。一般由真菌、细菌或生理原因引起。如榆枯萎病、唐菖蒲枯萎病、大丽花青枯病。

⑧ 畸形　通常包括叶片变小、皱缩、肿胀或形成毛毡，枝条带化，果实变形等。一般由真菌、螨类或其他原因引起。如桃缩叶病、月季带化病、李囊果病和阔叶树毛毡病。

⑨ 疮痂　发生在叶片、果实和枝条上。斑点表面粗糙，有的局部细胞增生而稍微突起，形成木栓化的组织。多由真菌引起。如柑橘疮痂病。

⑩ 肿瘤　枝干和根上的局部细胞增生，形成各种不同形状和大小的瘤状物。一般由真菌、细菌、线虫、寄生性种子植物或生理原因引起。如樱花根癌病、根瘤线虫病。

⑪ 流脂或流胶　病部有树脂或胶质自树皮渗出，常称为流脂病或流胶病。流脂和流胶的原因比较复杂，一般由真菌、细菌或生理原因引起，也可能是它们综合作用的结果。如马尾松枯梢病病梢上流脂、桃树流胶。

⑫ 丛枝　顶芽生长受抑，侧芽、腋芽迅速生长，或不定芽大量发生，发育成小枝，小枝上的顶芽又受抑制，其侧芽又发育成小枝，这样多次重复发展，叶片变小，节间变短，枝叶密集丛生。由真菌、植原体或生理原因引起。如竹丛枝病、泡桐丛枝病。

（2）病症的主要类型（图2-2）

① 霉状物　病原真菌感染后，其营养体和繁殖体在植物病部产生各种颜色的霉层。如霜霉（葡萄霜霉病、月季霜霉病）、灰霉（月季灰霉病、仙客来灰霉病）、烟煤（山茶烟煤病）。

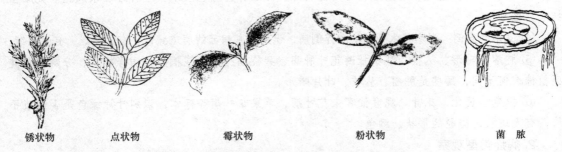

锈状物　　点状物　　霉状物　　粉状物　　菌脓

图2-2　病症的主要类型（中南林学院，1986；武三安，2007）

② 粉状物　植物发病部位出现各种颜色的粉状物。如月季白粉病、黄栌白粉病、瓜叶菊白粉病。

③ 锈状物　发生在枝、干、叶、花、果等部位。病部产生锈黄色粉状物，或者内含黄粉的疱状物或毛状物。由锈菌引起。如玫瑰锈病、海棠锈病。

④ 点状物　为很多病原真菌繁殖器官的表现，褐色或黑色，不同病害点状物的形状、大小、突出表面的程度、密度或分散、数量的多寡都是不尽相同的。

⑤ 菌脓　细菌性病害常从病部溢出灰白色、蜜黄色的液滴，干后结成菌膜或小块状物。如天竺葵叶斑病、栀子花叶斑病。

◇ 任务实施

观察园林植物病害的常见症状并识别其类型

【任务目标】

（1）认识各类病害对园林植物造成的危害。

（2）了解园林植物病害的种类及其多样性。

（3）掌握园林植物主要病害的症状表现及其特点，为今后园林植物病害的诊断奠定基础。

【材料准备】

当地主要园林植物病害标本，如葡萄霜霉病、月季黑斑病、菊花褐斑病、大叶黄杨褐斑病、君子兰细菌性软腐病、菊花枯萎病、苗木立枯病和猝倒病、仙客来灰霉病、瓜叶菊灰霉病、月季白粉病、大叶黄杨白粉病、牵牛花白锈病、玫瑰锈病、桃褐锈病、二月蓝霜霉病、柑橘青霉病、杜鹃花叶肿病、碧桃缩叶病、米兰煤污病、海棠腐烂病、杨树溃疡病、一品红枝枯病、仙客来花叶病、苹果花叶病、重阳木丛枝病、菟丝子、山茶藻斑病、桃流胶病、唐菖蒲生理性叶枯病、文竹黄化病、矢车菊菌核病等。

【方法与步骤】

1. 病状类型观察

① 斑点　观察葡萄霜霉病、月季黑斑病、菊花褐斑病等标本，识别病斑的大小、颜色等。

② 腐烂　观察海棠腐烂病、君子兰细菌性软腐病等标本，识别各腐烂病的特征。判断是干腐还是湿腐。

③ 枯萎　观察菊花枯萎病植株枯萎的特点，是否保持绿色。观察茎秆维管束颜色和健康植株有何区别。

④ 立枯和猝倒　观察苗木立枯病和猝倒病，识别茎基病部的病斑颜色、有无腐烂、有无溢缩。

⑤ 肿瘤、畸形、丛枝　观察杜鹃花叶肿病、碧桃缩叶病、泡桐丛枝病等标本，分辨其与健康植株有何不同，哪些是肿瘤、丛枝、叶片畸形。

⑥ 褪色、黄化、花叶　观察仙客来花叶病、苹果花叶病等标本，识别叶片绿色是否浓淡不均，有无斑驳，斑驳的形状、颜色。

2. 病症类型观察

① 粉状物　观察大叶黄杨白粉病、月季白粉病、贴梗海棠锈病、玫瑰锈病等标本，识别病

部有无粉状物及颜色。

② 霉状物　观察米兰煤污病、二月蓝霜霉病、柑橘青霉病等标本，识别病部霉层的颜色。

③ 粒状物　观察兰花炭疽病、腐烂病、白粉病等标本，分辨病部黑色小点、小颗粒。

④ 菌核与菌索　观察矢车菊菌核病等标本，识别菌核的大小、颜色、形状等。

⑤ 溢脓　观察白菜软腐病等标本，有无脓状黏液或黄褐色胶粒。

【成果汇报】

将园林植物病害症状的观察结果填入表 2-1。

表 2-1　园林植物病害症状观察结果

病 害 名 称	病 状 类 型	病 症 类 型

◇ 自测题

1. 名词解释

植物病害，损伤，病原，侵染性病原，非侵染性病原，症状，病症，病状，侵染性病害，生理病害。

2. 填空题

（1）园林植物发病有一定的病理变化过程，依次为_____、_____和_____。

（2）_____是识别园林植物病害的重要标志。

（3）侵染性病原主要有_____、_____、_____、_____、_____、_____和_____等。

（4）非侵染性病原主要有_____、_____、_____和_____等。

（5）植物病害的病状类型主要有_____、_____、_____、_____、_____和_____等。

（6）植物病害的病症类型主要有_____、_____、_____、_____和_____等。

3. 简答题

（1）园林植物病害与损伤有何本质区别？

（2）侵染性病害与非侵染性病害在发生特点上有什么不同？

◇ 自主学习资源库

1. 普通植物病理学．谢联辉．科学出版社，2011．
2. 植物保护学报（ISSN：0577-7518）．中国植物保护学会主办．
3. 中国森林病虫（ISSN：1671-0886）．国家林业局森林病虫害防治总站主办．
4. 中国植物保护网：http://www.ipmchina.net．
5. 普通植物病理学精品课程网：http://jpkc.njau.edu.cn/PlantPathology．

任务2.2　识别园林植物非侵染性病害

◇ **工作任务**

园林植物正常的生长发育需要适宜的环境条件。当植物遇到恶劣的气候条件、不良的土壤条件或有害物质时，植物的代谢活动受到干扰，生理机能受到破坏，在外部形态上就会表现出发病症状。通过本任务的学习和训练，能够根据园林植物的受害表现准确判断园林植物非侵染性病原的种类。这要求必须熟悉各类非侵染性病原的主要类型及其危害特点，能准确识别常见的园林植物非侵染性病害症状。

◇ **知识准备**

引起园林植物发生非侵染性病害的原因很多，主要有营养失调、水分失调、温度不适和有毒物质危害。

2.2.1　园林植物营养失调的症状表现

植物必需的营养元素包括需要量较大的氮、磷、钾等大量元素和需要量很少的铁、镁、硼、锰、锌、铜、硫、钼等微量元素。植物缺少必需的营养元素，就会营养失衡，表现出各种缺素症。

① 缺氮症　植物生长不良，植株矮小，分枝较少，成熟较早，叶小而色淡，下部叶片发黄或呈浅褐色。在酸性强、缺乏有机质的土壤中，常有氮素不足的现象发生。

② 缺磷症　植物生长受抑制，严重时停止生长，植株矮小，叶片初期为灰暗无光泽的深绿色，后呈紫色，下部叶片枯死脱落。磷素在植物体内可以从老熟组织中转移到幼嫩组织中重新被利用，所以缺磷症状一般先从老叶上开始出现。

③ 缺钾症　枝条较细，叶片呈火烧状，叶色浅绿，叶缘枯黄，表面带有褐色斑点。植株下部老叶首先出现黄化或坏死斑块，通常从叶缘开始，植株发育不良。

④ 缺铁症　植株叶片黄化或白化。开始时，脉间部分失绿变为淡黄色或白色，叶脉仍为绿色，后叶脉也变为黄色。以后脉间部分会出现黄褐色枯斑，并自叶边缘起逐渐变黄褐色枯死。由缺铁引起的黄化病先从幼叶开始发病，逐渐发展到老叶黄化。

⑤ 缺镁症　其症状与缺铁症相似，引起叶片失绿、黄化或白化。不同的是缺镁症先从枝条下部的老叶开始发病，然后逐渐扩展到上部的叶片。

⑥ 缺硼症　其主要表现是分生组织受抑制或死亡，常引起芽的丛生、畸形、萎缩等症状。

⑦ 缺锌症　植物缺锌时，常导致小叶病或簇叶病，且新叶褪绿，但主脉仍是正常的绿色。苹果小叶病是常见的缺锌症。病树新枝节间短，叶片变小且黄色，根系发育不良，结实量少。

⑧ 缺铜症　常引起树木枯梢，同时还出现流胶及在叶或果上产生褐色斑点等症状。

⑨缺硫症　症状与缺氮相似，但以幼叶表现更明显。植株生长较矮小，叶尖黄化。

⑩缺钙症　症状多表现在枝叶生长点附近，引起嫩叶扭曲或嫩芽枯死。

值得注意的是，一般情况下，植物必需的大量元素过量不会引起病害，但微量元素的量超过一定限度，特别是硼、铜含量过多，对植物也会产生毒害作用，影响植物的生长发育。

园林植物的缺素症很多，各种植物对同一元素的反应也不相同。发生缺素症时，常通过改良土壤和补充所缺乏营养元素进行治疗。

2.2.2　园林植物水分失调的症状表现

水分是植物生长发育必不可少的条件，其含量可占树体鲜重的70%～90%。水分除了构成细胞原生质外，还直接参与植物体内各种物质的转化和合成。水分也是维持细胞膨压、溶解土壤养分、平衡树体温度不可缺少的因子。因此，土壤水分不足或过量以及供应失衡，都会对园林植物产生不良的影响，即产生旱害或涝害。

土壤水分不足，植物生长受到抑制，组织中纤维细胞增加，容易导致不同程度的旱害。严重时引起植株生长矮小，叶尖、叶缘或叶脉间组织枯黄，自下而上逐渐发展到顶梢，引起落叶、落花、落果，甚至引起萎蔫和死亡。如杜鹃花对干旱非常敏感，干旱缺水会使叶尖及叶缘变褐色坏死。

土壤水分过多，容易引起涝害，影响土壤中氧气的供应，使植物根部不能获得足够的氧气维持正常的生理活动，导致植物根部发生腐烂。一般草本花卉容易受涝害；植物在苗期对涝害的抵抗力较弱，也容易受涝害。大多数花木受涝后，叶片发黄或脱落，叶色变浅，花的香味变淡，枝干生长受阻，严重时整株死亡。雪松、悬铃木、合欢、女贞、青桐等树木易受涝害，而枫杨、杨、柳、乌桕等对水涝有很强的耐性。

出现水分失调现象时，要根据实际情况，适时、适量灌水，注意及时排水。浇灌时尽量采用滴灌或沟灌，避免喷淋和大水漫灌。

2.2.3　园林植物温度不适的症状表现

低温对植物的伤害主要表现为霜害和冻害，这是温度降低到冰点以下，使植物体内发生冰冻而发生的伤害。

晚秋的早霜，常使木质化不完全的枝梢及其他器官受到伤害。冬季过低的气温，常常导致一些常绿观赏植物及落叶花木未充分木质化的嫩梢、叶片组织发生冻害。早春的晚霜易使幼芽、新叶和新梢受害变黑。树木开花期间受晚霜危害，花芽受冻变黑，花器呈水浸状，花瓣变色脱落。阔叶树受霜冻之害，常自叶尖或叶缘产生水渍状斑块，有时叶脉间组织也出现不规则形斑块，严重时全叶死亡，化冻后变软下垂。针叶树受害，多致针叶先端枯死变为红褐色。

在我国南方热带和亚热带地区，一些喜温植物常受到冰点以上低温的影响，俗称寒害或冷害。短时间的寒害，对植物影响不大，植物可以恢复生长；长时间的寒害，植物一般不能恢复生长。

高温能破坏植物正常的生理生化过程，使原生质中毒凝固，导致细胞死亡，致使花木的茎干、叶、果受到灼伤。花灌木及树木的日灼常发生在树干的南面或西南面。如柑橘日灼病。夏季苗圃中土表温度过高，常使幼苗的根颈部发生灼伤。针叶树幼苗受灼伤时，茎基部出现白斑，幼苗即行倒伏，很容易与侵染性的猝倒病混淆。阔叶树幼苗受害根颈部出现缢缩，严重时会造成死亡。预防苗木的灼伤可采取适时的遮阴和灌溉以降低土壤温度。冬春之交，高低温交替，昼夜温差过大，也可使树干阳面发生灼伤和冻裂。如毛白杨破腹病。树干涂白是保护树木免受日灼和冻害的有效措施。

2.2.4 园林植物受有毒物质危害的症状表现

环境中的有毒物质达到一定的浓度就会对植物产生有害影响。空气、土壤和植物表面存在的有害气体或有毒物质，可引起植物中毒。

空气中的氟化氢、二氧化硫、二氧化氮、硫化氢和臭氧等气体对植物有毒。毒害程度取决于有害物质的种类、浓度、作用时间的长短，受害植物的种类、发育时期，以及外界环境条件等。微量的氟化氢（亿分之一）就能使植物中毒，中毒植株叶缘（双子叶植物）或叶尖（单子叶植物）呈水渍状，渐变为黄褐或黑色。叶脉间的病斑坏死干枯后，可能脱落形成穿孔。叶上病健交界处常有一棕红色带纹。危害严重时，叶片枯死脱落。悬铃木、加杨、银杏、松杉类树木对氟化物较敏感，而桃、女贞、垂柳、刺槐、油茶、油杉、夹竹桃、白桦、苹果等则抗性较强。二氧化硫常引起植物的烟害，使树体生长受抑制，受害叶片不均匀褪绿，形成网斑或白斑，早期脱落。女贞、刺槐、垂柳、银桦、夹竹桃、桃、棕榈、悬铃木等对二氧化硫的抗性很强。园林植物叶片受二氧化氮危害后，主要表现为叶脉坏死，脉间区出现褐色或棕褐色斑点，也有少数种类的斑点呈白色或黄白色，一般以生理活动旺盛叶片较易受害。栾树、刺槐、旱柳、白榆、圆柏、侧柏、河北杨、毛白杨、泡桐等树种对二氧化氮的抗性较强。低浓度的硫化氢能够促进植物光合作用和有机物的积累，缓解各种生物和非生物胁迫并促进植物生长发育，但高浓度的硫化氢会抑制植物细胞色素氧化酶、过氧化氢酶等的活性，植物受害后表现为产量降低，甚至叶片坏死，树梢灼死。园林植物受高浓度臭氧危害后，叶片表面出现褐色、红棕色或白色斑点，斑点较小，一般散布整个叶片，有时也会表现为叶表面变白或无色，严重时扩展到叶背，叶片两面坏死，呈白色或橘红色，叶薄如纸，老叶最易受害。

杀虫剂、杀菌剂、除草剂、植物激素和化肥使用不当，或土壤中残留的浓度过高，会导致植物产生药害和肥害。使用未腐熟的绿肥，土壤中积累较多的硫化氢，会导致植物根部中毒。硝酸盐、钾盐或酸性肥料、碱性肥料如果使用不当，常会产生类似病原菌引起的症状。如果天气干旱，使用过量的硝酸钠，植株顶叶会变褐，出现灼伤。除草剂使用不慎会使乔木和灌木受到严重伤害，甚至死亡。在阴凉潮湿的天气使用波尔多液和其他铜素杀菌剂时，有些植物叶面会发生灼伤或出现斑点。

为防止有毒物质对园林植物的毒害，应合理使用农药和化肥，同时在城镇工矿区应注意选择抗烟性较强的园林植物进行绿化，改善环境。

◇ **任务实施**

园林植物非侵染性病害的症状识别及病原诊断

【任务目标】

（1）熟悉园林植物非侵染性病害的类型及其危害表现。
（2）掌握各类非侵染性病害的症状表现及其特点。
（3）准确诊断非侵染性病害的发生原因。

【材料准备】

主要园林植物非侵染性病害标本：雪松落针病、桃流胶病、苹果黄化病、棣棠黄化病、苹果小叶病、合欢破腹病、枫杨破腹病、唐菖蒲生理性叶枯病、麦冬生理性叶枯病、文竹黄化病等。

【方法及步骤】

非侵染性病害的病株在群体间发生比较集中，发病面积大而且均匀，没有由点到面的扩展过程，发病时间比较一致，发病部位大致相同。如日灼都发生在果、枝干的向阳面，除日灼、药害是局部病害外，通常植株表现在全株性发病，如缺素症、旱害、涝害等。

1. 观察症状

对病株上发病部位及病部形态大小、颜色、气味、质地、有无病症等外部症状，用肉眼和放大镜观察。非侵染性病害只有病状而无病症，必要时可切取病组织，表面消毒后，置于保温（25～28℃）条件下诱发病症。如经24～48h仍无病症发生，可初步确定该病不是真菌或细菌引起的病害，而属于非侵染性病害或病毒病害。

2. 显微镜检

将新鲜或剥离表皮的病组织切片并加以染色处理。在显微镜下检查有无病原物及病毒所致的组织病变（包括内含体），即可判断是否为非侵染性病害。

3. 分析环境

非侵染性病害由不适宜环境引起，因此应注意病害发生与地势、土质、肥料及当年气象条件的关系，对栽培管理措施、排灌、喷药是否适当及城市工厂"三废"是否引起植物中毒等都做分析研究，才能在复杂的环境因素中找出主要的致病因素。

4. 鉴定病原

确定非侵染性病害后，应进一步对非侵染性病害的病原进行鉴定。

① 化学诊断 主要用于缺素症与盐碱害等的诊断。通常是对病株组织或土壤进行化学分析，测定其成分、含量，并与正常值相比，查明过多或过少的成分，确定病原。

② 人工诱发 根据初步分析的可疑原因，人为提供类似发病条件诱发病害，观察表现的症状是否相同。此法适于温度、湿度不适宜，营养元素过多或过少，以及药物中毒等病害。

③ 指示植物鉴定 这种方法适用于鉴定缺素症病原。当提出可疑因子后，可选择最容易缺乏该种元素且症状表现明显、稳定的植物，种植在疑为缺乏该种元素的园林植物附近，观察其症状反应，借以鉴定园林植物是否患有该元素缺乏症。

④ 排除病因诊断　采取治疗措施排除病因。如缺素症可在土壤中增施所缺元素或对病株进行喷洒、注射、灌根治疗。根腐病若是由于土壤水分过多引起的，可以开沟排水，降低地下水位以促进植物根系生长。如果病害减轻或恢复健康，说明病原诊断正确。

【成果汇报】

将园林植物非侵染性病害诊断结果填入表 2-2。

表 2-2　园林植物非侵染性病害诊断

病害名称	症状表现	发病原因

◇ 自测题

1. 名词解释

缺素症，多素症，旱害，涝害，灼伤，冻害，药害，肥害。

2. 填空题

（1）植株叶片黄化或白化，一般是因为缺少_____和_____。

（2）植物缺锌时，常导致_____病或_____病，且_____褪绿，但_____仍是正常的绿色。

（3）植物发生缺素症，常通过_____和_____进行治疗。

（4）土壤水分过多，容易引起_____，影响土壤中_____的供应，导致植物_____发生腐烂。

（5）低温对植物的伤害主要表现为_____和_____。

（6）高温能破坏植物正常的生理生化过程，致使园林植物的茎干、叶、果受到_____。

3. 简答题

（1）当出现水分失调现象时，如何进行补救？

（2）哪些措施可以保护树木免受日灼和冻害？

（3）空气中的氟化氢、二氧化硫、二氧化氮、硫化氢和臭氧等有毒气体和烟尘对植物有哪些毒害作用？

（4）农药、植物生长调节剂和化肥使用不当，通常会对植物生长造成哪些不利影响？

◇ 自主学习资源库

1. 普通植物病理学. 谢联辉. 科学出版社，2011.
2. 植物保护学报（ISSN：0577-7518）. 中国植物保护学会主办.
3. 中国森林病虫（ISSN：1671-0886）. 国家林业局森林病虫害防治总站主办.
4. 中国植物保护网：http://www.ipmchina.net.
5. 普通植物病理学精品课程网：http://jpkc.njau.edu.cn/PlantPathology.

任务2.3　识别园林植物真菌病害

◇工作任务

通过本任务的学习和训练，能够了解园林植物病原真菌的一般性状；熟悉园林植物病原真菌的生活史与生活环境；掌握园林植物病原真菌主要类群的特征及所致真菌病害的症状特点，并能准确识别和诊断当地常见的园林植物真菌病害类型。

◇知识准备

2.3.1　园林植物病原真菌的一般性状

在植物病害中，真菌（fungus）是一类最重要的病原，有80%以上的植物病害由真菌引起。

真菌没有根、茎、叶的分化，不含叶绿素，不能进行光合作用，也没有维管束组织，有细胞壁和真正的细胞核，细胞壁由几丁质和半纤维素构成，所需营养物质全靠其他生物有机体供给，营异养生活，典型的繁殖方式是产生各种类型的孢子。

真菌的个体发育分为营养阶段和繁殖阶段，即真菌先经过一定时期的营养生长，然后形成各种复杂的繁殖结构，产生孢子。

2.3.1.1　营养体识别

真菌进行营养生长的菌体称为营养体。典型的营养体为纤细多枝的丝状体。单根细丝称为菌丝。菌丝可不断生长分枝，许多菌丝集聚在一起，称为菌丝体。菌丝通常呈管状，直径5~6μm，管壁无色透明。有些真菌的细胞质中含有各种色素，菌丝体就表现出不同的颜色，尤其是老龄菌丝体。高等真菌的菌丝有隔膜，称为有隔菌丝。隔膜将菌丝分成多个细胞，其上有微孔，细胞间的原生质和养分能够流通。每个菌丝细胞有1~2个或多个细胞核。低等真菌的菌丝一般无隔膜，称为无隔菌丝（图2-3）。有些真菌的营养体为卵圆形的单细胞，如酵母菌。

菌丝一般从孢子萌发而来。菌丝的顶端部分向前生长，它的每一部分都具有生长能力。菌丝的正常功能是摄取水分和养分，并不断生长发育。有些专性寄生菌如白粉菌、锈菌、霜霉菌等，能以菌丝上形成的特殊吸收器官——吸器伸入寄主细胞内吸收养分。吸器的形状有球状、菌丝状、掌状等（图2-4）。

有些真菌可以形成根状分枝，称为假根。假根使真菌的营养体固着在基物上，并吸取营养。

有些真菌的菌丝在一定条件下发生变态，交

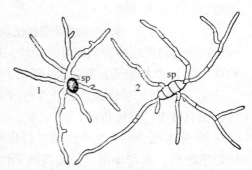

图2-3　真菌的菌丝（劢力平等，1983）

1. 无隔菌丝　2. 有隔菌丝

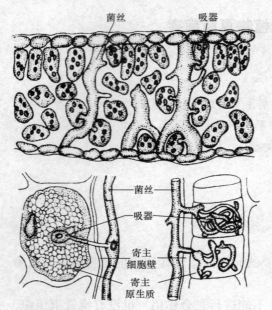

图2-4 真菌的吸器（北京林学院，1981）

织成各种形状的特殊结构，如菌核、菌索、菌膜和子座等。它们对于真菌的繁殖、传播以及增强对环境的抵抗力有很大作用。

① 菌核　菌丝体纵横交织成鼠粪状、圆形、角形或不规则形且外部坚硬、内部松软的变形物。如白纹羽病的菌核、茯苓等。菌核对高温、低温和干燥的抵抗力较强，是抵抗不良环境的休眠体。当环境适宜时，菌核可以萌发产生菌丝体或直接生成繁殖器官。

② 菌索　菌丝体平行排列或互相缠绕集结成绳索状，即为菌索。因其外形与高等植物的根相似，又称根状菌索。菌索可抵抗不良的环境条件，条件适宜时又恢复生长和对寄主的侵染力。如小蜜环菌可借助菌索在土壤中延伸而侵染植株的根颈。

③ 菌膜　又称菌毡，是由菌丝体交织而成的丝片状物。菌膜在病腐木的木质部中最为常见。

④ 子座　是由菌丝体或菌丝体与部分寄主组织结合而成的一种垫状物，上面或内部形成产生孢子的器官。子座是真菌从营养阶段到繁殖阶段的中间过渡形式，还有有助于度过不良环境的作用。

2.3.1.2　繁殖体识别

营养生长到一定时期所产生的繁殖器官称为繁殖体。真菌的繁殖方式分无性繁殖和有性繁殖两种，无性繁殖产生无性孢子，有性繁殖产生有性孢子。孢子是真菌繁殖的基本单位，相当于高等植物的种子。真菌产生孢子的组织和结构称为子实体。子实体和孢子形式多样，其形态是真菌分类的重要依据之一。

（1）无性孢子

无性繁殖是不经过性细胞结合而直接由营养体产生孢子的繁殖方式。真菌的无性孢子主要有以下几种（图2-5）。

① 游动孢子　菌丝顶端或孢囊梗顶端膨大形成囊状物——孢子囊。孢子囊内的液泡进行网状扩展，将原生质分割成许多小块，每一小块形成1个内生的游动孢子。游动孢子没有细胞壁，有1～2根鞭毛，能在水中游动，靠水传播。产生游动孢子的孢子囊又称游动孢子囊。

② 孢囊孢子　也是一种产生于子囊中的内生孢子。它与游动孢子的区别是具有细胞壁，没有鞭毛，靠风传播。

③ 分生孢子　产生于由菌丝特化而成的分生孢子梗上。大多数分生孢子都是外生的，成熟后脱落，如半知菌、子囊菌的无性孢子。有些分生孢子产生于球形、顶端有孔的分生孢子器内或开口较大的分生孢子盘上。

④ 粉孢子　又称为节孢子，是由菌丝细胞断裂而形成的短柱状孢子。在新鲜培养基上或遇到新的养料时，可萌发形成新的菌丝。

⑤ 芽孢子　从一个细胞生芽而成，当芽长到正常大小时，脱离母细胞，或与母细胞连接，继续发生芽体，形成假菌丝。

⑥ 厚垣孢子　由菌丝或分生孢子中的个别细胞原生质浓缩、细胞壁变厚形成的休眠细胞称为厚垣孢子，能适应不良环境和越冬。

（2）有性孢子

有性繁殖是通过性细胞或器官的结合而产生孢子的繁殖方式。性细胞称为配子，产生配子的母细胞称为配子囊。真菌的有性繁殖是配子或配子囊相结合。有性孢子形成的过程分为质配、核配和减数分裂3个阶段。低等真菌质配后随即进行核配，因此双核阶段很短；高等真菌质配后经过较长时间才进行核配，双核阶段较长。真菌的有性孢子有以下几种（图2-6）。

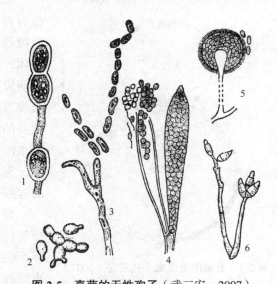

图2-5　真菌的无性孢子（武三安，2007）
1. 厚垣孢子　2. 芽孢子　3. 粉孢子　4. 游动孢子囊和游动孢子　5. 孢子囊和孢囊孢子　6. 分生孢子

① 卵孢子　由两个异形配子囊——藏卵器和雄器结合而成。孢子在藏卵器中形成。

② 接合孢子　由两个形状相似、性别不同的配子囊接触后，中间便融合成一个厚壁的大细胞，经过质配和核配，即形成接合孢子。

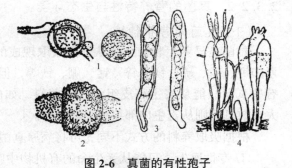

图2-6　真菌的有性孢子
1. 卵孢子　2. 接合孢子
3. 子囊及子囊孢子　4. 担子及担孢子

③ 子囊孢子　由两个形状不同的配子囊——雄器和产囊体结合，在产囊体上长出许多产囊丝，在产囊丝顶端形成子囊，子囊内通常形成8个内生孢子，称为子囊孢子。

④ 担孢子　高等真菌的双核菌丝顶端细胞发育成棒状的担子，经过核配和减数分裂在担子上产生4个外生孢子，称为担孢子。

真菌的有性孢子一般在生长季节末期形成。往往一个生长季节只产生一次，具有较强的抗逆性，可抵抗不良环境，成为次年的初侵染来源。

2.3.2　真菌的生活史及生活环境

2.3.2.1　真菌的生活史

真菌从一种孢子萌发开始，经过一定的生长和发育阶段，最后又产生同一种孢子的过程

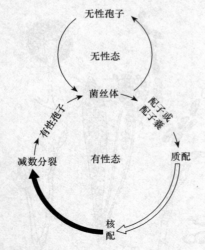

图 2-7　真菌的生活史（武三安，2007）

称为真菌的生活史。典型的真菌生活史一般包括无性阶段和有性阶段。一般情况下，有性孢子萌发形成菌丝体，菌丝体在适宜的条件下产生无性孢子；无性孢子萌发形成新的菌丝体，再产生无性孢子。在一个生长季节中，这样反复多次，即为无性阶段。无性阶段重复的次数越多，所产生的无性孢子数量越多，侵染寄主的可能性越大。生长季节末期，真菌产生有性孢子，完成从有性孢子萌发开始到产生下一代有性孢子的过程（图2-7）。

有些真菌的生活史中，只有无性阶段，或极少进行有性阶段，如兰花炭疽病菌。有些真菌的生活史中不产生或很少产生孢子，其侵染致病过程全由菌丝体来完成，如引起苗木猝倒病的丝核菌。有些真菌的生活史中，可产生几种不同类型的孢子，这种现象称为真菌的多型性，如典型的锈菌在其生活史中可顺序产生5种不同类型的孢子。

2.3.2.2　真菌的营养特性与生态环境

（1）真菌的营养特性

真菌是异养生物，必须从外界吸取现成的糖类作为能源。真菌还需要氮及一些微量元素如钾、磷、硫、镁、锌、锰、硼、铁等，但真菌不需要钙。真菌通过菌丝吸收营养物质。有些真菌只能从寄主表皮组织获得养料，如白粉菌以吸器伸入寄主表皮细胞内吸收养料，大多数真菌则从寄主内部组织吸取养料。

根据吸取养料的方式不同，可将病原真菌分为以下3种类型。

① 专性腐生　只能从无生命的有机物中吸取营养物质，不能侵害有生命的有机体，如伞菌、腐朽菌、煤污菌等。

② 兼生　兼有寄生和腐生的能力。其中有些真菌主要营腐生生活，当环境条件改变时，也能营寄生生活，称为兼性寄生，如引起苗木猝倒病的镰刀菌。还有些真菌主要营寄生生活，当环境条件改变时，可以营腐生生活，称为兼性腐生，如松落针病菌。

③ 专性寄生　只能从活的有机体中吸取营养物质，不能在无生命的有机体和人工培养基上生长，如白粉病、锈菌、霜霉菌等。

（2）真菌的生态环境

真菌的生长和发育要求一定的环境条件。当环境条件不适宜时，真菌可以发生某种适应性的变态。环境条件主要包括温度、湿度、光照和酸碱度等。

① 温度　这是真菌生长发育的重要条件。大多数真菌生长发育的最适温度为20~25℃。在自然条件下，真菌通常在生长季节进行无性繁殖，在生长季节末期，温度较低时进行有性繁殖。有些真菌的有性繁殖需要冰冻的刺激，常在越冬后产生有性孢子。

② 湿度　真菌是喜湿的生物，大多数真菌的孢子萌发时的相对湿度在90%以上，有的

孢子甚至必须在水滴或水膜中才能萌发。而白粉菌的分生孢子在相对湿度很低时仍能萌发，在水滴中却萌发反而不利。多数真菌菌丝体的生长虽然也需要高湿环境，但因高湿条件下氧气的供给受限制，所以菌丝体在相对湿度75%的条件下生长较好。温度和湿度的良好配合，有利于真菌的生长发育。

③ 光照　真菌菌丝体的生长一般不需要光照，在黑暗和散光条件下都能良好生长。真菌进入繁殖阶段时，有些菌种需要一定的光照，否则不能形成孢子，如多数高等担子菌；再如镰刀菌，虽在暗处也能产生孢子，但光照能刺激孢子产生。多数真菌孢子的萌发与光照关系不大。

④ 酸碱度（pH）　一般真菌对酸碱度的适应范围为pH 3～9，最适pH为5.5～6.5。真菌的孢子一般在酸性条件下萌发较好。在自然条件下，酸碱度不是影响孢子萌发的决定因素。

真菌对环境条件的要求随真菌种类和发育阶段的不同而有差异。真菌对外界环境各种因素也有逐步适应的能力，并不是一成不变的。

2.3.3　真菌的分类及特征描述

真菌的命名采用国际通用的双名法。国际命名原则中规定一种真菌只能有一个名称，如果一种真菌的生活史中有有性阶段和无性阶段，按有性阶段命名。而半知菌中的真菌，只知其无性阶段，因而其命名都是根据无性阶段的特征而定的。如果发现其有性阶段，正规的名称应该是有性阶段的名称。有性阶段不常出现的真菌，应按其无性阶段的特征命名。

真菌的分类，主要以有性繁殖和无性繁殖的特征以及营养体的结构等为依据。目前多采用安思沃斯（Ainsworth）系统，将真菌界分为黏菌门和真菌门。黏菌的营养体是变形体或原质团，而真菌门真菌的营养体典型的是菌丝体。根据营养体和无性繁殖及有性繁殖的特征，将真菌门分为5个亚门：鞭毛菌亚门、接合菌亚门、子囊菌亚门、担子菌亚门和半知菌亚门。5个亚门分类检索表如下：

真菌门分亚门检索表

```
1  无性阶段产生游动孢子，有性阶段产生卵孢子··················鞭毛菌亚门 Mastigomycotina
   无性阶段不产生游动孢子·····························································2
2  缺有性阶段··········································································半知菌亚门 Deuteromycotina
   具有性阶段·········································································3
3  有性阶段产生接合孢子································接合菌亚门 Zygomycotina
   有性阶段不产生接合孢子···························································4
4  有性阶段产生子囊孢子··································子囊菌亚门 Ascomycotina
   有性阶段产生担孢子····································担子菌亚门 Basidiomycotina
```

（1）鞭毛菌亚门

此亚门真菌有1100种以上，营养体为较原始的原质团到发达的无隔菌丝体。无性繁殖产生游动孢子，游动孢子有1～2根鞭毛。有性繁殖产生卵孢子。本亚门分4纲，其中腐霉属、疫霉属、霜霉属（图2-8）与园林植物病害关系密切。

① 腐霉属（*Pythium*）　孢子囊不规则形，孢囊梗丝状。孢子囊产生泡囊后，在泡囊中

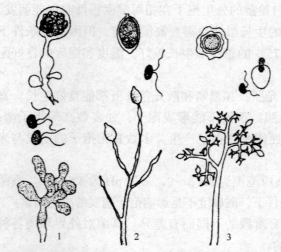

图2-8 鞭毛菌亚门（广西壮族自治区农业学校，1996）
1. 腐霉属 2. 疫霉病 3. 霜霉属

形成并散发出游动孢子。有性生殖阶段在藏卵器中形成1个卵孢子。大多在土壤中或水中营腐生生活，引起苗木猝倒病或根腐、果腐等症状。

② 疫霉属（Phytophthora） 疫霉的寄生性比腐霉强，以吸器伸入细胞内吸收营养。孢囊梗与菌丝的差异比较明显。孢子囊卵形，有乳头状突起。游动孢子肾形，双鞭毛。藏卵器单卵球，形成1个卵孢子。大多营寄生生活，可危害根、茎、叶和果实，引起组织的腐烂和死亡。如杜鹃花疫霉根腐病菌、柑橘疫霉菌。

③ 霜霉属（Peronospora） 孢囊梗呈二叉状锐角分枝，孢子囊卵形，无乳头状突起，单生于孢囊梗顶端。只有在极特殊情况下才产生游动孢子。卵孢子球形，表面光滑或有花纹。危害植物叶片，引起霜霉病。如枸杞霜霉病菌、二月蓝霜霉病菌。

（2）接合菌亚门
水生到陆生真菌。多数腐生，少数寄生。营养体主要为发达的无隔菌丝体或虫菌体。无性繁殖大多产生孢囊孢子，

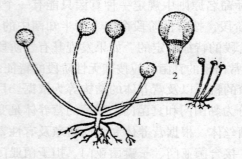

图2-9 根霉菌（李传道等，1981）
1. 具有假根和匍匐枝的丛生孢囊梗及孢子囊 2. 放大的孢子囊

有性繁殖产生接合孢子。本亚门分2纲，根霉属与园林植物病害关系密切。

根霉属（Rhizopus） 菌丝发达，有分枝，一般无隔膜，分布于基物表面和基物内，有匍匐枝和假根。孢囊梗2～3根丛生，着生于假根的上方，一般不分枝。孢子囊球形，孢囊孢子球形。接合孢子表面有瘤状突起。如匍枝根霉，常引起种实、球根、鳞茎的霉烂（图2-9）。

（3）子囊菌亚门
高等真菌。全部陆生，包括腐生菌和寄生菌。菌丝体发达，有分隔，少数为单细胞（如酵母菌）。无性繁殖产生分生孢子、粉孢子、芽孢子。有性繁殖产生子囊和子囊孢子。有的裸生于菌丝体上或寄主植物表面，有的形成于由菌丝形成的固定形状的子实体——子囊果中。子囊果分以下4种类型（图2-10）。

闭囊壳 子囊果球形，无孔口，完全封闭。
子囊壳 子囊果烧瓶形，有明显的壳壁组织，内有侧丝，子囊为单壁，顶端有孔口。
子囊腔（假囊壳） 子囊着生在由子座形成的空腔内，可有假侧丝，子囊双层壁，子囊果发育后期形成孔口。

　1　　　　　　　2　　　　　　3　　　　　　4　　　　　　5

图 2-10　子囊果类型（武三安，2007）
1. 裸生子囊层　2. 闭囊壳（横切面）　3. 子囊壳　4. 子囊腔　5. 子囊盘

子囊盘　开口呈盘状、杯状或碗状。

子囊果的形状及其发育类型是分类的重要依据。本亚门分 6 纲，其中引起园林植物病害的有以下类群。

① 白粉菌科（Erysphaceae）　几乎全部为外寄生菌。菌丝体无色表生，以吸器伸入寄主表皮细胞内吸取营养。无性繁殖多数形成分生孢子，子囊果为闭囊壳。常引起多种植物的白粉病。如芍药白粉病菌。

② 小煤炱属（Meliola）　菌丝体寄生于寄主植物表面，黑色，有刚毛和双细胞的附着枝。子囊果为闭囊壳。子囊孢子 2～4 个横隔，褐色，长圆形。是热带和亚热带植物上常见的煤污病菌。如山茶煤污病菌。

③ 小丛壳属（Glomerella）　子囊壳有毛，丛生于植物上或半埋生于植物组织中，褐色，壳内无侧丝。子囊棍棒形，无柄。子囊孢子单胞，无色，椭圆形。无性阶段为半知菌亚门的炭疽菌属（Colletotrichum），引起多种植物的炭疽病。如梅花炭疽病菌。

④ 黑腐皮壳属（Valsa）　子囊壳球形或近球形，具长颈，成群深埋在由菌物组织和基物交织而成的黑色、炭质的假子座内。子囊棍棒状或圆筒形，无侧丝。子囊孢子单胞，无色，腊肠形。引起多种树木的枝干腐烂。如苹果腐烂病菌。

⑤ 核盘菌属（Sclerotinia）　菌核块状或不规则形，全部或部分埋在寄主组织内。菌核萌发产生漏斗状子囊盘，有长柄。子囊棍棒形，常排列成栅栏状，子囊间有侧丝。子囊孢子单胞，无色，椭圆形。本属真菌的生活史中无分生孢子阶段。如矢车菊菌核病菌、菊花菌核病菌等。

（4）担子菌亚门

担子菌是真菌中最高等的一个亚门，已知有 12 000 余种。全部是陆生菌，腐生、寄生和共生。菌丝体发达，有分隔，细胞一般双核。无性繁殖除锈菌外，很少产生无性孢子。有性繁殖产生担子和担孢子。高等担子菌的担子上产生 4 个小梗和 4 个担孢子。本亚门分 3 纲，较为重要的有锈菌目和外担子菌目。

① 锈菌目（Uredinales）　全为专性寄生菌，寄生于蕨类、裸子植物和被子植物上，引起锈病。菌丝发达，寄生于寄主细胞间，以吸器伸入细胞内吸收营养。

锈菌的形态和生活史比较复杂，典型的锈菌要经过 5 个发育阶段，顺序产生 5 种类型的孢子，常以代号表示，即性孢子（0）、锈孢子（Ⅰ）、夏孢子（Ⅱ）、冬孢子（Ⅲ）和担孢子

(Ⅳ)。有的锈菌必须经过两种完全不同的植物才能完成其生活史,此现象称转主寄生,如结缕草柄锈菌的0、Ⅰ阶段寄生在转主寄主鸡矢藤等植物上,Ⅱ、Ⅲ阶段寄生在细叶结缕草的叶片上。有的锈菌在一种植物上就能完成其生活史,此现象称为同主寄生,如蔷薇锈菌。上述5种孢子类型,并不是每种锈菌都有,有的锈菌缺少其中的一种或几种孢子。

锈菌侵染植物的地上部分,在病部出现明显的锈孢子器、夏孢子堆或冬孢子堆,一般呈黄色、橙黄色至黑红色似的铁锈,故称为锈病(图2-11)。

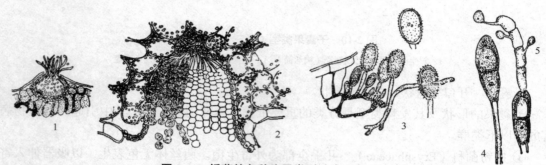

图2-11　锈菌的各种孢子类型(武三安,2007)
1. 性孢子器及性孢子　2. 锈孢子器及锈孢子　3. 夏孢子堆及夏孢子
4. 冬孢子堆　5. 冬孢子萌发产生的担子及担孢子

② 外担子菌目(Exobasidiales)　多分布在温带和热带。通常寄生在杜鹃花科、山茶科、樟科、岩高兰科、山矾科、鸭跖草科、虎耳草科等植物上,危害叶、茎或果实,常使被害部位产生肿胀,有时也引起组织坏死或发生系统性病害。寄生于寄主体内,以双核菌丝在细胞间隙伸展,产生吸器伸入细胞中吸取营养。担子单胞,由菌丝上直接生出,单个或成簇地突破寄主表皮,露在外面或由气孔伸出在寄主体表,形成白色子实层,不形成担子果。孢子薄壁、光滑,非淀粉质,无隔或有隔,不重复产生。外担子菌属(Exobasidium)菌丝生于寄主组织中,引起膨大。担子在角质层下形成后外露,形成连续的子实层,偶尔单生并通过气孔突出。担孢子无色,平滑。寄生于植物的叶、茎或果实上。如杜鹃花饼病菌。

(5)半知菌亚门

半知菌亚门真菌已知有15 000余种。其在个体发育中,不进入有性阶段或有性阶段很难看到,只发现其无性阶段,所以称为半知菌。所发现的有性孢子,多数属于子囊菌,少数属于担子菌。陆生,腐生或寄生。菌丝体发达,有隔膜。从菌丝体上形成分化程度不同的分生孢子梗,其上产生分生孢子。有的半知菌形成盘状或球状的孢子果(外观为小黑点),称为分生孢子盘或分生孢子器。孢子果内的分生孢子常具胶质物,潮湿条件下,常结成卷曲的长条,称为分生孢子角。本亚门分3纲,在园林植物病害中较为重要的有:

① 丝核菌属(Rhizoctonia)　菌丝褐色,在分枝处略缢缩,离此不远处形成隔膜。菌核以菌丝与基质相连,褐色或红棕色,表面粗糙,内外颜色一致(图2-12)。

② 炭疽菌属(Colletotrichum)　分生孢子盘平坦,上面敞开,下面略埋在基质内,分生孢子自苗壮的分子孢子梗上顶生。分生孢子单胞,无色,长椭圆形或弯月形,萌发后产生附着胞。如兰花炭疽病菌、茉莉炭疽病菌等。

③ 葡萄孢属（*Botrytis*）　菌丝匍匐，灰色。分生孢子梗细长，稍有色，不规则地呈树形，分枝或单生，顶端细胞膨大成球形，上生小梗，小梗上产生分生孢子。分生孢子聚集成葡萄穗状，单胞，无色或灰色，卵圆形。菌核黑色，不规则形。如牡丹灰霉病菌、月季灰霉病菌等。

④ 镰孢菌属（*Fusarium*）　分生孢子梗形状、大小不一，单生或集成分生孢子座。大型分生孢子多细胞，无色，镰刀形；小型分生孢子单细胞，无色，卵形或长圆形，单生或串生。如翠菊枯萎病菌、香石竹枯萎病菌和引起幼苗立枯病的腐皮镰孢菌等（图2-13）。

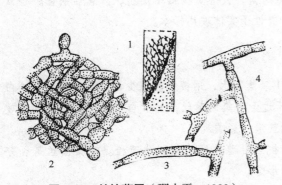

图2-12　丝核菌属（邵力平，1983）
1. 培养基表面菌丝体和丝核　2. 丝核的断面
3. 幼嫩菌丝　4. 老菌丝体

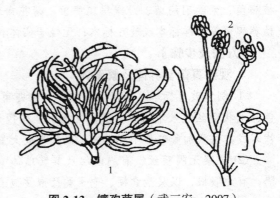

图2-13　镰孢菌属（武三安，2007）
1. 分生孢子梗和大型分生孢子　2. 小型分生孢子

⑤ 壳囊孢属（*Cytospora*）　子座瘤形或球状，位于寄主韧皮部内。分生孢子器生于子座内，不规则地分为数室，有一个共同的开口。分生孢子梗呈栅栏状，排列紧密。分生孢子单胞，无色，腊肠形。引起植物皮层腐烂。如杨树烂皮病菌、梨树腐烂病菌。

2.3.4　园林植物真菌病害的症状表现

园林植物病原真菌所致病害的症状表现几乎包括了所有的植物病害症状类型。大多数真菌病害的症状特征表现十分显著，除具有明显的病状外，其主要的标志是在被害部或迟或早都会出现病症，如各种色泽的霉状物、粉状物、点状物、菌核、菌索及伞状物等。一般根据这些子实体的形态特征可以直接鉴定病原真菌的种类。因此，症状识别是鉴定真菌病害的有效方法。如病部尚未长出真菌的繁殖体，可用湿纱布或保湿器保湿24h，病症就会出现，再做进一步检查和鉴定。必要时需做人工接种试验。

◇ **任务实施**

园林植物病原真菌特征观察及真菌病害诊断

【任务目标】
（1）认识植物病原真菌的营养体及其变态结构。
（2）认识真菌的子实体及各种类型的无性孢子和有性孢子。
（3）掌握主要园林植物病原真菌的形态特征。

（4）准确诊断园林植物真菌病害。

【材料准备】

① 用具　显微镜、载玻片、盖玻片、刀片、拨针、镊子、挑针、放大镜等。

② 材料　瓜果腐霉病菌、葡萄霜霉病菌、二月蓝霜霉病菌、甘薯软腐病菌、根霉病菌、瓜叶菊白粉病菌、大叶黄杨白粉病菌、黄栌白粉病菌、朴树煤污病菌、毛白杨锈病菌、玫瑰锈病菌、桃缩叶病菌、仙客来灰霉病菌、牡丹灰霉病菌、柑橘青霉病菌、银杏茎腐病菌、矢车菊菌核病菌、紫纹羽病菌、月季黑斑病菌、菊花褐斑病菌、大叶黄杨褐斑病菌、槐腐烂病菌、合欢枯萎病菌等新鲜标本或玻片标本；无性子实体和有性子实体玻片标本。

【方法及步骤】

1. 观察真菌营养体及繁殖体

① 制作玻片标本　取清洁载玻片，中央滴1滴蒸馏水，用拨针挑取少许瓜果腐霉病菌的白色绵毛状菌丝放入水滴中，用两支拨针轻轻拨开过于密集的菌丝，然后自水滴一侧慢慢加盖玻片即成。注意加盖玻片不宜过快，以免形成大量气泡，影响观察。

② 观察无隔菌丝、有隔菌丝及其繁殖体　挑取甘薯软腐病菌制片镜检。观察菌丝是否分隔，有无假根，以及孢囊梗、孢子囊及孢囊孢子形态。

③ 观察吸器　取白粉病菌、根霉病菌或霜霉病菌的吸器制片镜检，观察吸器的形态，比较吸器与假根的异同。

④ 观察菌核及菌索　观察银杏茎腐病菌、矢车菊菌核病菌及紫纹羽病菌菌索，比较其形态、大小、色泽等。

⑤ 观察粉孢子　取大叶黄杨白粉病病部上的白色粉状物，镜检粉孢子形态、颜色、孢子是否串生。

⑥ 观察分生孢子　用刀片刮牡丹灰霉病病斑上的霉状物制片，观察分生孢子梗、分生孢子的形态。

⑦ 观察子实体及其上着生的孢子形态　镜检无性子实体和有性子实体玻片标本，观察并比较分生孢子梗束、分生孢子座、分生孢子盘、分生孢子器、子囊壳、闭囊壳、子囊盘、担子果等各种子实体的形态特征。注意分辨其上着生的孢子哪些是分生孢子、子囊和子囊孢子、担子和担子孢子。

2. 观察病原真菌形态特征

在显微镜下，认真观察二月蓝霜霉病菌、根霉病菌、黄栌白粉病菌、朴树煤污病菌、毛白杨锈病菌、玫瑰锈病菌、桃缩叶病菌、仙客来灰霉病菌、柑橘青霉病菌、月季黑斑病菌、菊花褐斑病菌、大叶黄杨褐斑病菌、槐腐烂病菌、合欢枯萎病菌等病原真菌的玻片标本，掌握主要病原真菌的形态特征。

3. 诊断真菌病害

① 观察真菌病害症状类型　通过症状观察进行诊断。如病部尚未长出真菌的繁殖体，可用湿纱布或保湿器保湿24h，病症就会出现，再做进一步检查和鉴定。必要时需做人工接种试验。

② 显微观察病原物　可挑取、刮取或切取表生或埋藏在寄主组织中的菌丝、孢子梗、孢子或子实体进行镜检。根据病原真菌的营养体、繁殖体的形态特征，判定该菌在分类上的地位，

直接鉴定出病原真菌的种类。如果病症不够明显，可放在保湿器中保湿1～2d后再镜检。

如果显微镜检查诊断遇到腐生菌类和次生菌类的干扰，所观察的菌类还不能确定是否是真正的病原菌，必须进一步使用人工诱发试验的手段。

③ 人工诱发试验　即从染病组织中把病菌分离出来，人工接种到同种植物的健康植株上，以诱发病害发生。如果被接种的健康植株产生同样症状，并能再一次分离出相同的病菌，就能确定该菌为这种病害的病原菌。

德国动物医学家柯赫（Koch）将以上过程概括为柯赫氏法则（Koch's Postulate）：

共存性观察　被疑为病原物的生物必须经常发现于感病植物体上。

分离　必须把该生物从感病植物体上分离出来，并得到纯培养物。

接种　用纯培养物接种健康植株，又引起相同的病害。

再分离　再度分离并得到纯培养物，此纯培养物性状与接种所用的纯培养物完全相同。

【成果汇报】

（1）绘制真菌有隔菌丝、无隔菌丝、各类无性孢子和有性孢子的形态图。

（2）制作一张病原真菌的水载玻片，绘制所观察病原真菌的形态图。

◇ 自测题

1. 名词解释

真菌，菌丝体，菌核，菌索，子实体，孢子，无性繁殖，有性繁殖，游动孢子，孢囊孢子，分生孢子，子囊孢子，担孢子，真菌的生活史，兼生，专性寄生，转主寄生。

2. 填空题

（1）真菌繁殖体的基本单位是_____。

（2）真菌菌丝的特殊结构有_____、_____、_____和_____。

（3）能产生吸器的真菌有_____、_____和_____等。

（4）根据吸取营养的方式，可将病菌真菌分为_____、_____、_____和_____4种类型。

（5）真菌病害的病症类型主要有_____、_____、_____、_____、_____和_____等。

（6）真菌门最低等的真菌亚门是_____，最高等的真菌亚门是_____。

（7）有些真菌侵入寄主后形成的吸收养分的特殊结构叫_____。

（8）真菌的生活史是指真菌从_____开始，经过萌发、生长发育阶段，又产生同一种孢子为止的过程，其经历了_____和_____阶段。

（9）子囊菌无性繁殖一般形成_____孢子，有性繁殖形成_____孢子。

（10）接合菌无性繁殖形成_____孢子，有性繁殖形成_____孢子。

（11）鞭毛菌亚门的霜霉菌能引起_____病。接合菌亚门的根霉菌能引起_____病。

3. 选择题

（1）下列不能抵抗不良环境的菌丝体结构为（　　）。

A．菌核　　　　　B．菌索　　　　　C．吸器　　　　　D．厚垣孢子

（2）植物病原菌包括（　　）。

A．所有的植物病原微生物　　　　B．病毒、类病毒

C．真菌、细菌　　　　　　　　　D．细菌、植原体

（3）白粉菌和锈菌除可以在植物活体上寄生外，（　　）。

A．可以人工培养　　　　　　　　B．不能人工培养

C．可以在枯枝落叶上腐生　　　　D．既可以在枯枝落叶上腐生，又可以人工培养

（4）（　　）是真菌为抵抗不良环境而产生的繁殖体。

A．菌核　　　　　B．菌索　　　　　C．菌丝　　　　　D．子囊孢子

（5）真菌繁殖体的基本单位是（　　）。

A．菌丝　　　　　B．孢子　　　　　C．芽管　　　　　D．菌丝体

（6）典型的锈病可产生5种类型的孢子，其中担孢子（　　）。

A．产生于担孢子堆　　　　　　　B．直接生在冬孢子上

C．直接生在夏孢子上　　　　　　D．散生在锈孢子器中

4. 简答题

（1）简述园林植物病原真菌的发生特点。

（2）何为柯赫氏法则？

（3）如何诊断园林植物真菌病害？

（4）结合现场教学或实训，说明所观察园林植物真菌病害的典型症状。

◇ 自主学习资源库

1. 普通真菌学．2版．邢来君，李明春，魏东盛．高等教育出版社，2010．
2. 普通植物病理学．谢联辉．科学出版社，2011．
3. 园林植物病虫害防治．黄少彬．高等教育出版社，2012．
4. 中国植物保护网：http://www.ipmchina.net．
5. 普通植物病理学精品课程网：http://jpkc.njau.edu.cn/PlantPathology．

任务2.4　识别园林植物其他微生物病害

◇ 工作任务

通过本任务的学习和训练，能够知晓园林植物病原细菌、病毒、植原体、类病毒的一般性状，准确判别当地园林植物细菌病害、病毒病害、植原体病害和类病毒病害。这要求熟悉园林植物病原细菌、病毒、植原体和类病毒的主要危害特点及其所致植物病害的症状表现。

◇ **知识准备**

2.4.1 园林植物细菌病害的识别

2.4.1.1 细菌的一般性状及分类

细菌（bacteria）属原核生物界，单细胞，有细胞壁，无真正的细胞核。细菌的细胞壁外包有厚薄不等的黏质层。厚而固定的黏质层称为荚膜，有助于忍受暂时的干燥。某些细菌的细胞内可以形成休眠的芽孢，以抵御不良环境。细菌的形状有球状、杆状和螺旋状。植物病原细菌都是杆状菌，一般大小为（1～3）μm×（0.5～0.8）μm，通常没有荚膜，也不形成芽孢。绝大多数植物病原细菌生有鞭毛，

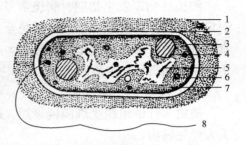

图 2-14　细菌的细胞结构示意图
（中南林学院，1986）
1. 荚膜　2. 细胞壁　3. 细胞膜　4. 液泡
5. 核质　6. 颗粒　7. 细胞质　8. 鞭毛

能在水中游动。生在菌体一端或两端的鞭毛，称为极毛；生在菌体周围的鞭毛，称为周毛。鞭毛的有无、着生位置和数目是细菌分类的重要依据（图2-14）。

细菌以裂殖方式进行繁殖。细菌繁殖的速度很快，在适宜的环境条件下，每20min可以裂殖1次。

植物病原细菌可以在普通培养基上培养，生长的最适温度为26～30℃，能耐低温，对高温较敏感，通常在50℃下处理10min，多数细菌即死亡。大多数植物病原细菌都是好气性的，一般在中性偏碱的环境中生长良好。

细菌没有吸收营养的特殊器官，而依靠细胞膜的渗透作用直接吸收寄主体内的营养，同时它能分泌各种酶，使不溶性物质转为可溶性的物质供其吸收利用。

植物病原细菌主要有以下5个属，检索如下：

园林植物常见病原细菌检索表

1	革兰反应阳性	棒杆菌属（*Corynebacterium*）
	革兰反应阴性	2
2	鞭毛极生	3
	鞭毛周生	4
3	鞭毛1根，菌落黄色	黄单胞杆菌属（*Xanthomonas*）
	鞭毛数根，菌落灰白色	假单胞杆菌属（*Pseudomonas*）
4	引起植物组织肿大或畸形	野杆菌属（*Agrobacterium*）
	引起植物组织腐烂或枯萎	欧氏杆菌属（*Erwinia*）

2.4.1.2 园林植物细菌病害的症状表现及防治

植物病原细菌主要通过气孔、皮孔、蜜腺等自然孔口或伤口侵入，侵染最主要的条件是高湿度。因此，只有在自然孔口或伤口内外充满水分时才能侵入寄主体内。细菌病害的病症不如真菌病害明显，通常只有在潮湿的情况下，病部才有黏稠状的菌脓溢出。

植物细菌病害的主要症状有斑点、腐烂、溃疡、枯萎、畸形等几种类型。

（1）斑点

细菌性病斑发生初期，病斑常呈现半透明的水渍状，其周围形成黄色的晕圈，扩大到一定程度时，中部组织坏死呈褐色至黑色。斑点大多由假单胞杆菌或黄单胞杆菌引起。如鸢尾细菌性叶斑病、栀子花叶斑病。有些感染细菌性叶斑病的植物会在叶片病组织周围产生离层，病斑后期脱落形成穿孔。如桃细菌性穿孔病。

（2）腐烂

植物多汁的组织受细菌侵染后，通常表现腐烂症状。腐烂主要是由欧氏杆菌引起。如美人蕉芽腐病。

（3）溃疡

有些细菌在寄主植物枝干韧皮部形成溃疡斑，如杨树细菌性溃疡病。病斑到了后期，常从自然孔口和伤口溢出细菌性黏液，称为溢脓。

（4）枯萎

细菌侵入维管束组织后，植物输导组织受到破坏，引起整株枯萎，受害的维管束组织变褐色。在潮湿的条件下，受害茎的断面有细菌黏液溢出。枯萎多由棒状杆菌属引起，在木本植物上则以青枯病假单胞杆菌最为常见。如大丽花青枯病。

（5）畸形

以组织过度生长畸形为主，野单胞杆菌的细菌可以引起根或枝干产生肿瘤，或使须根丛生。如樱花根癌病，又称为冠瘿病。

植物病原细菌一般在病株或残体上越冬，主要通过雨水的飞溅、流水（灌溉水）、昆虫、线虫、风和带细菌病害的种苗、接穗、插条、球根或土壤等进行传播。一般高温、多雨（尤以暴风雨后，湿度大）、施用氮肥过多等有利于细菌病害的发生和流行。

细菌病害的防治主要在于预防，其中以杜绝和消灭植物病原细菌的侵染来源为主，如严格执行植物检疫措施，选育抗病品种，做好种苗消毒，加强栽培管理，注意苗圃、庭园及花坛、绿地的卫生，及时清除病株残体，进行土壤消毒，发病时用农用链霉素、土霉素等抗生素进行防治可收到很好的效果。此外，应避免形成伤口，及时保护伤口，防止细菌侵入。

2.4.2 园林植物病毒病害的识别

2.4.2.1 植物病毒的一般性状

病毒（virus）是一种极小的、非细胞结构的专性寄生物。在几万倍的电子显微镜下，可以看到病毒粒子的形态分为杆状、球状、纤维状3种。病毒粒子由核酸和蛋白质组成（图2-15）。植物病毒的核酸绝大多数为核糖核酸（RNA）。病毒具有增殖、传染和遗传等特性。

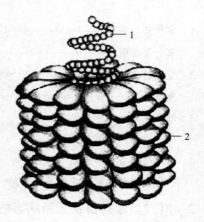

图2-15 烟草花叶病毒结构模式图
（武三安，2007）
1. 核酸　2. 蛋白质亚基

病毒没有酶系统及独立的代谢功能，因而要在寄主活体细胞中才能生长增殖，一旦离开活体，便失去致病能力。病毒的寄生性很强，侵入寄主体内后，逐渐控制寄主细胞的代谢，采取核酸样板复制的方式，在寄主细胞内复制出与病毒本身在结构上相对应的蛋白质和核酸，形成新的病毒粒子。病毒在增殖的同时，也破坏了寄主植物正常的生理程序，从而使植物表现出症状。大部分病毒的致死温度都在55～70℃，在pH 6～9比较活跃，在pH 9以上的环境中就会引起失毒现象。

2.4.2.2 园林植物病毒病害的症状表现及防治

植物病毒病害绝大多数属于系统性病害。病毒由微伤口侵入植物后，进入韧皮部，在筛管内随营养液移动，先被带至植物根部，后向地上部分移动扩展到植物全株。环境条件对病毒病害的症状有抑制或增强作用。例如，花叶症状在高温下常受到抑制，在强光照下则表现得更明显。由于环境条件影响，植物暂时不表现明显的症状，甚至原来已表现的症状也会暂时消失，这种现象称为隐症现象。有少数病毒侵染植物后，虽然在寄主体内繁殖并存在大量病毒粒子，但植物并不表现症状，这种现象称潜隐性病毒病。

植物病毒病害只有病状，没有病症，植物病毒病害的病状可分为3种类型：

（1）变色

变色主要表现为花叶和黄化两种类型，这两种类型是病毒病害的普遍症状。

（2）组织坏死

最常见的是叶片上产生枯斑，大多数是寄主过敏反应引起的，它阻止了病毒侵入植物体后的进一步扩展。有些病毒还能引起韧皮部坏死或系统坏死。

（3）畸形

许多病毒除引起黄化和花叶外，往往还造成植株器官变小、矮化、节间缩短、丛枝、皱叶、蕨叶、卷叶、肿瘤等变态，这些变态常常是病毒病害的最终表现。

植物病原病毒主要通过叶蝉和蚜虫等刺吸式口器害虫、病健株之间的接触、嫁接等栽培操作活动及种苗调运等方式进行传播。目前，对于植物病毒病害没有可靠的防治药物，因此，控制刺吸式口器传毒昆虫为害、阻断嫁接和种苗调运等传播途径、及时清理带毒植株是进行植物病毒病害防治的主要手段。

2.4.3 园林植物植原体病害的识别

2.4.3.1 植原体的一般性状

植原体（phytoplasma）是原核生物界软壁菌门柔膜菌纲植原体属的一类生物。软壁菌门中与植物病害有关的生物统称为植原体，包括植原体属和螺原体属，后者基本形态为螺旋形，只有3个种，寄生于双子叶植物。植原体是一类无固定细胞核结构、极为微小的低等生物，许多性质近似于病毒。直径一般在80～800nm，形态多变，常见的为近圆形到不规则椭圆形的球状体（图2-16）。它没有细胞壁，但有一分为3层的单位膜，厚度为8～12nm。有细胞结构，细胞内含有蛋白体、纤维状的核糖核酸（RNA）、脱氧核糖核酸（DNA）和代谢物质等。植原体的繁殖方式不同于病毒。它通过二均分裂、出芽生殖和形成小体后再释放出来3种形式繁殖。

已知由植原体引起的植物病害有100多种，在园林植物中有荷包牡丹丛枝病、夹竹桃丛枝病、天竺葵丛枝病、绣球花绿变病、紫罗兰绿变病、丁香绿变病、长春花黄化病等。

2.4.3.2 园林植物植原体病害的症状表现及防治

由植原体引起的植物病害，大多表现为黄化、花变绿、丛枝、萎缩现象。丛枝上的叶片常表现出失绿、变小、发脆等特点。丛枝上的花芽有时转变为叶芽，后期果实往往变形，有的植物感染植原体后节间缩短、叶片皱缩，表现萎缩症状。植原体可寄生在植物和传毒昆虫体内。在植物体内只存在于韧皮部筛管和伴胞

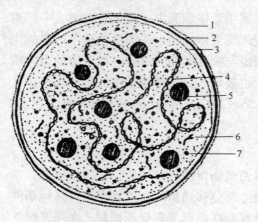

图 2-16　植物体模式图

（关继东，2007）

1～3. 3层单位膜　4. 核酸链
5. 核糖体　6. 蛋白体　7. 细胞质

细胞内，通过筛孔在筛管中流动而感染整个植株，为系统性侵染病害。

植物上的植原体在自然界主要是通过叶蝉传播，少数可以通过木虱和菟丝子传播。嫁接也是传播植原体的有效方法。但就目前所知，植原体很难通过植物汁液传染。在木本植物上，从植原体接种到发病所经历的时间较长。

植原体病害的防治应在消灭传毒昆虫的基础上，采用茎尖组织培养脱毒法，建立无病苗圃，对种苗采取严格的检疫措施。用四环素、金霉素、土霉素等抗生素对病株反复浸根，防治效果较好。

2.4.4 园林植物类病毒病害的识别

2.4.4.1 类病毒的一般性状

类病毒（viroid）是迄今为止发现的最小病原物，是迄今所知生命中最简单、最小的一种。是一类无外壳蛋白、独立存在于受侵染寄主细胞内能自我复制并具有侵染性的环状单链 RNA 小分子，仅由 246~463 个核苷酸组成。在天然状态下，类病毒 RNA 以高度碱基配对的棒状结构形式存在。

类病毒存在于寄主细胞核内，与染色质结合，所以感病植物通常是全株带毒，种子带毒率很高。类病毒具有耐热性，要使类病毒失活需要高于 100℃ 的温度。类病毒还能耐受紫外线。类病毒具有不显性感染特性，植物带有类病毒但不表现症状的现象极为普遍。类病毒感染后潜育期很长，有的几个月，甚至几年，并持续感染。

2.4.4.2 园林植物类病毒病害的症状表现及防治

目前，类病毒只在高等植物中被发现，能侵染柑橘、苹果、葡萄、菊花、啤酒花等多种植物，并造成严重经济损失，如菊花矮缩病、菊花绿斑病、柑橘裂皮病等。类病毒引起的病害症状主要有畸形、坏死、变色等类型，包括矮化、叶脉变色、叶扭曲、叶局部褪绿

或枯斑、斑驳和整个植株死亡。

类病毒的侵染力强，主要通过农具、嫁接刀具等摩擦接触传播，还可以通过无性繁殖（如嫁接、块茎繁殖）传播，有些通过种子或花粉带毒传播（有的可在种子中存活20年）。一旦苗木、块茎被类病毒污染，就增加了类病毒蔓延的概率，给防治带来很大的困难。因此，及早发现病株对控制类病毒病害的蔓延尤其重要。而要达到此目的，需要建立灵敏、快速、准确检测类病毒的方法。防治类病毒的方法主要是选择无毒的种子和繁殖材料，以及防止机械传播。

◇ 任务实施

观察园林植物其他微生物病原特征并诊断病害

【任务目标】
（1）认识园林植物病原细菌，掌握细菌病害的诊断方法和细菌革兰氏染色法。
（2）准确诊断园林植物病毒病害、类病毒病害和植原体病害。

【材料准备】
① 用具　带油镜显微镜、载玻片、盖玻片、蒸馏水滴瓶、洗瓶、酒精灯、火柴、滤纸、擦镜纸、碱性品红、龙胆紫、95%酒精、碘液、苯酚、二甲苯等。
② 标本　鸢尾细菌性软腐病、白菜软腐病、根癌病或当地各种细菌性病害的新鲜标本；仙客来花叶病、苹果花叶病、枣疯病、泡桐丛枝病等当地各种植物病毒病害、类病毒病害和植原体病害的新鲜标本；植物病原细菌经活化的斜面菌种等。

【方法及步骤】
1. 植物病原细菌革兰氏染色、观察形态及诊断病害
① 涂片　在一片载玻片两端各滴1滴无菌蒸馏水备用。分别从鸢尾细菌性软腐病或白菜软腐病病菌的菌落上挑取适量细菌，分别放入载玻片两端水滴中，用挑针搅匀涂薄。
② 固定　将涂片在酒精灯火焰上方通过数次，使菌膜干燥固定。
③ 染色　在固定的菌膜上分别加1滴龙胆紫液，染色1min；用无菌蒸馏水轻轻冲去多余的龙胆紫液，加碘液冲去残水，再加1滴碘液染色1min；用无菌蒸馏水冲洗碘液，用滤纸吸去多余水分，再滴加95%酒精脱色25~30s；用无菌蒸馏水冲洗酒精，然后用滤纸吸干后，用碱性品红复染0.5~1.0min；最后用无菌蒸馏水冲洗复染剂，吸干。
④ 油镜使用方法　细菌形态微小，必须用油镜观察。将制片依次用低倍镜、高倍镜找到观察部位，然后在细菌涂面上滴少许香柏油，再慢慢地把油镜转下使其浸入油滴中，并由一侧注视，使油镜轻触玻片，观察时用微动螺旋慢慢将油镜上提到观察物像清晰为止。镜检完毕后，用擦镜纸蘸少许二甲苯轻拭镜头，除净镜头上的香柏油。
⑤ 镜检　按油镜使用方法分别观察革兰染色的制片。
⑥ 诊断　在病原细菌形态观察与细菌病害症状观察的基础上，准确诊断细菌病害。

2. 观察并诊断植物病原病毒、类病毒和植原体所致病害
观察仙客来花叶病、苹果花叶病、枣疯病、泡桐丛枝病等当地各种植物病毒病害、类病毒

病害和植原体病害的新鲜标本，掌握植物病原病毒、类病毒和植原体所致病害的症状特征，为病害的准确诊断奠定基础。

【成果汇报】

绘制观察到的病原细菌的形态图。

◇ 自测题

1. 名词解释

细菌，植原体，病毒，类病毒，系统性侵染，隐性侵染。

2. 填空题

（1）大多数植物细菌病害的病症是_____。诊断细菌病害比较可靠的方法是观察植物病组织切口是否有_____溢出。

（2）细菌所致植物病害的症状主要有_____、_____、_____、_____和_____等类型。

（3）植物病原细菌的形状为_____状，繁殖方式为_____。

（4）植物病原细菌主要通过寄主植物体表的_____和_____侵入。

（5）病毒粒子由_____和_____组成。病毒侵染属于_____性侵染。

（6）病毒的传播途径主要是_____、_____和_____等，引起的症状主要有_____、_____和_____等。

（7）植物病毒病害在症状上只有明显的_____，不出现_____。

（8）类病毒存在于_____内，感病植物通常是_____带毒，种子带毒率很高。

（9）植原体引起的植物病害，大多表现为_____、_____、_____、_____现象。

3. 简答题

（1）如何区别植物细菌病害与真菌病害？

（2）简述植物病原细菌、病毒、类病毒和植原体病害的发生特点。

◇ 自主学习资源库

1. 普通植物病理学．谢联辉．科学出版社，2011．
2. 园林植物病虫害防治．黄少彬．高等教育出版社，2012．
3. 植物保护学报（ISSN：0577-7518）．中国植物保护学会主办．
4. 中国植物保护网：http://www.ipmchina.net．
5. 普通植物病理学精品课程网：http://jpkc.njau.edu.cn/PlantPathology．

园林植物病虫害发生发展规律

园林植物病虫害在分布和危害方面表现为多种多样，其发生发展过程亦各有特点。同时，园林植物各种病害和虫害的发生发展也有某些类似的规律性。通过本模块的学习和训练，要求能够把握园林植物病害和虫害的发生发展规律，明确影响病虫害发生发展的外因和内因，为下一步学习园林植物病虫害的防治理论及方法打好基础。本模块包括2个项目共3个任务，框架如下：

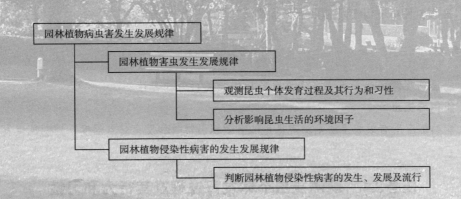

项目3　园林植物害虫发生发展规律

园林植物害虫的发生发展过程是指园林害虫个体的生长发育过程和群体的数量变化过程，与害虫的生物学特性和生活环境密切相关。熟悉害虫发生发展过程中的行为和习性，掌握环境条件对害虫生活和数量变动的影响，不仅有利于把握害虫薄弱环节来防治害虫，而且有利于利用害虫的一些特殊的行为和习性来控制害虫的危害。通过本项目两个任务的学习和训练，要求能够牢固把握园林昆虫个体发育过程及其行为习性，准确分析影响害虫生活的关键因子。

◇ *知识目标*

（1）了解昆虫的生殖方式。
（2）掌握昆虫个体发育过程中的相关概念。
（3）了解昆虫的常见行为和习性及其世代和生活史。
（4）熟悉各种环境因子对昆虫生长繁殖及其行为、习性的影响。

◇ *技能目标*

（1）能准确观测并记录昆虫各个发育阶段的相关行为和习性。
（2）能饲养昆虫。
（3）能熟练应用有效积温法则测定昆虫的有效积温常数和发育起点温度，控制昆虫发育进度。

任务3.1　观测昆虫个体发育过程及其行为和习性

◇ *工作任务*

经过对一种昆虫一生的饲养和观察，熟悉昆虫的个体发育过程，了解昆虫生长发育过程中的常见行为和习性。要求掌握昆虫个体发育过程中的相关概念，熟悉昆虫常见行为和习性在防治中的应用。

◇ *知识准备*

昆虫的个体发育是指由受精卵开始直到成虫性成熟所经过的一系列变化过程，包括胚胎发育和胚后发育两个连续的阶段。胚胎发育是指从受精卵到幼虫破壳而出的发育过程。胚后发育是指从幼虫孵化后到成虫性成熟的整个发育过程。

3.1.1 昆虫的生殖

绝大多数昆虫的生殖方式为两性生殖，少数昆虫营孤雌生殖。

（1）两性生殖

两性生殖又称为有性生殖，是昆虫最常见的生殖方法，其特点是要经过雌、雄两性交配，雄成虫的精子与雌成虫的卵子结合之后才能正常发育成新个体。

（2）孤雌生殖

卵不受精就能发育成正常新个体的生殖方式称为孤雌生殖，也叫单性生殖。这种生殖方式是昆虫对维持其种群数量和扩大分布的一种有利适应。包括偶发性孤雌生殖、经常性孤雌生殖和周期性孤雌生殖。

① 偶发性孤雌生殖　是指某些昆虫在正常情况下行两性生殖，偶尔雌成虫产出的未受精卵也能发育成新个体的现象，常见的如家蚕、一些毒蛾和枯叶蛾等。

② 经常性孤雌生殖　也称永久性孤雌生殖，这种生殖方式在某些昆虫中经常出现，被视为正常的生殖现象。如膜翅目的蜜蜂和小蜂总科的一些种类中，雌成虫产下的卵有受精卵和未受精卵两种，前者发育成雌虫，后者发育成雄虫。

③ 周期性孤雌生殖　也称循环性孤雌生殖，是指昆虫通常在进行1次或多次孤雌生殖后，再进行1次两性生殖。周期性孤雌生殖在蚜科中最为常见。如棉蚜从春季到秋末，没有雄蚜出现，行孤雌生殖10~20余代，到秋末冬初则出现雌、雄两性个体，并交配产卵越冬。大多数进行孤雌生殖的蚜虫，卵在母体内孵化，由母体直接产下幼虫，这种现象称为卵胎生。

3.1.2 昆虫的个体发育

（1）孵化

昆虫胚胎发育到一定时期，幼虫或若虫冲破卵壳而出的现象，称为孵化。

（2）生长和脱皮

幼虫体外有一层坚硬的表皮限制了它的生长，所以当生长到一定时期，就要形成新表皮，脱去旧表皮，这种现象称为脱皮。脱下旧表皮称为蜕。幼虫的生长与脱皮周期性地交替进行，每脱皮一次，身体即有一定程度的增大。从卵内孵化出的幼虫称为1龄幼虫，又称初孵幼虫，脱皮1次的幼虫为2龄幼虫，脱皮2次的幼虫为3龄幼虫，以此类推。相邻两次脱皮之间的历期，称为龄期。昆虫的脱皮次数种间各异，但同种昆虫是相对稳定的。种内同一龄幼虫个体间的体长常有差异，但头壳宽度一般变异很小，可以此作为识别虫龄的重要依据之一。

（3）化蛹

化蛹指完全变态昆虫末龄幼虫脱去最后表皮变为蛹的过程。多数末龄幼虫在化蛹前，通常先停止取食，排出粪便，寻找隐蔽安全的场所，身体变短，颜色变淡，最后脱去幼虫表皮，呈现蛹的构造。

（4）羽化

成虫从它的前一虫态（蛹或末龄若虫或稚虫）脱皮而出的现象，称为羽化。

（5）补充营养

大多数昆虫，尤其是金龟甲、天牛、部分蝶蛾及不完全变态昆虫，成虫羽化后尚未达到性成熟，需要继续取食，以满足生殖系统发育对营养的需要。这种对性细胞发育不可缺少的成虫期营养，称为补充营养。

（6）性二型现象

昆虫雌、雄个体之间除内、外生殖器官（第一性征）不同外，许多种类在个体大小、体形、体色、构造等（第二性征）方面也常有很大差异，这种现象称为性二型现象。

（7）多型现象

多型现象是指同种昆虫在同一性别的个体中出现不同类型分化的现象。这种现象主要出现在成虫期，但有时也可以出现在幼虫期。常见于白蚁、蚂蚁、蜜蜂等昆虫中。

3.1.3 昆虫的行为和习性

（1）昆虫活动的昼夜节律性

昆虫活动的昼夜节律是指昆虫活动在长期的进化过程中形成了与自然中昼夜变化规律相吻合的节律，即生物钟或昆虫钟。绝大多数昆虫的活动，如飞翔、取食、交配等，甚至有些昆虫的孵化、羽化等，均有固定的昼夜节律。在白天活动的昆虫称为日出性或昼出性昆虫，如瓢虫、蜻蜓、螳螂等捕食性昆虫和蝶类。在夜间活动的昆虫称为夜出性昆虫，如大多数的蛾类。只在弱光下（如黎明、黄昏）活动的昆虫称弱光性昆虫，如蚊子、金龟甲等。自然中昼夜长短是随季节变化的，所以许多昆虫的活动节律也有季节性。

（2）昆虫的食性

食性即昆虫的取食习性。昆虫在其历史演化过程中，对食物形成一定的选择性，按昆虫食物的性质，可将昆虫分为以下几类。

植食性昆虫　以植物活体为食的昆虫。

肉食性昆虫　以动物活体为食的昆虫。

腐食性昆虫　以动物、植物残体或粪便为食的昆虫。

杂食性昆虫　既以植物或动物为食，又可腐食的昆虫。

根据食物的范围可将昆虫分为以下几类。

多食性昆虫　以多种非近缘科的动植物为食的昆虫，如刺蛾、棉蚜等。

寡食性昆虫　以1个科或几个近缘科的动植物为食的昆虫，如小菜蛾、马尾松毛虫。

单食性昆虫　只以1种动植物为食的昆虫，如三化螟。

（3）昆虫的趋性

昆虫的趋性就是昆虫对各种刺激物的反应。根据刺激物，昆虫的趋性可分为趋光性、趋化性、趋温性等；根据对刺激物的趋向和背向两种反应，分为正趋性和负趋性。

趋光性　是昆虫通过视觉器官对光线刺激所表现的趋向活动。
趋化性　是昆虫通过嗅觉器官对化学物质刺激所表现的趋向活动。
趋温性　是昆虫通过感觉器官对温度刺激所表现的趋向活动。

（4）昆虫的群集性

昆虫的群集性是指同种昆虫的大量个体高密度地聚集在一起的习性。根据聚集时间的长短可将群集分为临时性群集和永久性群集。临时性群集是指昆虫在某一虫态和一段时间内群集在一起，过后就分散，如天幕毛虫幼虫在树杈结网并群居栖息在网内；永久性群集是终生群集在一起，如蜜蜂、蚂蚁等。

（5）昆虫的假死性

昆虫的假死性是指昆虫在受到突然刺激时，身体蜷缩，静止不动或从原停留处突然跌落下来呈死亡之状，稍停片刻又恢复常态而离去的现象。假死性是一种非条件反射，是昆虫逃避敌害的一种适应性。

（6）昆虫的休眠

休眠是昆虫在不良环境条件下发育临时停止的现象，当不良环境条件消除后，即可恢复正常的生命活动。休眠发生在炎热的夏季称为越夏，发生在严寒的冬季称为越冬。不同昆虫休眠的虫态不一，有些昆虫在不同地区以不同的虫态休眠，如小地老虎在北京以卵越冬，在长江流域以蛹或老熟幼虫越冬，在广西南宁以成虫越冬。

（7）昆虫的滞育

滞育是由于环境条件和昆虫的遗传特性造成昆虫生长发育暂时停止的现象。在自然情况下，当不利的环境条件还远未到来之前，昆虫即进入滞育，而且一旦进入滞育，即使给予最适宜的环境条件，昆虫也不能马上恢复正常的生命活动。季节性的光周期长短和各种昆虫对光周期的反应是引起昆虫滞育的主要原因，其次是温度、湿度、食物等，引起和解除滞育的所有外界因子必须通过内部激素的分泌来实现。滞育有一定的遗传稳定性，而且都有固定的滞育虫态。如樟叶蜂以老熟幼虫在7月上、中旬于土中滞育，至第二年2月上、中旬才恢复正常的生长发育。

3.1.4　昆虫的世代和生活史

（1）昆虫的世代

昆虫自卵或幼体离开母体到成虫性成熟产生后代为止的个体发育周期，称为一个世代。各种昆虫完成一个世代所需的时间不同。昆虫在1年内发生固定代数或完成一代需要固定时间的特性称为化性。一年只发生1代的称为一化性，如竹笋夜蛾、红脚绿金龟等；一年发生2代的称为二化性，如白尾安粉蚧；一年发生3代以上的称为多化性，如一年完成5个世代的棉卷叶野螟；2年以上才完成一个世代的称为部化性。昆虫的化性除因昆虫的种类不同外，还与昆虫所在的地理位置、环境因子有密切的关系。多化性的昆虫常由于成虫产卵期长，或越冬虫态出蛰期不集中，而造成前一世代与后一世代的同一虫态同时出现的现象，称为世代重叠。许多蚜虫在生长季节连续10余代以孤雌生殖方式繁殖，只有在秋末冬初才出现雌、雄性蚜，进行两性生殖繁殖一代，这种两性世代和若干代的孤雌生殖世代相交替的现象称为世代交替。

（2）昆虫的生活史

昆虫的生活史又称为生活周期，是指昆虫个体发育的全过程。通常在一年中昆虫的个体发育过程，称为年生活史或生活年史。年生活史是指昆虫从越冬虫态（卵、幼虫、蛹或成虫）越冬后复苏起，至翌年越冬复苏前的全过程。一年发生1代的昆虫，其年生活史与世代的含义是相同的。一年发生多代的昆虫，其年生活史则包括几个世代。多年发生完成一代的昆虫，其生活史需多年完成，而年生活史则只包括部分虫态的生长发育过程。了解害虫的生活史，掌握害虫的发生规律，是害虫预测预报和防治害虫的可靠依据。为了清楚地描述昆虫在一年中的生活史特征，除可以采用文字进行描述外，还可以用图表来表示（表3-1）。

表3-1 樟叶蜂年生活史

世代	1月			2月			3月			4月			5月			6月			7月			8月			9月			10月			11月			12月		
	上	中	下	上	中	下	上	中	下	上	中	下	上	中	下	上	中	下	上	中	下	上	中	下	上	中	下	上	中	下	上	中	下	上	中	下
越冬代	▲	▲	▲	▲	▲	▲	▲	▲	▲	▲	+	+	+																							
第一代											●	●	●																							
										—	—	—	—	—																					
									△	△	△	△																							
												+	+	+																					
第二代													●	●	●																					
															—	—	—	—	—	—															
																				△	△	△	△	△	△	△	△	△	△	△	△	△	△	△	△

图例：●卵，—幼虫，△蛹，▲越冬蛹，+成虫。

◇ 任务实施

饲养、观察昆虫的一生

【任务目标】

（1）学会饲养昆虫、观察并记载昆虫生长发育过程的一般方法。

（2）了解昆虫的主要生殖方式、各虫态历期及其行为习性。

【材料准备】

饲养器皿或饲养套网、家蚕、榕蚕、黄粉虫、蚜虫、蟓、蝗虫或自然界中的其他昆虫。

【方法及步骤】

1. 确定饲养对象

在校园或街道园林植物上采集活虫，或到花鸟市场、蚕场购买昆虫，选取一种不完全变态昆虫和一种完全变态昆虫作为饲养对象。

2. 查阅相关资料，准备饲养器具

根据饲养对象，上网和去图书馆查阅饲养对象的生物学特性，特别是它们对食料、寄主植物、环境条件的要求,以及饲养方法等。

室外饲养准备好套网,室内饲养准备好饲养器皿或饲养盒笼等,并栽种好寄主植物或准备好相关饲料。

3. 观察并记载饲养情况

每天或隔天观察并记载各个虫态的生长发育情况,如卵的孵化时间,幼虫或若虫的体长、头壳宽度、脱皮时间,成虫的化蛹时间、羽化时间,以及各个虫态的生活习性和生存死亡情况等,至少观察一个世代。室内饲养要注意环境清洁和饲料供给等。

【成果汇报】

(1)以完全变态昆虫为例,记载各个虫态的生长发育情况(表3-2)。

表3-2 昆虫各虫态的生长发育情况

虫 期	观察日期	生长发育情况	死亡情况及原因分析
卵期			
1龄幼虫			
2龄幼虫			
3龄幼虫			
n龄幼虫			
蛹期			
成虫期			

(2)以一个世代为例,写一份昆虫饲养观察的总结报告,包括材料和方法,昆虫的个体发育过程,如形态、大小、颜色变化及历期,以及行为习性等,并阐明昆虫饲养中要注意的问题和收获体会等。

◇ 自测题

1. 名词解释

胚胎发育,胚后发育,孤雌生殖,多型现象,性二型现象,补充营养,孵化,3龄幼虫,脱皮,化蛹,羽化,昆虫昼夜节律性,夜出性昆虫,昼出性昆虫,弱光性昆虫,食性,单食性,多食性,趋光性,趋化性,趋温性,群集性,假死性,世代,化性,年生活史,休眠,滞育。

2. 填空题

（1）昆虫的个体发育是指由_____开始直到形成成熟个体所经过的一系列从简单到复杂的变化过程，包括_____发育和_____发育两个连续的阶段。

（2）胚后发育是指从_____到_____的整个发育过程。

（3）卵不受精就能发育成正常新个体的生殖方式称_____。包括_____、_____和_____3种类型。

（4）相邻两次脱皮之间的历期，称为_____。昆虫脱皮次数在同种昆虫是_____。

（5）昆虫活动的昼夜节律是指昆虫活动在长期的进化过程中形成了与自然中昼夜变化规律相吻合的节律，可分为_____、_____和_____3种类型。

（6）以植物活体为食的昆虫称为_____昆虫，以动物活体为食的昆虫称为_____昆虫。

（7）根据刺激物可将昆虫的趋性分为_____、_____和_____等；而根据昆虫对刺激物所引起的反应可将昆虫的趋性分为_____和_____。

（8）了解害虫的生活史，掌握害虫的发生规律，是害虫_____和_____的可靠依据。

3. 简答题

（1）根据食物的性质可将昆虫的食性分为哪几类？

（2）昆虫的趋性可分为哪几类？

（3）研究昆虫生活史在害虫的防治上有何意义？

（4）昆虫的休眠与滞育有什么共性和区别？

◇ **自主学习资源库**

1. 蓝色动物学（中国动物学科普网）：http://www.blueanimalbio.com/index.htm.
2. 嘎嘎昆虫网：http://gaga.biodiv.tw/9701bx/in5.htm.
3. 中国科普博览——昆虫博物馆：http://www.kepu.net.cn/gb/lives/insect/index.html.

任务3.2　分析影响昆虫生活的环境因子

◇ **工作任务**

昆虫的发生发展除与本身的生物学特性有关外，还与环境条件有密切的关系。构成昆虫生存环境条件的各种因素，称为生态因子。生态因子包括气候因子、土壤因子、生物因子和人为因子。弄清昆虫个体生长、发育、繁殖、分布与环境因素的关系，揭示昆虫种群数量变化的消长规律，有助于充分发挥人的主观能动性，有计划地采用各种有效措施，创造不利于害虫但有利于植物生长的环境条件，从而有效地控制害虫的大发生，是害虫预测预报和综合防治的重要理论基础。经过本任务的学习和训练，能够全面分析影响昆虫生长发育及其行为习性的主要因素，并且通过调节和控制这些相关因素来影响昆虫的种群发展。

◇ 知识准备

3.2.1 气候因子

气候因子与昆虫的生命活动有着极其密切的关系。气候因子主要有温度、湿度、降水、光、风等，其中起主要作用的是温度和湿度，它们不仅影响昆虫的生长发育、繁殖和发育周期，而且决定昆虫的地理分布界限。

3.2.1.1 温度的影响

（1）温区的划分

昆虫是变温动物，体温随环境温度的高低而变化。昆虫调节体温的能力较差，其生命活动所需的热能主要来源于太阳辐射热和体内新陈代谢所产生的代谢热，其热能散失的途径主要是通过体壁向外传导、辐射和伴随水分的蒸发而散失。昆虫在进化过程中对温度产生了一定的适应性，每一种昆虫的生命活动都要求一定的温度范围，这一温度范围称为适宜温区（或有效温区）。不同昆虫的适宜温区不同，根据多数昆虫对温度的适应情况，可划分5个温区（表3-3）。

表3-3 昆虫对温度的适应范围

温度（℃）	温区		昆虫对温度的反应
>45	致死高温区		短时间内死亡
40~45	亚致死高温区		热昏迷，死亡决定于高温强度和持续时间
8~40	高适温区	适宜温区（有效温区）	随温度升高，发育速度减慢
	最适温区		死亡率最低，发育速度最快
	低适温区		发育速度最慢，繁殖力低
-10~8	亚致死低温区		冷昏迷，死亡决定于低温强度和持续时间
<-10	致死低温区		短时间内死亡

（2）有效积温法则

昆虫同其他生物一样，完成其不同的发育阶段（如卵、各龄幼虫、蛹、成虫产卵前期或一个世代等）需要积累一定的热能，即发育所经历的时间与该时间内平均有效温度的乘积为一常数，该常数称为有效积温常数。因为只有温度达到发育起点温度以上，昆虫才开始发育，因此在发育起点温度以上的温度称为有效温度，有效温度的总和就是有效积温。

$$K = N(T-C) \text{ 或 } N = \frac{K}{T-C}$$

式中 K——有效积温常数（日度）；
N——发育所需的时间（历期）(d)；
T——环境温度（℃）；
C——发育起点温度（℃）。

有效积温法则主要应用于以下几个方面：

① 推算昆虫发育起点温度和有效积温常数　发育起点温度（C）和有效积温常数（K）可以通过试验观察求得：将一种昆虫的某一虫期置于两种不同温度条件下进行饲养，记录发育所需要的时间，设两个温度分别为 T_1 和 T_2，完成发育所需的时间分别为 N_1 和 N_2，根据 $K = N(T-C)$，得到：

$$K = N_1(T_1 - C) \cdots\cdots\cdots\cdots\cdots (1)$$
$$K = N_2(T_2 - C) \cdots\cdots\cdots\cdots\cdots (2)$$

并得 $K = N_1(T_1 - C) = N_2(T_2 - C)$，即

$$C = \frac{N_2 T_2 - N_1 T_1}{N_2 - N_1}$$

将计算得到的 C 值带入（1）式或（2）式即可求得 K 值。

为了得到更可靠的结果，可用 3 个以上的温度处理，采用最小自然乘法进行推算，导出公式如下：

$$K = \frac{n\sum VT - \sum V \sum T}{n\sum V^2 - (\sum V)^2}$$

$$C = \frac{\sum V^2 \sum T - \sum V \sum VT}{n\sum V^2 - (\sum V)^2}$$

式中　n——处理个数；
　　　V——发育速率，$V = 1/N$。

② 估测昆虫在某地区可能发生的世代数　已知某种昆虫完成一个世代的有效积温 K，再利用当地常年温度的资料，统计出当年该虫的有效积温总和 K_1，便可推算出这种昆虫在该地区每年可能发生的世代数 N。

$$N = \frac{K_1}{K}$$

③ 预测害虫发生期　获知一种昆虫或某个虫期的有效积温和发育起点温度后，便可根据公式 $N = K/(T-C)$ 进行发生期预测。

④ 控制昆虫的发育进度　在人工繁殖利用寄生蜂防治害虫时，根据释放日期的需要，便可根据公式 $T = K/N + C$ 计算出室内饲养寄生蜂的需要温度，并通过调节温度来控制其发育进度，保证在合适的日期释放到田间。

⑤ 预测害虫地理上的分布北限　对于某种昆虫，如果 $N = K_1/K < 1$，也就是说，在该地全年的有效积温总和不能满足该虫完成一个世代所需的积温，则这种昆虫在该地区一年内不能完成一个世代。如果该虫不是多年发生一个世代的昆虫，这将成为该虫地理分布的限制因子。

有效积温对于了解昆虫的发育规律、预测预报害虫和利用天敌开展防治工作具有重要意义。但有效积温法则也具有一定的局限性。主要表现在：有效积温法则只考虑了温度条件的影响，其他因素如湿度、食物等也有很大的影响，但都没考虑进去；有效积温法则是

以温度与发育速率呈直线关系为前提的，而事实上，在整个适温区内，温度与发育速率的关系是呈"S"形的曲线关系，无法显示高温延缓发育的影响；该法则的各项数据一般都是在实验室恒温条件下测定的，与外界变温条件下生活的昆虫发育情况有一定的差异；对某些有滞育现象的昆虫，利用该法则计算其发生代数或发生期难免有误差。

3.2.1.2 湿度的影响

昆虫对湿度的要求依种类、发育阶段和生活方式不同而有差异。最适宜范围一般为相对湿度70%～90%，湿度过高或过低都会延缓昆虫的发育，甚至造成死亡。如日本松干蚧的卵，在相对湿度89%时孵化率为99.3%；相对湿度36%以下，绝大多数卵不能孵化；相对湿度100%时，虽然能孵化，但若虫不能钻出卵囊而死亡（表3-4）。但一些刺吸式口器害虫如蚧虫、蚜虫、叶蝉等对大气湿度的变化并不敏感，即使大气非常干燥，也不会影响它们对水分的要求，反而由于天气干旱时寄主汁液浓度增大，提高了营养成分，有利于害虫繁殖，所以这类害虫往往在干旱时危害严重。

表3-4 日本松干蚧卵的孵化与湿度的关系　　　　　　　　　　　　　　　%

相对湿度	卵的孵化率	相对湿度	卵的孵化率
<36	绝大部分不能孵化	89	99.3
54.6	72.4	100	卵虽能孵化，但若虫均死于卵囊中
70.3	95.7		

3.2.1.3 降水的影响

降水不仅影响环境湿度，也直接影响害虫的发生数量，其作用大小常因降水时间、降水强度和降水次数而定。春季雨后有助于一些在土壤中以幼虫或蛹越冬的昆虫顺利出土；而暴雨则对一些小型害虫如蚜虫、初孵蚧虫有很大的冲杀作用，从而大大降低虫口密度；阴雨连绵不但影响一些食叶害虫的取食活动，且易造成致病微生物的流行。

3.2.1.4 温湿度的综合影响

在自然界中温度和湿度总是同时存在、相互影响、综合起作用的。而昆虫对温度、湿度的要求也是综合的，不同温湿度组合，对昆虫的孵化、幼虫存活、成虫羽化、产卵及发育历期均有不同程度的影响。例如，大地老虎卵在不同温湿度下的生存情况见表3-5。

表3-5 大地老虎卵在不同温湿度组合下的死亡率

温度（℃）	相对湿度（%）		
	50	70	90
20	36.7	0	13.5
25	43.4	0	2.5
30	80.0	7.5	97.5

在高温高湿和高温低湿下，大地老虎卵的死亡率都较大；温度20～30℃、相对湿度50%的条件下，对其生长均不利；其适宜温湿度条件为温度25℃、相对湿度70%左右。因

此，在分析害虫消长规律时，不能单根据温度或相对湿度某一项指标，而是要注意温湿度的综合影响作用，常采用温湿度系数来表示。温湿度系数是指相对湿度与平均温度的比值，或降水量与平均温度的比值，计算公式为：

$$Q=\frac{RH}{T} 或 Q=\frac{M}{T}$$

式中　Q——温湿度系数；

　　　RH——相对湿度；

　　　M——降水量；

　　　T——平均温度。

3.2.1.5　光的影响

昆虫的生命活动和行为与光的性质、光强度和光周期有密切的关系。光是一种电磁波，因波长的不同而显示不同的颜色。昆虫辨别不同波长光的能力与人不同，人眼可见光波一般在400~770nm，对于大于800nm的红外光、小于400nm的紫外光，人眼均看不见。昆虫则可以看见250~770nm的光波，尤其对330~400nm的紫外光有强烈的趋性，黑光灯诱杀害虫就是根据这个原理设计的。此外，蚜虫对550~600nm的黄色光有反应，所以白天蚜虫飞翔时可利用黄色诱板进行诱集。光强度的变化主要影响昆虫的昼夜节律、交尾产卵、取食栖息、聚集行为和体色。光周期是指昼夜交替时间在一年中的周期性变化。许多昆虫对光周期的年变化反应非常明显，表现出昆虫的季节生活史、滞育特征、世代交替，如蚂蚁、蚜虫的季节性多型现象等。光周期是昆虫滞育的主导因素。引起昆虫种群50%左右个体进入滞育的光周期界限，称为临界光周期。

3.2.1.6　风的影响

风和气流对昆虫的生长发育虽无直接作用，但可以影响空气的温度和湿度，从而对昆虫的生长发育产生间接作用。此外，风还影响昆虫的活动，特别是昆虫的扩散和迁移受风的影响较大，风的强度、速度和方向直接影响其扩散和迁移的频度、范围和方向。有资料表明，许多昆虫能借风力传播到很远的地方，如蚜虫可以借风力迁移1220~1440km。

3.2.2　土壤因子

土壤是昆虫的一个特殊生态环境，很多昆虫的生活都与土壤有密切的关系。如蝼蛄、蟋蟀、蛴螬、叩头甲等苗圃害虫，有些终生在土中生活，有的大部分虫态是在土中度过。许多昆虫于温暖季节在土壤外面活动，冬季即到土中越冬。

土壤的理化性状，如土壤的温度、湿度、机械组成、有机质成分及含量、酸碱度等，直接影响在土中生活的昆虫的生命活动。一些地下昆虫往往随土壤温度变化而上下移动。秋天土温下降时，土内昆虫向下移动；春天土温上升时，则向上移动到适温的表土层；夏季土温较高时，又潜入较深的土层中。在一昼夜之间昆虫也有一定的活动规律，如蛴螬、小地老虎夏季多于夜间或清晨上升到土表危害，中午则下降到土壤下层。生活在土中的昆虫，大多对湿度要求较高，当湿度较低时会因失水而停止一些生命活动。掌握昆虫的这些习性后,可以通过土壤复垦、施肥、灌溉等各种措施,改变土壤条件,达到控制害虫的目的。

3.2.3 生物因子

(1) 食物的影响

昆虫和其他动物一样,必须利用植物或其他动物所制造的有机物以取得生命活动过程所需要的能源,食物的质量和数量直接影响昆虫的生长、发育、繁殖和寿命。食物数量充足、质量高,则昆虫生长发育快、生殖力强、自然死亡率低;相反则生长、发育和生殖都受到抑制。生境中有没有必需的食物,关系到能不能在这个生境中生存;存在的食物是否适合昆虫需要,则关系到这个生境中昆虫的种群数量。

(2) 天敌的影响

通过捕食或寄生使昆虫死亡的生物统称为昆虫的天敌。害虫天敌是影响害虫数量的一个重要因素。天敌的种类很多,主要包括:引起昆虫感病死亡的病毒、真菌、细菌等病原微生物,以及以害虫为食的天敌昆虫和蜘蛛、食虫益鸟、食虫两栖动物等。

3.2.4 人为因子

人类的活动对昆虫的繁殖、活动和分布影响很大,归纳起来主要表现在4个方面:

① 人为改变生态系统对昆虫的影响 植树、栽植草坪、兴建公园、引进推广新品种等园林绿化活动导致当地生态系统发生改变,从而影响昆虫的物种多样性和种群的兴衰。

② 人为改变昆虫群落对昆虫的影响 贸易的频繁和植物种苗的调运不可避免地扩大了昆虫的地理分布范围。一方面,一些危险性害虫传入新地区,造成了极其严重的危害,如美国白蛾、地中海实蝇、椰心叶甲等;另一方面,有目的地引进和利用益虫又可以抑制害虫的发生和危害,如各国引进澳洲瓢虫,成功地控制了吹绵蚧的危害。

③ 园林技术措施应用对昆虫的影响 人们通过运用中耕除草、灌溉施肥、整形修剪、培育抗虫品种等园林技术措施,增强了植物的生长势,恶化了害虫的适生环境和繁殖条件,大大减轻了危害程度。

④ 防控措施对昆虫的影响 各种物理因素和防虫器械以及化学农药等防控措施的科学运用,直接杀灭了大量害虫,保障了园林植物的正常生长发育和观赏效果。但是,不恰当地运用这些防控措施又常常会引起某些害虫猖獗危害。

◇任务实施

昆虫有效积温常数与发育起点的测定

【任务目标】

理解有效积温法则,掌握昆虫发育起点温度与有效积温的含义及其具体的计算方法。

【材料准备】

系列温湿度培养箱,盆栽苗或其他寄主植物等,温度计;斜纹夜蛾。

【方法及步骤】

1. 系列温度的调节

调节系列温湿度培养箱的控温旋钮,待培养箱内温度稳定时,温度计的读数应分别为 15℃、20℃、25℃、28℃、30℃、35℃。在调节温度时,应尽量细心,避免产生误差。

2. 发育历期的观察

将供试昆虫的雌成虫接在盆栽苗或其他寄主植物上,让其产卵,随时检查产卵情况。将带有新产虫卵的盆栽寄主植物(去除成虫后)分别置于系列培养箱中,每一温度设5个重复,每个重复卵数在150粒以上,当卵开始孵化时每小时检查一次孵化的虫数(每次检查完后去除若虫),然后计算各温度条件下的卵平均发育历期。

卵孵化后,逐日观察各龄幼虫、蛹在不同温度条件下的发育情况,据此计算不同温度条件下各龄幼虫的平均发育历期。采用同样的方法可以计算出各龄幼虫虫态的发育起点温度和有效积温。

【成果汇报】

(1)记载实验所获得的结果,并根据平均发育历期(N)计算得到的平均发育速率(V),填入表3-6。

表3-6 不同恒温条件下斜纹夜蛾卵和各龄幼虫的平均发育历期

虫态		发育情况	供试温度(℃)					
			15	20	25	28	30	35
卵期		$N(d)$						
		V						
幼虫期	1龄	$N(d)$						
		V						
	2龄	$N(d)$						
		V						
	3龄	$N(d)$						
		V						
	4龄	$N(d)$						
		V						

(2)计算斜纹夜蛾卵及各龄幼虫的发育起点温度(C)和有效积温(K)。

(3)预测在温度分别为18℃、22℃、32℃时斜纹夜蛾卵、幼虫的发育天数。

◇ 自测题

1. 名词解释

生态因子,温湿度系数,昆虫天敌,有效温度,有效积温常数,发育起点温度。

2. 填空题

（1）影响昆虫生活的环境因子有_____、_____、_____和_____4个大类。

（2）影响昆虫生活环境的气候因子有_____、_____、_____、_____和_____5个方面。

（3）昆虫对温度的反应区域分为_____、_____、_____、_____和_____5个温区。

（4）昆虫的天敌种类很多，主要包括：引起昆虫感病死亡的病毒、真菌、细菌等_____；以昆虫为食的螳螂、瓢虫、寄生蜂、_____、_____等有益动物。

（5）昆虫的生命活动和行为与光的性质、光强度和光周期有密切的关系。大多数昆虫对330～400nm的_____光有强烈的趋性，黑光灯诱杀害虫就是根据这个原理设计的，蚜虫对550～600nm的_____光有反应。光周期是_____的主导因素，光强度的变化主要影响昆虫的_____、_____、_____、_____和_____。

3. 简答题

（1）昆虫对温度的反应可划分为哪些温区？各温区对昆虫有什么影响？

（2）土壤对昆虫有什么影响？

（3）食物对昆虫有什么影响？

（4）光对昆虫有什么影响？

（5）什么是有效积温法则？在生产上如何应用？

（6）人的活动对园林昆虫有什么影响？

4. 计算题

已知竹织叶野螟卵的发育起点温度为6.6℃，卵期有效积温为124.2℃，卵产下当时的平均温度为20℃。几天后可见幼虫发生？

◇ **自主学习资源库**

1. 江世宏"园林植物病虫害防治"国家级精品课程：http://course.jingpinke.com/details?uuid= 8a833999-20d0f6d2-0120-d0f6d277-0279&courseID=D070075.

2. 丁世民"园林植物保护"国家级精品课程：http://course.jingpinke.com/details?uuid=f2bc9c24-123c-1000-a0d3-144ee02f1e73&objectId=oid:f2bc9c24-123c-1000-a0d2-144ee02f1e73&courseID=D0901.

3. 陈啸寅"植物保护"国家级精品课程：http://course.jingpinke.com/details?uuid=f2c31ee0- 123c-1000-a138-144ee02f1e73&objectId=oid:f2c31ee0-123c-1000-a137-144ee02f1e73&courseID= D090106.

项目4　园林植物侵染性病害的发生发展规律

园林植物侵染性病害的发生与流行，是在园林生态系统中寄主植物与病原物在一定的外界条件下互相作用的结果。从园林植物遭受病原物的侵入到发病，从植物个体发病到群体发病，从一个生长季节发病到下一个生长季节再次发病，都需要一个过程。了解各类园林植物侵染性病害的发病过程、侵染循环和发病规律特点，是对病害进行系统分析、预测预报及制定防治对策的重要依据。园林植物侵染性病害的发生和发展是随着时间和空间动态变化的。植物侵染性病害的流行，需要在其发生发展全过程的各个阶段依次都遇到适宜的或较适宜的环境条件，大多数是人为造成的生态平衡失调的结果。植物病害在一定时期和地区内发生普遍而且严重，使寄主植物受到很大损害，引致病害的流行，造成很大损失。

◇ **知识目标**

（1）掌握园林植物侵染性病害的发病过程。
（2）掌握园林植物侵染性病害的侵染循环。
（3）掌握园林植物侵染性病害的流行。

◇ **技能目标**

（1）能准确把握与判定园林植物侵染性病害的发生发展过程。
（2）能准确把握与判定园林植物侵染性病害的流行。

任务4.1　判断园林植物侵染性病害的发生、发展及流行

◇ **工作任务**

通过对一种园林植物侵染性病害侵染过程的观察，熟悉园林植物侵染性病害的发生发展规律、流行的先决条件，能把握园林植物侵染性病害发生、发展的薄弱环节，有效控制园林植物侵染性病害的发生、传播和蔓延。

◇ **知识准备**

4.1.1 侵染过程

从病原物与寄主感病部位接触并侵入，到症状停止发展所经历的全部过程，称为病害的发病过程，又称侵染过程，简称病程。病程大致可划分为接触、侵入、潜育和发病4个时期。实际上，病程是一个连续的侵染过程。

（1）接触期

从病原物与寄主接触到开始萌发入侵称为接触期。接触期的长短因病原物种类不同而有差异。病毒、植原体和类病毒的接触和侵入是同时完成的，细菌从接触到侵入几乎也是同时完成的，都没有明显的接触期。真菌接触期长短不一，一般真菌的分生孢子寿命较短，与寄主接触后如不能在短期内萌发，即失去生命力；当条件适宜时，孢子在几小时内即可萌发侵染。也有些真菌接触期可长达数月。例如，桃缩叶病菌的孢子在芽鳞内越冬，翌年新叶初放时才进行侵染。

在接触期，病原物在寄主体表的活动受外界环境条件，寄主的外渗物质，以及根周围和茎、叶表面微生物活动的影响。这些微生物与病原物之间产生明显的颉颃作用或刺激作用。因此，病原物与寄主植物接触并不一定都能导致侵染的发生。但是病原物与寄主植物感病部位接触是导致侵染的先决条件。阻止病原物与寄主植物感病部位接触可以防止或减少病害发生。

（2）侵入期

从病原物侵入寄主到建立寄生关系这一段时期，称为侵入期。病原物的侵入途径一般有3种：

① 伤口侵入　伤口的种类很多，如修枝伤、叶痕、虫伤、灼伤、冻伤及机械损伤等。病毒和植原体从伤口侵入，寄生性较弱的细菌如棒杆菌、野杆菌、欧氏杆菌多从伤口侵入，许多兼生真菌也从伤口侵入，内寄生植物线虫多从植物的伤口和裂口侵入。

② 自然孔口侵入　有些真菌可以从植物的气孔、皮孔、水孔、蜜腺等自然孔口侵入。如锈菌的夏孢子、许多叶斑病的病原菌都是从气孔侵入的。寄生性较强的细菌如假单胞杆菌、黄单胞杆菌多从自然孔口侵入，少数线虫也从自然孔口侵入。

③ 直接侵入　真菌孢子萌发以后，可借助芽管的机械压力或酶的分解能力，直接穿透植物表皮层和角质层而侵入植物体内。大多数锈菌的担孢子都能钻透角质层而侵入。苗木立枯病菌可以从未木质化的表皮组织穿透侵入。寄生性种子植物以胚根直接穿透枝干皮层，少数植物线虫从表皮直接侵入。

病原物能否侵入寄主，建立寄生关系，与病原物的种类、寄主的抗病性和环境条件有密切关系。环境条件中，影响最大的因素是湿度和温度。大多数真菌孢子萌发都离不开水分，甚至必须在水滴中才能萌发。如蔷薇白粉病菌在相对湿度95%～98%时，萌发率为99.2%，而相对湿度在28%～30%时，萌发率只有53.5%。南方的梅雨季节和北方的雨季，植物病害发生普遍而严重；少雨干旱季节发病轻或不发病。适宜的温度可以促进真菌孢子的萌发，并缩短入侵所需的时间。此外，光照、营养物质对病原物的侵入也有一定影响。

保护性杀菌剂的作用主要是防止病原物侵入。喷洒保护剂、减少和保护伤口、控制侵染发生的条件，是防治植物病害的重要措施。

（3）潜育期

从病原物与寄主建立寄生关系开始到寄主表现症状为止这一段时期，称为潜育期。潜育期是病原物在寄主植物体内生长、蔓延、扩展和获得营养物质、水分的时期。潜育期的长短与病原物的生物学特性，寄主的生长情况、抗病性，以及环境条件都有关系。如病毒、类病毒、植原体所引起病害的潜育期一般为3～27个月，常见的叶斑病潜育期一般为7～15d，幼苗立枯病潜育期只有几个小时。环境条件中起主要作用的是温度，在一定范围内，温度升高，潜育期缩短。如毛白杨锈病，在13℃以下，潜育期为18d；15～17℃时，潜育期为13d；20℃时，潜育期为7d。了解潜育期是植物病害预测预报的主要依据。

（4）发病期

从寄主开始表现症状而发病到症状停止发展这一段时期，称为发病期。这一阶段由于寄主受到病原物的干扰和破坏，在生理上、组织上发生一系列的病理变化，继而表现在形态上，病部呈现典型的症状。植物病害症状出现后，病原物仍有一段或长或短的扩展时期。例如，叶斑和枝干溃疡病斑都有不同程度扩大，病毒在寄主体内增殖和运转，病原细菌在病部出现菌脓，病原真菌或迟或早都会在病部产生繁殖体和孢子。在外界环境条件中，温度、湿度、光照等对真菌孢子的产生都有一定影响。植物病害症状停止发展后，寄主病部组织呈衰退状态或死亡，侵染过程停止。病原物繁殖体进行再侵染，病害继续蔓延扩展。

4.1.2 侵染循环

4.1.2.1 侵染循环的含义

植物病害的侵染循环是指从前一个生长季节开始发病，到下一个生长季节再度发病的过程。侵染循环一般包括以下几个环节：初侵染和再侵染、病原物的越冬和病原物的传播（图4-1）。

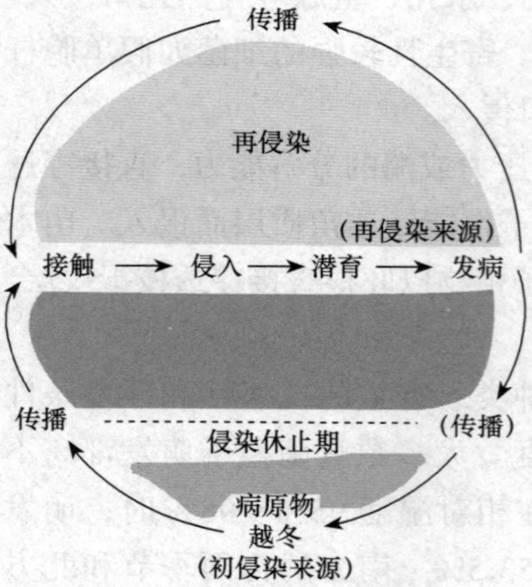

4.1.2.2 初侵染和再侵染

越冬以后的病原物，在植物开始生长发育后进行的第一次侵染，称为初侵染。在同一个生长季节中，初侵染以后发生的各次侵染，称为再侵染。在植物的一个生长季节中，只有一个侵染过程的病害，称为单病程病害，如梨桧锈病。在植物的一个生长季节中，有多个侵染过程的病害，称为多病程病害。大多数植物病害都有再侵染，这类病害潜育期较短，如果条件有利，常常通过连续不断的再侵染，发展蔓延扩大危害，引起病害的流行，如月季黑斑病、菊花斑枯病、各种白粉病等。

图4-1 侵染循环模式

植物病害的潜育期和再侵染有密切的关系。病害的潜育期短，再侵染的机会就多。环境条件有利于病害的发生而缩短了潜育期，就可以增加再侵染的次数。如月季黑斑病的潜育期为7~10d，在一个生长季节有多次再侵染；而芍药红斑病潜育期约1个月，再侵染次数就少。病害有无再侵染与防治有密切的关系，对只有初侵染的病害，只要清除越冬病原物，消灭初侵染源，就可使病害得到防治。对于会再侵染的病害，除清除越冬病原物外，及时铲除发病中心，消灭再侵染源，是行之有效的防治措施。

4.1.2.3 病害的越冬

病原物越冬期间处于休眠状态，是其侵染循环中最薄弱的环节，加之潜育场所比较固定集中，较易控制和消灭。因此，掌握病原物的越冬方式、场所和条件，对防治园林植物病害具有重要意义。病原物越冬场所主要有以下几种。

（1）感病植株

病株的存在，也是初侵染来源之一。多年生植物一旦染病后，病原物就可在寄主体内定殖，成为翌年的初侵染来源。如枝干锈病、溃疡病、根癌病等，感病植物是病原物越冬的重要场所。病原真菌可以以营养体或繁殖体在寄主植物体内越冬。由于园林植物栽种方式多样化，有些植物病害连年发生。温室花卉病害，常是翌年露地栽培花卉的重要侵染来源，如花卉病毒病和白粉病等。

（2）病植物残体

有病的枯枝、落叶和病果，也是病原物越冬场所，翌年春天，产生大量孢子成为初侵染来源。如多种叶斑病菌都是在落叶上越冬的。

（3）带病种苗和其他繁殖材料

带病的种子、苗木、球茎、鳞茎、块根、接穗和其他繁殖材料，是细菌、病毒和植原体等远距离传播和初侵染的主要来源。由此而长成的植株，不但本身发病，而且成为苗圃、田间、绿地的发病中心，通过连续再侵染不断蔓延扩展，甚至造成病害流行。如百日菊黑斑病、百日菊细菌性叶斑病、瓜叶菊病毒病、天竺葵碎锦病毒病等。

（4）土壤和有机肥

对于土壤传播的病害或植物根部病害来说，土壤是最重要的或唯一的侵染来源。病原物以厚垣孢子、菌核、菌索等在土壤中休眠越冬，有的可存活数年之久，如苗木紫纹羽病菌。还有的病原物以腐生的方式在土壤中存活，如引起幼苗立枯病的腐霉菌和丝核菌。一般细菌在土壤内不能存活很久，当植物残体分解后，它们也渐趋死亡。此外，在肥料中常混有未经腐熟的病株残体，成为侵染来源。

综上所述，查明病原物的越冬场所加以控制或消灭，是防治植物病害的有力措施。如对在病株残体上越冬的病原物，可采取收集并烧毁枯枝落叶，或将病残组织深埋于土内的办法消灭病原物。种子、苗木、鳞茎、球茎、块根或其他繁殖材料带菌时，需加强植物检疫，进行种子处理、苗木消毒，杜绝病害的扩大蔓延。铲除锈病的转主寄主，切断其侵染循环，控制锈病发生。实行土壤消毒、苗圃轮作和施用充分腐熟的有机肥料，是防止土壤、肥料大量带菌的重要措施。

4.1.2.4 病害的传播

病原物的传播是侵染循环各个环节联系的纽带。它包括从有病部位或植株传到无病部位或植株，以及从有病地区传到无病地区。了解病害的传播途径和条件，设法杜绝传播，可以中断侵染循环，控制病害的发生与流行。

（1）气流传播

真菌病害的孢子主要通过气流传播。孢子数量很多，体小质轻，能在空中飘浮。风力传播孢子的有效距离依孢子性质、大小及风力的大小而不同。有的可达数千千米远，大多数真菌的孢子则降落在离形成处不远的地方。病原物传播的距离并不等于病菌侵染的有效距离，大部分孢子在传播途中死亡，活孢子在传播途中如遇不到合适的感病寄主和适宜的环境条件也不能侵染，因而传播的有效距离还是有限的。如梨桧锈病菌孢子传播的有效距离是5km左右，红松疱锈病菌孢子传播的有效距离只有几十米。

（2）雨水和流水传播

雨水和流水的传播作用是使混在胶质物中的真菌孢子和细菌得以溶化分散，并随水流和雨水的飞溅作用来传播。土壤中的根癌细菌可以通过灌溉水来传播，雨水还可将空中悬浮或移动的孢子打落在植物体上。流水传播不及气流传播远。一般来说，在风雨交加的情况下病原物传播最快。

（3）动物传播

危害植物的害虫种类多、数量大，也是病毒、植原体和真菌、细菌、线虫病害的传播媒介。传毒昆虫不仅能携带病原物，而且在危害植物时，把病原物接种到所造成的伤口中去。如松材线虫病由松褐天牛传播。

（4）人为传播

人类活动在病害的传播上也非常重要。人类通过园艺操作和种苗及其他繁殖材料的远距离调运而传播病害。如某些潜伏在土壤中的病原物，在翻耕或抚育时常通过操作工具传播。许多病毒和植原体可以借嫁接、修剪而传播。松材的大量调运，加速了松材线虫病的扩展和蔓延。加强植物检疫，是限制人为传播植物病害的有效措施。

4.1.3 病原物的寄生性和致病性及寄主植物的抗病性

（1）病原物的寄生性和致病性

病原物的寄生性和致病性是两种不同的属性。寄生性是指病原物在寄主植物活体内取得营养物质而生存的能力，致病性是指病原物所具有的破坏寄主、引起寄主植物病变的能力。植物病原物都是寄生物，只能营腐生生活的生物（腐生物）对植物没有致病性。一种寄生物能否成为某种植物的病原物，取决于能否通过对该种植物的长期适应，克服该种植物的抗病性。如能克服，则两者之间具有亲和性，寄生物有致病性，寄主植物表现感病。如不能克服，则两者之间具有非亲和性，寄生物不具致病性，寄主植物表现抗病。

一般来说，病原物都有寄生性，但不是所有的寄生物都是病原物。因此，寄生物和病原物并不是同义词，寄生性也不是致病性。寄生性的强弱和致病性的强弱没有一定的相关性。专性寄生的锈菌的致病性并不比非专性寄生的强，如引起腐烂病的病原物大都是非专性寄生的，有的寄生性虽弱，但是它们的破坏作用却很大。

（2）寄主植物的抗病性

抗病性是指植物避免、中止或阻滞病原物侵入与扩展，减轻发病和损失程度的一类特性。抗病性是植物普遍存在的性状，可以根据不同的标准区分为不同的类型。按照寄主抗病的机制不同，可将抗病性区分为主动抗病性和被动抗病性；根据寄主品种与病原物小种之间有无特异性相互作用，可区分为小种专化性抗病性和非小种专化性抗病性；根据抗病性表达的病程阶段不同，又可区分为避病（抗接触）、抗病（抗侵入和抗扩展）、耐病（抗损失）和抗再侵染。

4.1.4 病害的流行

植物病害在一个时期、一个地区内，发生普遍而且严重，使某种植物受到巨大损失，这种现象称为病害的流行。病害流行的条件为：有大量致病力强的病原物；有大量易于感病的寄主；有适合病害大量发生的环境条件。这3个条件缺一不可，而且必须同时存在。

（1）病原物

在一个生长季节中，病原物的连续再侵染，使病原物迅速积累。感病植物的长期连作，病株及其残体不加清除或处理不当，均有利于病原物的大量积累。对于那些只有初侵染而没有再侵染的病害，每年病害流行程度主要决定于病原物群体最初的数量。借气流传播的病原物比较容易造成病害的流行。从外地传入的新的病原物，由于栽培地区的寄主植物对其缺乏适应能力，从而表现出极强的侵染力，常造成病害的流行。园林植物种苗调拨十分频繁，要十分警惕新病害的传入。对于本地的病原物，因某些原因产生致病力强的新的生理小种，常造成病害的流行。

（2）寄主植物

感病植物品种大面积连年种植可造成病害流行。植物感病性的增强，主要是栽培管理不当或引进的植物品种不适应当地气候而引起的。月季园、牡丹园等，如品种搭配不当，容易引起病害大发生。在城市绿化中，如将龙柏与海棠近距离配植，常造成锈病的流行。

（3）环境条件

环境条件同时作用于寄主植物和病原物，其不但影响病原物的生长、繁殖、侵染、传播和越冬，而且也影响植物的生长发育和抗病力。当环境条件有利于病原物而不利于寄主植物的生长时，可导致病害的流行。在环境条件方面，最重要的是气象因素，如温度、湿度、降水、光照等。多数植物病害在温暖多雨雾的天气易于流行。此外，栽培条件、种植密度、水肥管理、土壤的理化性状和土壤微生物群落等，与局部地区病害的流行都有密切联系。

寄主、病原物和环境条件三方面因素的影响是综合的、复杂的。但对某一种病害而言，其中某一个因素起着主导作用。如梨桧锈病，只有梨树和圆柏同时存在时，病害才会流行，寄主因素起着主导作用。在连年干旱或冻害后，苹果腐烂病常常大发生，环境因素起着主导作用。掌握各种条件下病害流行的决定因素，对做好病害测报与防治工作具有重要意义。

◇ 任务实施

观察植物侵染性病害侵染过程

【任务目标】

熟悉园林植物侵染性病害的发生发展规律。

【材料准备】

当地白粉病感病的园林植物品种如瓜叶菊、月季或紫薇，盆钵及保湿罩。

【方法及步骤】

① 准备幼苗　在盆钵中播种园林植物，在恒温箱中隔离培养，待幼苗长至2～3片叶时备用。

② 准备白粉病菌菌种　白粉病是专性寄生菌，可在林间采集发病植株叶片或接种在盆钵幼苗上扩大繁殖。接种前将病叶保湿培养，第二天长出新鲜孢子后供接种用。

③ 接种　将上述供接种用的病叶在被接种的盆钵上方震动，使分生孢子自然脱落到盆钵中的植物叶片上，同时在盆钵旁放一张载玻片，用以检查接种量，接种量控制在10×10倍的显微镜下每个视野约25个孢子。

④ 管理及取样　接种后放在恒温箱中继续培养，并分别于12h、24h、48h、72h剪取相同面积的叶段。

⑤ 处理和观察　12h、24h和48h取样的叶段采用异丙醇蒸气使之透明，72h取样的叶段用AA液（冰醋酸：95%酒精＝1:1）使之透明，透明后的叶段用乳酚油染色，染色后在显微镜下观察分生孢子的萌发和侵染过程。

⑥ 观察潜育期　未取样的盆钵培养至出现症状，用以观察潜育期。

【成果汇报】

记录接种后白粉病孢子萌发和侵染过程各个时期的表现（表4-1）。

表4-1　白粉菌侵染过程记录

处理时间（h）	孢子萌发和侵染表现
12	
24	
48	
72	

◇ 自测题

1. 名词解释

发病过程，接触期，侵入期，潜育期，发病期，侵染循环，初侵染，再侵染，单病程病害，多病程病害，病原物致病性，寄主植物的抗病性，病害的流行。

2. 填空题

（1）植物病害的侵染过程包括_____、_____、_____和_____4个时期。

（2）病原物侵入途径包括_____、_____和_____3种方式。

（3）病原物侵入期，对病原物侵入寄主并建立寄生关系影响最大的两个环境因素是_____和_____。

（4）病原物潜育期，环境条件中起主要作用的因素是_____。

（5）病原物在寄主体内的扩展范围，只限于_____附近，称为局部侵染。

（6）侵染循环包括3个基本环节：病原物的_____和_____，病原物的_____，病原物的_____。

（7）病原物的传播方式有_____、_____、_____和_____。

（8）植物病害流行的因素是_____、_____和_____。

（9）当环境条件有利于病原物，而不利于寄主植物生长时，可导致_____。

（10）造成植物病害流行时，环境条件最为重要的因素是_____。

3. 选择题

（1）在一个生长季节内重复进行的侵染称为（　　）。

　　A．侵染期　　　　B．初侵染　　　　C．再侵染　　　　D．侵染循环

（2）由越冬后的病原物在植物生长期进行的第一个侵染程序称为（　　）。

　　A．初侵染　　　　B．侵染循环　　　C．再侵染　　　　D．侵染期

（3）梨桧锈病造成病害流行的主导因素是（　　）。

　　A．易于患病的寄主　　　　　　　　B．适宜发病的环境

　　C．大量致病力强的病原物　　　　　D．易于发病的土壤条件

4. 简答题

（1）病原物的越冬场所有哪些？

（2）植物病害流行的条件是什么？

（3）简述植物病害的潜育期和再侵染的关系。

◇ 自主学习资源库

1. 普通植物病理学. 3版. 许志刚. 中国农业出版社，2003.

2. 普通植物病理学. 谢联辉. 科学出版社，2011.

3. 园艺植物病理学. 王琦. 中国农业大学出版社，2002.

4. 植物保护学报（ISSN：0577-7518）. 中国植物保护学会主办.

5. 中国植物保护网：http://www.ipmchina.net.

6. 普通植物病理学精品课程网：http://jpkc.njau.edu.cn/PlantPathology.

园林植物病虫害调查与测报

园林植物的生长过程中，不可避免将遭受病虫危害。根据病虫的发生发展规律可知，不是所有的病虫都在同一时间发生危害，也不是某一病虫在任何时候都会发生危害的，它们的发生发展与其本身的生物学特性和环境条件息息相关。因此，为了有效地对病虫害进行科学管理，必须经常性地开展病虫害的调查和测报工作。通过本模块的学习和训练，要求能够掌握病虫标本采集、制作和保存，以及病虫害调查和预测预报的相关技术。本模块包括2个项目共4个任务，框架如下：

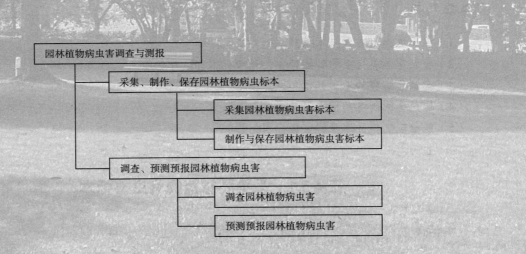

项目5　采集、制作与保存园林植物病虫害标本

园林植物病虫害标本是鉴定病虫害种类的依据，是科学研究的基本资料，也是陈列展览、宣传、教学必不可少的材料，因此标本的采集、制作及保存是一件非常重要的经常性工作。通过本项目两个任务的学习和训练，要求能够熟练使用各种病虫害标本的采集、制作工具，掌握病虫害标本的采集、制作、保存方法。

◇知识目标

（1）掌握昆虫标本的采集、制作与保存技术。
（2）掌握病害标本的采集、制作与保存技术。
（3）掌握各种标本采集与制作工具的使用方法。
（4）熟悉当地病虫害种类和危害特征。

◇技能目标

（1）能熟练运用各种标本采集与制作工具。
（2）会制作各类昆虫的针插标本、浸渍标本和玻片标本。
（3）会制作病害的干制标本和玻片标本。
（4）能熟练配制各类标本保存液。
（5）能准确制作、填写病虫害标本标签。

任务5.1　采集园林植物病虫害标本

◇工作任务

经过学习和训练，能够熟练运用各种标本采集工具，利用各种采集方法进行病虫害标本的采集，并对病虫害标本进行初步鉴定，初步了解当地病虫害在园林中的发生情况，为园林植物病虫害的准确鉴定和防治奠定基础。

◇ 知识准备

5.1.1 昆虫标本的采集

5.1.1.1 采集工具及材料

（1）捕虫网

捕虫网是采集昆虫最常用的工具，由网框、网袋和网柄3个部分组成，按结构和用途不同，可分为空网、扫网、水网和刮网4种。

① 空网　用来采集飞翔能力强的昆虫，网袋用透气、坚韧、淡色的尼龙纱、珠罗纱、纱布等制成。

② 扫网　用来扫捕草丛或灌木丛中的昆虫，因而要用较结实的白布或亚麻布制作网袋，网框、网柄都要选择坚固的材料，以承受扫捕时的较大阻力，网底也可做成开口式，用时将网底扎住，扫后打开网底，可将昆虫直接倒入容器或毒瓶。

③ 水网　用来采集水生昆虫，网袋常用透水良好的铜纱或尼龙筛网制成。

④ 刮网　用于采集树皮上的蚜虫、蚧虫等昆虫，可用粗铝丝做架，前面连接上一段有弹性的钢条，缝上白布网袋，底端可捆扎上一个小瓶，以便接虫。

（2）吸虫管

吸虫管用来采集蚜虫、红蜘蛛、蓟马等微小的昆虫。由玻璃管、橡皮塞、橡皮管和细玻璃管等组成。主要利用吸气时形成的气流将虫体带入容器（图5-1）。

（3）毒瓶

毒瓶用来迅速毒杀捕捉到的成虫。用大小适当、密封性良好的空玻璃罐制成。毒瓶内所用的药物可分为潮解式和挥发式两种。潮解式毒瓶最下层放氰化钾（KCN）或氰化钠（NaCN），上铺一层锯末，压平后再在上面加一层较薄的煅石膏粉，上铺一张吸水滤纸，压平实后，用毛笔蘸水均匀地涂布，使之固定。每层厚5~10mm。挥发式毒瓶制法较简单，只要将蘸上药剂的棉花或卫生纸置于罐底即可，或用橡皮筋吸足药剂置于瓶底，药品可选用乙酸乙酯、乙酸乙醚、乙醚、敌敌畏等。

毒瓶在制作和使用过程中应注意以下几点：氰化钾或氰化钠均为剧毒物质，应特别注意安全，破损的毒瓶一定要深埋处理；毒瓶不能用来毒杀软体幼虫；为避免昆虫垂死挣扎、互相撞击，可在毒瓶内放置一些纸条；当鳞翅目昆虫被毒杀后，应立即取出，放入三角纸袋内。

此外，可用注射器将酒精或热水注入虫体，迅速杀死大型昆虫，该法对采集蛾类非常适用。

（4）指形管

指形管用来保存幼虫或小成虫。一般使用平底指形管，也可用

图5-1　吸虫管
（黄少彬等，2000）

废弃的抗生素小瓶替代。

（5）三角纸包

三角纸包用于临时保存蛾蝶类等昆虫的标本。选用半透明、吸水性好的光面纸裁成3∶2的长方形纸片，大小可根据需要而定。如图5-2所示折叠即成。三角纸包上要注明采集的地点、时间、海拔、寄主及采集人等信息。

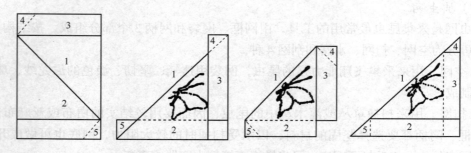

图5-2　三角纸包（黄少彬等，2000）

（6）活虫采集盒

活虫采集盒用来盛装活虫，以及需带回制作成浸渍标本的卵、幼虫、蛹等。一般用铁皮做成，盒上装有透气金属纱和活动的盖孔。

（7）采集盒

采集盒用来存放防压的标本和需要及时插针的标本，以及用三角纸包装的标本。一般使用木制的采集盒，也可用硬性的纸盒代替。

（8）诱虫灯

诱虫灯用来采集夜间活动的昆虫。一般使用20W的黑光灯，灯下装一集虫装置（漏斗和毒瓶或纱笼），也可在灯旁设白色幕布，用广口瓶在幕布上捕集昆虫。

（9）其他工具

放大镜、修枝剪、镊子、记录本等用具。

5.1.1.2　采集方法

昆虫的种类很多，分布范围也广，各种昆虫有不同的习性、不同的栖息和繁衍场所，所以在采集时，应根据采集的对象，采用适当的方法进行采集。

（1）网捕

网捕是采集昆虫最常用的方法，进行网捕的工具是捕网。捕网的使用方法有两种：一种是当昆虫入网后，使网袋底部往上甩，将网底连同昆虫倒翻至上面；另一种是当昆虫入网后，转动网柄，使网口向下翻，将昆虫封闭在网底部。捕到昆虫后，应及时取出装进毒瓶。取虫时，先用手握住网袋中部，将虫束在网底，再将毒瓶伸入网内扣取。对蜇人的蜂类和刺人的猎蝽等昆虫，由网中取出时，不要用手碰到它，可将有虫的网底部装入毒瓶中，先熏杀后再取出。对蝶蛾类昆虫，应隔网用手轻捏其胸部，使其丧失飞翔能力，以免因虫体挣扎而使翅和附肢遭到损坏。栖息于草丛或灌木丛中的昆虫，要用扫网边走边扫捕。

（2）诱集

利用昆虫对光线、食物等因子的趋性，用诱集法进行采集，是极省力而又有效的方法。常用的诱集法有灯光诱集（黑光灯诱虫）、食物诱集（糖醋液诱虫）、色板诱集（黄板诱蚜）、潜所诱集（草把、树枝把诱集夜蛾成虫）和性诱剂诱集（异性诱虫）。

（3）震落

对具有拟态、假死性的昆虫，可用震落的方法进行捕捉。摇动或敲打树枝、树叶，利用昆虫的假死习性，将其震落进行捕捉。有些没有假死习性的昆虫，在震动时，由于飞行暴露了目标，可以用网捕捉。所以采集时利用震落法，可以捕到许多昆虫。

（4）搜索

很多昆虫躲藏在各种隐蔽的地方，需要用搜索法进行采集。树皮下面、朽木当中是很好的采集处，用刀剥开树皮或挖开朽木，能采集到很多种类的甲虫。砖头、石块下面也可采集到昆虫。在秋末、早春以及冬季，用搜索法采集越冬昆虫更为有效，因树皮、砖石土块下面、枯枝落叶甚至树洞是昆虫的越冬场所。

5.1.1.3 采集注意事项

① 昆虫标本应完好无损，在鉴定昆虫种类时才能做到准确无误，因此在采集时应耐心细致，特别对于小型昆虫和易损坏的蝶、蛾类昆虫更应小心。

② 昆虫的各个虫态及危害状都要采到，这样才能对昆虫的形态特征和危害情况在整体上进行认识，特别是制作昆虫的生活史标本时，不能缺少任何一个虫态或危害状。同时还应采集一定的数量，以便保证昆虫标本后期制作的质量和数量。

③ 在采集昆虫时还需做简单的记载，如寄主植物的种类、被害状、采集时间、采集地点等，必要时可编号，以保证制作标本时标签内容的准确和完整。

5.1.2 病害标本的采集

5.1.2.1 采集工具及材料

① 标本夹　和植物标本夹通用，主要用来采集、翻晒、压制水分不多的枝叶病害标本。由两块对称的木制栅状板和一条6m长的细绳组成。

② 标本纸　通常使用较软、吸水力较强的草纸作标本纸。也可用旧报纸替代。

③ 采集箱　用于盛放采集到的较大或易损坏的果实、根茎等标本。

④ 其他工具　修枝剪、高枝剪、手锯、手持放大镜、塑料袋、镊子、标签、记录本等。

5.1.2.2 采集方法

① 叶部病害　使用修枝剪或高枝剪将病叶连同健康组织一同剪下，并压制到标本夹内。对于像锈病这类孢子容易散落的病害标本应先用纸包好，然后放到标本箱中，以免污染其他标本。

② 枝干病害　使用修枝剪或高枝剪在枝干发病部位剪取，若枝干过于粗大，可使用手

锯。采集枝干病害标本时切勿用手折断，以免破坏标本的完整性。

③ 果实病害　一般采集新发病的幼果，病果采集后先用纸包好然后放入标本箱内，避免孢子混杂影响鉴定。

④ 根部病害　使用手锯锯取一段病害部分，先装入塑料袋再放入标本箱，最好连同根际的土壤一同采集。

5.1.2.3　采集注意事项

① 标本的症状应具有典型性　尽可能采集各受害部位在不同时期的具有典型症状的标本，以便正确诊断。

② 真菌病害标本，标本上应有子实体，以便于鉴定病原。

③ 标本要避免病原物混杂　每份标本的病害种类应力求单一，不要有多种病害混发。

④ 标本要采集多份　每种标本采集的份数不能太少，叶斑病要有十几片叶片，其他标本应采集 5 份以上。

⑤ 对于不认识的寄主要注意采集枝、叶、花、果，以便鉴定。

⑥ 采集要有记载，记载的内容包括标本编号、寄主名称、采集环境、采集日期和地点、采集人姓名等。标本应挂有标签，标签上的编号与记录本的编号必须一致，以便查对。

◇ 任务实施

园林植物病虫害标本的野外采集

【任务目标】

（1）熟悉各种采集工具的使用方法。

（2）能熟练应用各种采集方法采集到需要的标本。

【材料准备】

① 昆虫标本采集　捕虫网、吸虫管、毒瓶、纸袋、采集箱、诱虫灯、指形管、修枝剪、记录本等。

② 病害标本采集　标本夹、标本纸、采集箱、锯子、修枝剪、小刀、镊子、放大镜、塑料袋、铅笔、记录本、标签等。

【方法及步骤】

1. 昆虫标本的采集

采用网捕、震落、诱捕、搜索等方法，利用各种采集工具进行昆虫标本的采集。要求采集到的标本数为：10～15 个目，30～50 个科，主要种类 20～60 种。

2. 病害标本的采集

病害种类繁多，对于不同部位的各类病害应采用不同的采集方法进行采集，要求采集到的标本数为 8～15 种。

对采集到的病虫害标本，当天要及时整理和保存，注意标本的完整性，并及时写好标签，标签上注明采集时间、地点、寄主、采集人及编号等。

【成果汇报】
（1）采集当地20～60种园林植物昆虫标本，并写好标本的标签和详细采集记载。
（2）采集当地8～15种园林植物病害标本，并写好标本的标签和详细采集记载。

◇ **小贴士**

昆虫标本的采集时间

昆虫种类繁多，生活习性各异，一年发生的世代也各不相同。即使同一种昆虫，在不同地区或不同环境中发生的时间也不尽相同。因此，要想采集到大量的昆虫或理想的种类，首先要学习和掌握一些必要的昆虫知识，才能有针对性地选择不同的地区、不同的季节以及不同的采集时间，以达到预期的采集效果。

一般来说，一年中的晚春至秋末，是昆虫活动的适宜季节，是一年中采集昆虫的最好时期。但在华南各地区，由于植物能继续生长，昆虫有着丰富的食物，因此不少种类的昆虫没有明显的冬眠阶段，所以一年四季都可采集。但有一些不适应炎热的种类，夏季进入夏眠，反而不如冬季容易采到。在北方每到冬季昆虫虽少，可是认真采集起来往往能得到许多宝贵材料。如果要有目的地采集某些种昆虫，尤其是一年只发生一代的种类，那么则需根据它们的发生期进行采集。所以采集的季节要视目的和需要来决定。

一天中的采集时间也要根据不同的昆虫种类而定。一般白天活动的昆虫，多在10:00～15:00活动最盛。有些喜夜间活动的昆虫，就必须在太阳下山后或太阳初升前才能采到。在温暖晴朗的天气采集收获大，在阴冷有风的天气，昆虫大多都蛰伏不动，便不易采到它们。

◇ **自测题**

1. 填空题
（1）捕虫网按照结构和用途不同，可分为_____、_____、_____和_____ 4种。
（2）使用_____，采集善于飞翔的昆虫；使用_____，采集蚜虫、红蜘蛛、蓟马等微小的昆虫。
（3）园林植物昆虫标本的采集方法主要有_____、_____、_____和_____ 4种。
（4）常用的诱集昆虫方法有_____、_____、_____、_____和_____ 5种。

2. 简答题
（1）毒瓶制作过程中应注意哪些问题？
（2）采集昆虫标本时应注意哪些问题？
（3）采集病害标本时应注意哪些问题？

◇ **自主学习资源库**

1. 昆虫知识（CN:11-1829/Q）. 中国科学院动物研究所、中国昆虫学会主办.
2. 昆虫爱好者：http://www.insect-fans.com.
3. 绿镜头：http://www.g-lens.com.
4. 中国昆虫学会：http://entsoc.ioz.ac.cn/.

任务5.2　制作与保存园林植物病虫害标本

◇ **工作任务**

经过学习和训练，能够熟练运用各种标本制作工具，进行病虫害干制标本、浸渍标本、玻片标本的制作，并对各种标本进行保存；对于干制标本，要求按照标准对标本进行整姿；对于浸渍标本，要求能够熟练配置各种保存液；能够正确填写标本标签。

◇ **知识准备**

5.2.1　昆虫标本的制作

为防止采集的昆虫标本腐烂，必须根据昆虫的特性，及时使用各种工具将其制作成可以永久保存的标本。

5.2.1.1　制作工具

（1）昆虫针

昆虫针主要是对虫体和标签起支持和固定作用。为不锈钢针，长度为40mm，按粗细分为00、0、1、2、3、4、5共7个型号，号数越大，针越粗，用于针插大小不同的虫体。

（2）三级台

它可使昆虫标本、标签在昆虫针上的高度一致，使整体美观，保存方便。可用木料或塑料做成，长75mm，宽30mm，高24mm，分为3级，每级高8mm，中间有一小孔。

（3）展翅板

展翅板用于伸展昆虫的翅。用软木做成，长约330mm，宽约80mm，底部为一整块木板，上面装两块宽约30mm的木板，略微向内倾斜，其中一块木板可活动，以便调节木板间缝隙的宽度。板缝底部装有软木条或泡沫塑料条。目前多用泡沫板来代替，注意厚度要在20mm左右，中央刻一沟槽即成。

（4）整姿台

整姿台用于整理昆虫附肢的姿势。长280mm、宽150mm、厚20mm的木板，两头各钉上一块高30mm、宽20mm的木条作支柱，板上有孔。现多用厚约20mm的泡沫板代替。

（5）三角台纸

三角台纸用于制作小型昆虫标本。用硬的白纸，剪成小三角形（底3mm，高12mm）或长方形（12mm×4mm）的纸片。

（6）黏虫胶

黏虫胶是用于修补昆虫标本的虫胶或万能胶。

（7）还软器

还软器是用于软化已经干燥的昆虫标本的一种玻璃器皿，中间有托板，放置待还软的标本，底部放洁净的湿沙并加几滴苯酚防止虫体生霉，加盖密封。一般使用干燥器改装而成。

此外，还需要镊子、剪刀、大头针、透明光滑纸条，以及直尺、刀片等，注意镊子要为扁口镊子；制作浸渍标本还需配备标本瓶、75%酒精、甘油、福尔马林、冰醋酸、白糖液、蒸馏水等；制作玻片标本还需配备载玻片、盖玻片、5%~10%的氢氧化钠或氢氧化钾溶液、酒精灯、三脚铁架、石棉网、酸性品红溶液、无水酒精、二甲苯混合液、丁香油或冬青油、加拿大树胶以及吸水纸等。

5.2.1.2 制作方法

昆虫标本的制作方法，根据昆虫本身的特性、生活时期及研究需求等，主要可分为下列几种。

（1）针插标本

除幼虫、蛹和小型个体外，都可制成针插标本，制作步骤如下：

① 还软 从野外采集的昆虫，时间稍久便会干燥发脆，在制成标本前必须经过还软。方法是把干燥的标本放在还软器中，底部放一层湿润的细沙。为防止虫体发霉，可加几滴苯酚或福尔马林。3~5d后，标本即可软化。软化时间不宜过长，以免整个标本变得过度湿软而不能使用。

② 插针和定高 依标本的大小选用适当的昆虫针。其中3号针应用较多。昆虫针在虫体上的插针位置是有规定的。鳞翅目、膜翅目、毛翅目等可从中胸背面正中央插入；鞘翅目可从右鞘翅基部插进，使针正好穿过右侧中足和后足之间；同翅目和双翅目大型种类、长翅目、脉翅目从中胸背中央偏右插入；半翅目可由中胸小盾片中央插入；直翅目插在前胸背板后端偏右。插针后，用三级台调整虫体在针上的高度，其上部的留针长度是8mm。

有些小型昆虫，用普通的昆虫针太大，无法插入虫体，此时需要用更小的微针来插虫，然后将微针插在小块的软木片上，再将普通昆虫针插在软木片上。若还有更小的昆虫，则可以用黏胶，将虫右侧中胸部分粘贴在小型三角纸的尖端，再用一般昆虫针将三角纸插起来（图5-3）。

③ 整姿 鞘翅目、直翅目、半翅目的昆虫插针后，还需要进行整姿，使前足向前、中足向两侧、后足向后，触角短的伸向前方、长的伸向背两侧，使之保持自然姿态，整好后用昆虫针固定，待干燥后即定形。

④ 展翅 蛾、蝶等昆虫，插针后还需要展翅。将虫体插进展翅板的槽沟内，使腹部在

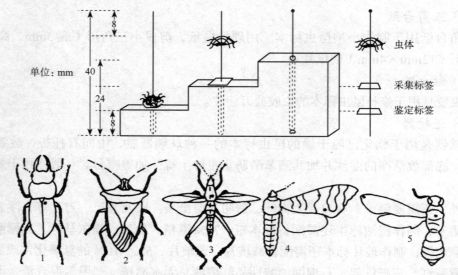

图 5-3　各种昆虫的插针部位和定高（宋建英，2005）
1. 鞘翅目　2. 半翅目　3. 直翅目　4. 鳞翅目　5. 膜翅目

两板之间，翅正好铺在两块板上，然后调节活动木板，使中间空隙与虫体大小相适应，将活动木板固定。两手同时用小号昆虫针在翅的基部挑住较粗的翅脉调整翅的张开度。蝶蛾类以将两前翅的后缘拉成直线为准；蝇类和蜂类以两前翅的顶角与头左右成一直线为准；脉翅类和蜻蜓要以后翅两前缘成一直线为准。移到标准位置，以玻璃纸或光滑纸条覆在翅上，并用大头针固定。小蛾类展翅时，用小毛笔轻轻拨动翅的腹面，待完全展开，不用玻璃纸压，只需将针尖朝向后翅后缘处，并向后斜插，斜插度以压住两翅为好。5～7d 后，干燥定形即可取下。

例如，鳞翅目标本整形标准为：昆虫针插于中胸正中央，在虫体背面留出 8mm 的针头；前翅后缘与虫体垂直，两前翅后缘成一直线；后翅前缘重叠于前翅后缘的基半部下面，前翅后缘外半部与后翅不重叠；触角向前平伸，互不重叠；腹部向后平伸，不上举也不下垂。

（2）浸渍标本

有些昆虫体表较为柔软，如昆虫的卵、幼虫和蛹，无法制成针插的干燥标本，可用保存液浸泡在指形管、标本瓶中进行保存。保存液应具有杀死昆虫和防止腐烂的作用，并尽可能保持昆虫原有的体形和色泽。活幼虫在浸泡前应饿 1～2d，待其体内的食物残渣排净后用开水煮杀，表皮伸展后投入保存液内。注意绿色幼虫不宜煮杀，否则体色会迅速改变。常用的保存液配方如下：

① 酒精液　常用浓度为 75%。小型和体壁较软的虫体可先在低浓度酒精中浸泡，再用 75% 酒精液保存以免虫体变硬。也可在 75% 酒精液中加入 0.5%～1% 的甘油，可使虫体体壁长时间保持柔软。

酒精液在浸渍大量标本后半个月应更换一次，以防止虫体变黑或肿胀变形，以后酌情再更换 1～2 次，便可长期保存。

② 福尔马林液　福尔马林（含甲醛40%）1份，水17～19份。保存昆虫标本效果较好，但会使标本略有膨胀，并有刺激性的气味。

③ 绿色幼虫标本保存液　硫酸铜10g，溶于100mL水中，煮沸后停火，并立即投入绿色幼虫。幼虫刚投入时有褪色现象，待一段时间绿色恢复后可取出，用清水洗净，浸于5%福尔马林液中保存。或用95%酒精90mL、冰醋酸2.5mL、甘油2.5mL、氯化铜3g混合，先将绿色幼虫饿几天，用注射器将混合液由幼虫肛门注入，放置10h，然后浸于冰醋酸、福尔马林、白糖混合液中，20d后更换一次浸渍液。

④ 红色幼虫浸渍液　用硼砂2g、50%酒精100mL混合后浸渍红色饥饿幼虫。或者用甘油20mL、冰醋酸4mL、福尔马林4mL、蒸馏水100mL混合后浸渍饥饿幼虫，效果也很好。

⑤ 黄色幼虫浸渍液　用无水酒精6mL、氯仿3mL、冰醋酸1mL。先将黄色昆虫在此混合液中浸渍24h，然后移入70%酒精中保存。或用苦味酸饱和溶液75mL、福尔马林25mL、冰醋酸5mL混合液，从肛门注入饥饿幼虫的虫体，然后浸渍于冰醋酸、福尔马林、白糖混合液中，配方为：冰醋酸5mL，白糖5g，福尔马林5mL，蒸馏水100mL。

保存液加入量以容器高的2/3为宜。昆虫放入量以标本不露出液面为限。加盖封口，可长期保存。

（3）生活史标本

将前面用各种方法制成的标本，按照昆虫的发育顺序，即卵、幼虫（若虫）的各龄、蛹、成虫的雌虫和雄虫及成虫和幼虫（若虫）的危害状，安放在一个标本盒内，在标本盒的左下角放置标签即可。

通过生活史标本，能够认识害虫的各个虫态，了解其危害情况。制作时，先要收集或饲养得到昆虫的各个虫态（卵，各龄幼虫，蛹，雌、雄性成虫）、植物被害状、天敌等。成虫需要整姿或展翅，干燥后备用。各龄幼虫和蛹需保存在封口的指形管中。分别装入盒中，并贴上标签。

（4）玻片标本

玻片标本适用于体型极小的昆虫，必须用显微镜或放大镜观察其形态特征。如虱子、跳蚤、蚜虫等。一般步骤为：将采集标本浸泡在10%氢氧化钾溶液中，将虫体的骨骼软化1d后再取出，用蒸馏水清洗，必要时以洋红等染剂染色，以利于观察。随后用50%、60%、70%、80%、90%、100%等浓度的酒精进行一系列脱水，再以阿拉伯胶封片，干燥2～3周后，即完成制作。

为了观察昆虫身体的某些细微部分以便进行鉴定，蛾、蝶、甲虫等的外生殖器也常制成玻片标本。

阿拉伯胶液的配方为：阿拉伯胶12g、冰醋酸5mL、水合氯醛20g、50%葡萄糖水溶液5mL、蒸馏水30mL。

5.2.2　昆虫标本的保存

昆虫标本的保存需要用到标本柜、针插标本盒、玻片标本盒、四氯化碳或樟脑丸、吸湿剂、熏杀剂，以及吸湿机等工具。

（1）临时保存

① 三角纸保存　要保持干燥，避免冲击和挤压，可放在三角纸存放箱内，注意防虫、防鼠、防霉。

② 在浸渍液中保存　置于装有保存液的标本瓶、小试管、器皿等，封盖要严密，如发现液体颜色有改变要换新液。

（2）长期保存

已制成的标本，可长期保存。保存工具要求规格统一。

① 标本盒　针插标本必须插在有盖的标本盒内。标本在标本盒中可按分类系统或寄主植物排列整齐，盒子的四角用大头针固定樟脑球纸包或对-二氯苯防标本虫。

② 标本柜　用来存放标本盒，防止灰尘、日晒、虫蛀和菌类的侵害。放在标本柜的标本，每年都要全面检查两次，并用敌敌畏在柜内和室内喷洒或用熏蒸剂熏蒸。如标本发霉，应在柜中添加吸湿剂，并用二甲苯杀死霉菌。浸渍标本最好按分类系统放置，长期保存的浸渍标本，应在浸渍液表面加一层液体石蜡，防止浸渍液挥发。

③ 玻片标本盒　专供保存微小昆虫、翅脉、外生殖器等玻片标本，每个玻片应贴标签，玻片盒外应有总标签。

5.2.3　病害标本的制作

5.2.3.1　干制标本的制作

对含水量较少的茎、叶病害标本，应随采随压制，以保持标本的原型；对含水量多的病害标本，应自然散失一些水分后，再进行压制。在压制时，每份标本都要附上临时标签。临时标签只需记录寄主名称和顺序号，以防标本间相互混杂。写临时标签时，应使用铅笔记录，以防受潮后字迹模糊，影响识别。为使病害标本尽快干燥，应勤换、勤翻标本纸。开始时，每天早、晚各换1次草纸，3~4d后，改为隔日换纸直至标本完全干燥。在第一次换纸前，要对标本进行形状的整理，尽量使其舒展自然。

5.2.3.2　浸渍标本的制作

采集到的果实、块根、块茎等多汁的病害标本，为保持原有色泽、形状和症状特征，可制成浸渍标本进行保存。病害标本浸渍液的种类很多，常根据标本的颜色和浸渍目的进行选择。

（1）防腐浸渍液配方

水2000mL、福尔马林50mL、酒精（95%）300mL。

（2）保存绿色标本浸渍液配方及制作

① 将标本在5%的硫酸铜溶液中浸6~24h，取出后用清水漂洗数次，然后保存在亚硫酸溶液中，封口保存。亚硫酸溶液配制：浓硫酸20mL稀释于100mL水中，然后加亚硫酸钠16g。

② 将硫酸铜慢慢加入盛有冰醋酸的玻璃容器中，直至饱和。取饱和液1份加水4份，加热煮沸后放入标本，随时翻动，待标本由绿变黄，再由黄变绿至与原来标本色相同时取

出，用清水冲洗，置于5%福尔马林液中，封口保存。

（3）保存黄色和橘红色标本浸渍液配方及制作

用市售的亚硫酸（含SO_2 5%~6%）的水溶液，配成4%~10%的水溶液（含SO_2 0.2%~0.5%），放入标本，封口保存。

（4）保存红色标本浸渍液（赫斯娄浸渍液）配方及制作

氯化锌200g、福尔马林100mL、甘油100mL、水4000mL。先将氯化锌溶于热水中，然后加入福尔马林和甘油。如有沉淀，要用其澄清液浸渍标本。

5.2.3.3 显微切片的制作

对于植物病害的病原物，一般采用制显微切片的方法观察和保存。对生长在植物表面的病原物，可直接用挑针或刮刀挑取少许放在载玻片上的水滴中，加盖玻片即可进行观察。对植物组织内部的病原物，一般采用徒手切片法。对于较硬的材料，可直接拿在手中切；对于细小而柔软的组织，需夹在通草之间切。通草平时浸泡在50%的酒精中，用时以清水清洗。切时刀片刀口应从外向内，从左向右拉动。切下的薄片，为防止干燥，可放在盛有清水的培养皿中。用挑针选取薄片，放在载玻片水滴中，盖上盖玻片，用显微镜观察。

5.2.4 病害标本的保存

（1）干制标本的保存

① 标本盒保存　标本盒以20cm×28cm、高1.5~3.0cm为宜，制作时标本盒中先铺一层棉花，棉花上放标本和标签，注明寄主植物和寄生菌的名称，然后加玻璃盖。棉花中可加少许樟脑粉或其他药剂驱虫。

② 蜡叶标本纸上保存　根据标本的大小用重磅胶版纸折成纸套，纸套的大小约为14cm×20cm，将标本放在纸套中，纸套上写明鉴定记录，或将鉴定记录的标签贴在纸套上。纸套用胶水或针固定在蜡叶标本纸上。

③ 牛皮纸袋保存　盛标本的纸套不是放在标本纸上，而是放在厚牛皮纸制成的标本袋中。标本袋的大小约为15cm×33cm。采集标签放在纸套中，而鉴定标签则贴在标本袋上。

（2）浸渍标本的保存

制成的标本应存放于标本瓶中，贴好标签。因为浸渍液所用的药品多数具有挥发性或者容易氧化，标本瓶的瓶口应很好地封闭。封口的方法如下：

① 临时封口法　用蜂蜡和松香各1份，分别熔化后混合，加少量凡士林油调成胶状，涂于瓶盖边缘，将瓶盖压紧封口；或用明胶4份在水中浸3~4h，滤去多余水分后加热熔化，加石蜡1份，继续熔化后即成为胶状物，趁热封闭瓶口。

② 永久封口法　将铬胶和熟石灰各1份混合，加水调成糊状物后即可封口。干燥后，因铬酸钙硬化而密封；也可将明胶28g在水中浸3~4h，滤去水分后加热熔化，再加重铬酸钾0.324g和适量的熟石膏调成糊状即可封口。

（3）玻片标本的保存

对于玻片标本，可用加拿大胶封片，即可长期保存。

5.2.5 标本标签的制作

一个完整的标本同时要有采集标签和鉴定标签，标签一般由大小为 15mm×10mm 的长方形白色硬纸制成。暂时保存的、未经制作和未经鉴定的标本，应有临时采集标签。标签上写明采集的时间、地点、寄主和采集人。

制作后的标本应贴有采集标签，如属针插标本，应将采集标签插在第二级的高度。

浸渍标本的临时标签，一般是在白色纸条上用铅笔注明时间、地点、寄主和采集人，并将标签直接浸入临时保存液中。

玻片标本的标签应贴在玻片上。注明时间、地点、寄主、采集人和制片人。

经过有关专家正式鉴定的标本，应在该标本之下附种名鉴定标签，插在昆虫针的下部。如属玻片标本，则将种名鉴定标签贴在玻片的另一端。

◇ 任务实施

制作与保存园林植物病虫害标本

【任务目标】

（1）熟悉昆虫针插标本、浸渍标本的制作与保存方法。

（2）熟悉病害干制标本的制作与保存方法。

【材料准备】

① 用具　昆虫针、三级台、展翅板、整姿台、三角台纸、黏虫胶、还软器、标本盒、标本瓶等。

② 材料　从园林绿地中采集到的各种病虫标本。

【方法及步骤】

1. 制作病虫害标本

病虫害标本采集回来后，不可长时间随意搁置，以免丢失或损坏。昆虫标本应根据昆虫的特征、虫态、大小等采用适当的方法加以处理，制成针插标本、浸渍标本和生活史标本等，以便长期观察和研究。要求制作针插标本 20~60 种，浸渍标本 1~2 瓶，干制标本 8~15 种。病害标本应根据病害的种类和应用目的不同，制成干制标本和浸渍标本等，以便比较研究和教学之用。

2. 鉴定病虫害标本

将采集到的病虫害标本，利用所学病虫害知识、工具书（病虫图鉴、图册等）及检索表等进行分类和种类鉴定。

3. 保存病虫害标本

将制作完成的病虫害标本妥善保存于标本盒及标本柜内。标本室要注意通风，防止霉变和虫蛀。

【成果汇报】

（1）列表记录制作好的昆虫标本情况（表 5-1）。上交制作好的昆虫标本。

表 5-1　昆虫标本记录

序号	目名	科名	种名	数量	序号	目名	科名	种名	数量

（2）列表记录制作好的病害标本情况（表 5-2）。上交制作好的病害标本。

表 5-2　病害标本记录

序号	病名	受害植物	发病部位	病状类型	病症	症状表现

◇ 自测题

1. 填空题

（1）昆虫标本按照制作方法，可分为_____、_____、_____和_____4 种。

（2）针插标本制作步骤分为_____、_____、_____和_____4 个步骤。

（3）病害浸渍标本常用的保存液有_____、_____和_____。

（4）害虫的生活史标本是按照_____、_____、_____、_____及_____的危害状，安放在标本盒内。

（5）标本标签上应写明采集的_____、_____、_____和_____等信息。

2. 简答题

（1）简述鳞翅目昆虫标本展翅的技术标准。

（2）简述昆虫幼虫浸渍标本的制作方法。

（3）简述病害玻片标本的制作方法。

◇ 自主学习资源库

1. 昆虫学报（ISSN：0454-6296）. 中国科学院动物所、中国昆虫学会主办.

2. 环境昆虫学报（ISSN：1674-0858）. 广东昆虫学会主办.

3. 中国植物保护网：http://www.ipmchina.net.

4. 昆虫博物馆：http://www.kepu.net.cn/gb/lives/insect.

5. 园林植物病虫害防治精品课程：http://jpkc.lszjy.com.

项目6 园林植物病虫害调查及预测预报

只有通过实地调查,才能够准确掌握病虫害的发生发展规律,才能够为病虫害预测预报和制订防治方案提供依据。通过本项目两个任务的学习和训练,要求能够掌握病虫害的取样和调查方法及调查数据的整理方法,并根据调查资料对未来病虫害的发生情况做出准确的预测预报,为制订正确的防治方法提供科学依据。

◇ **知识目标**

（1）掌握病虫害的取样和调查方法。
（2）掌握调查数据的统计方法。
（3）掌握病虫害的预测预报技术。

◇ **技能目标**

（1）能编写园林植物病虫害调查报告。
（2）能根据调查结果编制园林植物病虫害预测预报简报。

任务6.1 调查园林植物病虫害

◇ **工作任务**

经过学习和训练,能够根据病虫害在园林中的分布特征,使用正确的取样方法对病虫害的种类、数量、危害程度、发生发展规律、分布区域及天气、寄主情况等进行调查,为做好病虫害的预测预报、制订正确的防治方案提供科学依据。

◇ **知识准备**

病虫害调查一般分为普查和专题调查两类。普查是对某一地区植物病虫害的种类、发生时间、危害程度、防治情况的调查。专题调查是对普查中发现的重点病虫害有针对性地进行调查。

调查内容根据调查目的而定,通常有园林植物病虫害发生和危害情况调查、病虫及天敌发生规律的调查、越冬情况调查、防治效果调查等。

调查的步骤包括准备工作、野外调查、调查资料的整理。

6.1.1 准备工作

（1）收阅资料，制订方案

在进行调查工作之前，应先了解调查地区的自然地理概况、经济条件，收集相关资料，然后拟订调查计划，确定调查方法。

（2）准备工具和表格

准备好调查所用仪器、工具和调查用表等。

6.1.2 野外调查

6.1.2.1 普查

普查又称为踏查、路线调查，是对一个绿化区（花圃、苗圃）进行的普遍调查。主要查明病虫害种类、分布情况、危害程度、危害面积、蔓延趋势等。根据踏查所得资料，确定主要病虫害种类，初步分析园林植物衰萎、死亡的原因以及初步确定详细调查的地块，并把这些资料归纳到工作草图中去。

踏查路线可沿园间小路、人行道或自选路线进行，尽可能选择调查地区的不同植物地块及有代表性的不同状况的地段。每条路线之间的距离一般在100～300m。采用目测法边走边查，注意各项因子的变化，绘制主要病虫害分布草图并填写踏查记录表（表6-1）。

表6-1　园林植物病虫害踏查记录

调查日期：
调查地点：
绿地概况：
调查总面积：
受害面积：
卫生状况：

种树	危害面积	病虫种类	危害部位	危害程度	分布状态	寄主情况	天敌种类	数量及寄生率	备注

注：1. 绿地概况包括植物组成、平均高度、平均直径、地形、地势等。
　　2. 分布状态分为：单株分布（单株发生病虫害），簇状分布（被害株3～10株成团），团状分布（被害株面积呈块状），片状分布（被害面积达50～100m^2），大片分布（被害面积超过100m^2）等。

危害程度常分为轻微、中等、严重3级，分别用"+""++""+++"表示（表6-2）。

对于寄生性昆虫和致病微生物等天敌的数量统计，分少量、中等和大量3级，各级划分标准及符号分别为：寄生率在10%以下记少量，符号为"+"；寄生率在11%～30%记中等，符号为"++"；寄生率在31%以上记大量，符号为"+++"。对于捕食性昆虫及有益的鸟兽的调查，记载种类和实际数量，并注明"常见""少见"和"罕见"等。

表 6-2　危害程度划分标准

危害部位	病虫害类别	危害程度		
		轻微（+）	中等（++）	严重（++）
种实	虫害	5%以下	5%～15%	15%以上
	病害	10%以下	10%～25%	25%以上
叶部	虫害	15%以下	15%～30%	30%以上
	病害	10%以下	10%～25%	25%以上
枝梢	虫害	10%以下	10%～25%	25%以上
	病害	15%以下	15%～25%	25%以上
根和茎	虫害	5%以下	5%～10%	10%以上
	病害	10%以下	10%～25%	25%以上

6.1.2.2　专题调查

专题调查又称详细调查、样地调查。它是在踏查的基础上，对危害较重的病虫种类设立样地进行调查，目的是精确统计病虫数量、危害程度及所造成的损失，并对病虫发生的环境因素做深入的分析研究。

由于病虫害田间分布受种群、寄主、栽培方式、野外小气候等多种因素的影响，因此，进行病虫害田间调查取样，必须根据不同的病虫害分布类型选择相适应的取样方式，这样才能使取样具有代表性。

（1）分布类型

① 随机分布型　即病虫害在田间的分布呈比较均匀的状态。调查取样时每一个个体在取样点内出现的机会相似。取样数量可少一些，但每个取样点可稍大一些。

② 核心分布型　即病虫害在田间分布呈不均匀的状态。个体形成许多相同或不同大小的集团或核心，并向四周进行放射状扩散蔓延，核心之间是随机分布的。这种分布型是不随机的，取样点数量可多一些，而取样点可小一些。

③ 嵌纹分布型　即病虫害在田间分布密集程度极不均匀、疏密互间，故呈嵌纹状。调查取样时个体在取样单位中出现机会不相等。这种分布型的取样数量应多一些，每个取样点可适当小一些。

（2）取样方法

在大面积调查病虫害时，不可能对所有园圃和植株全部调查，一般要选有代表性的样地，再从中取出一定的样点抽查，用部分来估算总体的情况。选样要有代表性，应根据被调查园地的大小、植物特点，选取一定数量的样地。样地面积一般占调查总面积的0.1%～0.5%。常用的取样方法如图 6-1 所示。不同的取样方法适用于不同的病虫分布类型。棋盘式、单对角线式、双对角线式、五点式，均适用于随机分布型；棋盘式、平行线式，适用于核心分布型；"Z"字形适用于嵌纹分布型。

6.1.3 调查资料整理

调查资料的整理通常包括3项工作。

（1）鉴定病虫名称和病原种类

利用实验室的仪器设备和病虫鉴定的相关资料，鉴定调查中采集到的所有病、虫标本，尽量鉴定到种。

（2）统计分析调查数据

汇总、统计调查工作资料和数据，进一步分析害虫大发生和病害流行的原因。

（3）撰写调查报告

调查报告包括以下几个方面内容：

① 调查地区概况，包括自然地理环境、社会经济状况、绿地概况、园林绿化生产和管理情况及园林植物病虫害情况等。

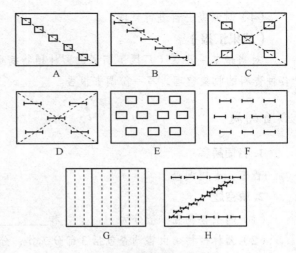

图6-1 病虫害调查取样法

A、B. 单对角线式　C、D. 双对角线式或五点式
E、F. 棋盘式　G. 平行线式　H."Z"字形

② 调查的目的、任务、技术要点和任务完成情况。

③ 调查成果的综述，包括主要园林植物的主要病虫害种类、危害情况和分布范围，主要病虫害的发生特点，主要病虫害分布区域，主要病虫害发生的原因及分布规律，主要病虫害各论，天敌资源情况以及园林植物检疫对象和疫区等。

④ 病虫害综合治理的措施及建议。

⑤ 附录，包括调查地区园林植物病虫害名录、天敌名录、主要病虫害发生面积汇总表、园林植物检疫对象所在疫区面积汇总表、主要病虫害分布图等。

◇ 任务实施

园林植物病虫害踏查

【任务目标】

掌握病虫害取样和调查的方法；熟悉当地某一时期园林植物主要病虫害的种类、分布、危害及发生情况；熟悉调查资料的整理及数据的统计和分析方法等。

【材料准备】

园林植物病虫害标本采集用具、数码相机、笔记本、铅笔及各种踏查记录表等。

【方法及步骤】

（1）实训前从图书馆借取具有彩图的相关图书或浏览相关网站，了解当地园林植物病虫害的主要种类、形态特征和危害状等。

（2）对整个绿化区进行踏查，详细填写园林植物病虫害踏查记录表。

（3）在踏查的基础上，对危害严重的病虫害，根据病虫害的种类、分布特征，采用正确的取样方法划出样地，然后进行详细调查。

（4）对调查资料进行整理。

【成果汇报】

对当地某一小区（厂区）街道的园林植物病虫害进行实地调查后，经过调查数据的统计和各种资料的收集整理，写一份调查报告。

◇ 自测题

1. 名词解释

普查，专题调查。

2. 填空题

（1）病虫害调查一般分为_____和_____两类，_____是有针对性的重点调查。
（2）园林植物病虫害调查包括3部分工作，分别为_____、_____和_____。
（3）病虫害的分布状态有_____、_____、_____、_____等。
（4）病虫害危害程度可分为_____、_____、_____3级。
（5）病虫害发生的分布类型有_____、_____、_____3种。
（6）根据病虫害的分布类型，可采用_____、_____、_____、_____、_____等方法进行取样。

3. 简答题

（1）园林植物病虫害调查的内容有哪些？
（2）调查报告包括哪些方面的内容？

◇ 自主学习资源库

1. 应用昆虫学报（ISSN：0452-8255）．中国昆虫学会、中国科学院动物研究所主办．
2. 植物保护学报（ISSN：0577-7518）．中国植物保护学会主办．
3. 昆虫视界——昆虫学狂热者：http://www.yellowman.cn．
4. 成都植物园：http://www.cdzwy.com．
5. 潍坊园林网：http://www.wfylj.com．

任务6.2　预测预报园林植物病虫害

◇ 工作任务

园林植物病虫害预测预报是园林植物病虫害防治工作的基础，是开展防治工作的重要依据。通过学习和训练，能够根据害虫的发育进度和发生规律，结合实际调查取得的数据进行综合分析，从发生期、发生量、发生范围和危害程度4个方面对病虫害进行预测，并能够将预测结果通过各种手段及时发布出去。

◇ **知识准备**

园林植物病虫害的预测预报包括预测和预报两个方面的内容。预测是指通过调查，掌握病虫害的发生发展规律，并结合病虫害的生长发育状况和气候条件等因素加以综合分析，正确地推测病虫害发生的可能性和未来发展的趋势。预报是指将预测的结果通过权威机构发布出去，使人们对未来病虫害的可能发生情况心中有数，及时地控制或消灭病虫害。

6.2.1 园林植物病虫害预测

按预测的内容分为发生期预测、发生量预测、发生区预测、危害程度预测。影响病虫害发生的各种因素在短期内容易掌握，因此，目前最常用的预测是发生期和发生量的中、短期预测。

6.2.1.1 园林植物虫害预测

（1）园林植物虫害发生期预测

发生期预测是指对某一害虫某一虫态出现的始盛期、高峰期、盛末期进行预测，为确定最佳防治时期提供依据。一个虫态在某一地区出现数量达到一个虫态总数的5%，称为始见期；出现数量达到一个虫态总数的16%，称为始盛期；出现数量达到一个虫态总数的50%，称为高峰期；出现数量达到一个虫态总数的84%，称为盛末期。

这种方法常用于预测一些防治时间性强而且受外界环境影响较大的害虫。如钻蛀性、卷叶性害虫以及龄期越大越难防治的害虫。随着每年气候的变化，害虫的发生期也随之发生变化，所以每年都要进行发生期预测。常用的方法有以下几种。

① 物候法　是指害虫的某一发育阶段常常与其寄主植物或周围其他植物的某一发育阶段同时出现，因此以寄主植物或其周围植物的发育期作为预测害虫发育期的物候指标。如"毛白杨花絮落地，棉蚜卵变蜜；柳絮遍地扬花，棉蚜长翅搬家"；对于小地老虎的预测是"桃花一片红，发蛾到高峰"等。这些都是利用物候来预测害虫发生的经验。

② 形态构造法　害虫在生长发育过程中，会发生外部形态和内部结构上的变化。将害虫某虫态的发育进度加上相应的虫态历期，就可以预测下一虫态的发生期。如青脊蝗卵内的胚胎变为淡黄色，体液透明，复眼显著时，距离孵化天数为25～30d；当卵内若虫体背出现褐斑、足明显时，距离孵化天数只有15d左右。若4月20日进行调查，观察到卵内胚胎已变为淡黄色，复眼明显，那么预示卵将在5月15～20日孵化。

③ 历期法　历期是指某个虫态在一定温度条件下，完成其发育进度所需要的天数。历期预测是通过前一虫态发育进度（如化蛹率、羽化率、孵化率等）调查，当调查百分率达到始盛期、高峰期、盛末期的数量标准时，分别加上当时温度条件下的该虫态历期，即可推算下一个虫态或以后几个虫态的发生期。

④ 期距法　期距是指害虫从前一个虫态发育到后一个虫态，或从前一个世代的某一虫态发育到后一个世代的同一虫态经历的天数。在测报中常用的期距是指前一高峰期至后一高峰期的天数。根据前一虫态或前一世代的发生期，加上期距天数就可推测后一虫态或后一世代的发生期。

测定期距常用的方法有以下 3 种。

调查法　在绿地内选择有代表性的样方对害虫的某个虫态进行定点调查取样,逐日或每隔 2~3d 调查一次,统计该虫态个体出现的数量,计算发育进度(始见期、始盛期、盛末期出现的百分比)。通过长期调查掌握各虫态的发育进度后,便可得到该害虫各虫态的历期。统计时按下列公式计算:

$$孵化率 = \frac{幼虫数或卵壳数}{总卵粒数} \times 100\%$$

$$化蛹率 = \frac{活蛹数 + 蛹壳数}{活幼虫数 + 活蛹数 + 蛹壳数} \times 100\%$$

$$羽化率 = \frac{蛹壳数}{活幼虫数 + 蛹壳数 + 活蛹数} \times 100\%$$

诱集法　在害虫发生期间,利用昆虫的趋性(趋光、趋化、趋色)及其他习性(产卵等)分别采用各种方法(灯诱、性诱、色盘诱集、饵木诱集等)进行诱测。逐日检查诱捕器中成虫的数量,就可以将害虫各代间出现始见期、始盛期、盛末期的期距统计出来。将上一代的盛期日期加上期距,就可推算出下一代盛期的发生时间。

饲养法　对一些在自然环境中难以观察的害虫或虫态,从野外采集一定数量的卵、幼虫或蛹,用模拟自然环境的方法进行人工饲养,观察其发育进度,分别求得该虫各虫态的发育历期。

⑤ 有效积温法　当知道某种害虫某一虫态的发育起点温度(C)和有效积温(K)后,便可根据当地环境温度(T)的预测值,利用有效积温公式的变换式 $N = K/(T-C)$,预测出下一虫态的发生期。

(2) 园林植物虫害发生量预测

发生量预测又称猖獗预测或大发生预测。主要是预测害虫下一虫期或下一代可能发生的数量或虫口密度,是判断危害程度、损失大小和决定是否需要进行防治的依据。常用的方法有以下两种:

① 有效虫口基数预测法　该法是目前最常用的预测方法,其依据是害虫的发生数量往往与害虫前一世代的虫口基数有着密切关系,即虫口基数大,下一世代发生量可能就多,反之则少。因此,可以利用某种描述种群增长的数学方程,由前一时期虫口基数预测下一时期虫口基数。

其方法是:对上一世代的虫态,特别是对其越冬虫态,选有代表性的,以面积、体积、长度、部位、株等为单位,调查一定的数量,统计虫口基数,然后再根据该虫繁殖能力、性比及死亡情况,来推测下一代发生数量。计算公式为

$$P = P_0 \left[e \times \frac{f}{m+f}(1-M) \right]$$

式中　P——繁殖量,即下一代的发生量;

P_0——下一代虫口基数；

e——每头雌虫平均产卵数；

f——雌虫数量；

m——雄虫数量；

M——死亡率（可为卵、幼虫、蛹、成虫生殖前的死亡率）；

$(1-M)$——生存率，可为$(1-a)$、$(1-b)$、$(1-c)$、$(1-d)$，其中a、b、c、d分别为卵、幼虫、蛹、成虫生殖前的死亡率。

② 形态指标预测法　环境条件对昆虫的影响都要通过昆虫本身而起作用，昆虫对外界条件的适应也会从内外部形态特征上表现出来。如虫型的变化、脂肪体含量与结构、生殖器官的变异、雌雄性比等都影响到下一代或后一虫期的繁殖能力。可以依据这些内外部形态特征上的变化，来估计未来的发生量。

（3）园林植物虫害发生区预测

发生区预测是指对病虫害的发生地点、范围及发生面积进行预测，为制订防治计划提供依据。对于具有扩散迁移习性的害虫，还包括对其迁移方向、距离、降落地点的测报。

① 扩散迁移的测报　既要考虑害虫本身的习性，又要分析环境因素的干扰。对近距离飞翔的害虫，可采用标志释放后人工捕捉，或灯光诱捕、性信息素诱捕等方法，其他方法还有昆虫雷达监测等。

② 发生地点与范围的测报　在进行此项测报时要考虑以下因素：一是当地害虫繁殖力强，一旦环境适宜，就可能大爆发；二是害虫发生范围与周围虫口密度密切相关，因此，发生地点、范围和面积的预测必须同虫情调查及发生量预测结合起来；三是要注意发生周期及其他规律的变化。

（4）园林植物虫害危害程度预测

危害程度预测是指对病虫害造成的损失情况进行预测，为选择合理的防治措施提供参考。

园林植物虫害危害程度预测，首先从样方中抽取一定数量的标准株，按危害程度分级标准统计每个植株的危害等级，然后根据下面公式计算样方的危害程度：

$$P_i = \frac{\sum (V_i \times n_i)}{N(V_a+1)} \times 100\%$$

式中　P_i——危害程度；

V_i——某虫害级别；

V_a——最高级值；

n_i——某等级株数；

N——调查总株数。

6.2.1.2 园林植物病害预测

病害预测是指根据病害流行的规律和即将出现的有关条件来推测某种病害在今后一定时间内流行的可能性。

病害预测的依据因不同病害的流行规律而异。通常主要是依据病原物的生物学特性、侵染过程和侵染循环的特点、病害流行前寄主的感病状况与病原物的数量、病害发生与环境条件的关系、当地的气象预报等因素。目前病害预测主要是根据病原物的数量和存在状态、寄主植物的感病性和发育状况，以及病害发生和流行所需的环境条件3个方面的调查和系统观察进行预测。如毛竹枯梢病就是根据林内病原数量、新竹感病状况和气候因子的影响来进行预测的。毛竹枯梢病初侵染源是林内残留的病竹，如果林内1~3年生病竹残留枯梢数量多，病原数量大，孢子大量释放的时间又恰与幼竹展枝发叶最易感病的时期相遇，加上这一时期阴雨天多，降水量超过历年同期平均水平，当年枯梢病就会大量流行。反之，发生则较轻。

对病害流行规律的认识越清楚，掌握的历史资料和当前的有关资料越完备，气象预报越准确，实践经验越丰富，预测的准确度便越高，对生产的指导作用就越大。

园林植物病害预测常用的方法有实验预测法和数理统计预测法两种。

（1）实验预测法

此种方法是运用生态学、生物学和生理学的方法，通过预测圃观察、绿地调查、孢子捕捉和人工培养等手段，来预测病害的发生期、发生量及危害程度。

①预测圃观察　在发病苗圃和绿地中，专门选一块地作为预测圃，针对本地区发生的主要病害，选种一些感病品种，观察感病品种的病害发生发展情况，提前掌握病害发生的时间和条件，以此估计病情发展的趋势。

②绿地调查　在绿地内选取有代表性的地段进行定点、定株、定期调查，每次调查都要详细记录病株数和病害严重程度，还应记录当时的天气情况，以便对病情进行分析。通过绿地调查，能够掌握大面积绿地上病害发生发展的实际情况。

③孢子捕捉　采用空中捕捉孢子的方法预测真菌性病害的发生发展动态。捕捉孢子的方法是在病害发生前，用载玻片涂一层凡士林，按病菌孢子传播特点，放到容易接受孢子的地方，要有一定的高度，定期取回载玻片镜检计数，然后进行统计分析。

④人工培养　在病害发生前，将园林植物容易感病部分或可疑的有病部分进行保湿培养，逐日进行观察，并记载发病情况，统计已显症状的发病组织所占百分数，根据这些结果，就可以预测在自然情况下病害发生的情况。此种方法应做好消毒工作，防止杂菌污染。

（2）数理统计预测法

数理统计预测法是在多年试验、调查等实测数据的基础上，采用数理统计学回归分析的方法，找出影响病害流行的各主要因素 [即寄主植物的感病性、病原物的数量和致病力、环境条件（特别是温度、湿度和土壤状况等）、管理措施等因素] 与病害流行程度之间的数量关系。在回归方程中，上述某个因素或多个因素为自变量，流行程度为因变量。建立回归预测式后，输入自变量调查数据就可以预测病害发生情况。

6.2.2　园林植物病虫害预报

6.2.2.1　预报的概念和分类

机构公开发布预测结果称为预报。根据《森林病虫害预测预报管理办法》（2002年7

月 18 日国家林业局发布）和《农作物病虫预报管理暂行办法》（1993 年 1 月 15 日农业部发布）的规定，病虫预报分为：短期预报，即离防治适期 10d 以内的预报；中期预报，即离防治适期 10～30d 的预报；长期预报，即离防治适期 30d 以上的预报。其中，对于预计将造成严重危害的或是突发性新发展的病虫，需要人们特别警惕、抓紧防治的预报，称为警报。

6.2.2.2 预报发布内容及途径

病虫预报和警报实行统一发布制度，由各级相关行政主管部门所属病虫测报机构发布，其他组织或个人均不得以任何方式擅自向社会发布病虫预报或警报。各级测报机构发布的病虫预报要及时上传下达。

（1）预报的内容

预报内容为发生期预报（包括病虫发生始见期、始盛期、盛末期）、发生量预报（包括害虫虫口密度和虫株率或病害的感病指数和感病株率）、发生范围预报（包括病虫害发生地点和发生面积）、危害程度预报（以轻、中、重 3 级表示）。

（2）预报的途径

病虫害预报的主要途径如下。

① 互联网　通过园林植物病虫害防治的专业网站或在园林绿化网站上开辟病虫害防治专栏，定期或不定期地发布病虫害预报信息和防治相关知识；或者通过电子邮件或 QQ 交流平台，定期或不定期地向园林植物养护公司发送病虫害预报信息和防治相关知识。

② 电视、广播　结合气象预报，在病虫害高发期内，通过电视或广播向社会公开发布病虫害预报信息。

③ 报纸、杂志　通过报刊、杂志等平面媒体发布病虫害防治信息和防治知识。

④ 手机短信　园林行政管理部门建立园林绿化养护企业、事业单位病虫害预报防治手机短信平台，在病虫害发生高峰期，利用手机短信免费向园林植物病虫害防治的关键人群发送园林植物病虫害预报信息及防治知识。

◇ **任务实施**

编制园林植物病虫害预测预报简报

【任务目标】

掌握园林植物病虫害的发生期、发生量的常见预测方法；熟悉病虫害的发生范围及危害程度的预测方法；掌握病虫害预报的内容和途径。

【材料准备】

某一地区的气象资料，该地区主要园林植物病虫害的生物学特性、发生发展规律及防治措施等方面的资料，以及实际调查数据资料等。

【方法及步骤】

（1）从图书馆借取相关图书或浏览相关网站，了解当地发生的主要园林植物病虫害的生物学特性、发生发展规律及防治措施等方面资料。

（2）根据已经掌握的病虫害的发生发展规律，结合实际调查取得的数据和气候条件等因素加以综合分析，从发生期、发生量、发生范围和危害程度4个方面对病虫害进行预测。

（3）对该地区预测要发生的园林植物病虫害提出防治意见。

（4）编写园林植物病虫害预测预报简报。

【成果汇报】

按照园林植物病虫害预测预报简报的格式要求，从重要病（虫）情预报、病虫害发生情况与趋势分析、病虫害防治意见及重要病虫害介绍4个方面编写一份某一时期该地区的园林植物病虫害预测预报简报。

◇ 自测题

1. 名词解释

预测，预报，物候法预测，历期法预测，期距法预测，发生期预测，发生量预测，发生区预测，危害程度预测。

2. 填空题

（1）园林植物病虫害预测预报按期限分为_____、_____和_____。

（2）园林植物病虫害预测预报按内容分_____、_____、_____和_____。

（3）虫害发生期的预测，常用的方法有_____、_____、_____和_____。

（4）测定期距常用的方法有_____、_____和_____3种。

（5）虫害发生量的预测，常用的方法有_____和_____两种。

（6）病害的预测，常用的方法有_____、_____两种。

（7）病害实验预测法可通过_____、_____、_____和_____等方法进行。

3. 简答题

（1）简述害虫发生量的有效虫口基数预测法。

（2）举例说明所在地区物候现象与害虫发生期的关系。

（3）简述病虫害预报的内容。

（4）简述病虫害预报的主要途径。

◇ 自主学习资源库

1. 昆虫分类学报（ISSN：1000-7482）．西北农林科技大学主办．
2. 中国园林网：http://zhibao.yuanlin.com．
3. 上海园林网：http://www.garden.sh.cn．
4. 上海园林科学研究所：http://www.slgri.com.cn．
5. 太原市园林局网：http://www.tyylj.gov.cn．
6. 江西森防信息网：http://www.jxsfw.gov.cn．

模块 4　园林植物病虫害防治策略及措施

　　危害园林植物的病虫害种类特别多，如何才能利用一些行之有效而又较少污染环境的方法来防治病虫害呢？经过园林植保人员的多年努力，确定了园林植物病虫害的防治策略，归纳出了一些常用的防治措施，即植物检疫、园林栽培防治、生物防治、物理机械防治、化学防治。通过本模块的学习和训练，要求熟悉园林植物病虫害的防治策略，掌握园林植物病虫害防治的各种方法措施。本模块包括2个项目共6个任务，框架如下：

项目7 园林植物病虫害的防治措施

园林植物病虫害的防治方法很多,每种方法各有其优点和局限性,依靠某一种措施往往不能达到防治目的,有时还会引起一些不良反应。园林植物病虫害综合治理是一个病虫害控制的系统工程,即从生态学出发,在整个园林植物生产、栽植及养护管理过程中,要有计划地应用和改善栽植养护技术,调节生态环境,预防病虫害发生,降低发生程度,不使其超出危害标准的要求。通过本项目5个任务的学习和训练,要求能够根据园林植物的受害表现,准确地采取相应的防治措施,进行病虫害防治。

◇知识目标

(1)掌握园林植物病虫害的各种防治措施。
(2)理解园林植物病虫害各种防治措施的原理。
(3)掌握常用农药的剂型和施用方法。
(4)掌握农药的合理使用原则。
(5)掌握农药的稀释计算。

◇技能目标

(1)能根据具体的病虫害种类制订合理的综合防治方案。
(2)在生产中能灵活应用各种防治措施。
(3)能准确计算农药的田间用药量。
(4)能够进行农药的田间药效试验。

任务7.1 植物检疫

◇工作任务

经过学习,能够熟悉植物检疫对象名单,掌握植物检疫的措施、程序及检疫证书的办理。熟悉植物检疫对象名单,首先要了解植物检疫的任务,掌握检疫对象的确定原则,以及应施检疫的园林植物及其产品;要能掌握植物检疫的措施和程序,掌握对内检疫和对外检疫,以及实施检疫工作时所采用的各种检验方法,同时还必须了解检疫证书的办理要求。

◇ 知识准备

7.1.1 植物检疫的概念、意义和任务

7.1.1.1 植物检疫的概念

植物检疫也称法规防治，是指一个国家或地方政府颁布法令，设立专门机构，对国外输入或国内输出，以及在国内各地区之间调运的种子、苗木及农产品等进行检疫，禁止或限制危险性病、虫、杂草等人为地传入或传出，或者传入后为限制其继续扩展所采取的一系列措施。

植物检疫与其他防治技术明显不同。首先，植物检疫具有法律的强制性，任何集体和个人不得违规。其次，植物检疫具有宏观战略性，不计局部地区当下的利益得失，而主要考虑全局长远利益。再次，植物检疫防治策略是对有害生物进行全面的种群控制，即采取一切必要措施，防止危险性有害生物进入或将其控制在一定范围内，或将其彻底消灭。所以，植物检疫是一项根本性的预防措施，也是实施综合治理措施的有力保证。

7.1.1.2 植物检疫的意义

在自然情况下，病、虫、杂草等虽然可以通过气流等自然动力和自身活动扩散，不断扩大其分布范围，但这种能力是有限的。再加上有高山、海洋、沙漠等天然障碍的阻隔，所以病、虫、杂草的分布有一定的地域局限性。但是，现代交通运输的发达，使病、虫、杂草分布的地域性很容易被突破。一旦借助人为因素传播，它们就可以附着在种子、苗木、接穗、插条及其他植物产品上跨越这些天然屏障，由一个地区传播到另一个地区或由一个国家传播到另一个国家。当这些病、虫及杂草离开了原产地，到达一个新的地区后，原来制约病、虫、杂草发生发展的一些环境因素被打破，条件适宜时，就会迅速扩展蔓延，猖獗成灾，造成严重的经济损失。历史上这样的经验教训很多，如榆树枯萎病最初仅在欧洲个别地区流行，以后扩散到欧洲许多国家和北美，造成榆树大量死亡。因而为了防止危险性病、虫、杂草的传播，各国政府都制定了检疫法令，设立了检疫机构，进行植物病、虫及杂草的检疫。

7.1.1.3 植物检疫的任务

① 禁止危险性病、虫、杂草随着植物及其产品由国外输入国内或由国内输出国外。一般在口岸、港口、国际机场等场所设立检疫机构，对进出口货物、旅客携带的植物及邮件等进行检查。

② 将国内局部地区已发生的危险性病、虫及杂草封锁在一定范围内，防止其扩散蔓延，并采取各种有效措施，逐步将其清除。

③ 当危险性病、虫及杂草传入新的地区时，立即采取紧急措施，就地消灭。

7.1.2 植物检疫的措施和检疫对象

7.1.2.1 植物检疫的措施

（1）对外检疫

对外检疫又称为国际检疫，是国家在对外港口、国际机场及国际交通要道等场所设立检疫机构，对进出口货物、旅客携带的植物及邮件等进行检查。该措施的主要目的是防止危险性病、虫及杂草随着植物及其产品由国外输入或从国内输出。出口检疫工作也可在产地设立机构进行检验。

（2）对内检疫

对内检疫又称为国内检疫，是由各省（自治区、直辖市）检疫机关，会同交通运输、邮电、供销及其他有关部门根据检疫条例，对所调运的植物及其产品进行检验和处理，将在国内局部地区已经发生的危险性病、虫、杂草进行封锁，采取措施并予以清除，防止传到无病区。我国对内检疫主要以产地检疫为主，调运检疫为辅。

（3）划定疫区和保护区

将有检疫对象发生的地区划为疫区，对疫区要严加控制，禁止检疫对象传出，并采取积极措施，加以消灭。将未发生检疫对象，但有可能传入检疫对象的地区划定为保护区，对保护区要严防检疫对象传入，充分做好预防工作。如保护区不到疫区引苗木、切花、球根、种子等，必须引种时，要严格做好检验及消毒处理工作。

7.1.2.2 检疫对象

（1）检疫对象的确定原则

植物检疫对象是国家农业、林业主管部门根据一定时期国际、国内病虫和杂草发生、危害情况，以及本国、本地区的实际需要，经一定程序制定、发布禁止传播的危害植物的病、虫及杂草名单。其中包括进口植物检疫对象和国内植物检疫对象。另外，还有各省（自治区、直辖市）补充规定的植物检疫对象。

《植物检疫条例》第四条规定：凡局部地区发生的危险性大、能随植物及其产品传播的病、虫、杂草，应定为植物检疫对象。确定为检疫对象必须具备3个条件，一是仅国内局部地区发生，分布不广；二是危险性大，一旦传入可能给农林生产造成重大损失，并且防治又比较困难；三是可借助人为活动传播，即随同植物材料、种子、苗木和所附泥土以及包装材料等传播。

（2）植物检疫对象名单

确定检疫性有害生物及补充检疫性有害生物应按照原林业部1995年7月3日制定颁布的《林业检疫性有害生物确定管理办法》的规定办理。检疫性有害生物名单由国家林业和草原局发布，补充检疫性有害生物名单由各省（自治区、直辖市）林业主管部门发布。

（3）应施检疫的植物及其产品

① 园林树木的种子、苗木和其他繁殖材料。

② 木材、竹材、根桩、枝条、树皮、藤条及其制品。

③ 花卉植物的种子、苗木、球茎、鳞茎、鲜切花、插花。
④ 中药材。
⑤ 可能被植物检疫对象污染的其他产品、包装材料和运输工具等。

7.1.3 园林植物检疫的程序

7.1.3.1 对内检疫程序

（1）产地检疫

产地检疫是指在植物生长和检疫性有害生物发生期间，由植物检疫人员到植物及其产品的产地所进行的检疫。具体程序是：

① 报验 在生产期间或者调运之前，生产单位或个人向当地植物检疫机构申请产地检疫。

② 检验 由植物检疫机构指派检疫员到现场进行检疫。检疫人员应根据不同检疫对象的生物学特性，在病害发生盛期或末期、害虫危害高峰期或某一虫态发生高峰期进行检疫，对种子园、母树林和采种基地也可在收获期、种实入库前进行检疫。一年中检疫次数不少于2次。

③ 检疫处理 检验不合格，发给《检疫处理通知单》，生产单位或个人应按规定进行除害处理。

④ 签证 对于检验合格的和除害处理后复检合格的发给《产地检疫合格证》。《产地检疫合格证》有效期为6个月，在有效期内调运时，凭《产地检疫合格证》直接换取《植物检疫证书》。

（2）调运检疫

调运检疫是指植物及其产品在调出原产地之前、运输途中、到达新的种植或使用地点之后所进行的检疫。调运检疫程序是：

① 报验 货物调出前，调运单位或个人向当地植物检疫机构或指定的检疫机构报验，填写报验单。调入单位有检疫要求的，还要提交调入地植物检疫机构签发的植物检疫要求书。

② 检验 由植物检疫机构指派检疫员到现场进行检疫。除依法可直接签发检疫证书之外，都要经过现场检查或室内检验。

③ 检疫处理 发现植物检疫对象或其他应检有害生物的，调出单位或个人应按《检疫处理通知单》的要求进行除害处理。

④ 签证 对于检验合格的和除害处理后复检合格的发给《植物检疫证书》。

7.1.3.2 对外检疫程序

我国进出口检疫包括以下几个方面：进口检疫、出口检疫、旅客携带物检疫、国际邮包检疫、过境检疫等。应严格执行《中华人民共和国动植物检疫条例》及其实施细则的有关规定。

◇ **任务实施**

办理植物检疫相关证书

【任务目标】

通过实训,掌握植物检疫相关证书的办理程序。

【材料准备】

准备检疫相关表格,包括《森林植物检疫要求书》《森林植物检疫报检单》《检疫处理通知单》《植物检疫证书》《产地检疫合格证》(表7-1至表7-5)等。

表7-1 森林植物检疫要求书　　　　　　　　　　　　　　　　　　编号:

调入单位或个人填写	申请单位(个人)		申请日期		年　月　日
	通信地址		电　话		
	森林植物及其产品名称		数量(质量)		
	调入地点				
	调入时间				
森检机构填写	要求检疫对象名单				
	其他危险性病、虫名单		森检机构专用章		
	备　注		森检员(签名)		

附注:1. 本要求书一式二联,第一联由调入单位(个人)交调出单位,第二联由森检机构留存。
　　　2. 调出单位(个人)凭本要求书向所在地的省(自治区、直辖市)森检机构或其委托的单位报检。

表7-2 森林植物检疫报检单

报检人(单位)		报检日期	
地　址		电　话	
森林植物及其产品名称		产　地	
数量(质量)		包　装	
运往地点		存放地点	
调出时间		运输工具	
调入省(自治区、直辖市)的检疫要求:			
检疫结果:			
			检疫员　　　年　月　日

表 7-3　检疫处理通知单

　　　　省（自治区、直辖市）　　　　县林检处字〔　　〕年第　　号

受检单位（个人）	
通信地址	
森林植物及其产品	
数　　量	
产地或存放地	
运输工具	包装材料

经检疫检验，上列森林植物及其产品中发现有下列森林病、虫：

根据《植物检疫条例》第　　条　　　　　　　　　　　　　　　　　的规定，必须按如下要求进行除害处理：

签发机关（盖森检专用章）　　　森检人员：
　　　　　　　　　　　　　　　　　（签名或盖章）

签发日期：　　年　　月　　日

附注：1. 本通知一式两份，一份交受检单位或个人，一份存签证机关。
　　　2. 数量单位：千克、立方米、株、件、公顷。

表 7-4　植物检疫证书（出省）

林（　　）检字

产　　地			
运输工具		包　装	
运输起迄	自　　　　　　至		
发货单位（人）及地址			
收货单位（人）及地址			
有效期限	自　年　月　日至　年　月　日		
植物名称	品种（材种）	单　位	数　量
合　计			

签发意见：上列植物或植物产品，经（　　　　　　）检疫未发现森林植物检疫对象、本省（区、市）及调入省（区、市）补充检疫对象，调入省（区、市）要求检疫的其他植物病、虫，同意调运。

委托机关（森林植物检疫专用章）　　　签发机关（森林植物检疫专用章）

　　　　　　　　　　检疫员：
　　　　　　　　　　签证日期：　　年　　月　　日

附注：1. 本证无调出地省（区、市）森林植物检疫专用章（受托办理本证的须再加盖承办签发机关的森林植物检疫专用章）和检疫员签字（盖章）无效。
　　　2. 本证转让、涂改和重复使用无效。
　　　3. 一车（船）一证，全程有效。

表 7-5 产地检疫合格证书

省（自治区、直辖市）　　　县林产检字〔　　〕年　第　　号

受检单位（个人）	
通信地址	
森林植物及其产品名称	
数　量	
产地检疫地点	
预定起运时间	
预定起运地点	
检疫结果： 经检疫检验，上列森林植物及其产品中未发现森林植物检疫对象、补充森林植物检疫对象和其他危险性森林病、虫，产地检疫合格。	
本证有效期：　　年　月　日至　　年　月　日	
签发机关（盖森检专用章）　　　　森检人员： 　　　　　　　　　　　　　　　　（签字或盖章）	
签发日期：　年　月　日	
备　　注	

附注：1. 本证一式两份，一份交受检单位或个人，一份存签证机关。
　　　2. 调运检疫时，森检机构凭本证确认合格后可直接签发《植物检疫证书》。
　　　3. 数量单位：千克、立方米、株、件、公顷。

【方法及步骤】
分别扮演植物检疫申报者和植物检疫工作人员模拟完成产地检疫和调运检疫的各个程序。

【成果汇报】
填写植物检疫相关表格，归纳总结植物检疫工作程序。

◇ 自测题

1. 名词解释

植物检疫，疫区，保护区，植物检疫对象。

2. 简答题

（1）植物检疫的主要任务是什么？
（2）确定植物检疫对象的原则有哪些？
（3）实施检疫的植物和植物产品有哪些？

◇ 自主学习资源库

1. 植物检疫条例. 国务院. 1992 年 5 月 13 日修订发布.
2. 植物检疫条例实施细则（林业部分）. 林业部. 1994 年 7 月 26 日发布.

任务7.2 园林栽培防治

◇ 工作任务

经过学习,能够了解园林栽培防治法的优、缺点,能够掌握园林栽培技术措施。若要了解园林栽培防治法的优、缺点,需要了解园林栽培防治法的概念和特点;若要掌握园林栽培技术措施,需要选育抗病虫品种,掌握育苗阶段、栽培阶段、管理阶段的技术措施。

◇ 知识准备

7.2.1 园林栽培防治法的概念和特点

园林栽培防治也称园林技术防治,是指根据园林植物病虫害发生条件与园林植物栽培管理措施之间的相互关系,结合整个园林植物培育过程中各方面的具体措施,有目的地创造出有利于园林植物生长发育,而不利于病虫害发生的生态环境,从而达到直接或间接抑制病虫的目的,是园林植物病虫害综合防治的基础。

这种方法不需要额外投资,而且有预防作用,可长期控制病虫害,因而是最基本的防治措施。但这种方法也有局限性,如控制效果慢、对暴发性病虫害的控制效果不大、具有较强的地域性和季节性、常受自然条件的限制等,病虫害大发生时必须依靠其他防治措施。

7.2.2 园林栽培技术措施

(1) 选育抗性品种

选育抗性品种是利用基因工程、杂交引种、选种、物理或化学的方法使植物产生抗性,避免或减轻病虫危害的重要措施,特别对那些还没有其他有效防治措施的病虫害,选用抗性品种是非常重要的。我国园林植物资源丰富,为抗病虫品种的选育提供了大量的种质,因而培育抗性品种前景广阔。选育抗病虫品种的方法很多,有常规育种、辐射育种、化学诱变、单倍体育种和基因工程育种等。抗病虫品种选育成功的例子较多,目前在园林上已培育出菊花、香石竹、金鱼草等抗锈病的新品种,抗紫菀萎蔫病的翠菊品种,抗菊花叶枯线虫病的菊花品种,以及抗黑斑病的杨树品种等。近年来,国内外在利用苏云金杆菌(Bt)中分离到的Bt毒蛋白基因开展杨树抗虫基因工程的研究也取得了重要成果,中国林业科学院和中国科学院微生物研究所合作,将控制生产毒蛋白的Bt毒蛋白抗虫基因导入欧洲黑杨的细胞中,培育出抗食叶害虫的'抗虫杨12号'新品种,已在多个地区推广种植。

(2) 育苗阶段的技术措施

园林上有许多病虫害是依靠种子、苗木及其他无性繁殖材料来传播的,因而通过一定的措施,培育无病虫的健壮种苗,可有效地控制该类病虫害的发生。

① 无病虫圃地育苗 应选择土壤疏松、排水良好、通风透光及无病虫危害的场所作为

苗圃地。在栽植前进行深耕改土，土壤耕翻后经过暴晒、土壤消毒，可消灭部分病虫害。盆播育苗时应注意盆钵、基质的消毒。对基质的消毒可用40%的甲醛溶液稀释50倍，均匀洒布在土壤内，再用塑料薄膜覆盖，约2周后取走覆盖物，将土壤翻动耙松后进行播种或移栽。同时，通过适时播种、合理轮作、整地施肥以及中耕除草等加强养护管理，使苗齐、苗全、苗壮、无病虫危害。例如，菊花、香石竹等进行扦插育苗时，对基质及时进行消毒或更换新鲜基质，可大大提高育苗的成活率和无病虫株率。

② 无病株采种　园林植物的许多病害是通过种苗传播的，如仙客来病毒病是由种子传播的，菊花白锈病是由芽传播的。只有从健康母株上采种，才能得到无病种苗，避免或减轻该类病害的发生。在选用种苗时，应尽量选用无病虫害、生长健壮的种苗，以减少和降低病虫的危害。

③ 组培脱毒育苗　园林植物中病毒病发生普遍而且严重，许多种苗都带有病毒，利用组培技术进行脱毒处理，对于防治病毒病十分有效。如脱毒香石竹苗、脱毒兰花苗应用已非常成功。

（3）栽培阶段的技术措施

① 适地适树　是指园林植物的特性与栽植点的环境条件相适应，以保证花草、树木能够健壮生长，增强抗病虫的能力。如云杉、玉簪等耐阴植物宜栽植于阴湿地段；油松、石榴、月季等喜光植物，则宜栽植于较干燥向阳的地方。

② 合理轮作　连作往往会加重园林植物病害的发生，尤其是土传病害，如温室中香石竹多年连作时会加重镰刀菌枯萎病的发生，栀子花连作会加重根结线虫病的危害。实践证明，将某种病原物的寄主植物与非寄主植物在同一苗圃地轮作，可以减少土壤中病原菌的数量，降低园林植物发病率。轮作时间视具体病害而定，如鸡冠花褐斑病实行2年以上轮作即有效，而胞囊线虫病则需较长时间，一般情况下需实行3~4年轮作。

③ 配置得当　在绿地植物栽植中，为了保证景观的美化效果，往往是许多种植物混栽，忽视了病虫害之间的相互传染，人为地造成某些病虫害的发生和流行。例如，海棠与柏属树种、牡丹（芍药）与松属树种等近距离栽植易造成海棠锈病和牡丹（芍药）锈病的大发生。因此，在园林设计工作中，植物的配置不仅要考虑景观的美化效果，还要考虑病虫害的问题。

④ 科学间作　每种病虫对树木、花草都有一定的选择性和转移性，因而在进行花卉生产及苗圃育苗时，要考虑到寄主植物与害虫的食性及病菌的寄主范围，尽量避免相同食料及相同寄主范围的园林植物间作。如槐树与苜蓿为邻将为槐蚜提供转主寄主，导致槐树严重受害；桃、梅等与梨相距太近，有利于梨小食心虫的大量发生；在杨树栽植区不能栽种桑、栎及小叶朴，因为严重危害毛白杨的桑天牛成虫，只有在取食桑、栎及小叶朴后才能产卵；多种花卉间作，会加重病毒病的发生。

（4）管理阶段的技术措施

① 加强肥水管理　合理的肥水管理不但能使植物健壮生长，而且能增强植物的抗病虫能力。施用有机肥时，有机肥应充分腐熟且无异味，以免污染环境，影响观赏。施用无机肥时，氮、磷、钾等营养成分的比例要合理，防止施肥过量或出现缺素症。如偏施氮肥，

造成花木徒长，会降低其抗病虫性能，往往导致白粉病、锈病、叶斑病等的发生；适量增加磷、钾肥，能提高寄主的抗病性，是防止某些病害的有力措施。

园林植物的浇水方式、浇水量、浇水时间等都影响着病虫害的发生。喷灌和高压喷淋等浇水方式往往容易引起叶部病害的发生，最好采用沟灌、滴灌或沿盆钵边缘浇水；浇水量要适宜，水分过多易烂根，水分过少则易使植物因缺水而生长不良，出现各种生理性病害或加重侵染性病害的发生；多雨季节要及时排水；浇水时间最好选择晴天的上午，以便及时降低叶片表面的湿度，减少病原菌的侵入；收获前不宜大量浇水，以免推迟球茎等器官的成熟，或窖藏时因含水量大造成烂窖等事故。

② 合理修剪　合理修剪、整枝不仅可以增强树势，使花叶并茂，还可以减少病虫危害。例如，对于天牛、透翅蛾等钻蛀性害虫以及袋蛾、刺蛾等食叶害虫，均可采用修剪虫枝等进行防治；对于蚜虫、粉虱等害虫，则通过修剪、整枝达到通风透光的目的，从而抑制此类害虫的危害。秋、冬季结合修枝，剪去有病枝条，可减少翌年病害的初侵染源。如月季枝枯病、白粉病以及阔叶树腐烂病等。对于从园圃修剪下来的枝条，应及时清除。草坪的修剪高度、次数、时间也要合理，否则，也会加剧病害的发生。

③ 改善环境条件　主要是指调节栽培地的温度和湿度。无论是露天栽培，还是温室大棚栽植，种植密度、盆花摆放密度要适宜，以利于通风透气。尤其是温室大棚内要经常通风透气，降低湿度，以减轻灰霉病、叶斑病等常见病害的发生。冬季温室的温度要适宜，不要忽冷忽热，否则，各种花木往往因生长环境欠佳，导致各种生理性病害及侵染性病害的发生。

④ 中耕除草　中耕除草不仅可以保持地力，减少土壤水分的蒸发，促进花木健壮生长，提高抗逆能力，还可以清除许多病虫的发源地及潜伏场所。如马齿苋、繁缕等杂草是唐菖蒲花叶病的中间寄主，铲除杂草可以起到减轻病害的作用；扁刺蛾、黄杨尺蛾、草履蚧等害虫的幼虫、蛹或卵生活在浅土层中，通过中耕，可使其暴露于土表，便于将其杀死。

⑤ 清除侵染源　冬季及时清除园圃中的病虫害残体，包括枝干翘皮与病疤、草坪的枯草层等，并将其深埋或烧毁。生长季节要及时摘除病、虫枝叶，清除因病虫或其他原因致死的植株。园艺操作过程中还应避免人为传染，如在切花、摘心、除草时，要防止工具和人体对病菌的传播，避免重复侵染。温室中带有病虫的土壤、盆钵在未处理前不可继续使用。采用无土栽培时，被污染的营养液要及时清除，不得继续使用。

⑥ 翻土培土　公园、绿地、苗圃等场所在冬季暂无花卉生长，最好深翻一次，这样便可将表土或落叶层中越冬的病菌、害虫深埋于地下，翌年不再发生危害。此法对于防治花卉菌核病等效果较好。公园树坛翻耕时要特别注意树冠下面和根颈部附近的土层，让覆土达到一定的厚度，使得病菌无法萌动，害虫无法孵化或羽化。

⑦ 球茎等器官的收获及收后管理　许多花卉是以球茎、鳞茎等器官越冬的，为了保障这些器官的健康贮藏，在收获前避免大量浇水，以防含水过多造成贮藏腐烂；要在晴天收获，挖掘过程中要尽量减少伤口；挖出后要仔细检查，剔除有伤口、病虫及腐烂的器官，并在阳光下暴晒几天方可入窖。贮窖须预先清扫消毒，通气晾晒。贮藏期间要控制好温度和湿度，窖温一般控制在 5℃ 左右，湿度控制在 70% 以下。球茎等器官最好单个装入尼龙网袋悬挂于窖顶贮藏。

◇ **自测题**

1. 单项选择题

（1）在植物病害防治中清除病残体的目的是（　　）。
　　A．清洁环境　　　B．保护寄主　　　C．减少初侵染源　　D．无明确目的

（2）（　　）属于园林栽培防治措施之一。
　　A．合理轮作　　　B．以虫治虫　　　C．灯光诱杀　　　D．喷施农药

（3）以下哪个地块不适合作育苗圃地？（　　）
　　A．土壤疏松排水良好的地块　　　　B．通风透光的地块
　　C．无病虫危害的地块　　　　　　　D．低洼易涝地块

2. 简答题

（1）简述园林栽培防治措施的优缺点。
（2）园林植物栽培阶段哪些技术措施可以减轻病虫的危害？

◇ **自主学习资源库**

刘冬艳，张斌，曹杨宇，等．转抗虫基因杨树外源基因表达的研究进展．河北林果研究，2015(3):243-247.

任务7.3　生物防治

◇ **工作任务**

经过学习，能够了解生物防治的优、缺点，能够利用各种天敌生物来进行病虫害防治。要了解生物防治的优、缺点，需要了解生物防治的概念和特点；利用各种天敌生物进行病虫害防治，要求识别各种天敌昆虫、侵染昆虫的病原微生物、捕食益鸟、蜘蛛及捕食螨类，同时还必须掌握利用各种天敌生物进行病虫害防治的原理和方法。

◇ **知识准备**

7.3.1　生物防治法的概念和特点

利用生物及其代谢产物来控制病虫害的方法称为生物防治法。从保护生态环境和可持续发展的角度讲，生物防治是园林植物病虫害综合防治的重要组成部分。

生物防治不仅可以改变生物种群的组成成分，而且能直接消灭大量的病虫；对人、畜、植物安全，不杀伤天敌，选择性强，不污染环境；不会引起害虫的再次猖獗和形成抗药性，对害虫有长期的抑制作用；生物防治的自然资源丰富，易于开发，且防治成本低。但是，生物防治也存在一定的局限性，如效果比较缓慢，人工繁殖技术较复杂，受自然条件限制

较大，在高虫口密度下使用不能达到迅速压低虫口密度的目的。因此，生物防治必须与其他方法相配合，才能取得最佳的防治效果。

7.3.2 天敌生物的利用

7.3.2.1 天敌昆虫的利用

（1）天敌昆虫的分类

天敌昆虫按取食方式可分为捕食性天敌昆虫和寄生性天敌昆虫两大类。

① 捕食性天敌昆虫 专以其他昆虫或小动物为食物的昆虫，称为捕食性天敌昆虫。捕食性天敌昆虫个体一般较被捕食者大，成虫、幼虫（若虫）食性相同，均营自由生活。

捕食性天敌昆虫种类很多，分属于18个目近200个科，其中以螳螂、食蚜蝇、猎蝽、花蝽、步甲、瓢虫、草蛉、食虫虻、蚂蚁、胡蜂等最为常见。其一生要捕食很多猎物，捕获后即咬食虫体或刺吸其体液，如大草蛉一生捕食蚜虫可达1000多头，而七星瓢虫成虫一天就可捕食100多头蚜虫，因此捕食性天敌昆虫在自然界中抑制害虫的作用十分明显。

螳螂科（Mantidae） 体中型到大型，头大，三角形；口器咀嚼式；前足捕捉足；前翅复翅，后翅膜质。

食蚜蝇科（Syrphidae） 体小型至中型，外形似蜜蜂，具黄白相间的条纹。触角芒状，3节；前翅径脉和中脉之间有1条两端游离的伪脉。前翅外缘有与边缘平行的横脉把缘室封闭起来。幼虫似蛆，成虫常在花上悬飞而身体不动，或猛然前飞。

蚁科（Formicidae） 体小型，黑色、褐色、黄色或红色。触角膝状弯曲，柄节很长；腹部与胸部连接处有1~2节呈结节状。筑巢群居，具明显多型现象，雌、雄生殖蚁有翅，工蚁与兵蚁无翅。

草蛉科（Chrysopidae） 多数种类草绿色。触角细长丝状；2对翅大小、形状和翅脉均相似，翅膜质、透明、网状。幼虫称为蚜狮，主要捕食蚜虫。

胡蜂科（Vespidae） 体中型至大型，多黄色，有黑色或深褐色斑纹。前胸背板深达翅基片，前翅第一节中室通常很长，翅在休息时纵折。产卵器针状，腹部第一节背板前方垂直截形，中足胫节有2端距，爪简单。

猎蝽科（Reduviidae） 体小型至大型，体形极其多样。多数种类体壁坚硬，黄色、褐色或黑色，不少种类有鲜红的色斑。头部常在眼后变细伸长。触角4节，喙3节，喙不伸达中足基部。许多种类的前足特化为捕捉足。

② 寄生性天敌昆虫 寄生性天敌昆虫分属于5个目近90个科，主要包括寄生蜂和寄生蝇，可寄生于害虫的卵、幼虫及蛹的体内或体外，以其体液和组织为食，凡被寄生的卵、幼虫及蛹，均不能完成发育而最终导致寄主昆虫死亡。它们一生一般仅寄生1个对象，且均较寄主虫体小。寄生性天敌昆虫的常见类群有姬蜂、茧蜂、赤眼蜂、黑卵蜂及小蜂类和寄蝇类。

姬蜂科（Ichneumonidae） 体小型至大型。触角丝状，16节以上；前翅端部第二列有一个小翅室和第二回脉，并胸腹节常有雕刻纹；雌虫腹末纵裂，从中伸出产卵器。卵多产在鳞翅目、鞘翅目的幼虫和蛹体内。如黑尾姬蜂、松毛虫黑点瘤姬蜂等。

茧蜂科（Braconidae） 体微小或小型。外形似姬蜂，但前翅无第二回脉，翅面上常有雾斑，休息时触角时常摆动。腹部卵形或圆柱形，第二节与第三节背板通常愈合，两者之间的缝不能活动。产卵于鳞翅目幼虫体内，幼虫老熟时常爬出寄主体外结黄白色小茧化蛹。如松毛虫绒茧蜂、桃瘤蚜茧蜂等。

小蜂科（Chalalcididae） 体微小至小型，常为黑色或棕色；触角多为膝状，柄节长。前翅翅脉简单，从翅基部沿前缘向外伸出一条脉。后足腿节膨大，下缘外侧有成列刺突；后足胫节向内弯曲。多寄生在卵和幼虫体内，少数寄生在蛹和成虫体内。如广大腿小蜂等。

赤眼蜂科（Trichogrammatidae） 体微小，小于 1mm。触角膝状，腰不细；翅脉极度退化，前翅宽，翅面有成行的微毛；后翅狭，刀状。腹部卵形或长形，两侧具尖锐边缘。卵寄生，如松毛虫赤眼蜂、广赤眼蜂等。

寄蝇科（Tachinidae） 体小型至中型，体粗多毛。触角芒状，中胸下侧片具鬃。后盾片很发达，露在小盾片外，呈一圆形突起。腹部除细毛外，有明显的缘鬃、背鬃和端鬃。常寄生于鳞翅目的幼虫体内。如地老虎寄蝇、松毛虫狭颊寄蝇等。

（2）天敌昆虫利用的途径

① 当地自然天敌昆虫的保护　当地自然天敌昆虫种类繁多，是各种害虫种群数量控制的重要因素。因此，要善于保护利用本地天敌。可采用如下措施进行保护：首先要保护越冬天敌。在寒冷地区因冬季环境条件较为恶劣导致天敌大量死亡，因此采取措施使其安全越冬是非常必要的，如束草诱集、引进室内保护等，此法在生产上已大规模推广和应用。如武汉市在寒冷的冬季，采用地窖保护大红瓢虫越冬，使翌年瓢虫种群数量迅速增长。其次是改善天敌的营养条件。一些寄生蜂、寄生蝇，成虫羽化后常需补充营养而取食花蜜，因而在园林植物栽培时，要适当考虑天敌蜜源植物的配置。再次要慎用农药。在开展化学防治时，要选择对害虫选择性强的农药品种，尽量少用广谱性的剧毒农药和残效期长的农药，并选择适当的施药时期和方法，缩小施药面积，尽量减少对天敌昆虫的伤害。

② 天敌昆虫的繁殖和释放　在害虫发生前期，自然界的天敌昆虫数量少、对害虫的控制力很低时，可以在室内繁殖天敌昆虫，大量释放于林间，增加天敌昆虫的数量，特别在害虫发生初期，可取得较显著的防治效果。目前已繁殖利用成功的有赤眼蜂、异色瓢虫、黑缘红瓢虫、草蛉、平腹小蜂、管氏肿腿蜂、周氏啮小蜂、丽蚜小蜂等。

③ 天敌昆虫的引进　我国引进天敌昆虫来防治害虫已有 80 多年的历史。据资料记载，全世界成功的有 250 多例，其中防治蚧虫成功的例子最多，成功率占 78%。在引进的天敌昆虫中，寄生性昆虫比捕食性昆虫成功的多。

7.3.2.2 病原生物的利用

（1）昆虫病原真菌

在昆虫的致病微生物中，真菌占 60% 以上。昆虫病原真菌以孢子或菌丝主动穿过昆虫体壁侵入虫体内，以虫体各种组织和体液为营养繁殖大量菌丝，破坏虫体组织，或产生毒素导致昆虫死亡。菌丝体产生的孢子，随风或水流在昆虫群体内进行再侵染。感病昆虫常出现食欲减退、虫体萎缩，死后虫体僵硬，体表布满菌丝和孢子，所以一般又把昆虫真菌病称为硬化病或僵化病。

我国生产和使用的真菌制剂有蚜霉菌、白僵菌、绿僵菌等。目前，应用较为广泛的是白僵菌，可有效控制鳞翅目、同翅目、膜翅目、直翅目等的害虫。剂型有粉剂（100亿个活孢子/g）和可湿性粉剂。

（2）昆虫病原细菌

昆虫病原细菌的种类也很多，在害虫防治中应用较多的是芽孢杆菌属和芽孢梭菌属。病原细菌主要通过消化道侵入昆虫体内，导致败血症，或者由于细菌产生的毒素破坏昆虫的一些器官组织，使昆虫死亡。被细菌感染的昆虫，食欲减退，口腔和肛门具黏性排泄物，死后体色加深，虫体迅速腐败变形、软化、组织溃烂、有恶臭味，通称软化病。目前，我国生产上应用最多的昆虫病原细菌是苏云金杆菌，它是从德国苏云金的地中海粉螟幼虫体中分离得到的，目前已知的苏云金杆菌有32个变种（包括松毛虫杆菌、青虫菌等）。可用于防治直翅目、鞘翅目、双翅目、膜翅目、鳞翅目的害虫，特别是鳞翅目的多种害虫。

（3）昆虫病原病毒

利用昆虫病毒防治农林害虫的研究起步较晚，但发展十分迅速。目前已发现昆虫病毒约1690种，在已知的昆虫病毒中，防治应用较广的有核型多角体病毒（NPV）、颗粒体病毒（GV）和质型多角体病毒（CPV）3类，这些病毒主要感染鳞翅目、双翅目、膜翅目、鞘翅目等的幼虫，有些种类已应用于害虫防治上，如使用大袋蛾核型多角体病毒防治大袋蛾，利用斜纹夜蛾核型多角体病毒防治斜纹夜蛾等，均收到良好效果。昆虫感染病毒后，行动迟缓、食欲减退、体色变淡或呈油光，虫体多卧于或悬挂在叶片及植株表面，后期流出大量液体，但无臭味，体表无丝状物。

（4）昆虫病原线虫

昆虫线虫是一类寄生于昆虫体内的微小生物，属线形动物门。有些线虫可寄生于地下害虫和钻蛀性害虫，导致害虫死亡。被线虫寄生的害虫，常表现为褪色或膨胀、生长发育迟缓、繁殖力降低，有的出现畸形。

（5）病害颉颃病菌

某些微生物在生长发育过程中能分泌一些抗菌物质，抑制其他微生物的生长，这种现象称颉颃作用。利用有颉颃作用的微生物来防治植物病害，有的已获得成功。如利用哈氏木霉菌防治茉莉花白绢病；又如菌根菌可分泌萜烯类物质，对许多根部病害有很好的防治效果。目前，以菌治病多用于防治通过土壤传播的病害。

（6）以菌治草

在自然界中，各种杂草和园林植物一样，在一定环境条件下也能感染一定的病害。利用真菌来防治杂草是整个以菌治草中最有前途的一种方法。我国利用"鲁保一号"真菌防治菟丝子是以菌治草成功的例子之一。"鲁保一号"是一种毛盘孢真菌，在菟丝子发生期间，每公顷施用8~15kg，对菟丝子的防治效果可达到90%以上。

7.3.2.3 食虫益鸟的利用

我国有1100多种鸟类，其中捕食昆虫的鸟类约占1/2。常见的种类有四声杜鹃、大杜鹃、大斑啄木鸟、黑枕黄鹂、灰卷尾、黑卷尾、红嘴蓝鹊、灰喜鹊、喜鹊、画眉、白眉翁、长尾翁、大山雀、戴胜、红尾伯劳、家燕等。它们捕食的害虫主要有蝗虫、螽蟖、叶蝉、木虱、蜡、吉丁虫、天牛、金龟甲、蛾类幼虫、叶蜂、象甲和叶甲等。很多鸟类一昼夜所吃的东西相当于它们自身的质量，如一窝家燕一夏能吃掉6.5万只蝗虫，啄木鸟一冬可将附近80%的蛀干害虫掏出来。广州地区1980—1986年对鸟类调查后发现，食虫鸟类达130多种，对抑制园林害虫的发生起到了一定作用。目前，在城市风景区，森林公园等保护益鸟的主要做法是：给鸟类创造良好的栖息环境，在鸟类繁殖期间不修枝、不捡拾地面的枯枝落叶，严禁鸣枪打鸟、张网捕鸟、破坏鸟巢和掏鸟蛋、捉雏鸟，不得砍伐筑有鸟巢的树木，人工悬挂鸟巢招引鸟类定居以及人工驯化等。1984年广州白云山管理处曾从安徽省定远县引进灰喜鹊驯养，获得成功。随后，在福建、宁夏、重庆等地引进灰喜鹊很好地控制了当地松毛虫的为害。山东省林业科学研究所人工招引啄木鸟防治蛀干害虫，也收到良好的防治效果。

7.3.2.4 蜘蛛和捕食螨的利用

蜘蛛具有种类多、数量大、繁殖快、食性广、适应性强、迁移性小等优点，是众多害虫的一类重要天敌。田间常见的蜘蛛有草间小黑蛛、八斑球腹蛛、拟水狼蛛、三突花蟹蛛等，主要捕食各种飞虱、叶蝉、叶螨、蚜虫、蝗蝻、鳞翅目昆虫的卵、幼虫等。例如，蜘蛛对于控制南方观赏山茶（金花茶、山茶）上的茶小绿叶蝉（*Empoasca flavescens*）起着重要的作用。根据是否结网，通常将蜘蛛分为游猎型和结网型两大类。游猎型蜘蛛不结网，在地面、水面或植物表面行游猎生活。结网型蜘蛛能结各种类型的网，借网捕捉飞翔的昆虫。

许多捕食螨是植食性螨类的重要天敌。国内研究较多的是植绥螨，其种类多、分布广，可捕食果树、豆类、棉花、茶叶、蔬菜等多种植物上的多种害螨。例如，捕食螨对酢浆草岩螨（*Petrobia harti*）、柑橘红蜘蛛（*Panonychus citri*）等螨类有较强的控制力。另外，部分绒螨的若虫常附在蚜虫体表营外寄生活，影响蚜虫的生长和发育。

◇ 任务实施

观察园林有益生物特征并鉴别其类群

【任务目标】

掌握本地区常见捕食性与寄生性天敌昆虫的种类及鉴别特征。

【材料准备】

① 用具　实体显微镜、镊子、放大镜等。

② 材料　蚂蚁、螳螂、瓢虫、胡蜂、猎蝽、花蝽、蜻蜓、步甲、虎甲、草蛉、食虫虻、食蚜蝇、寄生蝇、姬蜂、茧蜂、赤眼蜂等针插标本及玻片标本。

【方法及步骤】

1. 识别寄生性天敌昆虫

用实体显微镜或放大镜仔细观察实训室提供的姬蜂、茧蜂、赤眼蜂等各种寄生蜂标本，以及双翅目的寄生蝇标本，并掌握其识别特征。

2. 识别捕食性天敌昆虫

用实体显微镜或放大镜仔细观察实训室提供的蚂蚁、螳螂、瓢虫、胡蜂、猎蝽、花蝽、草蛉、蜻蜓、步甲、虎甲、食虫虻、食蚜蝇等昆虫标本，并掌握其识别特征。

【成果汇报】

① 比较各种天敌昆虫的分类地位并总结识别特征。

② 绘制一种寄生蜂的外部形态图。

◇ 自测题

1. 填空题

（1）可以用作生物防治的有益生物包括_____、_____、_____、_____四大类群。

（2）天敌昆虫的利用途径包括_____、_____和_____。

（3）寄生性天敌包括_____和_____两大类。

（4）引起昆虫生病的病原生物主要有_____、_____、_____、_____。

2. 单项选择题

（1）赤眼蜂是（　　）的寄生蜂。

　　A．成虫　　　　　B．卵　　　　　C．幼虫　　　　　D．蛹

（2）下列昆虫中，属于捕食性天敌昆虫的是（　　）。

　　A．草蛉　　　　　B．天牛　　　　C．金龟甲　　　　D．绒茧蜂

（3）苏云金杆菌是一种生防菌，它属于（　　）。

　　A．真菌　　　　　B．线虫　　　　C．病毒　　　　　D．细菌

（4）下列昆虫中属于益虫且可以人工繁殖释放的是（　　）。

　　A．菜粉蝶　　　　B．蜻蜓　　　　C．赤眼蜂　　　　D．蝗虫

（5）寄生鳞翅目害虫和蛴螬的白僵菌是（　　）。

　　A．真菌　　　　　B．细菌　　　　C．病毒　　　　　D．线虫

3. 简答题

简述生物防治的优点和局限性。

◇ 自主学习资源库

　　1. 生物防治网：http://www.sxpco.com.

　　2. 中国生物防治学报（ISSN：1005-9261）. 中国农业科学院植物保护研究所、中国植物保护学会.

　　3. 中国生物防治网：http://www.biological-control.org.

　　4. 普通昆虫学. 彩万志，等. 中国农业大学出版社，2001.

　　5. 生物农药及其应用. 吴文君，高希武. 化学工业出版社，2004.

任务7.4 物理机械防治

◇ **工作任务**

经过学习和训练，能够了解物理机械防治的优、缺点，能够掌握物理机械防治措施。若要了解物理机械防治的优、缺点，需要了解物理机械防治的概念和特点；若要掌握物理机械防治措施，需要掌握捕杀法、阻隔法、诱杀法、高温处理法、辐射法的应用原理和具体的实施方法。

◇ **知识准备**

7.4.1 物理机械防治的概念和特点

利用简单的器械以及物理因素（如光、温度、热能、放射能等）来防治病虫害的方法称为物理机械防治。

物理机械防治的优点是简单实用、容易操作、见效快，对于一些化学农药难以解决的病虫害而言，往往是一种有效的防治手段。物理机械防治的缺点是费工、费时，有一定的局限性。

7.4.2 物理机械防治措施

7.4.2.1 捕杀法

利用人工（或简单器械）捕捉或直接消灭害虫的方法称为捕杀法。捕杀法适合于具有群集性、假死性或其他明显易于捕捉的害虫的防治。例如，金龟甲、象甲的成虫具有假死性，可在清晨或傍晚将其震落杀死；榆蓝叶甲的幼虫老熟时群集于树皮缝、树疤或枝杈下方等处化蛹，此时可人工捕杀；冬季修剪时，剪去黄刺蛾茧，刮出舞毒蛾卵块等。在生长季节也可结合苗圃日常管理，人工捏杀卷叶蛾虫苞、摘除虫卵、捕捉天牛成虫，于清晨到苗圃捕捉地老虎以及利用简单器具钩杀天牛幼虫等，都是行之有效的措施。

7.4.2.2 阻隔法

人为设置各种障碍，以切断病虫害的侵害途径，这种方法称为阻隔法。

（1）涂毒环或胶环

对有上、下树习性的幼虫（如松毛虫、杨毒蛾），可在树干上涂毒环或涂胶环，从而触死或阻隔幼虫。毒环或胶环多涂于树体的胸高处，一般涂2～3个环。胶环的配方通常有以下两种：蓖麻油10份，松香10份，硬脂酸1份；豆油5份，松香10份，黄醋1份。

（2）挖障碍沟

对不能迁飞只能靠爬行扩散的害虫，为阻止其迁移危害，可在未受害区周围挖沟，害虫坠落沟中后予以消灭。对紫色根腐病、白腐病等借助菌索蔓延传播的根部病害，在受害植株周围挖沟能阻隔病菌菌索的蔓延，挖沟规格为宽30cm、深40cm，两壁要光滑垂直。

（3）设障碍物

有的害虫雌成虫无翅，只能爬到树上产卵，有的害虫幼虫有下树越冬的习性，对这两类害虫，可在其成虫上树前或幼虫下树前，在树干基部设置障碍物阻止其成虫上树产卵或阻止幼虫下树越冬。例如，在树干上绑塑料布或在干基周围培土堆，制成光滑的陡面。山东枣产区总结出人工防治枣尺蠖的"尺蠖防治五步法"，即"一涂、二挖、三绑、四撒、五堆"，可有效控制枣尺蠖上树。

（4）覆盖薄膜或盖草

许多叶部病害的病原物是在病残体上越冬的，园林植物栽培地早春覆膜或盖草可大幅度地减少叶部病害的发生。因为薄膜或干草对病原物的传播起到了机械阻隔作用，而且覆膜后土壤温度、湿度提高，加速了病残体的腐烂，减少了侵染来源。如芍药地覆膜后，芍药叶斑病大幅减少。

（5）纱网阻隔

在温室及各种塑料拱棚内，可采用40~60目的纱网覆罩，不仅可以隔绝蚜虫、叶蝉、粉虱、蓟马、斑潜蝇等害虫，还能有效减轻病毒病的侵染。

7.4.2.3 诱杀法

利用害虫的趋性，人为设置器械或其他诱物来诱杀害虫的方法称为诱杀法。利用此法还可以预测害虫的发生动态。常见的诱杀方法有以下几种。

（1）灯光诱杀

利用害虫的趋光性，人为设置灯光来诱杀害虫的方法称为灯光诱杀。目前生产上所用的光源主要是黑光灯。黑光灯是一种能辐射360nm紫外线的低气压汞气灯。由于大多数害虫的视觉神经对波长330~400nm的紫外线特别敏感，具有较强的趋性，因而黑光灯的诱虫效果很好。利用黑光灯诱虫，除能消灭大量虫源外，还可用于开展预测预报和科学试验，进行害虫种类、分布和虫口密度的调查，为防治工作提供科学依据。此外，还可利用高压电网灭虫灯、频振式杀虫灯等。

黑光灯诱虫一般在5~9月进行。安置黑光灯时应以安全、经济、简便为原则。黑光灯要设置在空旷处，选择闷热、无风、无雨、无月光的夜晚开灯，诱集效果最好，一般以21:00~22:00诱虫最好。由于设灯时易造成灯下或灯的附近虫口密度增加，因此，应注意及时消灭灯光周围的害虫。

（2）毒饵诱杀

毒饵诱杀是利用害虫的趋化性，在其所喜爱的食物中掺入适量毒剂，制成各种毒饵来诱杀害虫的方法。例如，防治蝼蛄、蟋蟀等地下害虫，可用麦麸、谷糠、玉米等谷物炒香作饵料，掺入适量敌百虫或辛硫磷等药剂，制成毒饵来诱杀。另外，诱杀地老虎、梨小食心虫成虫时，常以糖、酒、醋作饵料，以敌百虫作毒剂来诱杀。

（3）饵木诱杀

许多蛀干害虫如天牛、小蠹虫、象甲、吉丁虫等喜欢在新伐倒树木上产卵繁殖，因而可在这些害虫的繁殖期人为放置一些木段供其产卵，待卵全部孵化后，及时进行剥皮处理，以消灭其中的害虫。例如，在山东泰安岱庙内，每年用此方法诱杀双条杉天牛，取得了明显的防治效果。

（4）植物诱杀

植物诱杀是利用害虫对某些植物有特殊的嗜食习性，人为种植或采集此种植物诱集捕杀害虫的方法。例如，种植一串红、灯笼花等叶背多毛植物，可诱杀温室白粉虱；在苗圃周围种植蓖麻，可使金龟甲误食后被麻醉，从而集中捕杀。

（5）潜所诱杀

利用害虫在某一时期喜欢某一特殊环境的习性（如越冬潜伏或白天隐蔽），人为设置类似的环境来诱杀害虫的方法称为潜所诱杀。如有些害虫喜欢在树干的树皮缝、翘皮等处产卵或越冬，可在树干基部绑扎草把或麻布片，引诱害虫前来产卵或越冬；在苗圃内堆集新鲜杂草，能诱集地老虎幼虫潜伏于草下，然后集中杀灭。

（6）黄板诱杀

黄板诱杀是利用害虫对颜色的趋性而采用的一种防治方法。将黄色黏胶板设置于花卉栽培区域，可诱黏到大量有翅蚜、白粉虱、美洲斑潜蝇等害虫，其中以在温室保护地内使用时效果较好。

7.4.2.4　高温处理法

任何生物，包括植物病原物、害虫对温度都有一定的忍耐性，超过限度就会死亡。害虫和病菌对高温的忍耐力都较差，通过提高温度来杀死病菌或害虫的方法称为高温处理法，简称热处理。在园林植物病虫害的防治中，热处理有干热和湿热两种。

（1）种苗的热处理

一些花木的病虫是靠种子传播的，对带毒种子或带虫种子可进行热处理。常用的方法有热水浸种和浸苗。有病虫的苗木可用热风处理，温度为35～40℃，处理时间为1～4周；也可用40～50℃的温水浸泡10～180min。例如，唐菖蒲球茎在55℃水中浸泡30min，可防治镰刀菌干腐病；用80℃热水浸泡刺槐种子30min后捞出，可杀死种子内的小蜂幼虫，且不影响种子发芽率。

种苗热处理的关键是温度和时间的控制，一般对休眠器官进行热处理比较安全。对有病虫的植物做热处理时，要事先进行试验。热处理时升温要缓慢，使植物有一个适应温热的锻炼过程。一般从25℃开始，每天升高2℃，6～7d后达到37℃左右的处理温度。

（2）土壤的热处理

土壤蒸汽消毒在温室和苗床上均可普遍应用。通常用90～100℃蒸汽处理土壤30min，即可杀灭土壤中的绝大部分病原物。如土壤蒸汽处理可大幅度降低香石竹镰刀菌枯萎病、菊花枯萎病及地下害虫的发生程度。在发达国家，蒸汽热处理已成为常规管理。

利用太阳能对土壤进行热处理也是有效的防治措施。在7～8月将土壤摊平，南北向作垄，浇水并覆盖塑料薄膜。在覆盖期间要保证有10～15d的晴天，耕层温度可高达60～70℃，能基本上杀死土壤中的病原物。温室大棚中的土壤也可照此法处理，当夏季花木搬出温室后，将门窗全部关闭并在土壤表面覆膜，能较彻底地消灭温室中的病虫。

7.4.2.5 辐射法

近年来，随着物理学的发展，生物物理也有了相应的发展。因此，应用新的物理学成果来防治病虫，具有了更加广阔的前景。如原子能、超声波、紫外线、红外线、激光、高频电流等正普遍应用于生物物理领域，其中很多成果正在病虫害防治中得到应用。

（1）原子能的应用

原子能在昆虫方面的应用，除用于研究昆虫的生理效应、遗传性的改变以及利用示踪原子对昆虫毒理和生态进行研究外，也可用来防治病虫害。例如，直接用放射性同位素 ^{60}Co 辐射出来的 γ 射线照射仓库害虫，可使害虫立即死亡；也可通过辐射引起害虫雄性不育，然后释放这种人工饲养的不育雄虫，使之与自然界的有生育能力的雌虫交配，使之不能繁殖后代而达到灭除害虫的目的。

（2）高频、高压电流的应用

在无线电领域中，一般将 3×10^7 Hz 的电流称为高频率电流，3×10^7 Hz 以上的电流称为超高频电流。在高频率电场中，由于温度增高等原因，可使害虫迅速死亡。由于高频率电流产生于物质内部，而不是由外部传到内部，因此对消灭隐蔽危害的害虫极为方便。该法主要用于防治仓库害虫、土壤害虫等。

高压放电也可用来防治害虫。例如，国外设计的一种机器，两电极之间可以形成 5cm 的火花，在火花的作用下，土壤表面的害虫在很短时间内就可死亡。

（3）超声波的应用

利用振动频率在 20 000 次/s 以上的声波所产生的机械动力或化学反应来杀死害虫。例如，对水源的消毒灭菌、消灭植物体内部害虫等。也可利用超声波引诱雄虫远离雌虫，从而阻止害虫繁殖。

（4）微波的应用

用微波处理植物果实和种子杀虫是一种先进的技术，其作用原理是微波使被处理的物体内外的害虫或病原物温度迅速上升，当达到害虫与病原物的致死温度时，即起到杀虫、灭菌的作用。试验表明，利用 ER-692 型、WMO-5 型微波炉处理检疫性林木种实害虫，每次处理种子 1~1.5kg，加热至 60℃，持续处理 1~3min，即可将全部落叶松种子广肩小蜂、紫穗槐豆象的幼虫，以及刺槐种子小蜂、柳杉大痣小蜂、柠条豆象、皂荚豆象的幼虫和蛹杀死。

微波高频处理杀虫灭菌的优点是加热、升温快，杀虫效率高，快速、安全、无残毒，操作方便，处理费用低，在植物检疫中很适于旅检和邮检工作的需要。

◇任务实施

物理机械防治措施的现场应用

【任务目标】

掌握杀虫灯的设置及使用方法；掌握黄板、毒饵、黏虫胶的制作及使用方法。

【材料准备】

每组一套佳多牌频振式杀虫灯；蔗糖、米醋、白酒、黄色塑料板、黏虫胶、诱捕器、塑料带、柴油、松香、90%敌百虫等。

【方法及步骤】

1. 灯光诱杀

对于蛾类、蝼蛄、金龟甲等有趋光性的昆虫，可在晚间用灯光诱集。

教师在实训地点讲解杀虫灯的原理、性能和构造以及安装方法，然后由学生对杀虫灯各部件进行观察，再进行安装。杀虫灯应设置在田间较为开阔的地方，悬挂高度以高出林冠和苗木1~3m为宜，在大风、大雨、月光较强的晚上可停止诱杀。开灯时间以20:00~23:00为宜。

2. 色板诱杀

目前生产上应用范围较广的色板为黄板，黄板对烟粉虱、蚜虫、美洲斑潜蝇、黄曲跳甲等多种微小害虫都表现出较好的诱杀作用。

取15cm×20cm规格的厚为0.05mm的黄色塑料板，在其一端打2个孔，系好塑料绳；将桶装黏虫胶放在热水中预热，待胶软化后用排笔在塑料板两面逐步涂胶；将涂好的黄色黏胶板置于园林植物栽培区域，可诱黏到大量有翅蚜、白粉虱、斑潜蝇等害虫。

3. 毒饵诱杀

在落叶松花蝇成虫羽化期，选择有虫危害的落叶松田块进行落叶松花蝇的诱杀。具体的方法是：称取蔗糖300g、90%敌百虫50g、米醋300mL、白酒100mL、水250mL，倒入容器内配成糖醋酒液带到田间；将诱捕器挂在落叶松树冠距地面高1m左右的枝条上，每公顷放置15个；将糖醋酒液倒入诱捕器，液面高度3.5~5.0cm；每天检查诱虫数，每隔3d换液1次。

4. 树干涂环防止幼虫上、下树

生产上常用的涂环方法是：取柴油1份放入锅内熬煮，再加入压碎的松香1份配制成黏虫胶，在树干60cm高处涂20cm宽的胶环；也可用光滑的塑料薄膜带在树干60cm高处缠绕成30~40cm宽的环。

【成果汇报】

（1）简述杀虫灯的设置要求。

（2）简述黄色诱板的制作方法。

◇ 自测题

1. 名词解释

物理机械防治，阻隔法，潜所诱杀，灯光诱杀，饵木诱杀。

2. 填空题

（1）物理机械防治常见的措施有_____、_____、_____、_____、_____。

（2）昆虫最敏感的光的波长范围是_____nm，黑光灯发出的光的波长范围是_____nm，利用黑光灯诱杀昆虫是利用昆虫的_____性。

（3）蚜虫对_____光比较敏感，利用这个特性在生产上可用_____诱杀蚜虫。

（4）利用害虫的_____性，可在其所喜欢的食物中掺入适量的毒剂来诱杀害虫。

3. 单项选择题

（1）利用糖醋酒液诱杀地老虎是利用昆虫的（　　）。

　　A．趋光性　　　　B．趋化性　　　　C．趋湿性　　　　D．趋温性

（2）大多数害虫的视觉神经对波长（　　）特别敏感。

　　A．550～650nm 紫外线　　　　　　B．330～400nm 红外线

　　C．330～400nm 紫外线　　　　　　D．550～650nm 红外线

（3）对于园林植物病虫害的防治，灯光诱杀属于（　　）的范畴。

　　A．栽培措施防治　　　　　　　　B．化学防治

　　C．物理机械防治　　　　　　　　D．生物防治

4. 简答题

（1）简述物理机械防治法的优、缺点。

（2）简述杀虫灯的杀虫原理与设置要求。

◇ 自主学习资源库

1. 林业害虫的物理机械防治技术．张建军．林业科技情报，2012（2）:18-19．

2. 园林植物病虫害防治．郑进，孙丹萍．中国科学技术出版社，2003．

3. 中国农资网：http://www.ampcn.com．

任务7.5　化学防治

◇ 工作任务

在生产实践中一旦病虫害发生严重，如果想快速地控制，必须采取化学防治。经过本任务的学习和训练，要求掌握农药的基本知识，包括农药的种类、毒性、规格、加工剂型、使用方法和稀释计算；熟练掌握背负式手动喷雾器和园林打药机的使用方法和日常保养；掌握农药的田间药效试验及防治效果检查。

7.5.1　化学防治的概念和特点

化学防治是指用化学农药来防治病、虫、杂草及其他有害生物的方法。化学防治是害虫防治的主要措施，具有收效快、防治效果好、使用方法简单、受季节限制较小、适合于大面积使用等优点。但也有着明显的缺点，概括起来可称为"3R"问题，即抗药性（resistance）、再猖獗（rampancy）及农药残留（remnant）。由于长期对同一种害虫使用相同类型的农药，使得某些害虫产生不同程度的抗药性；由于用药不当，杀死了害虫的天敌，从而造成害虫的再度猖獗危害；由于农药在环境中存在残留毒性，特别是毒性较大的农药，对环境易产生污染，破坏生态平衡。

7.5.2 农药的基本知识

7.5.2.1 农药的含义和分类

（1）农药的含义

农药是农用化学药剂的简称，是指用于预防、消灭或控制危害农林植物及其产品的害虫、害螨、病菌、杂草、线虫及鼠类等的药剂，也包括提高药剂效力的辅助剂、增效剂等。

（2）农药的分类

农药品种繁多，为了便于研究、生产和应用，必须进行分类。农药的分类方法很多，常根据防治对象及化学成分等进行分类。

根据防治对象不同，农药大致可分为杀虫剂、杀菌剂、杀螨剂、杀线虫剂、除草剂、杀鼠剂与植物生长调节剂等。

根据化学成分不同，农药可分为无机农药、人工合成有机农药、植物性农药、微生物农药等。

7.5.2.2 农药的剂型和使用方法

（1）农药的剂型

工厂生产出来的农药，未经加工成剂的称为原药。除少数品种外，大多数原药不能直接使用，原因是原药大多是蜡质固体或脂溶性液体，其分散性能差，而且原药含量高，生产上单位面积用量极少，要想均匀分散很困难。因此，必须把原药加工成各种制剂即剂型，以提高农药的分散性，改善理化性状，才能应用于生产。常见的农药剂型有：

① 粉剂　由原药加一定量的填充物，经机械加工粉碎后混合制成的粉状制剂。粉剂主要用于喷粉、拌种、毒饵和土壤处理等，但不能用来喷雾使用，否则易产生药害。粉剂要随用随买，不宜久贮，以防失效。由于粉剂附着力差，药效和持效不如可湿性粉剂和乳油，而且在喷粉中易漂移损失和污染环境，从而限制了该剂型的使用。

② 可湿性粉剂　由原药、填充剂和湿润剂经机械粉碎混合加工制成的粉状制剂。可湿性粉剂易被水湿润且悬浮于水中，成为悬浮液，主要用于喷雾，也可用于制作毒土、毒饵等，但不宜直接喷粉使用。其持效期较粉剂长，附着力也较粉剂强。但因粉粒粗，易于沉淀，因此，使用时应现用现配，注意搅拌，使药液浓度一致，以保证药效和避免对植物造成药害。

③ 乳油　由原药、溶剂和乳化剂相互溶解而成的透明油状液体。乳油加水稀释可自行乳化，分散成为不透明的乳状液。因含有表面活性很强的乳化剂，所以它的湿润性、展着性、附着力、渗透性和持效期都优于同等浓度的粉剂和可湿性粉剂。乳油加水稀释后，主要用于喷雾，也可用来拌种、浸苗、涂抹等。

④ 可溶性粉剂　用水溶性固体原药加水溶性填料及少量助溶剂制成的粉末状物，使用时按比例兑水即可进行喷雾使用。可溶性粉剂中有效成分含量一般较高，药效一般高于可湿性粉剂，与乳油接近。

⑤ 颗粒剂　由原药、辅助剂和载体经过一定的加工工艺制成的粒径大小比较均匀的松散粒状固体剂型。颗粒剂为直接施用的剂型，主要用于土壤内根施、穴施、土壤处理等。颗粒剂具有持效期长、使用方便、对环境污染小、对植物和天敌安全等优点。特别是通过

加工手段可使一些高毒农药低毒化，并可控制农药释放速度，延长持效期。

⑥ 烟剂　由原药加燃烧剂、氧化剂、消燃剂和引芯制成。点燃后，原药受热汽化上升到空气中，再遇冷而凝结成飘浮的微粒起作用，适用于防治高大林木、温室大棚和仓库等密闭空间内的有害生物。

⑦ 水剂　将水溶性原药直接溶于水中而制成的制剂。用时加水稀释到所需浓度即可使用。该制剂含大量水，长期贮存易分解失效。

⑧ 油剂　以低挥发性油作溶剂，加少量助溶剂制成的一种制剂，有效成分一般在20%～50%。用于弥雾或超低容量喷雾。使用时不用稀释，不能兑水使用。每公顷用量一般为750～2250mL。

除上述介绍的剂型外，还有熏蒸剂、缓释剂、悬浮剂、毒笔、胶囊剂、片剂等。随着农药加工技术的不断进步，各种新的制剂被陆续开发利用，如微乳剂、固体乳油、悬浮乳剂、可流动粉剂、漂浮颗粒剂、微胶囊剂、泡腾片剂等。

（2）农药的使用方法

农药的加工剂型、防治对象不同，使用方法也不同，常用的农药使用方法有以下几种：

① 喷粉法　利用喷粉器械所产生的风力把粉粒吹散，使粉粒覆盖在植物表面，以达到预期的防治效果。喷粉法的优点是工效高、使用方便，不受水源限制，适合于封闭的温室大棚以及郁闭度高的森林和果园，尤其在干旱缺水地区更具有应用价值。缺点是用药量大、附着性差，粉粒沉降率只有20%左右，容易飘失，污染环境。因此，喷粉时宜在早、晚叶面有露水或雨后叶面潮湿且无风条件下进行，使粉剂易于在叶面沉积附着，提高防治效果。适宜进行喷粉的剂型为低浓度的粉剂，如1.5%乐果粉剂、2%敌百虫粉剂等。

② 喷雾法　利用喷雾机具将药液均匀地喷布于防治对象及被保护的寄主植物上，是目前生产上应用最广泛的一种方法。适宜进行喷雾的剂型有可湿性粉剂、乳油、水剂等。根据喷液量的多少及其特点，可分为以下几种类型：

常规喷雾法　采用背负式手动喷雾器，喷出药液的雾滴直径在100～200μm。喷雾的技术要求是喷洒均匀，使叶面充分湿润但不使药液从叶上流下为度。其优点是附着力强、持效期长、效果高等。缺点是功效低、用水量多，对暴发性病虫常不能及时控制其危害。

低容量喷雾法　又称为弥雾法。通过器械产生的高速气流，将药液分散成直径50～150μm的细小雾滴，使之弥散到被保护的植物上。其优点是喷洒速度快、省劳力、效果好，适用于少水或丘陵地区。缺点是由于雾粒细小，在植物上的分布情况不容易用肉眼看到，容易被误以为喷雾量太少而过量用药造成药害，而且农药使用浓度高，不宜于喷洒高毒农药。

超低容量喷雾法　通过高能的雾化装置，使药液雾化成直径为5～75μm的细小雾滴，经飘移而沉降在目标物上。其优点是省工、省药、喷雾速度快、劳动强度低。缺点是需要专用的施药器械，且操作技术要求严格，施药效果受气流影响，不宜喷洒高毒农药。超低容量喷雾的药液，一般不用水作载体，而多采用挥发性低且对植物、人、畜安全的油作载体。

③ 土壤处理法　将农药与细土拌匀，撒于地面或与种子混播，或撒于播种沟内，用来防病、治虫、除草的方法。撒于地面的毒土要湿润，每公顷用量300～450kg。与种子混播

的毒土要松散干燥，每公顷用量75～150kg。药、土的配合比例因农药种类而不同。

④ 种苗处理法　用药粉或药液混拌种子，或用药液浸渍种子，或苗木栽植前用药液蘸根等，均属种苗处理法。主要用于防治种苗带菌或土壤传播的病害以及地下害虫。

⑤ 熏蒸法　利用熏蒸剂或易挥发的药剂来防治有害生物的方法，一般应在密闭条件下进行。主要用于防治温室大棚、仓库、蛀干害虫和种苗上的病虫。例如，对已蛀入木质部的天牛幼虫可在竹签端部缠上药棉，再蘸上熏蒸剂制成毒钎，插入新鲜排粪孔熏杀，或用注射器向虫孔内注入敌敌畏等熏蒸剂，外面用湿泥封口。

⑥ 毒饵、毒谷法　利用害虫喜食的饵料与敌百虫、辛硫磷等胃毒剂混合均匀，撒在害虫活动的场所，引诱害虫前来取食，产生胃毒作用将害虫毒杀。常用的饵料有麦麸、米糠、豆饼、花生饼、玉米芯、菜叶等。主要用于防治蝼蛄、地老虎、蟋蟀等地下害虫。毒谷是用谷子、高粱、玉米等谷物作饵料，煮至半熟有一定香味时，取出晾干，拌上胃毒剂，然后与种子同播或撒施于地面。

⑦ 涂抹法　将具有内吸作用的药剂配成高浓度药液，涂在植物幼嫩部分，或将树干刮去老皮露出韧皮部后涂药，让药液随植物体运输到各个部位，用来防治植物上的害虫和茎干上病害的方法。例如，将40%的乐果乳油（或氧化乐果）兑水1～10倍，涂在树干上，可杀死多种害虫。另外，触杀剂也可用于涂抹法。

⑧ 注射、打孔法　用注射机或注射器将内吸性药剂注入树干内部，使其在树体内运输到各部位而杀死害虫的方法称为注射法。例如，将药剂稀释2～3倍，可用于防治天牛、木蠹蛾等。打孔法是用木钻、铁钎等利器在树干基部向下打45°角的孔，深约5cm，然后将5～10mL的药液注入孔内，再用泥封口。此法一般需将药剂浓度稀释2～5倍。

7.5.2.3　农药的毒性、浓度和稀释

（1）农药的毒性

农药的毒性是指农药对人、畜和有益生物等产生的毒害作用。农药对人、畜可表现出急性毒性、亚急性毒性和慢性毒性3种形式。

① 急性毒性　急性毒性是指一定剂量的农药经一次口服、皮肤接触或通过呼吸道吸入，并在短期内（数十分钟或数小时内）使人表现出恶心、头痛、呕吐、出汗、腹泻和昏迷等中毒症状甚至死亡。衡量或表示农药急性毒性的高低，常用致死中量（LD_{50}）作为标准。所谓致死中量，是指杀死供试生物种群50%时所用的药物剂量，单位为mg（药物）/kg（供试生物群体）。一般来讲，致死中量数值越大，表示药物毒性越小；数值越小，则表示药物毒性越大。我国按照大鼠一次口服产生急性中毒致死中量的大小，将农药的毒性暂分为3级：致死中量小于50mg/kg的为高毒；致死中量50～500mg/kg的为中毒；致死中量大于500mg/kg的为低毒。

② 亚急性毒性　亚急性毒性是指一次口服剂量低于急性中毒剂量的农药，经长期连续口服、皮肤接触或通过呼吸道进入动物体内，并且在3个月以上才引起与急性中毒类似症状的毒性。

③ 慢性毒性　慢性毒性是指长期经口、皮肤接触或呼吸道吸入小剂量药剂后，逐渐表

现出中毒症状的毒性。慢性毒性主要表现为对后代的影响，如产生致畸、致突变和致癌作用等。慢性毒性不易察觉，往往受到忽视，因而比急性毒性更危险。故农药对环境的污染所致的慢性毒害更应引起人们的高度重视。

（2）农药的浓度

① 药剂浓度表示法　目前我国在生产上常用的药剂浓度表示法有倍数法、百分比浓度法、百万分浓度法（摩尔浓度法）及°Be。

倍数法　是指药液（药粉）中稀释剂（水或填料）的用量为原药剂用量的多少倍或是药剂稀释多少倍的表示法，此种表示法在生产上最常用。生产上往往忽略农药和水的比重差异，即把农药的比重看作1。稀释倍数越大，误差越小。生产上通常采用内比法和外比法两种配法。稀释100倍以下（含100倍）时用内比法，即稀释时要扣除原药剂所占的1份。如稀释10倍，即用原药剂1份加水9份。稀释100倍以上时用外比法，计算稀释量时不扣除原药剂所占的1份。如稀释1000倍，即用原药剂1份加水1000份。

百分比浓度法　是指100份药剂中含有多少份药剂的有效成分的表示方法。例如，20%速灭杀丁乳油，表示100份这种乳油中含有20份速灭杀丁的有效成分。百分比浓度又分为质量百分比浓度和容量百分比浓度两种。固体与固体之间或固体与液体之间，常用质量百分比浓度，液体与液体之间常用容量百分比浓度。

百万分浓度法　是指100万份药剂中含有多少份药剂的有效成分的表示方法。一般植物生长调节剂常用此浓度表示法。

°Be　是用波美比重计插入溶液中直接测得的度数，来表示该溶液浓度的方法。以°Be（Baume的缩写）表示，读作波美度。石硫合剂就是用°Be来表示浓度的。

② 浓度之间的换算

百分比浓度与百万分浓度之间的换算

$$百万分浓度（10^{-6}）=百分比浓度（不带\%）\times 1000$$

倍数浓度与百分比浓度之间的换算

$$百分比浓度=原药剂浓度（不带\%）\div 稀释倍数 \times 100\%$$

（3）农药的稀释与计算

①根据有效成分计算

原药剂浓度×原药剂质量（体积）=稀释药剂浓度×稀释药剂质量（体积）

A. 求稀释药剂质量：

稀释100倍以下（含100倍）时：

$$稀释药剂质量（体积）=\frac{原药剂质量（体积）\times（原药剂浓度-稀释药剂浓度）}{稀释药剂浓度}$$

例：用50%福美砷可湿性粉剂5kg，配成2%稀释液，需加水多少？

计算：5×（50%-2%）÷2% = 120（kg）

稀释100倍以上时：

稀释药剂质量（体积）=原药剂质量（体积）×原药剂浓度÷稀释药剂浓度

例：用 100mL 80% 敌敌畏乳油稀释成 0.05% 浓度，需加水多少？

计算：100（mL）×80%÷0.05% = 160 000（mL）

B. 求用药量：

原药剂质量（体积）= 稀释药剂质量（体积）× 稀释药剂浓度 ÷ 原药剂浓度

例：要配制 0.5% 氧化乐果药液 1000mL，求 40% 氧化乐果乳油用量。

计算：1000×0.5%÷40% = 12.5（mL）

② 根据稀释倍数计算

$$稀释倍数 = 稀释剂用量 ÷ 原药剂用量$$

稀释 100 倍以下（含 100 倍）时：

稀释药剂质量（体积）= 原药剂质量（体积）× 稀释倍数 − 原药剂质量（体积）

例：用 40% 氧化乐果乳油 10mL 加水稀释成 50 倍药液，求稀释液体积。

计算：10×50 − 10 = 490（mL）

稀释 100 倍以上时：

稀释药剂质量（体积）= 原药剂质量（体积）× 稀释倍数

例：用 80% 敌敌畏乳油 10mL 加水稀释成 1500 倍药液，求稀释液体积。

计算：10×1500 = 15 000（mL）

③ 多种药剂混合后的浓度计算

设第一种药剂浓度为 N_1，质量为 W_1；第二种药剂浓度为 N_2，质量为 W_2……第 n 种药剂浓度为 N_n，质量为 W_n，则

$$混合药剂浓度（\%）= \sum N_n \cdot W_n / \sum W_n$$

例：将 12.5% 福美砷可湿性粉剂 2kg 与 12.5% 福美锌可湿性粉剂 4kg 及 25% 福美双可湿性粉剂 4kg 混合在一起，求混合后药剂的浓度。

计算：(12.5%×2 + 12.5%×4 + 25%×4) ÷ (2+4+4) = 17.5%

7.5.2.4 农药的合理使用

合理使用农药，就是从综合治理的角度出发，运用生态学的观点，按照"经济、安全、有效"的原则来使用农药。既要做到用药省、效果好，又要对人、畜安全，不污染环境，不杀伤害虫天敌。园林生产上合理使用农药应注意以下几点：

（1）对症下药

农药的种类很多，各种药剂都有一定的性能及防治范围，即使是广谱性农药，也不可能对所有的病虫都有效，因此在施药前应根据实际情况选择合适的药剂品种，避免盲目用药。例如，防治害虫不能选用杀菌剂而必须选择杀虫剂，防治刺吸式口器害虫不能选用触杀剂而应选择内吸剂。当防治对象有几种农药可选择时，尽可能选用高效、高选择性、低毒、低残留的农药。

（2）适时用药

在调查研究和预测预报的基础上，掌握病虫害的发生发展规律，抓住有利时机用药，既可节约用药，又能提高防治效果，而且不易发生药害。对于害虫，初龄幼虫期是最佳的

防治期，此时害虫抗药性差，天敌数量少，且大多种类有群居危害的习性，便于集中防治；对于蚧虫一类，一定要在未形成介壳前施药。对于病害，应在发病初期或发病前喷药防治，尤其需要注意保护性杀菌剂必须在病原物接触侵入植物体前使用。施药前还要考虑天气条件，有机磷制剂在温度高时效果好，拟除虫菊酯类在温度低时效果好，辛硫磷见光易分解，宜在傍晚使用。

（3）掌握用药量和施药次数

施用农药时，应准确控制药液浓度、单位面积用药量和用药次数。否则，超量用药，不仅浪费农药、增加成本，而且还易使植物产生药害，甚至造成人、畜中毒，导致土壤污染。而低于防治需要的用量标准，则达不到防治效果。所以，使用农药时，必须根据实际情况及防治指标，合理确定经济有效的用量，防治效果一般首次检查应达到90%以上。施药次数要根据有害生物的生物学特性和农药的持效期长短，具体问题具体分析，灵活掌握。

（4）交替使用农药

长期使用一种农药防治某种害虫或病菌，易使害虫或病菌产生抗药性，降低防治效果，增加病虫害防治难度。为了提高防治效果，不得不增加施药浓度、单位面积用药量和用药次数，这样反而加重了抗药性的发展。由于不同类型的药剂对害虫或病菌的作用机制不同，经常轮换使用或交叉使用几种不同类型的农药，可以延缓或避免害虫或病菌抗药性的产生，从而提高防治效果。

（5）合理混用农药

将两种或两种以上对有害生物具有不同作用机制的农药混合使用，扩大了防治范围，可以提高防治效果，甚至可以达到同时兼治几种病虫害的防治目的，同时降低了防治成本，延缓害虫和病菌产生抗药性，延长农药品种使用年限。农药之间能否混用，主要取决于农药本身的化学性质。一般混合后药效降低的不能混用；碱性农药不能与酸性农药混合使用；混合后产生化学变化或混合使用后引起植物药害的不能混用；混合后农药制剂的物理性状出现变化，产生结絮或沉淀现象的不能混用。

（6）采用恰当的施药方法

病虫危害和传播的方式不同，选择施药的方法也不同。例如，防治地老虎、蛴螬、蝼蛄等地下害虫，应考虑采用撒施毒谷、毒饵、毒土、拌种等方法；防治气流传播的病害，就应考虑采用喷雾、撒粉或采用内吸剂拌种等方法；防治种子或土壤传播的病害，则可考虑采用种子处理或土壤处理等方法。农药剂型不同，使用方法也不同，如粉剂不能用于喷雾、可湿性粉剂不宜用于喷粉、烟剂要在密闭条件下使用等。

7.5.3 常用药械的使用和保养

施用农药的机械称为植保机械，简称药械。药械的种类很多，从手持式小型喷雾器到机器牵引或自走式大型喷雾机，从地面喷洒机到装在飞机上的航空喷洒装置，形式多种多样。

按施用的农药剂型和用途分类，可分为喷雾机、喷粉机、喷烟机、撒粒机、拌种机和土壤消毒机等；按配套动力分类，可分为手动药械、畜力药械、小型动力药械、大型牵引或自走式药械、航空喷洒装置等；按施液量分类，可分为液力喷雾机、气力喷雾机、热力喷雾机、离心喷雾机、静电喷雾机等。

7.5.3.1 背负式手动喷雾器

背负式手动喷雾器具有结构简单、使用方便、价格低廉等优点，适用于草坪、花卉、小型苗圃等较低矮的植物，能喷洒农药、叶面肥和各种生长调节剂等。主要型号有工农-16型，改进型有3WBS-16、3WBB-16、3WB-10等型号。现以工农-16型喷雾器为例介绍。

（1）背负式手动喷雾器组成

背负式手动喷雾器主要由药液箱、泵筒、空气室、喷杆、喷头等部件和背带系统组成。

（2）背负式手动喷雾器工作原理

当工作人员用手上下摇动手柄时，连杆带动活塞杆和皮碗，在泵筒内做上下往复运动。当活塞杆和皮碗上行时，出水阀关闭，泵筒内皮碗下方的容积增大，形成真空，药液箱内的药液在大气压力的作用下，经吸水滤网，打开了进水球阀，涌入泵筒中。当手柄带动活塞杆和皮碗下行时，进水阀被关闭，泵筒内皮碗下方容积减少，压力增大，所贮存的药液即打开出水球阀，进入空气室。由于活塞杆带动皮碗不断地上下运动，使空气室内的药液不断增加，空气室内的空气被压缩，从而产生了一定的压力，这时如果打开开关，气室内的药液在压力的作用下通过出水接头，流向胶管，后流入喷杆，经喷孔喷出。

（3）背负式手动喷雾器使用时应注意的问题

① 根据需要选择合适的喷头。喷头的类型有空心圆锥雾喷头和扇形雾喷头两种。选用时，应当根据喷雾作业的要求和植物的情况适当选择，避免始终使用一种喷头的现象。

② 注意控制喷杆的高度，防止雾滴飘失。

③ 使用背负式手动喷雾器时要注意不要过分弯腰作业，防止药液从桶盖处流出溅到操作者身上。

④ 加注药液时不允许超过规定的药液高度。

⑤ 手动加压时应当注意不要过分用力，防止将空气室打爆。

⑥ 背负式手动喷雾器长期不使用时，应当将皮碗活塞浸泡在机油内，以免干缩硬化。

⑦ 每天使用后，将背负式手动喷雾器用清水洗净，残留的药液要稀释后就地喷完，不得将残留药液带回住地。

⑧ 更换不同药液时，应当将背负式手动喷雾器彻底清洗，避免不同的药液对植物产生药害。

7.5.3.2 园林打药机

园林打药机具有工作效率高、用药省、防治成本低、弥漫性好、附着力高等特点，可实现高效率、高质量的操作过程。适用于城市园林树木、园林花卉、草坪、花圃等。园林打药机按照外形分为4类：三轮车式打药机、四轮手推打药车、担架式打药机、电动三轮车式打药机。这4类打药机行走方式不同（骑式、推式、抬式、电动式），药箱容积也不同（160L、200L、300L、400L）等。多以药箱容积和动力作为标准进行选择。现以 JH-WL45 担架式打药机为例介绍。

（1）园林打药机的组成

园林打药机由发动机、高压泵、药桶、进水管、回水管、高压管、高压管架和两支喷药枪等部件组成。

（2）园林打药机的使用方法

① 初次使用　初次使用打药机时，一定要熟读打药机的操作和维修保养指导手册，弄清楚机器的性能以及使用注意事项。新的打药机使用 5h 后要更换机油。

② 清理检查　清洗药桶，以免因上次打药遗留的药剂造成新配农药失效或农药浓度叠加。检查发动机的机油液面位置，不要低于标准刻度，并且颜色正常，黏度适当。检查高压泵的润滑油液面，不能低于刻度线。检查汽油是否足量，空气滤清器是否清洁。各种固定螺丝是否拧紧，高压管的长度是否够用，是否有破损。

③ 个人安全防护　打药前穿好长衣、长裤、长筒靴并戴好口罩、手套、防护眼镜，以防中毒。

④ 启动　启动之前先关闭出水阀，打开卸荷手柄使之处于卸压状态，并将高压泵的压力调节到最小。关闭风门，冷机状态下启动发动机，将油门开至启动位置或最大，启动后再适时打开风门。热机时可打开风门启动。

⑤ 打药　打开出水阀，并调节高压泵到所需的压力，匀速喷洒。打药机连续工作时间最好不要超过 4h。

（3）园林打药机使用时应注意的问题

① 在发动机运转或者仍然处于热的状态下不能加油，也不能在室内加油，加油时禁止吸烟。加油时若燃料被碰洒，一定要将机体上附着的燃料擦干之后方可启动引擎。

② 燃料容器需远离打药机 5m 以上，并密封。

③ 注意保护高压管。

④ 打药时，要远离人群，避免药剂对人员的伤害。

7.5.4　农药的田间药效试验及防治效果检查

农药的田间药效试验是在自然条件下，通过植物种类、有害生物、有益生物等多种因素的综合作用研究农药在应用上的各种效应，鉴别农药防治病、虫及杂草等的效果，对植物的安全性，对有益生物的影响，以及对环境的影响，是综合评价农药的使用与推广价值所必需的步骤，是新农药室内试验过渡到大田实际应用的纽带。

7.5.4.1　农药的田间药效试验

（1）田间药效试验的类型

① 农药品种比较试验　农药新品种在投入使用前或在当地从未使用过的农药品种，需要做药效试验，为当地大面积推广使用提供依据。

② 农药使用技术试验　对施药剂量（或浓度）、施药次数、施药时期、施药方式等进行比较试验，综合评价药剂的防治效果，以及对植物、有益生物及环境的影响，以确定最适宜的使用技术。

③ 农药剂型比较试验　对农药的各种剂型做防治效果对比试验，以确定生产上最适合的农药剂型。

④ 特定因子试验　深入研究农药的综合效益或生产应用中提出的问题，专门设计特定因子试验。例如，环境条件对药效的影响、不同剂型之间的比较、农药混用的增效或药害情况、耐雨水冲刷能力、在植物及土壤中的残留等。

（2）田间药效试验的程序

田间药效试验的程序，可根据需要分别设小区试验、大区试验和大面积示范试验。

① 小区试验　农药新品种，虽经室内测定有效，但不知田间的实际药效，需要测定田间实际药效而进行的小面积试验，即小区试验。

② 大区试验　在小区试验的基础上，选择少数药效较高的药剂，进一步做大区药效试验，来观察药剂的适用性。大区试验一般误差较小，试验结果可作为推广的依据。对于一些活动性较强、不易做小区试验的害虫，可直接做大区试验。

③ 大面积示范试验　经小区试验和大区试验，确认了药效和经济效益符合要求的农药后，便可做大面积多点示范试验，然后推广使用。

（3）田间药效试验设计的方法

① 设置对照区　为求得各农药的绝对防治效果，消除自然误差，必须设置对照区。对照区有两种：一种是以不施药，只喷清水的区域作对照区；另一种是以喷对照药剂的区域作对照区。对照药剂可使用一种当地推广使用并经过实践证明具有较好的防治效果，其剂型和作用方式接近于试验药剂的药剂。

② 设置保护区和隔离区　在试验区四周要设立保护区，排除外界种种因素的干扰，以保证试验的准确性。为防止不同处理项目相互间的影响，小区之间还应设隔离区。

③ 确定处理项目　项目的多少取决于试验的目的和需要。农药新品种的比较试验，因种类较多，处理项目自然就多些。而剂型、药量、浓度等比较试验的项目就少些。为了提高试验的准确性，处理项目不宜太多。比较试验又可分为单因子试验和多因子试验。单因子试验只比较一个因素，处理项目较少，小区面积可稍大。多因子试验是在一个因素的比较上再附加其他因素的比较，如在农药品种的比较上再加浓度比较，这样，处理项目较多，小区面积可适当缩小。

④ 确定试验重复次数　重复次数的多少，一般应根据试验所要求的精确度、试验地土壤差异的大小、供试植物的数量、试验地面积、小区面积等具体决定。对试验精确度要求高、试验地土壤差异大、小区面积小的试验，重复次数可多些，否则可少些。一般每个处理的重复次数以3~5次为宜。大区试验和大面积示范试验可不设重复。

（4）田间药效试验的方法

① 试验前的准备　试验前，要制订具体的试验方案，并根据试验内容及要求，做好药剂、药械及其他必备物资的准备工作。

② 试验地选择与小区设计 试验地是田间药效试验的最基本条件。试验地应有代表性，要求地势平坦、肥力水平均匀一致、排灌方便；试验地的植物生长整齐、一致，而且防治对象常年发生较重且危害程度比较均匀，且每小区的害虫虫口密度和病害的发病情况大致相同，这有利于试验取得成功；试验地应选择远离房屋、河流、池塘及马路的田块，否则会影响试验的代表性。试验地周围最好种植相同的植物，以免试验地孤立而易遭受其他因素影响。

面积和形状 小区面积应根据土壤条件、植物生长密度、病虫草害的发生情况和试验目的而定。一般试验小区面积为 15～50m^2；较高大的树木也可以株为单位，每小区 2～10 株。小区的形状一般以长方形为好，可减少土壤差异带来的影响，以及便于田间操作和观察对比。大区试验需 3～5 块试验地，每块面积在 300～1200m^2；化学除草小区试验面积不小于 333m^2，大区试验面积不小于 1.4hm^2。

小区设计 小区药效试验的准确性与小区的排列有关。通常采用随机区组设计，将试验地分为几个大区组，每个大区试验区组数与重复数相同，一般设置重复 3～4 次。每个区组包括每一种处理，每一种处理只出现一次，并随机排列。

③ 小区施药作业 在小区施药前要插上处理的项目标牌，然后按供试农药品种及所需浓度施药。通常喷雾法施药先喷清水作为对照区，然后是药剂处理区，不同浓度或剂量的试验应按浓度或剂量从低到高的顺序进行喷药。施药时除试验因子外，其他方面应尽量保持一致。

7.5.4.2 防治效果检查

（1）取样方法

常用的取样方法有对角线法、双对角线法、五点法、棋盘式法、平行线法、分行法、"Z"字形法等。若病虫分布普遍、均匀、危害严重，可采取单对角线法、双对角线法或五点法取样，样点可酌情减少。对于发生不普遍、分布不均匀、危害较轻的病虫，应增加取样点，采用棋盘式法、抽行式法取样。取样点大小应视具体情况而定，原则上应以能充分保证结果的正确性和不影响工作效率为前提。

（2）检查时间

① 杀虫剂药效试验 一般在施药后 1d、3d、7d 各调查 1 次。

② 杀菌剂药效试验 分别在最后 1 次喷药后 7d、10d、15d 调查发病率和病情指数。

③ 除草剂药效试验 芽前使用的除草剂应在空白对照区杂草出苗时进行调查，苗后除草剂应在施药后 10d、20d、30d 各调查 1 次。

（3）防治效果的统计

① 杀虫剂药效试验结果统计 计算杀虫剂的药效，是以害虫死亡率（虫口减退率）或株（果）被害率来表示的。

$$害虫死亡率 = \frac{防治前活虫数 - 防治后活虫数}{防治前活虫数} \times 100\%$$

害虫因气候、天敌、人为的影响有自然死亡率,当统计对象为自然死亡率高、繁殖力强的害虫,如蚜虫、螨类等,按上述计算不能正确反映杀虫剂的药效,在这种情况下应以校正死亡率来表示。

$$校正死亡率 = \frac{防治区虫口死亡率 - 对照区虫口死亡率}{对照区虫口死亡率} \times 100\%$$

蛀食性害虫或苗圃地下害虫死亡情况不易观察,常以各处理区的被害情况来统计防治效果,即等到出现被害现象时开始检查,并按下列公式进行计算。

$$防治效果 = \frac{对照区被害率 - 施药区被害率}{对照区被害率} \times 100\%$$

② 杀菌剂药效试验结果统计 用杀菌剂防治病害,很难目测病原物是否死亡。因此,对于苗期病害,常根据防治前后发病率的变化来计算防治效果。至于叶部病害,则以相对防治效果来表示。

病情指数 = $\sum$ [(病害级别代表值 × 该级样本数)/(最高级代表值 × 总样本数)] × 100

$$相对防治效果 = \frac{对照区病情指数 - 处理区病情指数}{对照区病情指数} \times 100\%$$

若检查杀菌剂的内吸治疗效果,则以实际防治效果表示。

$$实际防治效果 = \frac{对照区病情指数增长值 - 处理区病情指数增长值}{对照区病情指数增长值} \times 100\%$$

病情指数增长值 = 检查药效时的病情指数 - 施药时的病情指数

③ 除草剂防效结果统计

$$防治效果 = \frac{对照区杂草株数(鲜重) - 施药区杂草株数(鲜重)}{对照区杂草株数(鲜重)} \times 100\%$$

(4) 试验结果的整理与分析

试验结束后,应将原始记录和数据归纳整理,写出试验报告,内容包括目的、材料、方法、结果分析和结论。

◇ 任务实施

识别化学农药并使用防治器械

【任务目标】

熟悉生产中常用的杀虫剂、杀菌剂、杀螨剂等农药,了解其形态、颜色、气味等物理性状及注意事项;掌握背负式手动喷雾器的使用方法。

【材料准备】

① 材料 2.5%敌百虫粉剂、80%敌敌畏乳油、3%辛硫磷颗粒剂、90%敌百虫晶体、73%克螨特乳油、20%达螨酮乳油、10%福星乳油、25%敌力脱乳油、72.2%普力克水剂、45%百菌清烟剂、25%灭幼脲3号悬浮剂、72%克露可湿性粉剂等。

② 用具 园林打药机、口罩、手套、记录本、铅笔等。

【方法及步骤】

1. 观察并识别常用农药

① 辨别常用农药物理性状 观察粉剂、可湿性粉剂、乳油、颗粒剂、水剂、悬浮剂、烟剂等剂型在颜色、形态等物理性状上的差异。

② 了解各种农药的剂型及有效成分含量 随机选取农药,观察商品农药的标签,特别注意有效成分含量和剂型;通过观察,正确识别粉剂、可湿性粉剂、乳油、颗粒剂等剂型在物理外观上的差异。

③ 记载主要防治对象及使用浓度 仔细阅读使用说明书,了解每一种农药具体的防治对象、使用浓度及用量和使用方法,并能计算每亩的农药和稀释剂用量等。

④ 了解药剂的性能及注意事项 仔细阅读使用说明书,了解农药的性能及在配制、使用和保管中的注意事项。

2. 工农-16型喷雾器的使用

① 主要工作部件 包括药液桶、液泵空气室和喷洒部件。

② 使用方法 开机前,必须向发动机及泵头注入机油。请检查各连接处是否对接准确,坚固件是否牢固(遇有斜坡,轮胎处应放防滑退物体)。

拧开加水盖,将药液或清水注入过滤网内,严禁将沙粒或杂物带入药液箱内,注入药液箱的药液或清水不得超出水位上限标志。

将泵头高压把手上升到最高点并关上出水开头,然后启动发动机(请参照发动机说明书),回水阀自动打开,开始反复搅拌药液,3~5min即可拌匀药液,然后将调压把手降到最低点,调整调压螺丝,使压力表数在25~30kg/cm^2,旋紧固定螺帽放开出水开关。打开喷枪,即可实施作业。关闭喷枪时,药液又将自动顶开回水弹簧回至药液箱内,无须关闭发动机。泵头气缸室上的3个黄油杯要经常加黄油,每使用2h需顺时针旋紧黄油杯盖两转。曲轴箱内机油第一次使用20h,第二次以后每使用50h更换机油一次。

作业时若出现流量减少、压力不足,请检查发动机油门,如动力拖带自如,检查药液箱内吸水滤网是否堵塞,吸水管是否装牢或漏气,泵的进出水口是否堵塞或磨损;若回水阀关闭后仍有回液流出,则要检查回水阀杆或回水阀座是否损坏,如果有发现压盖紧固后仍有水在压盖处漏滴,则要检查密封件及柱塞是否损坏,不能修复的部件应立即予以更换。泵及发动机要参照说明书内容进行保养,每次作业完毕都要认真清洗,放掉残液,用清水将药液箱内及出水胶管和泵体内的剩液过滤干净。

【成果汇报】

(1) 列表记录所观察农药的剂型、防治对象、使用浓度和注意事项。

(2) 写出所用药械的主要部件和正确的使用方法。

◇ **自测题**

1. 名词解释

农药，原药，致死中量，药械。

2. 多项选择题

（1）可用来喷雾的农药剂型有（　　）。

　　A．粉剂　　　　B．可湿性粉剂　　　C．乳油　　　　D．颗粒剂

（2）可直接用于撒施的农药剂型有（　　）。

　　A．粉剂　　　　B．乳油　　　　　　C．可湿性粉剂　　D．颗粒剂

（3）防止和克服害虫抗药性的主要方法有（　　）。

　　A．混合用药　　B．交互用药　　　　C．应用增效剂　　D．提高农药使用浓度

（4）合理使用农药应注意（　　）。

　　A．经济　　　　B．安全　　　　　　C．有效　　　　　D．简便

3. 计算题

（1）用40%福美砷可湿性粉剂10kg配成2%稀释液，需加水多少毫升？

（2）用40%氧化乐果乳油30mL加水稀释成1500倍液防治松干蚧，需加水多少毫升？

（3）用90%晶体敌百虫防治园林害虫，每亩用药75g，加水90kg喷雾，稀释倍数为多少？

4. 简答题

（1）简述化学防治法的优、缺点。

（2）农药的使用方法有哪些？

（3）如何正确合理地使用农药？

（4）农药为什么要混合使用？混合时应注意哪些问题？

（5）背负式手动喷雾器使用时的注意事项有哪些？

◇ **自主学习资源库**

1. 农药使用技术指南．袁会珠．化学工业出版社，2004．
2. 新农药应用指南．张文吉．中国林业出版社，2000．
3. 植物化学保护．卢颖．化学工业出版社，2009．
4. 农药学学报（ISSN：1008-7303）．中国农业大学主办．
5. 中国农药信息网：http://www.chinapesticide.gov.cn．
6. 植物保护学报（ISSN：0577-7518）．中国植物保护学会主办．

项目8　园林植物病虫害防治策略

有机合成农药的应用，使防治病虫害的效果成倍提高，但是经过长期大量使用，产生了农药残留、环境污染和病虫抗药性等问题，引起了全世界关注。1967年，联合国粮农组织（FAO）在有害生物综合防治专家组会议上明确了综合治理的概念，随后发展为有害生物综合治理。本项目只包含一个任务，通过学习，要求能够将园林植物病虫害防治的各种方法有机结合起来，从调节生态系统中各组分的相对量出发来控制病虫害的危害。

◇ 知识目标

（1）了解病虫害防治的发展史。
（2）掌握综合治理的含义和特点。
（3）掌握编制病虫防治方案的依据和原则。
（4）掌握编制病虫防治方案的步骤。

◇ 技能目标

能利用所学知识编制园林有害生物防治方案。

任务8.1　园林植物病虫害综合治理

◇ 工作任务

经过本任务的学习，要求了解植物病虫害防治的发展史，能够掌握园林植物病虫害综合治理的含义和特点、原则以及工作程序。

◇ 知识准备

8.1.1　综合治理的含义

有害生物的防治方法很多，各种方法各有其优点和局限性，单靠其中某一种措施往往不能达到防治目的，有的还会引起其他不良反应。联合国粮农组织有害生物综合治理专家组对有害生物综合治理（IPM）做了如下定义：有害生物综合治理是一种防治方案，它能控制病虫害的发生，避免相互矛盾，尽量发挥有机的调和作用，保持经济损失在允许水平之下的防治体系。

园林植物有害生物综合治理是对病虫害进行科学管理的体系。它从园林生态系统的总体出发，根据有害生物与环境之间的相互关系，充分发挥自然因素的控制作用，因地制宜，协调应用各种必要措施，将有害生物的危害控制在经济损失允许水平之下，以获得最佳的经济效益、生态效益和社会效益，达到"安全、有效、经济、简便"的准则。

8.1.2 综合治理的特点

① 预防为主是综合治理的指导思想。从生产全局和生态总体出发，强调利用自然界对病虫害的控制因素，创造不利于病虫害发生发展的条件，以达到控制病虫害发生的目的。

② 合理运用各种防治方法，使其相互协调，取长补短。它不是许多防治方法的机械拼凑和综合，而是在综合考虑各种因素的基础上，确定最佳防治方案。综合治理并不排斥化学防治，但尽量避免杀伤天敌和污染环境。

③ 综合治理并非以消灭病虫为目的，而是把病虫密度控制在经济损失允许水平之下。

④ 综合治理并不是降低防治要求，而是获得最佳的经济效益、生态效益和社会效益，达到"安全、有效、经济、简便"的准则。

8.1.3 综合治理的原则

（1）从生态学的观念出发

园林植物、病虫、天敌三者之间相互依存，相互制约。当它们共同生活在一个环境中时，它们的发生、消长、生存又与这个环境的状态有极为密切的关系。这些生物与环境共同构成一个生态系统。综合治理就是在园林植物播种、育苗、移栽和管理的过程中，有针对性地调节和操纵生态系统中某些组成部分，以创造一个有利于植物及病虫天敌生存，而不利于病虫害发生发展的环境条件，从而预防或减少病虫害的发生与危害。

（2）从安全的观念出发

生态系统的各组成部分关系密切，综合治理是既要针对不同的防治对象，又要考虑对整个生态系统造成的影响，灵活、协调地选用一种或几种有效的防治措施，如生产管理技术、病虫天敌的保护和利用、物理机械防治、化学防治等措施。对不同的病虫害，采用不同对策。各项措施协调运用，取长补短，并注意实施的时间和方法，以达到最好的防治效果，同时将对园林生态系统的不利影响降低到最低限度，既控制了病虫害的危害，又保护了人、畜、天敌和植物的安全。

（3）从保护环境，促进生态平衡，有利于自然控制的观念出发

园林植物病虫害的综合治理并不排除化学农药的使用，而是要从病虫、植物、天敌、环境之间的自然关系出发，科学地选择及合理地使用农药，特别要选择高效、无毒或低毒、污染轻、有选择性的农药，防止对人、畜造成毒害，减少对环境的污染，充分保护和利用天敌，逐步加强自然控制的各个因素，不断增强自然控制力。

（4）从经济效益的观念出发

防治病虫害的目的是控制病虫的危害，使其危害程度不足以造成经济损失，因而经济

损失允许水平（经济阈值）是综合治理的一个重要概念。根据经济允许水平确定防治指标，当病虫危害程度低于防治指标时，可不防治；否则，必须掌握有利时机，及时防治。

8.1.4 综合治理的工作程序

（1）综合治理方案的制订

① 首先要调查病虫害种类，确定主要防治对象以及需要保护利用的重要天敌类群。

② 测定主要防治对象种群密度与危害损失的关系，确定科学、简便易行的经济阈值（或防治指标）。

③ 研究主要防治对象和主要天敌的生物学特性、发生规律、相互作用与各种环境因子之间的关系，明确病虫种群数量变动规律，提出控制危害的方法。

④ 在进行单项防治方法试验的基础上，提出综合治理的措施组合，要力求符合"安全、有效、经济、简便"的准则。先进行试验，再示范验证后予以推广。

⑤ 根据科学研究不断提供的新信息和方法及推广过程中所获得的经验，进一步改进和完善治理体系，使IPM从单一植物上的单种病虫害、多种病虫害水平，向整个生态系统中的多种病虫害水平发展。

（2）综合治理方案的主要类型

① 以一种主要病虫害为对象，进行综合治理。如针对白粉病，采取铲除越冬菌源、喷药保护和加强栽培管理等综合治理措施。

② 以一种植物所发生的主要病虫害为对象，进行综合治理。如在温室大棚的特殊环境下，非洲菊上发生多种病害，针对这一情况，制订综合治理方案。

③ 以整个地块为对象，综合考虑各种生物因素，制订综合治理措施。如对某个地区的绿地，制订各种主要园林植物的重点病、虫及杂草等有害生物的综合治理方案，并将其纳入整个园林生产管理及整个生态环境管理体系中，进行科学系统的管理。

◇任务实施

编制病虫害防治方案

【任务目标】

熟悉园林植物病虫害发生发展规律及各种防治方法在综合防治中的作用，能根据气候条件、栽培方式、主要病虫害发生趋势等编制病虫害防治方案。

【材料准备】

园林植物生产基本情况，如品种特点（抗病、抗虫性等）、前茬植物、气候条件、土壤肥力、施肥水平、灌溉条件和田间管理措施等；园林植物主要病虫的种类、分布、发生规律和天敌情况等。

【方法及步骤】

1. 编制病虫害防治方案的依据和原则

编制病虫害防治方案时，要以当地气候条件、栽培方式和近年来病虫害的发生记录为依据，与其他栽培管理措施相结合，尽量保护和加强自然控制因素，强调多种防治方法的有机协调，优先选用生物防治与栽培防治措施，有效控制病虫危害。要全面考虑经济效益、社会效益和生态效益及技术上的可行性。

2. 编制病虫害防治方案的步骤

① 确定病虫害及需要保护利用的天敌　了解田间生物群落的组成成分、病虫种类及数量。确定主要病虫害和次要病虫害及需要保护利用的重要天敌类群。

② 确定防治病虫害的适期　分析自然因素、耕作制度、植物布局和生态环境等控制病虫的作用因子，明确病虫数量变动规律和防治适期。

③ 组建防治病虫害的技术体系　明确各种防治措施的作用，协调运用合适的防治措施，组建压低关键性病虫平衡位置的技术体系。选择的防治措施应符合"安全、经济、有效、简便"的准则，尽量降低成本投入，提高经济效益。

3. 编制病虫害防治方案的内容和要求

① 标题　根据当地病虫害的发生情况，以解决生产实际问题为目标，选择一种园林植物为对象，对危害这种园林植物的病虫害进行防治方案的编制，如"月季主要病虫害防治方案编制"，或以一种主要病虫害为对象，进行防治方案的编制，如"月季霜霉病防治方案编制"。

② 前言　概述本防治方案编制的依据和原则，以及相关病虫害的发生情况及发展趋势。

③ 正文　根据园林植物及主要病虫害的发生特点，按照编制防治方案的依据和原则，从实际出发，量力而行，统筹整合各种具体防治措施，制订全年各时期的病虫害防治计划和具体要求。

【成果汇报】

根据当地地理、气候、栽培品种、种植方式的具体情况，制订一份园林植物病虫害防治方案。要求目的明确，符合实际，内容具体，层次清晰，具有可操作性。

◇ 自测题

1. 名词解释

综合治理。

2. 简答题

（1）综合治理有哪些特点？
（2）简述综合治理的原则。
（3）制订综合治理防治方案的步骤有哪些？

◇ 自主学习资源库

1. 有害生物综合治理（IPM）的几点探讨．王子迎，等．安徽农业科学，2001（1）:54-55.
2. 中国有害生物综合治理的进展．李家荣，等．2001年中国国际农业科技年会论文集，2001.
3. 可持续园林发展与害虫防治．段半锁．园林科技信息，2004（12）:25-27.

模块 5 园林植物害虫及其防治技术

园林植物害虫主要包括：园林地下害虫、园林食叶害虫、园林钻蛀性害虫及园林吸汁害虫。这些园林害虫种类多，分布比较广泛，而且南、北方害虫种类也有一定的差异，往往危害严重。通过本模块的学习和训练，要求能够根据园林植物的被害状及害虫的形态准确判断害虫种类及危害类型，并制订切实有效的综合防治方案，控制害虫的危害。本模块包括2个项目5个任务，框架如下：

项目9 杀虫剂

在园林植物害虫的综合防治中,虽然化学防治往往由于使用不当,会造成环境污染、害虫产生抗药性等问题,但目前为止,化学防治依然为最有效、最及时的防治方法。因此,掌握杀虫剂的种类及作用原理,科学合理地使用杀虫剂,成为园林植物害虫防治的重要内容。通过本项目的学习和训练,要求能够牢固把握几大类杀虫剂的杀虫机理并进行合理使用。

◇ **知识目标**

(1) 了解昆虫的内部器官结构和位置。
(2) 掌握昆虫体壁的构造及其与防治的关系。
(3) 掌握昆虫消化系统的构造、功能及与防治的关系。
(4) 掌握昆虫呼吸系统的构造、功能及与防治的关系。
(5) 掌握昆虫分泌系统的构造、功能及与防治的关系。

◇ **技能目标**

(1) 能熟练指出昆虫内部器官的构造及各部位的名称。
(2) 能根据昆虫体壁、呼吸系统、消化系统、分泌系统的构造合理选择和使用杀虫剂。
(3) 能正确地使用性信息素防治害虫。

任务9.1 掌握杀虫剂的作用原理及应用

◇ **工作任务**

通过学习和训练,能全面了解昆虫内部器官及其分布规律。掌握昆虫各个发育时期体壁的差异,选取适宜的杀虫剂以提高杀虫效率。掌握昆虫消化系统的构造,尤其是昆虫中肠的特性,选择适合的杀虫剂。熟悉昆虫呼吸系统的构造,尤其是温度与昆虫呼吸的关系以及昆虫气门的疏水性,合理选择和使用农药。了解昆虫的内、外分泌系统的构造及分泌物,尤其要掌握昆虫性信息素的种类及应用,通过查阅资料,熟悉性外激素的发展状况。

◇ 知识准备

9.1.1 杀虫剂的分类

按作用方式和进入虫体的途径，可将杀虫剂分为胃毒剂、触杀剂、熏蒸剂、内吸剂和特异性杀虫剂等。

胃毒剂 是指通过消化系统进入虫体内，使害虫中毒死亡的药剂，适合于防治咀嚼式口器的昆虫。

触杀剂 是通过接触害虫体壁渗入体腔和血液中，使害虫中毒死亡的药剂。触杀剂对各种口器的害虫均适用，但对体被蜡质分泌物的蚧虫、粉虱等效果差。

熏蒸剂 是药剂以气体分子状态充斥其作用空间，通过害虫的呼吸系统进入虫体，使害虫中毒死亡的药剂。熏蒸剂在密闭条件下使用效果才好。

内吸剂 是通过植物根、茎、叶的吸收，在植物体内输导、残留或产生代谢产物，使害虫取食植物组织或汁液后中毒死亡的药剂。内吸剂对刺吸式口器昆虫防治效果好，对咀嚼式口器昆虫也有一定的效果。

特异性杀虫剂 包括忌避剂、拒食剂、绝育剂、昆虫生长调节剂等，这类杀虫剂本身并无多大毒性，而是以其特殊的性能作用于昆虫。

实际上，杀虫剂的杀虫作用并不完全是单一的，多数杀虫剂往往兼具几种杀虫作用，如敌敌畏具有触杀、胃毒、熏蒸3种作用。在选择使用农药时，应注意选用其主要的杀虫作用。

9.1.2 杀虫剂的作用原理

（1）昆虫体壁与触杀剂

体壁是包在整个昆虫体躯（包括附肢）最外层的组织，它具有皮肤和骨骼两种功能，又称外骨骼。它的骨骼作用主要表现在着生肌肉，固定体躯，保持昆虫固有的体形和特征，保护内部器官免受外部机械袭击；它的皮肤作用表现在防止体内水分过度蒸发，防止外部有毒物质和有害微生物的入侵，感受外界环境。昆虫的体壁由底膜、皮细胞层、表皮层三大部分组成。

昆虫的体壁特别是表皮层的结构和性能与害虫防治有着密切的关系。在防治害虫时，使用的触杀剂必须能够穿透昆虫的体壁，才能发挥作用。低龄幼虫体壁较薄，农药容易穿透，易于触杀；高龄幼虫体壁硬化，抗药性增强，防治困难。所以，使用触杀剂防治害虫时要"治早"。表皮层的蜡层和护蜡层是疏水性的，使用乳油型的杀虫剂容易渗透进入虫体，杀虫效果往往要比可湿性粉剂好，如果在杀虫剂中加入脂溶性的化学物质，杀虫效果也会大大提高。对蜡层较厚的害虫，特别是被有蜡质的昆虫，如蚧虫，可以使用机油乳剂溶解蜡质，杀灭害虫。一些新型的杀虫剂，如灭幼脲，能够抑制昆虫表皮几丁质的合成，使幼虫蜕皮时不能形成新表皮，变态受阻或形成畸形而死亡。

（2）昆虫消化系统与胃毒剂、内吸剂

昆虫的消化系统由消化道及与消化功能有关的腺体组成。消化道纵贯于身体的中央，分为前肠、中肠和后肠3段。前肠包括口、咽喉、食道、嗉囊和前胃几部分。口是进食的地方，咽喉可以摄食，咽喉与食道一起构成食物的通道，嗉囊能临时贮存食物，前胃有发达的肌肉包围，内壁有瓣状或齿状的突起，可以磨碎食物。中肠是消化食物和吸收养分的主要器官，中肠能分泌多种酶（蛋白酶、脂肪酶等），将食物分解成可溶性状态，由肠壁吸收。后肠是消化道的最后一段，由回肠、结肠和直肠3个部分组成。后肠前端以马氏管为界，后端终止于腹部最末端的肛门，主要功能是吸收食物残渣中的水分，排出食物残渣和代谢产物。

昆虫中肠消化食物必须在稳定的酸碱度下才能进行。各种昆虫中肠的酸碱度不一样，如蛾蝶类幼虫多为pH 8.5~9.9，蝗虫为pH 5.8~6.9，甲虫为pH 6~6.5，蜜蜂为pH 5.6~6.3等。同时昆虫肠液还有很强的缓冲作用，中肠的酸碱度不因食物中的酸或碱而改变。了解昆虫的消化生理对于选用胃毒剂和内吸剂具有一定的指导意义。胃毒剂和内吸剂被害虫吃进肠内后能否被中肠溶解和吸收，直接关系到杀虫效果。药剂在中肠的溶解度与中肠液的酸碱度关系很大。例如，酸性砷酸铝在碱性溶液中易溶解，对于中肠液为碱性的菜青虫毒效很好；反之，碱性砷酸钙易溶于酸性溶液中，对于中肠液为碱性的菜青虫则缺乏杀虫效力。同样，杀螟杆菌的有毒成分伴孢晶体能够杀死菜青虫也是这个原理。近年来研究的拒食剂，能破坏害虫的食欲和消化能力，使害虫不能继续取食，以致饥饿而死。

（3）昆虫呼吸系统与熏蒸剂、窒息剂

昆虫的呼吸系统包括气门和气管系统。气门是气管在体壁上的开口，可以调节呼吸频率，并阻止外来物的侵入。气门一般为10对，即中、后胸各1对，腹部1~8节各1对。但由于昆虫的生活环境不同，气门的数目和位置常常发生变化。气管系统是由气管、支气管及微气管等组成，其中的微气管是气管系统的末端最小分支，直接分布于各组织间或细胞间或细胞内，把氧气直接送到身体各部位。

昆虫的呼吸作用主要靠空气的扩散和虫体呼吸运动的鼓风作用，使空气由气门进入气管、支气管和微气管，最后到达各组织。当空气中有毒气时，毒气随着空气进入虫体，使其中毒而死，这就是使用熏蒸杀虫剂的基本原理。毒气进入虫体与气孔开闭情况关系密切，在一定温度范围内，温度越高，昆虫活动越频繁，呼吸作用越强，气门开放也越大，施用熏蒸杀虫剂效果越好，这也就是在天气热、温度高时熏蒸害虫效果好的主要原因。此外，在空气中二氧化碳增多的情况下，也会迫使昆虫呼吸加强，引起气门开放。因此，在冷天气温低时，使用熏蒸剂防治害虫，除了提高仓内温度外，还可采用输送二氧化碳的办法，刺激害虫呼吸，促使气门开放，达到熏杀的目的。

另外，还可利用矿物油乳剂能通过气门进入虫体，从而机械地堵塞气门，隔绝空气，使昆虫窒息死亡。

（4）昆虫分泌系统与激素类杀虫剂

分泌是昆虫对全身有益或对生命必需的物质的排出。昆虫分泌的物质称为激素，根据分泌物的来源将其分为内分泌和外分泌，具有腺体导管的称为外分泌，分泌物称为外激素；没有导管的腺体分泌为内分泌，分泌物称为内激素。

昆虫主要的内激素有脑激素、蜕皮激素和保幼激素，其中脑激素的重要作用是激发前胸腺分泌蜕皮激素，控制昆虫幼期的脱皮作用；蜕皮激素调节昆虫的脱皮和变态；保幼激素的主要功能是抑制"成虫器官芽"的生长和分化，从而使虫体保持幼期状态。人工合成的保幼激素类杀虫剂抑制昆虫几丁质合成，从而导致昆虫不能正常蜕皮而死亡。昆虫的外激素又称信息激素，是由一种昆虫个体的分泌腺体分泌到体外，能影响种间或种内其他个体的行为、发育和生殖等的化学物质，具有刺激和抑制两个方面的作用。昆虫的外激素主要有性抑制外激素、性外激素、告警外激素、集结外激素和标记外激素。其中，性外激素由性引诱腺分泌于体外，引诱异性个体前来交尾。目前，可直接用于害虫防治的性外激素有300余种，其中有100种以上性引诱物质已经被分离提纯，有30余种性引诱物质可人工合成。

9.1.3 园林常用杀虫剂的应用

9.1.3.1 有机磷类杀虫剂

有机磷是用于防治植物害虫的有机磷酸酯类化合物，在农药中是极为重要的一类。这一类农药品种多、药效高，作用方式多种多样，用途广，易分解，在人、畜体内一般不积累，但有不少品种对人、畜的急性毒性很强，在使用时要特别注意安全。近年来，高效低毒的品种发展很快，逐步取代了一些高毒品种，使有机磷农药的使用更安全有效。

（1）敌敌畏

敌敌畏是一种高效、速效、广谱的杀虫剂，对人、畜中毒，具有触杀、胃毒和熏蒸作用。制剂为浅黄色至黄棕色油状液体。剂型有50%乳油和80%乳油。用80%乳油800～1500倍液喷雾可防治园林咀嚼式口器和刺吸式口器害虫，其杀虫作用的大小与气温高低有直接关系，气温越高，杀虫效力越强。敌敌畏水溶液分解快，应随配随用，李、梅、杏等植物对敌敌畏敏感。

（2）辛硫磷

辛硫磷又称为腈肟磷、倍腈松、肟硫磷，是高效、广谱的杀虫剂，对人、畜低毒，具有强烈的触杀作用和胃毒作用。剂型有50%乳油、5%颗粒剂、2.5%微粒剂。对光不稳定，很快分解，所以残留期短、残留危险小，但该药施入土中残留期很长，适合于防治地下害虫，特别对蛴螬、蝼蛄和金针虫有良好效果。由于辛硫磷见光易分解，所以喷雾最好在夜晚或傍晚进行。

（3）毒死蜱

毒死蜱商品名称为乐斯本、氯蜱硫磷，是广谱的杀虫剂，对人、畜中毒，具有胃毒、触杀、熏蒸三重作用。制剂有40%乳油、14%颗粒剂。对多种咀嚼式口器和刺吸式口器害虫均具有较好防效，易与土壤中的有机质结合，对地下害虫有特效，持效期长达30d以上。

（4）氧化乐果

氧化乐果又称为氧乐果，是广谱性的杀虫剂，具有较强触杀作用和胃毒作用，还有很强的内吸杀虫作用，可以被植株的茎、叶吸进植株体内，并传送到未喷药液的部位，而使在上面危害的害虫中毒死亡。因此，在使用氧化乐果时，可以采用涂茎的方法施药。对人、畜高毒。制剂有40%乳油、20%粉剂。主要用于防治刺吸式口器害虫，用1000~2000倍液喷雾防治蚜虫、蓟马、叶蝉、潜叶蝇、梨木虱、蚧虫等多种害虫。樱、梅、桃忌用。

（5）马拉硫磷

马拉硫磷又称为马拉松、四零四九、马拉赛昂，具有良好的触杀作用、胃毒作用和微弱的熏蒸作用，对人、畜低毒。制剂有45%乳油、25%油剂、70%优质乳油（防虫磷）、1.2%粉剂、1.8%粉剂。适用于防治咀嚼式口器和刺吸式口器害虫，一般用45%马拉硫磷乳油2000倍液喷雾防治菜蚜、棉蚜、蓟马等。本品易燃，在运输、贮存过程中应注意防火，远离火源。

（6）二嗪磷

二嗪磷又名二嗪农、地亚农，广谱性杀虫剂，有触杀作用、胃毒作用和熏蒸作用，也具有一定的内吸效能。对人、畜中毒。制剂有50%乳油和2%颗粒剂。主要用于防治园艺、园林中的食叶害虫、刺吸式口器害虫和地下害虫，也可防治家庭害虫和家畜害虫。此药不能与敌稗混合使用，不能用铜罐、铜合金罐、塑料瓶盛装。

（7）杀扑磷

杀扑磷又名速扑杀，杀虫谱广，具有胃毒和触杀作用，有渗透作用，但无内吸作用。因其药液能渗入植物组织，耐雨水淋洗，持效期较长。对人、畜高毒。制剂有40%乳油。是一种较理想的杀蚧虫药剂，尤其是对盾蚧的防治效果更明显，也可用于防治多种刺吸性、食叶性、钻蛀性以及潜道、卷叶害虫。

9.1.3.2 氨基甲酸酯类杀虫剂

氨基甲酸酯指用于防治植物害虫的含氮合成氨基甲酸酯衍生物，能抑制昆虫体内乙酰胆碱酯酶，阻断正常的神经传导，使昆虫中毒死亡。氨基甲酸酯类杀虫剂作用迅速，选择性高，有些品种还具有强内吸性，没有残留毒性，对鱼类比较安全。大部分氨基甲酸酯类杀虫剂比有机磷类杀虫剂毒性低，但氨基甲酸酯类杀虫剂杀虫范围不如有机磷类杀虫剂广。

（1）灭多威

灭多威又称为乙肟威、万灵、灭多虫、灭索威，是广谱的内吸性氨基甲酸酯类杀虫剂，具有触杀作用、胃毒作用和杀卵作用。制剂有20%乳油、24%水剂。叶面喷雾可防治蚜虫、蓟马、飞虱类、斜纹夜蛾等多种害虫。与菊酯类、有机磷类、微生物类杀虫剂及昆虫生长调节剂等混用或交替使用时，有助于延缓及预防害虫抗性发生。

（2）丁硫克百威

丁硫克百威又叫丁硫威、好年冬、安眠特，具有胃毒及触杀作用。其特点是脂溶性、内吸性好，渗透力强，作用迅速、杀伤力强，残留低、持效期较长、使用安全等，对成虫及幼虫均有效。为克百威低毒化品种之一，经口毒性中等，经皮毒性低。剂型有20%乳油、5%颗粒剂、35%种子处理干粉剂。可用于防治蚜虫、锈壁虱、蚧虫、叶蝉、蓟马、飞虱等刺吸式口器昆虫，对蚜虫的防治效果尤为优异。

（3）抗蚜威

抗蚜威又名辟蚜雾，是具有触杀作用、熏蒸作用和叶面渗透作用的选择性杀蚜虫剂，被植物根部吸收后可向上输导。杀虫迅速，但持效期短。抗蚜威能有效防治除棉蚜以外的所有蚜虫，对有机磷类杀虫剂产生抗性的蚜虫亦有效，对植物安全，对瓢虫、食蚜蝇和蚜茧蜂等蚜虫天敌没有不良影响。剂型有1.5%可湿性粉剂、50%水分散粒剂。抗蚜威使用时最好气温在20℃以上，在15℃以下使用不能充分发挥效果；见光易分解，应避光保存。

9.1.3.3 拟除虫菊酯类杀虫剂

拟除虫菊酯是改变天然除虫菊酯的化学结构衍生的合成酯类，是一类能防治多种害虫的广谱杀虫剂，其杀虫毒力比老一代杀虫剂如有机氯、有机磷、氨基甲酸酯类提高10～100倍。拟除虫菊酯对昆虫具有强烈的触杀作用，有些品种兼具胃毒或熏蒸作用，但都没有内吸作用。其作用机理是扰乱昆虫神经的正常生理，使之由兴奋、痉挛到麻痹而死亡。拟除虫菊酯用量小、使用浓度低，故对人、畜较安全，对环境的污染很小，杀虫效果多表现出负温度系数。其缺点主要是对鱼毒性高，对某些益虫也有伤害，长期重复使用也会导致害虫产生抗药性。

（1）溴氰菊酯

溴氰菊酯又称为敌杀死，是高效、广谱的拟除虫菊酯类杀虫剂，具强触杀作用、胃毒作用与忌避活性，击倒快，无内吸活性及熏蒸作用。对鳞翅目、直翅目、缨翅目、半翅目、双翅目、鞘翅目等多种害虫有效，但对螨类、蚧虫、盲蝽象等防效很低或基本无效，还会刺激螨类繁殖。常用剂型有2.5%乳油、2.5%可湿性粉剂、2.5%微乳剂，防治害虫用2000～3000倍液喷雾。本品遇明火、高热可燃。受高热分解，放出有毒的烟气。

（2）氰戊菊酯

氰戊菊酯又名速灭杀丁、速灭菊酯、杀灭菊酯、杀灭速丁、中西杀灭菊酯、敌虫菊酯、异戊氰酸酯、戊酸氰醚酯等，是高效、广谱触杀性拟除虫菊酯类杀虫剂，有一定胃毒作用与忌避活性，无内吸活性及熏蒸作用。剂型为20%乳油。对鳞翅目幼虫效果良好，对同翅目、直翅目、半翅目等害虫也有较好的效果，但对螨无效。防治害虫一般用2000～3000倍液喷雾。

（3）甲氰菊酯

甲氰菊酯商品名称为灭扫利，有触杀作用和胃毒作用，并有一定的忌避作用，无内吸活性和熏蒸作用，对人、畜中毒。制剂有20%乳油、10%微乳剂。该药杀虫谱广，击倒效果快，持效期长，其最大特点是对许多种害虫和多种叶螨同时具有良好的防治效果，一般使用20%乳油1500～2000倍液喷雾。遇明火、高温可燃。

（4）氯氰菊酯

氯氰菊酯又称为安绿宝、灭百可、兴棉宝、赛波凯等，杀虫谱广，对天敌无选择性，以触杀和胃毒作用为主，无内吸和熏蒸作用。对人、畜中毒。剂型有5%乳油、10%乳油、20%乳油、1.5%超低容量喷雾剂。对鳞翅目幼虫防治效果良好，对同翅目、直翅目等害虫也有较好的防治效果,但对螨无效。

(5) 高效氯氟氰菊酯

高效氯氟氰菊酯又名功夫、三氟氯氰菊酯、功夫菊酯、氟氯氰菊酯、氯氟氰菊酯、空手道等,有强烈的触杀作用和胃毒作用,也有驱避作用,杀虫谱广,对螨类兼有抑制作用。对人、畜中毒。剂型有 2.5% 乳油。对鳞翅目幼虫及同翅目、直翅目、半翅目等害虫均有很好的防效。此药对螨仅为抑制作用,不能作为杀螨剂专用于防治害螨。本药遇明火、高热可燃,受高热分解,放出高毒的烟气。

9.1.3.4 苯甲酰脲类杀虫剂

苯甲酰脲类杀虫剂主要成分是苯甲酰基脲类化合物,是一类能抑制害虫的几丁质合成而导致其死亡或不育的昆虫生长调节剂,被誉为第三代杀虫剂或新型昆虫控制剂。由于独特的作用机制、较高的环境安全性、广谱高效的杀虫活性,与有机磷类、氨基甲酸酯类、拟除虫菊酯类等杀虫剂之间无交互抗性,对人、畜毒性很低,对鱼虾等水生动物和天敌杀伤作用小,苯甲酰脲类化合物已成为创制新农药的一个活跃领域,受到人们的广泛关注。

(1) 氟苯脲

氟苯脲又名农梦特、伏虫隆、特氟脲,具有胃毒、触杀作用,无内吸作用,属低毒杀虫剂,对鱼类和鸟类低毒,对蜜蜂无毒,对作物安全。氟苯脲的作用机理主要是抑制昆虫几丁质合成,影响内表皮生成,使昆虫脱皮变态时不能顺利蜕皮致死,但是作用缓慢。常用剂型为 5% 乳油。对有机磷类、拟除虫菊酯类等产生抗性的鳞翅目和鞘翅目害虫有特效。宜在卵期和低龄幼虫期应用,用 5% 乳油 1000~2000 倍液喷雾。对叶蝉、飞虱、蚜虫等刺吸式害虫无效。

(2) 氟虫脲

氟虫脲又名卡死克,其杀虫活性、杀虫谱和作用速度均具特色,并有很好的叶面滞留性,尤其对未成熟阶段的螨和害虫有高活性,对捕食性螨和天敌昆虫安全。制剂有 5% 乳油。对鳞翅目、鞘翅目、双翅目、半翅目、蜱螨目等多种害虫有效。防治害螨一般用 5% 乳油 1000~1500 倍液喷雾。一般施药后 10d 左右药效才明显上升,但持效期长,对鳞翅目害虫的药效期达 15~20d,对螨的药效期可达 1 个月以上。

(3) 氟啶脲

氟啶脲商品名称为抑太保、定虫隆,以胃毒作用为主,兼有触杀作用。对多种鳞翅目害虫及直翅目、鞘翅目、膜翅目、双翅目害虫有很高活性,对鳞翅目害虫如甜菜夜蛾、斜纹夜蛾有特效,对刺吸式口器害虫无效。持效期一般可持续 2~3 周,对使用有机磷类、氨基甲酸酯类、拟除虫菊酯类等其他杀虫剂已产生抗性的害虫有良好的防治效果。制剂有 5% 乳油。防治适期应掌握在孵卵期至 1~2 龄幼虫盛期,用 5% 乳油 1000~2000 倍液喷雾。

(4) 噻嗪酮

噻嗪酮又名扑虱灵、优乐得,通过破坏昆虫的新生表皮形成,干扰昆虫的正常生长发育，引起害虫死亡。具强触杀、胃毒作用，具渗透性。不杀成虫，但可减少产卵并阻碍卵孵化。剂型有25%可湿性粉剂、50%悬浮剂。本品对鞘翅目、蜱螨目害虫具有持效的杀幼虫活性，对同翅目的飞虱、叶蝉、粉虱及蚧虫类害虫有特效。噻嗪酮不能用毒土法施药；不宜在白菜等十字花科蔬菜上直接喷雾，否则将出现褐斑、绿叶白化等药害。

（5）灭幼脲

灭幼脲又名灭幼脲Ⅲ号、苏脲Ⅰ号、一氯苯隆，具胃毒作用，主要表现为抑制昆虫几丁质合成，从而使害虫新表皮形成受阻，延缓发育，或缺乏硬度，不能正常蜕皮而导致死亡或形成畸形蛹死亡。对变态昆虫，特别是鳞翅目幼虫表现出很好的杀虫活性，对蜜蜂等膜翅目昆虫和森林鸟类几乎无害。常用剂型为25%悬浮剂。一般用25%悬浮剂2000~2500倍液均匀喷雾。此药在2龄前幼虫期进行防治效果最好，虫龄越大，防治效果越差。本药于施药3~5d后药效才明显，7d左右出现死亡高峰。忌与速效性杀虫剂混配。

9.1.3.5 氯化烟酰类杀虫剂

该类杀虫剂源于植物源农药烟碱，作用原理是选择性控制昆虫神经系统的烟碱型乙酰胆碱酯酶受体，阻断昆虫中枢神经系统的正常信号传导，从而导致害虫出现麻痹进而死亡。该类具有广谱杀虫活性、卓越的内吸活性及很高的残留活性，对刺吸式口器害虫效果好。

（1）吡虫啉

吡虫啉又名咪蚜胺、灭虫精，是一种高效、低毒、广谱、内吸性杀虫剂，兼具胃毒作用和触杀作用，持效期长，对刺吸式口器害虫防效好，对哺乳动物毒性低，对环境安全。制剂有10%可湿性粉剂、5%乳油等。可有效防治同翅目、鞘翅目、双翅目和鳞翅目等害虫，主要用于防治刺吸式口器害虫，对用传统杀虫剂防治产生抗药性的害虫也有良好的活性。速效性好，药后1d即有较高的防治效果，残留期长达25d左右。药效和温度呈正相关，温度高，杀虫效果好。

（2）啶虫脒

啶虫脒又叫吡虫清、乙虫脒、莫比朗，具有内吸性强、用量少、速效好、活性高、持效期长、杀虫谱广、与常规农药无交互抗性等特点。主要用于防治蚜虫、叶蝉、粉虱、蓟马和蚧虫等，对天牛等甲虫目害虫也有明显的防效，并具有优良的杀卵、杀幼虫活性。既可用于茎叶处理，也可以进行土壤处理。剂型有20%可溶性粉剂、13%乳油。一般用3%乳油1500~2500倍液喷雾。

（3）噻虫嗪

噻虫嗪是一种全新结构的第二代烟碱类高效低毒杀虫剂，对害虫不仅具有触杀、胃毒、内吸活性，而且具有更高的活性、更好的安全性、更广的杀虫谱及作用速度快、持效期长等特点，是取代对哺乳动物毒性高、有残留和环境问题的有机磷类、氨基甲酸酯类、有机氯类杀虫剂的较好品种。对人、畜低毒。剂型有25%水分散粒剂、70%种子处理可分散粒剂，可用于叶面喷雾及土壤灌根处理。对刺吸式口器害虫如蚜虫、飞虱、叶蝉、粉虱等有良好的防治效果。

9.1.3.6 其他杀虫剂

（1）阿维菌素

阿维菌素是一类由链霉菌中灰色链霉菌发酵产生的十六元大环内酯化合物，是一种高效、广谱的抗生素类杀虫、杀线虫、杀螨剂，对昆虫和螨类具有触杀和胃毒作用，并有微弱的熏蒸作用，无内吸作用，但它对叶片有很强的渗透作用，对害螨和在植物组织内取食危害的昆虫有长残效性。低毒，对人无影响，对鱼、蜜蜂高毒。主要剂型有1.8%乳油、2%乳油、3.2%乳油、5%乳油和1%可湿性粉剂、1.8%可湿性粉剂。由于害虫抗性等原因，一般与毒死蜱等其他农药混配使用。

（2）磷化铝

磷化铝是一种广谱性熏蒸杀虫剂，用赤磷和铝粉烧制而成。因杀虫效率高、经济方便而应用广泛。磷化铝的作用原理主要为遇水、酸时迅速分解，放出吸收很快、毒性剧烈的磷化氢气体。对人、畜高毒。主要剂型有56%片剂、粉剂、丸剂。

（3）杀虫双

杀虫双是沙蚕毒类杀虫剂，对害虫具有较强的触杀和胃毒作用，并兼有一定的熏蒸作用，有很强的内吸作用，是一种高效、低毒、低残留的杀虫剂。对人、畜毒性中等。剂型有25%水剂、30%水剂。

（4）矿物油乳油

矿物油乳油是选用精炼矿物油和乳化剂，经过预乳化、重乳化双重乳化制成的双亲型乳油，具有极强的乳化力、穿透力、黏着力和去污能力，是高效环保的杀虫、杀螨、杀菌剂。其作用表现为通过封闭气孔，产生窒息作用，直接杀死蚧虫、粉虱、红蜘蛛的卵和幼（若）虫、成虫；黏着和固定害虫，使其不能爬行、交配、产卵、取食，达到延长防治效果的目的；在植物表面形成油膜，阻碍病菌的侵入，防止病害的侵染和传播。能与大多数杀虫剂、杀菌剂混用，尤其是与阿维菌素、吡虫啉等混用，防治效果更佳。一般用99%乳油300倍液兑水喷雾防治。注意必须现配现用；与其他农药混用时，应先配其他农药，后加矿物油，并充分搅拌均匀；不宜在花期和中午温度超过35℃时使用。

◇ **任务实施**

识别及应用杀虫剂

【任务目标】

（1）了解杀虫剂的种类。

（2）熟悉各类杀虫剂的特点、作用机理、毒性及使用注意事项。

（3）能准确把握各种杀虫剂的使用浓度及使用方法。

（4）熟悉新农药的种类及发展趋势。

【材料准备】

① 用具　手套、口罩、镊子、烧杯、量筒、喷雾器。

② 有机磷类杀虫剂　敌敌畏、氧化乐果、辛硫磷、杀扑磷、二嗪磷。
③ 氨基甲酸酯类杀虫剂　抗蚜威、灭多威、丁硫克百威。
④ 拟除虫菊酯类杀虫剂　溴氰菊酯（敌杀死）、氯氰菊酯（安绿宝）、联苯菊酯（天王星）、甲氰菊酯（灭扫利）、氰戊菊酯（杀灭菊酯）、三氟氯氰菊酯（功夫菊酯）。
⑤ 氯化烟酰类杀虫剂　吡虫啉、噻虫嗪。
⑥ 苯甲酰脲类杀虫剂　灭幼脲、噻嗪酮。
⑦ 熏蒸剂　磷化铝。
⑧ 微生物源杀虫剂　阿维菌素。
⑨ 植物源杀虫剂　烟碱、鱼藤酮。
⑩ 其他杀虫剂　杀虫双、矿物油乳油。

【方法及步骤】

1. 对杀虫剂进行分类

杀虫剂剂型主要有粉剂、可湿性粉剂、乳油、颗粒剂、可溶性粉剂、悬浮剂、烟剂、缓释剂、种衣剂等，近年来还出现了一些新的剂型，如热雾剂、展膜油剂、微乳剂、固体乳油等。杀虫剂的作用方式有胃毒剂、触杀剂、内吸剂、熏蒸剂、特异性杀虫剂。

① 按剂型分类　观察杀虫剂的外观和标签，对杀虫剂依据剂型进行归类。
② 按作用方式分类　观察各种杀虫剂，根据标签及使用说明书判断杀虫剂的作用方式，并对杀虫剂进行分类。

2. 鉴别杀虫剂质量

（1）外观质量鉴别

查看标签　看标签是否完整、字迹是否清晰，是否有农药登记证书、农药生产许可证或批准文号、农药标准号；查看生产日期和有效期。

查看包装　包装是否有渗漏、破损。

外观判断　粉剂或可湿性粉剂有无药粉结块、结团，乳油有没有分层、混浊或结晶析出，颗粒剂有没有药粉脱落或药粒崩解，熏蒸片剂有没有呈现粉末，水剂有没有出现沉淀或悬浮物。

（2）物理性质鉴别

颗粒细度　粉剂粉粒细度一般以325筛目为宜，可湿性粉剂粉粒细度以达到400筛目为宜。

湿展性　可湿性粉剂按比例配制好，用手捏住叶柄，将摘下的植物叶片（不要刮擦叶表面）浸入药液中，经数秒后取出观察。叶片黏满药液，表明湿展性良好；叶片上有药液的液斑，表明湿展性不佳；叶片上黏不住药液，表明没有湿润能力。

悬浮性　取一个容积200mL的量筒盛满配药用的水，另取约1g药粉放入折好的纸上，慢慢将药粉倒入量筒的水面上，仔细观察，药剂能在30s内自行浸入水中，并自行分散，慢慢下沉并扩散形成悬浮液。稍加搅动后，放置0.5h，上层不出现清水层，底部不出现较厚或很薄的一层沉淀物，则悬浮性良好。如药粉在水面上结成团漂浮，或较粗大的团粒很快沉入水底而不能在水中扩散，经搅动后也不能分散悬浮在水中，则表明悬浮性极差，不能兑水喷雾。悬浮剂在存放过程中，上层逐渐变稀，下层变浓稠，甚至出现沉淀，经摇动后沉淀仍可悬浮，则可使用；若结成硬块，经搅拌仍不散开，则不能使用。

乳化性　取一个容积 1000mL 的烧杯盛满水，滴入 1g 乳油（剂），乳油（剂）在下沉过程中自动分散成乳白色透明溶液溶解在水中，搅拌后溶液呈淡乳白半透明或乳白色，扩散完全，静止 3h，液面无浮油，底部没有沉淀，表明该药剂的乳化性和稳定性良好。如果滴入水中不能自行扩散成乳状液，出现油珠沉底，搅拌也难使其乳化，或乳化后静止一段时间出现油水分层，轻于水的油漂浮于水面，重于水的油沉积于水底，则表明乳化性已被破坏，不能使用。

【成果汇报】

列表比较不同杀虫剂的剂型、作用方式、性状鉴别及使用方法（表 9-1）。

表 9-1　不同杀虫剂比较

杀虫剂名称	剂型	作用方式	外观质量鉴别	物理性状鉴别	使用浓度	使用方法

◇ 自测题

1. 名词解释

体壁，外激素，脑激素。

2. 填空题

（1）昆虫消化道分为_____、_____、_____ 3 段。

（2）昆虫体壁由_____、_____、_____ 3 个部分组成。

（3）前肠包括_____、_____、_____、_____、_____ 几个部分。

（4）后肠是消化道的最后一段，由_____、_____ 和 _____ 3 个部分组成。

3. 单项选择题

（1）昆虫的气门一般都是（　　），因此水滴不易进入气门，而油类易进入。

　　A. 亲水性　　　　B. 疏水性　　　　C. 中性　　　　D. 无要求

（2）就一种昆虫而言，幼龄幼虫比老龄幼虫体壁薄，容易接触致死，所以要防治幼虫于（　　）之前。

　　A. 2 龄　　　　B. 3 龄　　　　C. 4 龄　　　　D. 5 龄

（3）分泌性外激素的都是进行两性生殖的昆虫，一般为（　　）。

　　A. 卵　　　　B. 幼虫　　　　C. 蛹　　　　D. 成虫

（4）昆虫的气门一般为（　　）。

　　A. 6 对　　　　B. 8 对　　　　C. 9 对　　　　D. 10 对

4. 多项选择题

后肠的主要功能是（　　）。

  A．吸收食物残渣中的水分 B．消化食物 C．吸收营养

  D．排出食物残渣和代谢产物 E．磨碎食物

5. 简答题

（1）为什么接触性杀虫剂防治害虫时要"治早治小"？

（2）根据昆虫体壁的结构和特点，谈谈如何加强对害虫的防治。

（3）昆虫呼吸系统的特点是什么？与防治有什么关系？

（4）昆虫消化系统与防治有什么关系？

◇ 自主学习资源库

1. 中国农资网：http://www.ampcn.com/trad.
2. 甘肃农业信息网：http://www.gsny.gov.cn.
3. 方都化工网：http://www.16ds.com.
4. 农药学学报：http://www.nyxxb.cn/.

项目10 园林植物害虫及其防治

园林植物害虫种类繁多,根据其危害部位及其危害方式,将其分为地下害虫、食叶害虫、钻蛀性害虫及吸汁害虫。控制园林害虫的危害,首先要掌握各种园林害虫的形态特征,能识别园林昆虫。其次,要熟悉园林害虫的发生规律,根据害虫的发生和危害特点制订科学有效的综合防治方案,长期有效地控制园林害虫的发生和危害。通过本项目中4个任务的学习和训练,要求能够牢固把握几大类园林害虫的形态、危害状、发生规律及综合防治技术。

◇ **知识目标**

(1)了解园林植物害虫的种类及危害特点。
(2)掌握地下害虫主要危害虫种的识别及防治方法。
(3)掌握食叶害虫主要危害虫种的识别及防治方法。
(4)掌握钻蛀性害虫主要危害虫种的识别及防治方法。
(5)掌握吸汁害虫主要危害虫种的识别及防治方法。

◇ **技能目标**

(1)能根据园林植物的被害状判断园林植物害虫的类别。
(2)能正确识别地下害虫、食叶害虫、钻蛀性害虫、吸汁害虫的代表性虫种。
(3)能针对园林植物几大类害虫制订防治方案,指导开展综合防治工作。

任务10.1 鉴别及防治园林植物地下害虫

◇ **工作任务**

园林植物地下害虫是指活动期间生活在土中,危害园林植物的地下部分或近地面部分的一类害虫,主要包括蛴螬、地老虎、蝼蛄和白蚁,都以幼虫危害。由于它们分布广,食性杂,危害严重且隐蔽,混合发生,若疏忽大意,将会造成严重损失。地下害虫的发生与土壤的质地、含水量、酸碱度、圃地的前作和周围的植物等情况有密切关系。地下害虫危害虫态都在地下生活,危害园林植物地下部分,为害虫的诊断和防治都带来很大的麻烦。往往通过植物地上部分的表现来判断，一旦地上部分表现为严重树势衰弱，往往会错过理想的防治时机。通过学习和训练，应能全面掌握几种园林植物地下害虫各个虫态的形态特征，熟悉地下害虫的危害状，做到准确诊断；了解土壤的质地、含水量、酸碱度、前作及周围的花木等情况，掌握地下害虫的发生规律及各类害虫的综合防治方法。

◇知识准备

10.1.1 蛴螬类

10.1.1.1 蛴螬的识别

蛴螬为鞘翅目金龟甲总科幼虫的总称，别名白土蚕、核桃虫。园林常见为鳃金龟科、丽金龟科和花金龟科，幼虫为地下害虫，成虫为食叶害虫。

（1）金龟甲总科（Melolonthoidea）成虫特征

金龟甲总科的共同特征为触角鳃片状。鳃金龟科（Melolonthidae）体色相对较为单调，多呈棕色、褐色至黑褐色，全体一色或有各式斑纹，光泽有强有弱，足具2爪，大小相等；丽金龟科（Rutelidae）体色多鲜艳，具金属光泽，2爪不等长，可相互活动；花金龟科（Cetoniidae）鞘翅前阔后狭，鞘翅基部侧缘有凹刻，身体从这里露出一部分，其余特征与鳃金龟科同。

（2）金龟甲总科幼虫特征

体肥大，弯曲呈"C"形，多为白色，少数为黄白色，体壁较柔软多皱，体表疏生细毛。头大而圆，多为黄褐色，上颚显著，腹部肿胀。蛴螬具胸足3对，一般后足较长。腹部10节，无足，第10节称为臀节，臀节上生有刺毛，其数目和排列方式是分种的重要特征。

10.1.1.2 蛴螬的危害特点

蛴螬是多食性害虫，园林上主要危害各种灌木和草坪。蛴螬主要在地下危害，取食灌木主根根皮或咬食侧根，还取食草坪根系。

灌木受害后，地上部分表现为整体叶片萎蔫，枝干逐渐变褐、变干，对其进行刨土检查，可发现地下部分主根根皮被啃食，严重时，根皮被吃光，侧根被咬断，距地面5~10cm贴近主根处可见蛴螬。严重受害的灌木，轻轻便可拔起。草坪受害后，初期表现失水萎蔫，严重时发黄、枯死，危害处用手轻轻一抓，很容易掀起大片草坪，在掀起的坪草下可见大量蛴螬。

10.1.1.3 园林常见蛴螬种类

（1）东北大黑鳃金龟（*Holotrichia diomphalia*）

①分布及危害　国内分布于东北、西北、华北等地区。危害红松、落叶松、樟子松、油松、雪松、赤松、杨、榆、桑、李、山楂、苹果等多种苗木，以及草坪草及多种农作物根部。

②被害状　成虫主要啃食各种植物叶片，形成孔洞、缺刻或秃枝。幼虫在地下啃食萌发的种子，咬断幼苗根颈，致使植物全株死亡，严重时造成缺苗。

③形态识别（图10-1）

成虫　体长16～21mm，长椭圆形，黑褐色或黑色，有光泽。触角10节，鳃片部明显长于后6节之和。胸部腹面被淡黄褐色细长毛，臀板从侧面看为一略呈弧形的圆球面。

卵　乳白色，卵圆形，长约2.5mm，宽约1.5mm，后期因胚胎发育而呈近球形。

幼虫　乳白色，体弯曲呈马蹄形。老熟幼虫体长约31mm，头部前顶毛每侧3根成1纵行，其中2根彼此紧靠，位于冠缝两侧，另1根则接近额缝的中部。臀节腹面只有散乱钩状毛群，由肛门孔向前伸到臀节腹面前部1/3处。

蛹　肥胖，黄色至红褐色，长约20mm。头部褐色。臀末有1对突起。

④发生规律　东北大黑鳃金龟在东北及华北地区2年发生1代。以成虫及幼虫越冬，仅有少数发育晚的个体有世代重叠现象，逢奇数年成虫发生量大。越冬成虫4月末至5月上中旬开始出土，出土盛期在5月中下旬至6月初。成虫于傍晚出土活动，拂晓前全部钻回土层中，先觅偶交配，然后取食，有趋光性，但雌虫很少扑灯。卵多散产于10～15cm的土层中，平均产卵量为102粒，卵期15～22d，卵孵化盛期在7月中下旬，幼虫共3龄。当年秋末越冬幼虫多为2～3龄。一般当10cm深土温降至12℃以下时，即下迁至50～150cm处做土室越冬。翌春4月上旬开始上迁，4月下旬当10cm深处平均土温达10.2℃以上时，幼虫全部上迁至耕作层，食量大，危害严重。6月下旬老熟幼虫迁至20～38cm深处营土室化蛹，蛹期22～25d。

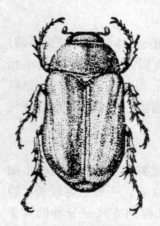

图10-1　东北大黑鳃金龟成虫（黑龙江省牡丹江林业学校，1981）

（2）黑绒鳃金龟（*Maladera orientalis*）

黑绒鳃金龟又名天鹅绒金龟、东方金龟。

①分布及危害　国内广泛分布于东北、西北、河北、河南、山西、山东、浙江、江西、江苏、北京、台湾等地。食性杂，危害杨、柳、榆、桑、月季、牡丹、菊花、芍药、梅花、苹果、桃、臭椿等100多种植物。

②被害状　成虫主要啃食各种植物叶片，形成孔洞、缺刻或秃枝。幼虫危害多种植物的根状茎及球茎。

③形态识别（图10-2）

成虫　体长7～8mm，宽4.5～5mm，卵圆形，前狭后宽。雄虫略小于雌虫，初羽化时为褐色，以后渐变成黑褐色或黑色，体表具丝绒状光泽。触角10节，赤褐色。前胸背板密布细小刻点。鞘翅上各有9条浅纵沟纹，刻点细小而密。

卵　椭圆形，长1.2mm，乳白色，光滑。

幼虫　乳白色。老熟幼虫体长约16mm，头宽约2.7mm。

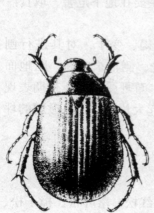

图10-2　黑绒鳃金龟（李成德，2004）

头部黄褐色，胴部乳白色。头部前顶毛和额中毛每侧各 1 根，臀节腹面刺毛列由 20～23 根锥状刺组成弧形横带。

蛹　裸蛹，体长 6～9mm，黄褐至黑褐色，腹部末端有臀棘 1 对。

④ 发生规律　黑绒鳃金龟 1 年发生 1 代，一般以成虫在土中越冬。翌年 4 月中旬出土活动，4 月末至 6 月上旬为成虫盛发期，有雨后集中出土的习性。6 月末虫量减少。成虫活动适温为 20～25℃，有夜出性，飞行力强，傍晚多围绕树冠飞行。5 月中旬为交尾盛期，雌虫产卵于 10～20cm 深的土中，卵散产或 10 余粒集于一处。一般每雌虫产卵数十粒，卵期 5～10d。幼虫以腐殖质及少量嫩根为食，共 3 龄。老熟幼虫在 20～30cm 深土层中化蛹，预蛹期 7d，蛹期 11d，羽化盛期在 8 月中、下旬。

（3）铜绿丽金龟（*Anomala corpulenta*）

铜绿丽金龟又名铜绿金龟、铜绿异丽金龟。

① 分布及危害　国内广泛分布于华东、华中、西南、东北、华北、西北等地区。危害杨、柳、榆、松、杉、栎、油桐、油茶、乌桕、板栗、胡桃、苹果、梨、柏、枫杨等多种林木和果树。

② 被害状　成虫主要啃食各种植物叶片，形成孔洞、缺刻或秃枝。幼虫危害多种植物的根状茎及球茎。

③ 形态识别（图 10-3）

成虫　体长 15～18mm，宽 8～10mm。背面铜绿色，具光泽。头部较大，深铜绿色。复眼黑色。触角 9 节，黄褐色。鞘翅为黄铜绿色，具光泽。臀板三角形，上有 1 个三角形黑斑。雌虫腹面乳白色，雄虫腹面棕黄色。

卵　白色，初产时为长椭圆形，以后逐渐膨大至近球形。长约 2.3mm，宽约 2.1mm。

幼虫　体长 30mm 左右，宽约 12mm。头部暗黄色，近圆形，前顶毛每侧各为 8 根，后顶毛 10～14 根。腹部末端 2 节自背面观为褐色微蓝，肛门孔横列状。

蛹　椭圆形，长约 25mm，宽 13mm，略扁，土黄色，末端圆平。

④ 发生规律　1 年发生 1 代。以 3 龄幼虫在土中越冬。翌年 5 月开始化蛹，成虫的出现在南方略早于北方。一般在 6 月至 7 月上旬为高峰期，至 8 月下旬终止。成虫高峰期开始见卵，幼虫 8 月出现，11 月进入越冬。成虫白天隐伏于灌木丛、草皮中或表土内，黄昏出土活动，闷热无雨的夜晚活动最盛。成虫具假死性和强烈的趋光性。食性杂，食量大，群集危害，被害叶呈孔洞、缺刻状。成虫一生交尾多次，平均寿命为 30d。卵多产于 5～6cm 深土壤中，每雌虫平均产卵 40 粒，卵期 10d。幼虫主要危害林木、果木根系，老熟幼虫于 5 月下旬至 6 月上旬进入蛹期，化蛹前先做一土室。预蛹期 13d，蛹期 9d。

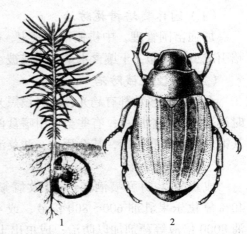

图 10-3　铜绿丽金龟（李成德，2004）
1. 幼虫及危害状　2. 成虫

（4）小青花金龟（*Oxycetonia jucunda*）

① 分布及危害　除新疆外，全国各地均有分布，危害草莓、苹果、桃、枣、梨、葡萄等多种植物。

② 被害状　成虫主要啃食各种植物叶片，形成孔洞、缺刻或秃枝。幼虫危害多种植物的根状茎及球茎。

③ 形态识别

成虫　体长11～16mm，宽6～9mm，长椭圆形稍扁。背面暗绿或绿色至古铜微红及黑褐色，变化大，多为绿色或暗绿色；腹面黑褐色，具光泽，体表密布淡黄色毛和点刻。小盾片三角状，鞘翅狭长，侧缘肩部外凸，且内弯。翅面上生有白色或黄白色绒斑，一般在侧缘及翅合缝处各具3个较大的斑。

卵　椭圆形，长1.7～1.8mm，宽1.1～1.2mm，初乳白渐变淡黄色。

幼虫　体长32～36mm，头宽2.9～3.2mm，体乳白色，头部棕褐色或暗褐色，上颚黑褐色；前顶、额中、额前侧各具1根刚毛。臀节肛腹片后部生长短刺状刚毛，覆毛区的尖刺列每列具刺16～24根，多为18～22根。

蛹　长14mm，初淡黄白色，后渐变橙黄色。

④ 发生规律　1年发生1代，北方以幼虫越冬，江苏可以幼虫、蛹及成虫越冬。以成虫越冬的翌年4月上旬出土活动，4月下旬至6月盛发；以末龄幼虫越冬的，成虫于5～9月陆续出现，雨后出土多，安徽8月下旬成虫发生数量多，10月下旬终见。成虫白天活动，春季10:00～15:00，夏季8:00～12:00及14:00～17:00活动最盛，春季多群聚在花上，食害草莓的花瓣、花蕊、芽及嫩叶，致落花。成虫喜食花器，故随寄主开花早晚转移危害。成虫飞行力强，具假死性；风雨天或低温时常栖息在花上不动，夜间入土潜伏或在树上过夜。成虫取食后交尾、产卵。卵散产在土中、杂草或落叶下，尤喜产卵于腐殖质多的场所。幼虫孵化后以腐殖质为食，长大后危害根部，但不明显，老熟后化蛹于浅土。

10.1.1.4　蛴螬的防治措施

（1）园林栽培措施防治

加强苗圃管理，中耕锄草，松土，破坏蛴螬适生环境；施用充分腐熟的有机肥，防止招引成虫来产卵；土壤含水量过大或被水久淹，蛴螬数量会下降。

（2）物理机械防治

金龟甲大多数都有趋光性，可设黑光灯诱杀成虫；金龟甲一般都有假死性，可在黄昏时震落人工捕杀成虫；有些金龟甲嗜食蓖麻叶，可在金龟甲发生区种植蓖麻作为诱杀带，其饱食后会麻痹中毒，甚至死亡。酸菜汤对铜绿丽金龟、杨树叶对黑绒鳃金龟有诱集作用。

（3）化学防治

成虫发生期可喷洒2.5%高效氯氟氰菊酯乳油或敌杀死乳油2000～2500倍液，或40%氧化乐果乳油600～800倍液，或40.7%毒死蜱乳油1000倍液，或10%联苯菊酯乳油8000倍液等药剂加以防治；成虫出土前或潜土期可于地面每亩施用25%对硫磷胶囊剂0.3～0.4kg或5%辛硫磷颗粒剂2.5kg，加土适量做成毒土，均匀撒于地面并浅耙。

幼虫期可选用50%对硫磷乳油、25%辛硫磷乳油、25%乙酰甲胺磷乳油、25%异丙磷乳油、90%敌百虫原药等的1000倍液灌注根际，或用粉剂按一定比例掺细土，充分混合制成毒土，均匀撒于地面，于播种或插条前随施药、随耕翻、随耙匀。

10.1.2 地老虎类

10.1.2.1 地老虎的识别

地老虎为鳞翅目夜蛾科部分昆虫的统称，又名切根虫、夜盗虫，俗称地蚕。

（1）夜蛾科（Noctuidae）成虫特征

体中型至大型，粗壮多毛，体色灰暗。触角丝状，少数种类的雄虫触角羽状。单眼2个。胸部粗大，背面常有竖起的鳞片丛。前翅颜色一般灰暗，多具色斑，中室后缘有脉4支，中室上外角常有R脉形成的副室。后翅多为白色或灰色，$Sc+R_1$与Rs在中室基部有一小段接触复又分开，造成一小形基室。

（2）夜蛾科幼虫特征

幼虫体粗壮，光滑，少毛，色较深。腹足通常5对（其中的1对臀足发达），但也有少数种类仅为4对或3对，即第三腹节或第三、第四腹节的腹足退化。趾钩单序中带式，如果呈缺环式，则缺口很大，为环的1/3以上。

10.1.2.2 地老虎的危害特点

地老虎食性杂，不但危害花卉苗木，还危害大量农作物。幼虫3龄前昼夜活动，多群集于叶片和茎上，危害极大，可使苗圃和草坪成片空秃。3龄后分散活动，白天潜伏于土表，夜间出土危害，咬断幼苗根颈或咬食未出土的幼苗。春季幼虫从4月初开始危害，在阴雨或土壤潮湿情况下危害更重。由于怕光，所以昼伏夜出。幼虫5~6龄时为暴食期，危害最严重，造成缺苗。

10.1.2.3 园林常见地老虎种类

（1）大地老虎（*Agrotis tokionis*）

① 分布及危害　大地老虎只在我国局部地区如东北、华北、西北、西南、华东及中南的多数地区造成危害。大地老虎主要危害杉木、罗汉松、柳杉、香石竹、月季、菊花、女贞、凤仙花及多种草本植物。

② 被害状　幼虫危害寄主的幼苗，从地面截断植株或咬食未出土幼苗，亦能咬食植物生长点，严重影响植株的正常生长。

③ 形态特征（图10-4）

成虫　黑褐色，体长20~23mm，翅展52~62mm。前翅暗褐色，前缘2/3呈黑褐色，前翅上有明显的肾形、环状和棒状斑纹，其周围有黑褐色边。后翅淡褐色，上具薄层闪光鳞粉，外缘有较宽的黑褐色边，翅脉不太明显。

图10-4　大地老虎成虫（李成德，2004）

卵　半球形，直径1.8mm，高1.5mm，初产时浅黄色，孵化前呈灰褐色。

幼虫　体长40～62mm，扁圆筒形，黄褐色至黑褐色，体表多皱纹。

蛹　体长23～29mm，黄褐色。腹末臀棘呈三角形，具短刺1对，黑色，有明显横沟。

④ 发生规律　1年发生1代，以低龄幼虫在表土层或草丛根颈部越冬。翌年3月开始活动，昼伏夜出咬食花木幼苗根颈和草根，造成大量苗木死亡。幼虫经7龄后在5～6月钻入土层深处15cm以下筑土室越夏，9月间化蛹，10月中、下旬成虫羽化后产卵于表土层，卵期约1个月。12月中旬孵化不久的幼虫潜入表土越冬。成虫寿命15～30d，具弱趋光性。

（2）小地老虎（*Agrotis ypsilon*）

① 分布及危害　小地老虎在全国各地均有分布，其严重危害地区为长江流域、东南沿海各地，在北方分布在地势低洼、地下水位较高的地区。小地老虎食性很杂，主要危害松、杨、柳、广玉兰、大丽花、菊花、蜀葵、百日草、一串红、羽衣甘蓝等40余种园林植物。

② 被害状　危害轻造成缺苗断垄，重则毁种重播。幼虫常将咬断的幼苗拖在洞口，易于发现。

③ 形态识别（图10-5）

成虫　灰褐色，体长16～23mm，翅展42～54mm。前翅肾形纹外侧有1个尖端向外的黑色剑状斑，亚外缘线内侧有2个尖端向内的黑色剑状斑，3个剑状斑相对。后翅灰白色。幼虫老熟时长约50mm，灰褐或黑褐色。体表粗糙，有黑粒点，背中线明显，臀板黄褐色。

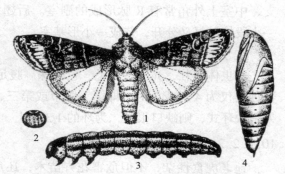

图10-5　小地老虎（李成德，2004）
1. 成虫　2. 卵　3. 幼虫　4. 蛹

卵　扁圆形，有网纹，直径0.68mm，高0.5mm，初产时乳白色，孵化前呈灰褐色。

幼虫　老熟时体长37～50mm，黄褐色。背面有明显的淡色纵带，布满黑色小颗粒，腹部各节背面前方有4个毛片，后方2个较大，臀板上具2条明显的深褐色纵带。

蛹　体长18～24mm，红褐至暗褐色。腹末臀刺2根，无明显横沟。

④ 发生规律　小地老虎在全国各地1年发生2～7代，以蛹或老熟幼虫越冬。一年中常以第一代幼虫在春季发生数量最多，造成危害最重。小地老虎成虫羽化多在15:00～22:00，白天栖息在阴暗处或潜伏在土缝中、枯叶下，晚间出来活动，以19:00～22:00为盛。成虫活动与温度关系极大。在春季傍晚气温达8℃时即有活动，在适温范围内，气温越高，活动的数量越多。成虫补充营养后3～4d交配产卵。卵散产于杂草或土块上，每雌虫产卵800～1000粒。1～2龄幼虫群集于幼苗顶心嫩叶处昼夜取食，3龄后即分散危害。白天潜伏于杂草或幼苗根部附近的表土干、湿层之间，夜出咬断苗茎，尤以黎明前露水未干时更烈，把咬断的幼苗嫩茎拖入土穴内供食。老熟后在土表5～6cm深处做土室化蛹。

10.1.2.4 地老虎类害虫的防治措施

（1）园林栽培措施防治

播种及栽植前深翻土壤，及时清除苗床及圃地杂草，消灭越冬幼虫及蛹，降低虫口密度。

（2）物理机械防治

在播种前或幼苗出土前，用幼嫩多汁的新鲜杂草 70 份与 2.5% 敌百虫粉 1 份配制成毒饵，于傍晚撒布地面，诱杀 3 龄以上幼虫。在春季成虫羽化盛期，用糖醋酒液诱杀成虫，糖醋酒液配制比为糖 6 份、醋 3 份、白酒 1 份、水 10 份，加适量敌百虫；用黑光灯诱杀成虫；幼虫取食危害期，可在清晨或傍晚在被咬断苗木附近土中搜寻捕杀。

（3）化学防治

在地老虎 1～3 龄幼虫期，采用 48% 乐斯本乳油 2000 倍液、2.5% 高效氯氟氰菊酯乳油 2000 倍液、10% 高效氯氰菊酯乳油 1500 倍液、21% 增效氰·马乳油 3000 倍液、2.5% 溴氰菊酯乳油 1500 倍液、20% 氰戊菊酯乳油 1500 倍液、20% 菊·马乳油 1500 倍液、10% 溴·马乳油 2000 倍液地表喷雾。

10.1.3 蝼蛄类

10.1.3.1 蝼蛄的识别

蝼蛄科（Gryllotalpidae），触角短于体长，丝状。前足粗壮，开掘式，胫节阔扁具 4 齿，跗节基部有 2 齿，适于掘土，胫节上的听器退化成裂缝状。后足失去跳跃功能，前翅短，后翅长，后翅伸出腹末如尾状。尾须长，产卵器退化，跗节 3 节。

10.1.3.2 蝼蛄的危害特点

蝼蛄俗称"土狗子"，以成虫和若虫在土壤中开掘隧道，咬食幼苗根和茎，使幼苗干枯死亡。蝼蛄分华北蝼蛄、非洲蝼蛄、台湾蝼蛄、普通蝼蛄等几种，食性杂，能危害多种园林植物，是草坪等园林植物的常见害虫，也是对高尔夫球场果岭草坪危害最大且最难防治的地下害虫。蝼蛄具有一对非常有力的呈锯齿状的开掘足，在地下来回切割草和苗木的根颈并向前爬行，拱出条条隧道，所过之处，根颈全被切断，轻则降低草坪质量，重则造成大片草坪死亡。

10.1.3.3 园林常见蝼蛄种类

（1）华北蝼蛄（*Gryllotalpa unispina*）

① 分布及危害　全国分布，长江流域以北地区发生较多，危害榆、杨等及一、二年生草本花卉。

② 被害状　以若虫和成虫咬食幼苗的根颈、地下茎，切口犹如钝口的剪刀剪过，很粗糙，易与其他地下害虫危害状区别。常在土层下拱成来往的隧道使根土脱离，幼苗因失水风干而枯死，造成缺苗断垄。

③ 形态识别（图 10-6）

成虫　体黄褐色，长 36～55mm，腹部末端近圆筒形，前足胫节内侧外缘弯曲，缺刻明显，后足胫节背面内侧有棘 1 根或消失。

幼虫　若虫体黄褐色，末端近圆筒形。

卵　近孵化前长 2.4~2.8mm，体色初为乳白色，后变黄褐色，孵化前变为暗灰色。

④ 发生规律　华北蝼蛄约需 3 年完成 1 代，以成虫、若虫在 60cm 以下的土壤深层越冬。翌年 3~4 月气温转暖达 8℃ 以上时开始活动，常可看到地面有虚土拱起的弯曲隧道。5~6 月气温在 12℃ 以上进入危害期，6~7 月气温再升高，便潜至土下 15~20cm 处做土室产卵。每室产卵 50~80 粒。雌虫每次产卵 30~160 粒，一生可产 300~400 粒。卵经 2 周左右孵出若虫，8~9 月天气凉爽，又升迁到表土活动危害，形成一年中第二次危害高峰，10~11 月若虫达 9 龄时越冬。第二年春季，越冬若虫上升危害，到秋季达 12~13 龄时，又入土越冬；第三年春再上升危害，8 月上、中旬开始羽化，入秋即以成虫越冬。

（2）东方蝼蛄（*Gryllotalpa orientalis*）

① 分布及危害　全国分布，以长江流域及南方较多，危害杨、柳、松、柏、海棠、悬铃木、龙柏、香石竹等。

② 被害状　以成虫、若虫危害作物幼苗的根部和靠近地面的幼茎，同时成虫、若虫常在表土层活动，钻筑坑道，造成幼苗因根土分离而失水枯死，苗圃地面上可见大量不规则的虚土隆起。

③ 形态识别（图 10-6）

成虫　体灰褐色，体长 30~35mm，前胸背板中央有一心脏形长斑，凹陷明显，腹部末端近纺锤形，前足胫节内侧外缘较直，缺刻不明显，后足胫节背面内侧有棘 3 根或 4 根。

卵　近孵化前长 3.0~3.2mm，初产为黄白色，后变黄褐色，孵化前变为暗紫色。

幼虫　若虫体灰褐色，末端近纺锤形。

④ 发生规律　蝼蛄昼伏夜出，20:00~23:00 是活动取食高峰，初孵化幼虫有群集性，怕风、畏水、畏光，3~6d 后即分散危害。具趋光性，趋厩肥习性。嗜好香甜物质。喜水湿，一般低洼地，雨后和灌溉后危害最烈，喜栖息在灌渠两旁的潮湿地带。

东方蝼蛄在南方 1 年发生 1 代，在华北 1 年发生 1 代，在东北 2 年发生 1 代。以成虫或老熟若虫在土中越冬。翌年 3 月开始活动，4~5 月为危害盛期，越冬若虫于 5~6 月羽化为成虫，7 月交尾产卵。喜在潮湿和较黏的土中产卵。卵期约 20d。卵经 2~3 周孵化为若虫。若虫期共 5 龄，4 个月羽化为成虫，一般在 10 月下旬入土越冬。

10.1.3.4　蝼蛄类害虫的防治措施

（1）园林栽培措施防治

合理施用充分腐熟的有机肥，以减少该虫滋生。

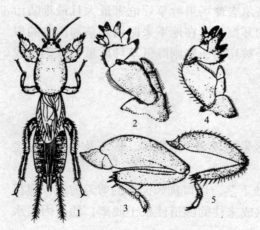

图 10-6　两种蝼蛄（李成德，2004）

华北蝼蛄：1. 成虫　2. 前足　3. 后足

东方蝼蛄：4. 前足　5. 后足

（2）生物防治

红脚隼、戴胜、喜鹊、黑枕黄鹂和红尾伯劳等食虫鸟类是蝼蛄的天敌，可在苗圃周围栽防风林，招引益鸟栖息繁殖食虫。

（3）物理机械防治

蝼蛄羽化期间，可用灯光诱杀，晴朗无风闷热天诱集量最多。

（4）化学防治

作苗床（垄）时将5%辛硫磷颗粒剂或2%二嗪磷颗粒剂加适量细土拌均匀，随粪翻入地下，利用毒土预防。发生期用毒饵诱杀。毒饵的配法：将40%乐果乳油与90%敌百虫原药用热水化开，每0.5kg加水5kg，拌饵料50kg。饵料要煮至半熟或炒香，以增强引诱力。傍晚将毒饵均匀撒在苗床上。在苗圃步道间，每隔20m左右挖一个规格为（30～40）cm×20cm×6cm 的小坑，然后将马粪或带水的鲜草放入坑内诱集，加上毒饵效果更好，次日清晨可到坑内集中捕杀。危害期使用5%锐劲特（氟虫腈）悬浮剂2000倍液灌根。

10.1.4 白蚁类

白蚁为典型的社会性昆虫，包括生殖型和非生殖型两大类。生殖型蚁又称繁殖蚁，指有性的雌蚁和雄蚁，它们的职责是保持旧群体和创立新群体，分原始繁殖蚁和补充繁殖蚁两类；非生殖型蚁指没有繁殖能力的白蚁，它们无翅，生殖器官已经退化，包括若蚁、工蚁、兵蚁三大类。根据其担负的是劳动还是作战的任务，有工蚁与兵蚁之分。而若蚁是指从白蚁卵孵出后至3龄分化为工蚁或兵蚁之前的所有幼蚁。有些种类缺少工蚁，由若蚁代行其职能。

10.1.4.1 白蚁的识别

（1）白蚁科（Termitidae）

头部有囟（头前端有一小孔，为额腺开口），成虫一般有单眼。前翅鳞仅略大于后翅鳞，两者距离偏远，前胸背板前中部隆起。跗节4节，尾须1～2节。土栖为主。

（2）鼻白蚁科（Rhinotermitidae）

头部有囟；前胸背板扁平，狭于头；有翅成虫一般有单眼，触角13～23节。前翅鳞显然大于后翅鳞，其顶端伸达后翅鳞。跗节4节，尾须2节。土木栖性。

10.1.4.2 白蚁的危害特点

白蚁被列为"人类无法战胜的六大昆虫军团"（红火蚁、杀人蜂、白蚁、蚊子、蟑螂、蝗虫）之一。在我国，白蚁危害每年造成的损失高达15亿元人民币。近年来，随着园林化城镇建设步伐的加快，苗木的调运日趋频繁，各地栽培的园林树种数量倍增，各种园林树木白蚁危害频繁发生。

白蚁危害具有以下特点：一是隐蔽性。除一年一度的季节性分飞外，工蚁、兵蚁从不露天活动，其巢穴多在地下和物体的隐蔽部位，一般人们不易发现。二是广泛性。白蚁以纤维素为主要食源，而纤维素分布广泛，因此，生活中的衣、食、住、行和国民经济各个部门都会受白蚁危害的影响。三是严重性。白蚁的生物特性是营巢群体性，一个成熟的白蚁巢少则几万只，多则几百万只，因此，白蚁危害十分严重，常可造成房屋坍塌、堤坝溃决、船沉、桥断、文物毁灭、档案消失、农作物被毁等严重后果。

10.1.4.3 常见白蚁种类

（1）家白蚁（*Coptotermes formosanus*）

家白蚁属等翅目鼻白蚁科。

① 分布及危害　在国内分布于湖南、湖北、广东、广西、江西、浙江、台湾等地。是危害房屋建筑、桥梁最严重的一种土、木两栖白蚁。

② 被害状　白蚁啃食荔枝、龙眼的老树、幼树和苗木根颈部，或在树干、树枝上修筑泥被，匿居其中咬食树皮，也可从伤口处侵入木质部危害，致使树势衰退，甚至幼树枯死。危害林木时，尤喜在古树名木及行道树内筑巢，使之生长衰弱甚至枯死。

③ 形态识别

成虫　有翅成虫体长 7.5～8.5mm，翅淡黄色。复眼近圆形、紫褐色，前胸背板近似半圆形，端缘及后缘中部向内凹入。

卵　乳白色，椭圆形。

兵蚁　体长 5.0～5.8mm，头及触角黄色，上颚黑褐色，发达，镰刀形。腹部乳白色。头呈椭圆形，大而显著，开口朝向前方。

④ 发生规律　家白蚁每年 5 月下旬开始产卵，孵化期 25～30d。第二年 4 月下旬至 5 月上旬为有翅繁殖蚁向外飞翔繁殖期。有翅成虫有趋光性，大量出现在大雨天的傍晚。

（2）黑翅土白蚁（*Odontotermes formosanus*）

黑翅土白蚁又名黑翅大白蚁、白蚂蚁。属等翅目白蚁科。

① 分布及危害　国内分布于长江以南及西南各地。主要危害女贞、桉树、水杉、栾树、泡桐、梧桐、桂花、茶花等多种园林树木。

② 被害状　白蚁营巢于土中，取食树木的根颈部，并在树木上修筑泥被，啃食树皮，亦能从伤口侵入木质部危害。苗木被害后常枯死，成年树被害后生长不良。此外，还能危及堤坝安全。

③ 形态识别（图 10-7）

有翅繁殖蚁　体长 12～15mm，体背和翅黑褐色，腹面棕黄色。前胸背板中央有一个淡色的"＋"形纹。足淡黄色。前翅鳞略大于后鳞，翅狭长，膜质，自基部特有的横缝脱落。

兵蚁　体长 5～6mm。头卵形，橙黄色，头最宽处常在中、后段。上颚发达，镰刀状，左、右各具一个齿，但左齿较大。胸部淡黄色。

④ 发生规律　黑翅土白蚁活动有很强的季节性。在福建、江西、湖南等省份，11 月下旬开始转入地下活动，12 月除少数工蚁或兵蚁仍在地下活动外，其余

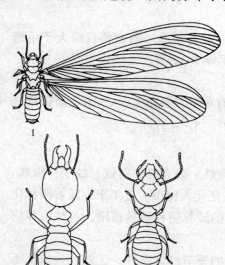

图 10-7　黑翅土白蚁（李成德，2004）
1. 成虫　2. 兵蚁　3. 工蚁

全部集中到主巢。翌年3月初气候转暖时开始出土为害。刚出巢的白蚁活动力弱，泥被、泥线大多出现在蚁巢附近。连续晴天，才会远距离取食。工蚁于4~6月在靠近蚁巢附近地势开阔、植被稀少的地方筑成圆锥状的羽化孔突，土粒较细，数目在15~20个。5~6月为第一个为害高峰期，7~8月气候炎热，早、晚和雨后活动频繁，9月后逐渐形成第二个为害高峰期。有翅生殖蚁的若虫一般5月出现于巢内，6月进入2龄，8月进入3龄，11月进入4龄，12月进入5龄，翌年3月出现有翅成虫。

10.1.4.4 白蚁类害虫的防治措施

（1）物理机械防治

于3~4月结合蚁路、地形等特征寻挖蚁巢，5~6月细找分群孔挖除蚁巢。在白蚁危害发生时，于被害处附近，挖长、宽各1m，深0.5~0.75m的土坑，坑内放置桉树皮、松木片、松枝、稻草等白蚁喜食物作诱饵，上洒以稀薄的红糖水或米汤，上面再覆一层草。过一段时间检查，如发现白蚁被诱来，于坑内喷洒灭蚁灵，使蚁带药回巢死亡。在白蚁分飞期，可用黑光灯诱杀。

（2）化学防治

① 压烟灭蚁　用"741"敌敌畏插管烟雾剂，置于发烟筒内。在找到白蚁主道后，确定方向，在通向主巢的蚁道下方挖一个烟包洞，点燃烟剂，当发浓白烟后，密闭烟道，将烟压入主巢。

② 磷化铝熏蒸　找到白蚁隧道后，将孔口稍加扩大，然后取一端有节的竹筒，其中装磷化铝6~10片，从开口一端压向孔道口，迅速用泥封住，以防磷化氢气体逸出。

③ 土壤处理　播种前每亩地用90%敌百虫原药0.10~0.15kg于25kg细土中拌匀，撒于土表，随即翻入土中，耙匀后播种，可以防治白蚁、蝼蛄及蛴螬。

◇任务实施

Ⅰ．危害状观察、类群鉴别及防治园林地下害虫

【任务目标】

（1）了解地下害虫的主要种类。

（2）掌握各类地下害虫的危害特点。

（3）掌握各种地下害虫的防治方法。

（4）熟悉地下害虫的调查方法。

【材料准备】

① 用具　实体显微镜、放大镜、镊子、喷雾器、烧杯、量筒。

② 生活史标本　东北大黑鳃金龟、黑绒鳃金龟、铜绿丽金龟、小青花金龟、大地老虎、小地老虎、华北蝼蛄、东方蝼蛄、家白蚁、黑翅土白蚁。

③ 杀虫剂　种衣剂（吡虫啉、毒死蜱）、辛硫磷、敌百虫、乐斯本。

【方法及步骤】

1. 地下害虫类群鉴别

（1）观察各种地下害虫标本，区分金龟甲、蝼蛄、地老虎、白蚁等各类害虫。

(2) 根据教材中的描述，观察并区分几种金龟甲成虫、地老虎成虫、蝼蛄成虫及白蚁成虫。

(3) 根据教材中的描述，区分各个类群地下害虫幼虫。

2. 地下害虫危害观察

观察各种地下害虫的生活史标本，观察并区别各种地下害虫的危害状，对各被害状进行认真描述。

3. 地下害虫防治

① 土壤处理　将50%辛硫磷乳油0.5kg兑水0.5kg，再与125~150kg细沙土混拌均匀，制成毒土，每亩施用15kg左右。毒土可撒在育苗地上，结合翻地、施肥或作床、作垄时翻入土中。

② 灌根　在受害植株根际或苗床浇灌50%辛硫磷乳油1000倍液，或用毒死蜱1500倍液浇灌根部。

③ 地面喷雾　用40.7%乐斯本乳油1000~2000倍液或50%辛硫磷乳油1000倍液，喷洒苗间及根际附近的土壤药杀地老虎幼虫。

④ 毒饵诱杀　采用40.7%乐斯本乳油0.5kg拌入50kg煮至半熟或炒香的饵料（麦麸、米糠等）中作毒饵，傍晚均匀撒入苗床上，诱杀蝼蛄。用糖6份、醋3份、白酒1份、水10份，加入1份敌百虫盛于盆中，近黄昏时放入苗圃地中，诱杀地老虎成虫。

【成果汇报】

列表区别不同种类地下害虫的成虫、幼虫、危害状及防治方法（表10-1）。

表10-1　不同种类地下害虫比较

害虫种类	害虫名称	成虫形态	幼虫形态	危害状	防治方法
金龟甲	东北大黑鳃金龟				
	黑绒鳃金龟				
	铜绿丽金龟				
	小青花金龟				
地老虎	大地老虎				
	小地老虎				
蝼　蛄	华北蝼蛄				
	东方蝼蛄				
白　蚁	家白蚁				
	黑翅土白蚁				
其　他					

Ⅱ. 调查园林地下害虫

【任务目标】

(1) 了解园林植物地下害虫的种类、危害情况、分布区域、发生条件和发生规律。

（2）掌握园林植物地下害虫的形态特征。
（3）熟悉地下害虫的调查方法。

【材料准备】

毒瓶、幼虫瓶、放大镜、果枝剪、镊子、米尺、捕虫网、笔记本、铅笔及相关参考资料。

【方法及步骤】

1. 种类和虫口密度调查

查明当地地下害虫的种类和数量，以便准确掌握虫情，制订合理的防治计划。常用的调查方法如下。

① 挖土调查法　调查宜在秋季进行，黑龙江、吉林一般在9月下旬调查，辽宁、河北、山东、山西、内蒙古等地一般在10月上旬调查。调查时选择有代表性的地块，按不同土质、地势、茬口分别进行。取样方式取决于地下害虫在田间的分布型，如蛴螬、金针虫多属聚集分布，以采用"Z"字形或棋盘式取样法为宜。取样数量一般1hm²以内地块取8个点；1hm²以上，每增加1hm²，样点增加2个。样坑大小为1m×1m，样坑深度根据虫种、季节和调查目的而定。如调查地下害虫种类和数量时，可按预定深度挖；调查地下害虫的垂直分布时，则应分层挖，常规按0~5cm、5~15cm、15~30cm、30~45cm、45~60cm等不同层次分别进行调查记载。边挖土边检查，土块要打碎。

② 灯光诱测法　对有趋光性的害虫种类，如地老虎、蝼蛄、蟋蟀、某些金龟甲和金针虫等，可从越冬成虫开始出土活动时至秋末越冬，或在主要种类的成虫发生期利用黑光灯进行诱测。

③ 食物诱集法　根据地下害虫的趋性，采取穴播食物诱集法，可减轻挖土调查强度。一般在冬季或春季，每隔50cm穴播小麦或玉米，当发现幼苗受害后，挖土检查，效果很好。

2. 危害情况调查

掌握地下害虫的危害情况是实施田间补救措施的依据。调查时间因植物而异，调查方法是选择不同土壤类型的田块，根据主要地下害虫种类的分布型，每次调查10~20个点。

危害程度分为轻微、中等、严重3级记载，分别用"＋""＋＋""＋＋＋"表示，被害株率小于5%为轻微，5%~10%为中等，大于10%为严重。

花圃或苗圃还要调查土质，根据踏查所得的资料，确定主要害虫的类群及危害严重程度，从而分析花木衰萎和死亡的原因。

【成果汇报】

列表区别不同立地类型地下害虫的调查结果（表10-2）。

表10-2　苗圃、绿地地下害虫调查

调查日期	调查地点	土壤植被情况	样坑号	样坑面积（m²）	样坑深度（cm）	害虫名称	虫期	害虫数量（头）	调查株数（株）	被害株数（株）	被害株率（%）	备注

◇ **自测题**

1. 名词解释

糖醋盆诱集法，地下害虫，挖土调查法。

2. 填空题

（1）金龟甲总科成虫种类较多，园林常见有_____、_____、_____ 3科。

（2）糖醋酒液配制比为糖_____份、醋_____份、白酒_____份、水_____份，加适量敌百虫。

（3）小青花金龟春季多群聚在花上，食害草莓的_____、_____、_____及_____，致落花。

（4）蝼蛄初孵化幼虫有群集性，畏_____、畏_____、畏_____。

3. 单项选择题

（1）铜绿丽金龟1年发生（　　）。
　　A．1代　　　　B．2代　　　　C．3代　　　　D．4代

（2）小青花金龟除（　　）外，全国都有分布。
　　A．湖北　　　　B．北京　　　　C．东北　　　　D．新疆

（3）蛴螬对果园苗圃、幼苗及其他作物的危害主要是（　　）两季最重。
　　A．夏、冬　　　B．春、夏　　　C．春、秋　　　D．秋、冬

（4）白蚁营巢于土中，取食树木（　　）。
　　A．叶　　　　　B．根颈　　　　C．树干　　　　D．枝梢

（5）蝼蛄昼伏夜出，（　　）是活动取食高峰。
　　A．5:00～10:00　　　　　　　　B．10:00～15:00
　　C．15:00～18:00　　　　　　　　D．20:00～23:00

4. 多项选择题

（1）小地老虎以（　　）越冬。
　　A．卵　　　　　B．幼龄幼虫　　C．老熟幼虫
　　D．蛹　　　　　E．成虫

（2）东北大黑鳃金龟以（　　）越冬。
　　A．卵　　　　　B．幼虫　　　　C．若虫
　　D．蛹　　　　　E．成虫

5. 简答题

（1）蝼蛄的危害特点有哪些？

（2）如何采用糖醋酒液诱集害虫？

（3）白蚁的综合防治方法有哪些？

（4）大地老虎与小地老虎的成虫、幼虫有哪些区别？

（5）华北蝼蛄与东方蝼蛄的成虫有哪些区别？

◇ **自主学习资源库**

1. 晋农 12316 网：http://kj.sxnyt.gov.cn.
2. 暨南大学生物学野外实习网络课程：http://course.jnu.edu.cn:8088/index.html.
3. 中国营口网：http://www.chinayk.com.

任务10.2　鉴别及防治园林植物食叶害虫

◇ **工作任务**

通过学习和训练，要求能全面掌握几种园林植物食叶害虫各个虫态的形态特征，熟悉食叶害虫的危害状，能准确地进行诊断；熟悉食叶害虫的发生规律，掌握各类食叶害虫的综合防治方法。

◇ **知识准备**

食叶害虫是以叶片为食的害虫。通常以幼虫取食植物叶片，削弱树势。其发生及危害具有以下4个特点：一是具有咀嚼式口器。主要危害健康植物，以幼虫取食叶片，常咬成缺口或仅留叶脉，甚至全吃光。少数种群潜入叶内，取食叶肉组织，或在叶面形成虫瘿，如黏虫、叶蜂、松毛虫等。二是大多营裸露生活。其数量的消长常直接受气候与天敌等因素制约，虫口数量消长明显。三是繁殖量大。食叶害虫繁殖量较大，且这类害虫的成虫多数不需补充营养，寿命也短，幼虫期为主要摄取养分和造成危害期，一旦发生危害则虫口密度大而集中。又因其成虫能做远距离飞迁，故也是这类害虫经常猖獗危害的主要原因之一。四是发生多具阶段性和周期性。发生分为初始阶段、增殖阶段、猖獗阶段、衰退阶段4个过程，每个大发生过程，通常1年1代的持续期约7年，2年1代的约14年，1年2代的约3年半，但受环境影响很大。

10.2.1　蝶类

10.2.1.1　蝶类识别

（1）凤蝶科（Papilionidae）

凤蝶科体中型至大型，颜色鲜艳，底色黄或绿色，带有黑色斑纹，或底色为黑色而带有蓝、绿、红等色斑。前翅R脉5条，A脉2条，并有1条臀横脉；后翅A脉1条，有1条钩状肩脉生在亚缘室上，Sc脉与R脉在基部形成1个小室，多数种类M_3脉常延伸成尾突，也有的种类有2条以上的尾突或无尾突。后翅外缘呈波状或有尾突。幼虫的后胸显著隆起，前胸背中央有一个臭丫腺，受惊时翻出体外。

（2）蛱蝶科（Nymphalidae）

蛱蝶科体中型到大型，前足退化短缩，无爪，通常折叠在前胸下，中足、后足正常，称"四足蝶"。前翅R脉5条，A脉1条；后翅A脉2条，具肩脉。翅形变化极大，一些种类顶角尖突，一些种类具有尾状突。翅较宽，外缘常不整齐，色彩鲜艳，有的种类具金属闪光，飞翔迅速而活泼，静息时四翅常不停地扇动。翅面颜色十分丰富。中室通常前翅为闭室，后翅为开室。幼虫头部常有头角，似猫头，腹末具臀刺，全身多枝刺。

10.2.1.2 蝶类的危害特点

蝶类的幼虫期是害虫，啃食植物，而成虫期是益虫，给植物传授花粉。蝶类幼虫的取食对象因虫种而异，大多数幼虫嗜食叶片，有些种类嗜食花蕾，还有一些种类蛀食嫩荚或幼果。取食植物叶子的幼虫，如果是1龄的初期，常在叶背啃食叶肉，残留上表皮，形成玻璃窗样的透明斑，以后幼虫食叶穿孔，或自叶缘向内蚕食。随着虫体长大，食量也越来越大。在一株植物上，虫口密度大的时候全株被啃食一空。许多群栖性种类的初龄幼虫，取食和栖息的活动是一致的（1龄、2龄幼虫比较明显），集中在一起取食或栖息。有些蝶类的幼虫常有缀叶为巢而隐居其中的习性，缀叶的方法因虫种各有不同，有缀一叶的，有缀数叶的，各有各的式样或技巧。

10.2.1.3 园林常见蝶类种类

（1）柑橘凤蝶（*Papilio xuthus*）

柑橘凤蝶又名橘黑黄凤蝶、橘凤蝶、黄菠萝凤蝶、黄檗凤蝶等。属鳞翅目凤蝶科。

① 分布及危害　我国各柑橘产区均有分布，危害柑橘和山椒等。

② 被害状　以幼虫危害柑橘嫩叶、嫩梢，初龄幼虫在嫩叶边缘取食。虫体长大后渐向叶心咬食，仅留叶脉，严重时叶脉全被吃光，严重影响柑橘幼苗和幼树的生长和树冠的形成。

③ 形态识别（图10-8）

成虫　分春型和夏型。春型体长21~28mm，翅展70~95mm，淡黄色，胸、腹部背面有黑色纵带直至腹末。前翅三角形，黑色，外缘有8个月牙形黄斑。后翅外缘有6个月牙形黄斑。臀角有一橙黄色圆圈，其中间有1个小黑点。夏型体长27~30mm，翅展105~108mm。

卵　圆球形，淡黄至褐黑色。

幼虫　幼虫初孵为黑色鸟粪状，老熟时38~48mm，绿色，前胸背面有橙黄色丫状臭角。后胸背面两侧各有一个眼状纹，腹部第一节后缘有墨绿色环带。

蛹　近菱形，淡绿至暗褐色，长30~32mm。

④ 发生规律　1年发生3~6代，以蛹越冬。3~4月羽化的为春型成虫，7~8月羽化的为夏型成虫，田间世代重叠。成虫白天交尾，卵产于嫩叶背面或叶尖。幼虫孵出后即在此取食，一生可取食5~6

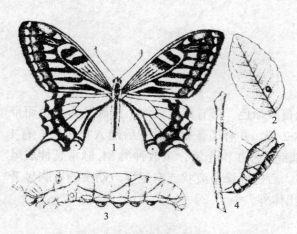

图10-8　柑橘凤蝶（李成德，2004）

1. 成虫　2. 卵　3. 幼虫　4. 蛹

片叶。幼虫遇惊时伸出臭角发出难闻气味以避敌害，老熟后即吐丝做垫头斜向悬空化蛹。

（2）樟青凤蝶（*Graphium sarpedon*）

樟青凤蝶又名青凤蝶。

① 分布及危害　国内分布在陕西、湖北、湖南、四川、贵州、云南、西藏、江西、浙江、福建、广西、广东、海南、台湾、香港。危害白兰花、樟树、楠等植物。

② 被害状　初孵幼虫先吃卵壳，后在嫩叶背面取食叶肉，3龄后食量增大。幼虫食叶成缺刻或孔洞，可将叶片吃尽，以2～3年生叶片受害最重。严重影响植物生长发育和观赏。

③ 形态识别

成虫　翅展70～85mm，翅黑色或浅黑色。前翅有1列青蓝色的方斑，从顶角内侧开始斜向后缘中部，从前缘向后缘逐斑递增，近前缘的斑最小，后缘的斑变窄。后翅前缘中部到后缘中部有3个斑，其中近前缘的1个斑白色或淡青白色。外缘区有1列新月形青蓝色斑纹，外缘波状，无尾突。有春、夏型之分，春型稍小。

卵　球形，底面浅凹。乳黄色，表面光滑，有强光泽。直径与高均约1.3mm。

幼虫　初龄幼虫头部与身体均呈暗褐色，但末端白色。其后色彩随幼虫的成长而渐淡，至4龄时全体底色已转为绿色。胸部每节各有1对圆锥形突，初龄时淡褐色，2龄时呈蓝黑色而有金属光泽。到末龄时中胸的突起变小而后胸的突起变为肉瘤，中央出现淡褐色纹，体上出现1条黄色横线与之相连。

蛹　体色依附着场所不同而有绿、褐两型。蛹中胸中央有1前伸的剑状突，背部有纵向棱线，由头顶的剑状突起向后延伸分为3支，2支向体侧呈弧形到达尾端，另1支向背中央伸至后胸前缘时又二分，呈弧形走向尾端。

④ 发生规律　1年发生2～3代，以蛹悬挂在寄主中、下部枝叶上越冬，4月中旬至5月下旬陆续羽化。第一至三代幼虫期分别为5月中旬至6月中旬、7月上旬至8月中旬、8月下旬至9月下旬。成虫夜间羽化，羽化后1～2d在林间飞翔，觅食花蜜补充营养。数日后求偶交配，产卵1粒于嫩叶尖端，偶尔2粒。幼虫5龄，老熟后爬行至隐蔽的小枝叶背面，用丝固定尾部。

（3）茶褐樟蛱蝶（*Charaxes bernardus*）

茶褐樟蛱蝶又名白带螯蛱蝶、茶色蛱蝶。

① 分布及危害　国内分布在江西、福建、湖南、浙江、广东、四川、海南、云南等地，主要危害樟树、天竺桂等树种，尤喜食油樟叶片。

② 被害状　该虫危害樟树叶片，幼虫多蚕食危害，形成缺刻状，严重时可将叶片吃光，仅留叶柄。

③ 形态识别

成虫　体长34～36mm，翅展65～70mm，体背、翅红褐色，腹面浅褐色，触角黑色。后胸、腹部背面，以及前、后翅缘近基部密生红褐色长毛。前翅外缘及前缘的外半部带黑色，中室外有白色大斑，后翅有尾突2个。

卵　半球形，高约2mm，深黄色，散生红褐色斑点。

幼虫 老熟幼虫体长 55mm 左右，绿色，头部后缘有骨质突起的浅紫褐色四齿形锄枝刺，第三腹节背中央镶 1 个圆形淡黄色斑。

蛹 体长 25mm，粉绿色，悬挂于叶或枝下。稍有光泽。

④ 发生规律 在苏州 1 年发生 3 代，以老熟幼虫在背风、向阳、枝叶茂密的树冠中部的叶面主脉处越冬。翌年 3 月活动取食，4 月中旬化蛹，5 月上旬前后羽化成虫，5 月中旬产卵，5 月下旬幼虫孵化，各代幼虫分别于 6 月、8~9 月及 11 月取食危害。7 月下旬第一代成虫羽化，成虫常飞至栎树伤口，以伤口流汁为补充营养，随后交尾、产卵。卵多产于樟树老叶上，嫩叶上很少。卵散产，一般 1 叶 1 卵，初孵化幼虫先取食卵壳，后爬至翠绿中等老叶上取食。老熟幼虫吐丝缠在树枝或小叶柄上化蛹，10 月上旬第二代成虫羽化。第三代幼虫于 10 月下旬出现，12 月上旬前后末龄幼虫陆续越冬。

10.2.1.4 蝶类害虫的防治措施

（1）物理机械防治

从初夏起，结合花木修剪管理，人工捕杀幼虫和越冬蛹，在养护管理中摘除有虫叶和蛹。成虫羽化期可用捕虫网捕捉成虫。

（2）生物防治

幼虫期喷施每毫升含孢子 $100×10^8$ 个以上的青虫菌粉或浓缩液 400~600 倍液，加 0.1% 茶饼粉以增强药效，或喷施每毫升含孢子 $100×10^8$ 个以上的 BT 乳剂 300~400 倍液。

（3）化学防治

严重发生时，于低龄幼虫期喷施 20% 除虫菊酯乳油 2000 倍液、2.5% 溴氰菊酯乳油 3000 倍液、20% 杀灭菊酯乳油 2000 倍液或 20% 灭幼脲 1 号胶悬剂 100 倍液。

10.2.2 蛾类

10.2.2.1 蛾类的识别

（1）舟蛾科（Notodontidae）

舟蛾科昆虫与鳞翅目夜蛾科很相似。具听器，前翅 M_2 脉从中室端部中央伸出，肘脉似三叉式，后缘亚基部经常有鳞簇；后翅 $Sc+R_1$ 脉与 Rs 脉靠近但不接触，或由一短横脉相连；喙通常发达，无单眼；鼓膜向下伸，反鼓膜巾位于第一腹节气门后。幼虫圆筒形，或有各种瘤突，臀足经常退化或特化成细突起或刺状构造。惊动时，抬起身体的前、后端凝固不动，以身体中央的 4 对腹足支撑身体，形如舟状，故称为"舟形毛虫"。幼虫取食多种乔木和灌木，通常有群集性。在茧内或土中化蛹。

（2）刺蛾科（Eucleidae）

由于这类幼虫体上有枝刺和毒毛，人类皮肤触及立即发生红肿，疼痛异常，因此俗称痒辣子、火辣子、八架子、双木架子或刺毛虫。刺蛾科成虫中等大小，身体和前翅密生绒毛和厚鳞，大多黄褐色、暗灰色和绿色，间有红色，少数底色洁白，具斑纹。夜间活动，有趋光性。口器退化，下唇须短小，少数较长。雄蛾触角一般为双栉形，翅较短阔。幼虫体扁,蛞蝓形,其上生有枝刺和毒毛,有些种类较光滑,无毛或具瘤。头小,可收缩。有些种类茧上具花纹,形似雀蛋。羽化时,从茧的一端裂开圆盖飞出。刺蛾幼虫大多取食阔叶树种的叶片,是森林、园林的常见害虫。

(3) 卷蛾科 (Tortricidae)

卷蛾科体中型或小型,多为褐、黄、棕、灰等色,并有条纹、斑纹或云斑。前翅略呈长方形,肩区发达,前缘弯曲,有的种类雄虫前缘向反面折叠。静止时,两前翅平叠在背上,合成钟状,下唇须第一节常被有厚鳞,呈三角形。除头部有竖立的鳞毛外,身上的鳞片平贴。幼虫圆柱形,体色多为不同浓度的绿色,有的为白色、粉红色、紫色或褐色。

(4) 蓑蛾科 (Psychidae)

蓑蛾科雄虫有翅及复眼,触角羽状,喙退化,翅略透明。前、后翅中室内保留 M 脉主干,前翅 A 脉基部 3 条,至端部合并为 1 条。后翅 $Sc+R_1$ 脉与中室分离。雌虫无翅,幼虫形,终身生活在幼虫所缀成的巢中。幼虫肥胖,胸足发达,腹足趾钩单序,椭圆形排列。幼虫能吐丝,缀枝叶为袋形的巢,背负行走。雌雄异型,雄具翅,触角双栉状,翅上鳞片稀薄,近于透明。幼虫胸足发达,吐丝缀叶,造袋囊隐居其中,取食时头部伸出袋外。

(5) 毒蛾科 (Lymantriidae)

成虫(蛾)中型至大型。体粗壮多毛,雌蛾腹端有肛毛簇。口器退化,下唇须小。无单眼。触角双栉齿状,雄蛾的栉齿比雌蛾的长。有鼓膜器。翅发达,大多数种类翅面被鳞片和细毛,有些种类如古毒蛾属、草毒蛾属,雌蛾翅退化或仅留残迹或完全无翅。成虫(蛾)大小、色泽往往因性别有显著差异。成虫(蛾)活动多在黄昏和夜间,少数在白天。静止时多毛的前足向前伸出。幼虫体被长短不一的毛,在瘤上形成毛束或毛刷。幼虫具毒毛,因此得科名。幼虫第六、第七腹节或仅第七腹节有翻缩腺,是本科幼虫的重要鉴别特征。幼龄幼虫有群集和吐丝下垂的习性。

(6) 灯蛾科 (Arctiidae)

一般小型至中型,少数大型。体色较鲜艳,通常具红色或黄色斑纹。前翅 M_2 脉、M_3 脉与 Cu 脉相近,似 Cu 脉有四分支,后翅 $Sc+R_1$ 脉与 Rs 脉在中室中部或中部以外有一长段并接。成虫休息时将翅折叠成屋脊状。多在夜间活动,趋光性较强,如遇干扰,能分泌黄色腐蚀性刺鼻的臭油汁,有些种类甚至能发出爆裂声以驱避敌害。幼虫体上具毛瘤,生有浓密的长毛丛,毛的长短比较一致,中胸在气门水平上具 2~3 个毛瘤。趾钩双序环式。

(7) 螟蛾科 (Pyralidae)

体小型到中型。身体细长,脆弱,腹部末端尖削。有单眼,触角细长,通常绒状,偶有栉状或双栉状。喙发达,基部被鳞。下唇须 3 节,前伸或上举。翅一般相当宽,有些种类则窄。前翅呈长三角形,R_3 脉与 R_4 脉常在基部共柄,偶尔合并,第一臀脉消失。后翅 $Sc+R_1$ 脉与 Rs 脉在中室外短距离愈合或极其接近,M_1 脉与 M_2 脉基部远离,各出自中室上角和下角,这是该科的鉴别特征。幼虫通常圆柱状,体细长、光滑,多钻蛀或卷叶危害。

(8) 斑蛾科 (Zygaenidae)

体小型至中型,身体光滑,身体狭长,颜色常鲜艳夺目。触角简单,丝状或棍棒状,雄蛾多为栉齿状。翅脉序完全,前、后翅中室内有 M 脉主干,后翅亚 Sc 脉及 R 脉中室前缘中部连接，后翅有 Cu 脉；翅面鳞片稀薄，呈半透明状。翅多数有金属光泽，少数暗淡，有些种在后翅上具有燕尾形突出，形如蝴蝶。幼虫头部小，缩入前胸内，体具扁毛瘤，上生短刚毛。

（9）枯叶蛾科（Lasiocampidae）

体中型至大型，因不少种类静止时如枯叶状而得名。幼虫化蛹前先织成丝茧，故也有茧蛾之称。体粗壮，多厚毛。大多夜间活动。触角栉齿状。眼有毛，单眼消失。喙退化。足多毛，胫距短，中足缺距。翅宽大。常雌雄异形。雌蛾笨拙，雄蛾活泼、有强飞翔力。枯叶蛾的体色和翅斑变化较多，有褐、黄褐、火红、棕褐、金黄、绿等色。环境适宜时，常大量发生成灾。幼虫体多毛，俗称毛虫。幼虫胸背的毒毛在结茧时竖立于丝织的茧上。幼虫绝大多数取食木本植物的叶片，天幕毛虫类危害果树和林木，松毛虫类是松树的主要害虫。

（10）天蛾科（Sphingidae）

体型较大。前翅大而狭长，翅顶角尖，具翅缰和翅缰钩。触角粗厚，端部成钩。喙发达，非一般蛾类可比，飞翔力强，经常飞翔于花丛间取蜜。大多数种类夜间活动，少数日间活动。幼虫肥大，圆柱形，光滑，体面多颗粒。第八腹节背中部有一臀角，入土后做土茧化蛹，蛹的第五节和第六节能活动，末节有臀棘。

（11）尺蛾科（Geometridae）

尺蛾科是鳞翅目中仅次于夜蛾科的大科，体小型到大型，通常为中型。身体一般细长，翅宽，常有细波纹，少数种类雌蛾翅退化或消失。通常无单眼，毛隆小。喙发达。前翅可有 1~2 个副室，R_5 脉与 R_3 脉、R_4 脉共柄，M_2 脉通常靠近 M_1 脉，但也有居中。后翅 Sc 脉基部常强烈弯曲，与 Rs 脉靠近或部分合并。尺蛾的幼虫又称为尺蠖，俗称步曲虫或弓腰虫。其腹部只在第六节和末节上各有 1 对足，行动时身体一屈一伸，如同人用手量尺一样，尺蛾即由此而得名。休息时用腹足固定，身体前面部分伸直，与植物成一角度，拟态如植物的枝条。

10.2.2.2 蛾类的危害特点

园林植物食叶害虫种类很多，主要有鳞翅目的蛾类。幼龄幼虫大多啃食叶肉，留下表皮，并多具群集性。随着虫体的增大开始分散蚕食，取食成缺刻或孔洞，逐渐进入严重危害期，严重时可将叶片吃光，只剩叶柄和主脉。蛾类害虫一般食性杂，食量大，繁殖量大，适应性较强。成虫多具趋光性，昼伏夜出，卵多产在叶面。

10.2.2.3 园林常见蛾类

（1）杨扇舟蛾（Clostera anachoreta）

杨扇舟蛾又名白杨天社蛾。属鳞翅目舟蛾科。

① 分布及危害 分布于全国各地，以"三北"地区发生严重，危害杨、柳。

② 被害状 初孵幼虫群栖，啃食叶肉成网状，2 龄吐丝缀叶，形成大虫苞，3 龄后分散取食，可将全叶片食尽，仅剩叶柄。老熟幼虫吐丝缀叶结薄茧化蛹。

③ 形态识别（图 10-9）

成虫 体长 16~18mm，灰褐色。前翅有 4 条灰白色波浪状横纹，顶角有一褐色扇形大斑，其下有一黑点，后翅灰褐色。

卵 半圆形，直径约 1mm，深红色，近孵化时暗灰色。

幼虫 老熟时体长 38mm，头部黑褐色，腹部灰白色，体侧灰绿色。体两侧有灰褐色横宽带，腹部第一节及第八节背部各有一个橙红色瘤。

蛹 褐色，腹末臀棘分叉。

茧 丝质，椭圆形，灰白色。

④ 发生规律 辽宁、甘肃 1 年发生 2～3 代，华北地区 1 年发生 3～4 代，四川和华东地区 1 年发生 5～6 代，以蛹在枯落物等隐蔽处越冬。海南 1 年发生 8～9 代，全年危害，无越冬现象。翌年 4 月中旬成虫羽化，成虫有趋光性，将卵产于叶背，卵块单层，每块有卵 300～400 粒。

（2）槐羽舟蛾（*Pterostoma sinicum*）

槐羽舟蛾又名槐天社蛾。属鳞翅目舟蛾科。

① 分布及危害 国内分布于黑龙江、北京、上海、河北、河南、四川、陕西、山东、江苏、浙江、湖北。主要危害槐、龙爪槐、紫藤、紫薇、海棠等花木。

② 被害状 幼虫分散蚕食叶片，随着虫龄增长，常将整枝或整株的树叶食光。

③ 形态识别（图 10-10）

成虫 体长 29mm 左右，全体暗黄褐色，前翅后缘中部有一浅弧形缺刻，翅面有双条红褐色齿状波纹。

卵 黄绿色，圆形，底边较扁平，似馒头状。

幼虫 老熟幼虫体长 55mm，体光滑、略扁，腹面绿色，腹背部粉绿色。气门线为黄褐色横线，其上缘为蓝黑色细线，足上有黑斑。

蛹 黑褐色，有光泽，椭圆形，臀棘 4 个。

茧 长椭圆形，灰色，较粗糙。

④ 发生规律 华北地区 1 年发生 2～3 代，以蛹在土中结粗茧越冬。翌年 4 月下旬至 5 月上旬成虫羽化，有趋光性。卵散产于叶片上，卵期 7d 左右。9 月下旬至 10 月幼虫陆续老熟，下树入土结茧化蛹过冬。世代不甚整齐，有世代重叠现象。

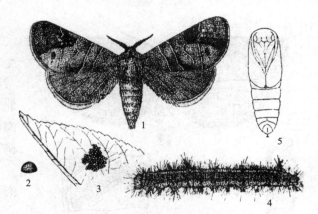

图 10-9 杨扇舟蛾（仿浙江农业大学）
1. 成虫 2. 卵 3. 卵块 4. 幼虫 5. 蛹

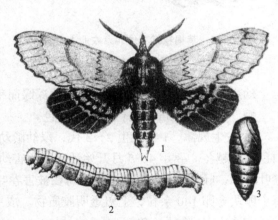

图 10-10 槐羽舟蛾（武三安，2007）
1. 成虫 2. 幼虫 3. 蛹

（3）苹褐卷蛾（*Pandemis hoparana*）

苹褐卷蛾又名褐带卷蛾。属鳞翅目卷蛾科。

① 分布及危害　国内分布于华东、华北、东北、西北、华中等地。危害桃、梅、海棠、绣线菊、大丽花、蔷薇、月季、杨、柳、桑等花木。

② 被害状　初孵幼虫群栖叶上，食害叶肉呈筛孔状，2龄后吐丝分散，叶片卷曲。

③ 形态识别（图10-11）

成虫　体长8～11mm。前翅黄褐色，前缘稍呈弧形拱起，前翅前缘中部至后缘有一浓褐色中带，前窄后宽，近顶角处有一半球形浓褐斑纹，后翅灰褐色。

卵　扁椭圆形，淡黄绿色，直径0.7mm，近孵化时褐色。

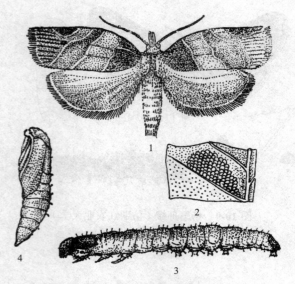

图10-11　苹褐卷蛾（仿北京农业大学）
1. 成虫　2. 卵块　3. 幼虫　4. 蛹

幼虫　老熟时体长18～22mm，体深绿而稍带白色，前胸背板后缘两侧各有一黑斑。

蛹　长9～11mm，纺锤形，暗褐色。

④ 发生规律　1年发生2～3代，以幼龄幼虫在树干翘裂皮层缝隙、剪锯口等隐蔽处结白色薄茧越冬。翌年4～5月开始活动，食害幼嫩的芽、花蕾、嫩叶，如遇惊扰，幼虫即从卷叶外出，吐丝下垂。5月中、下旬在被害卷叶内化蛹，6～7月成虫羽化。成虫产卵成块，每个卵块含卵140余粒，上盖透明胶质物。成虫有趋化性和趋光性。

（4）桉小卷蛾（*Strepsicrates coriariae*）

桉小卷蛾属鳞翅目卷蛾科。

① 分布及危害　国内分布于广东、广西、福建、海南等地，此虫在桉树分布地区基本上均有发生。主要危害桉属、红胶木属、白千层属和桃金娘属的植物。

② 被害状　幼虫吐丝缀叶形成芽苞或叶苞，隐藏在苞内取食嫩芽幼叶。严重时，嫩梢及大部分叶被吃光，严重影响植物的生长发育，是桉树苗圃和幼林地的主要害虫。

③ 形态识别

成虫　体翅呈灰褐色，雌蛾体长6～7mm。前翅近后缘部分为灰白色，在近后缘距基部有灰褐色的斑块，两前翅合拢时，灰褐色的斑块相连。雄蛾前翅基部中间靠后缘处有一突起的灰白色鳞毛丛。

卵　椭圆形，长0.5～0.6mm，初产时乳白色，近孵化时黄褐色。

幼虫　老熟幼虫体长13～14mm，黄褐色。头淡黄色，背线、亚背线褐色，毛片白色，臀栉明显。

蛹　纺锤形，栗褐色，长5～7mm。

④ 发生规律　在广东1年发生8～9代，在海南一年发生12代左右。无明显的越冬现

象，只是冬季发育迟缓，世代重叠严重。各个雌蛾的产卵量一般为 2～200 粒，幼虫孵出后即爬到嫩芽吐丝缀叶危害。幼虫一般 5 个龄期，少数 4 个或 6 个龄期。幼虫大部分下地化蛹，少数在叶苞中化蛹。雨水太多或低温不利于桉小卷蛾的发生，所以广东 9～10 月降水量少、气候温暖时，虫口密度大，危害严重。该虫主要危害幼苗，大树也有危害，但不严重。因此，防治桉小卷蛾的重点应放在苗木及幼树阶段。

（5）黄刺蛾（*Cnidocampa flavescens*）

黄刺蛾又名洋辣子。属刺毛虫属鳞翅目刺卷蛾科。

① 分布及危害　在我国除宁夏、新疆、贵州、西藏目前尚无记录外，几乎遍布其他省份。以幼虫危害枣、胡桃、柿树、枫杨、苹果、杨等 90 多种植物。

② 被害状　可将叶片吃成很多孔洞、缺刻或仅留叶柄、主脉，严重影响树势和观赏价值。

③ 形态识别（图 10-12）

成虫　体长 13～17mm，橙黄色。前翅黄褐色，有两条暗褐色斜线在翅尖上汇合于一点，呈倒"V"字形，内面一条伸到中室下角，为黄色与褐色的分界线，后翅灰黄色。

卵　扁平，椭圆形，淡黄色。

幼虫　老熟幼虫体长 16～25mm，黄绿色。体背有一个紫褐色大斑，两端宽，中间细，形如哑铃。

茧　椭圆形，质坚硬，灰白色，上有黄褐色纵纹，形似雀蛋。在小枝和树干上结茧。

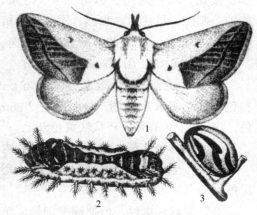

图 10-12　黄刺蛾（李成德，2004）
1. 成虫　2. 幼虫　3. 茧

④ 发生规律　东北 1 年发生 1 代，陕西、河北 1 年发生 1～2 代，长江以南地区 1 年发生 2～3 代，以老熟幼虫在树上结茧越冬。翌年 5～6 月化蛹。成虫昼伏夜出，有强的趋光性，卵产于叶背端部。

（6）青刺蛾（*Latoia consocia*）

青刺蛾又名褐边绿刺蛾。属鳞翅目刺卷蛾科。

① 分布及危害　国内分布于东北、华北、华东、华中、华南、西南、陕西等地。危害大叶黄杨、月季、海棠、桂花、牡丹、芍药、苹果、梨、桃、李、杏、梅、樱桃、枣、柿树、核桃、珊瑚、板栗、山楂、杨、柳、悬铃木、榆等植物。

② 被害状　幼虫取食叶片，其中低龄幼虫取食叶肉，仅留表皮，老龄时将叶片吃成孔洞或缺刻，有时仅留叶柄，严重影响树势。

③ 形态识别

成虫　体长 12～18mm，黄绿色。前翅基角褐色，外缘有浅褐色宽带，宽带外侧具褐色细花纹。

卵　扁平，卵圆形，浅黄绿色。

幼虫　老熟幼虫体长 24～27mm，淡绿色。背线红色，各节背面有黑绿和蓝绿色斑块，腹末有4个黑绒状斑点。

茧　茧壳坚硬，棕褐色，老熟幼虫迁移到树干基部、树枝分杈处和地面的杂草间或土缝中做茧化蛹。

④ 发生规律　北方地区1年发生1代，南方地区1年发生2～3代，以老熟幼虫在树下土中结茧越冬。翌年4月下旬化蛹。成虫昼伏夜出，有趋光性，卵多产在叶背。

（7）大袋蛾（*Cryptothelea variegata*）

大袋蛾又名大蓑蛾、大皮虫、避债蛾。属鳞翅目袋蛾科。

① 分布及危害　国内分布于江苏、浙江、上海、安徽、山东、福建、四川、江西、湖南、湖北、云南、陕西和台湾等地，主要在长江沿岸及以南各地。食性杂，以幼虫危害月季、樱花、梅、泡桐、樟树、李、海棠、牡丹、菊花、白榆、柳、雪松、千头杨、圆柏、侧柏、刺槐、悬铃木、水杉、木芙蓉等植物。

② 被害状　1、2龄时咬食表面叶肉，3龄后食量大增，蚕食穿孔或仅留叶脉。

③ 形态识别（图10-13）

成虫　雌雄异型，雄成虫体长22～23mm，体黑褐色，触角羽毛状，胸部背面有5条黄色纵线。雌成虫无翅，体长22～30mm，蛆形，肥胖无翅，无足，口器退化，全体乳白色，腹部7～8节有一环状淡黄色茸毛。

卵　椭圆形，黄白色，多产在蛹壳内。

幼虫　老熟幼虫体长35mm，共5龄，前胸背板骨化，中央有2条黑褐色阔带，腹部黑色。

蛹　雌蛹红褐色，形似蝇类围蛹，纺锤形；雄蛹细长，腹末弯曲。

④ 发生规律　大多1年发生1代，以老熟幼虫在护囊内越冬，翌年4月下旬开始化蛹，5月下旬开始羽化，产卵量很大，雌蛾平均产卵量有3400多粒。6月中旬开始孵化，初孵幼虫在虫囊内滞留3～4d后蜂拥而出，吐丝下垂，借风力扩散蔓延。幼虫具有明显的向光性，一般在树冠顶部集中危害。大蓑蛾一般在干旱的年份7、8月气温偏高时危害猖獗。

（8）舞毒蛾（*Lymantria dispar*）

舞毒蛾又名秋天毛虫、柿毛虫。属毒蛾科。

① 分布及危害　国内分布于东北、内蒙古、陕西、河北、山东、山西、江苏、四川、宁夏、甘肃、青海、新疆、河南、贵州、台湾。舞毒蛾幼虫危害500余种植物，主要有杨、柳、桑、榆、落叶松、樟子松、栎、李、桦、槭、柿树、云杉、椴、马尾松、云南松、油松等。

② 被害状　舞毒蛾是一种食性广、危

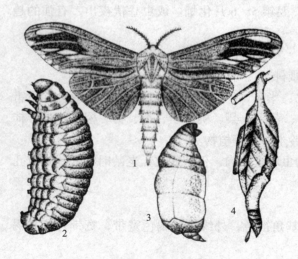

图10-13　大袋蛾（李成德，2004）

1. 成虫　2. 雄幼虫　3. 雌幼虫　4. 虫袋

害大的世界性园林害虫。主要是以幼虫取食寄主叶片，造成树势衰弱。大面积暴发时，常常造成植物叶片全光。

③ 形态识别（图10-14）

成虫　雌雄异型，雄体长18～20mm，翅展45～47mm，暗褐色。头黄褐色，触角羽状褐色，触角中肋背侧灰白色。前翅外缘色深呈带状，余部微带灰白，翅面上有4～5条深褐色波状横线；中室中央有一个黑褐圆斑，中室端横脉上有4个黑褐色"<"形斑纹，外缘脉间有7～8个黑点。后翅色较淡，外缘色较浓呈带状，横脉纹色暗。雌体长25～28mm，翅展70～75mm，污白、微黄色。

卵　圆形或卵圆形，直径0.9～1.3mm，初黄褐，渐变灰褐色。

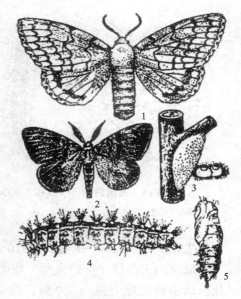

图10-14　舞毒蛾（仿朱兴才）
1. 雌成虫　2. 雄成虫　3. 卵及卵块
4. 幼虫　5. 蛹

幼虫　体长50～70mm，头黄褐色，正面有"八"字形黑纹；胴部背面灰黑色，背线黄褐，腹面带暗红色，胸、腹足暗红色。各体节有6个毛瘤横列，背面中央的1对色艳，第1～5节为蓝灰色，第6～11节为紫红色，上生棕黑色短毛。各节两侧的毛瘤上生黄白与黑色长毛1束，以前胸两侧的毛瘤长大，上生黑色长毛束。

蛹　长19～24mm，初红褐色，后变黑褐色，原幼虫毛瘤处生有黄色短毛丛。

④ 发生规律　1年发生1代，以卵块在树体上、石块、梯田壁等处越冬。寄主发芽时开始孵化，初龄幼虫日间多群栖，夜间取食，受惊扰则吐丝下垂借风力传播，故称"秋千毛虫"。2龄后分散取食，幼虫期50～60d，6月中、下旬开始陆续老熟，爬到隐蔽处结薄茧化蛹，蛹期10～15d。7月成虫大量羽化。成虫有趋光性，常在化蛹处附近产卵，上覆雌蛾腹末的黄褐色鳞毛。

（9）美国白蛾（*Hyphantria cunea*）

美国白蛾又名秋幕毛虫。属鳞翅目灯蛾科。

① 分布及危害　为举世瞩目的世界性检疫害虫，国内分布于辽宁、山东、天津、陕西、河北、北京等地。食性极杂，美国受害植物达100多种，欧洲被害植物为230余种。主要危害植物有糖槭、白蜡、桑、樱花、杨、柳、臭椿、悬铃木、榆、栎、桦、刺槐、五叶枫等。

② 被害状　初孵幼虫取食叶下表皮和叶肉而使叶片透明，危害严重时，可以食净叶组织，仅留主脉。

③ 形态识别（图10-15）

成虫　体长约14mm，纯白色。雄蛾前翅常有黑斑点，触角双栉齿状。雌蛾触角锯齿状。前足基节及腿节端部橘红色。

卵　圆球形，初产淡黄绿色，孵前为灰褐色，卵块行列整齐，被鳞毛。

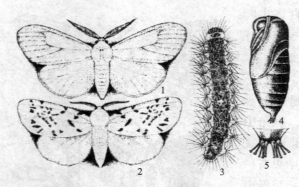

图 10-15　美国白蛾（李成德，2004）

1. 雌成虫　2. 雄成虫　3. 幼虫　4. 蛹　5. 蛹的臀棘

幼虫　分红头型与黑头型两种，我国多为黑头型。老熟幼虫体长约 32mm，体黄绿至灰黑色，背中线为黄白色，背部毛瘤黑色，体侧毛瘤多橙黄色，毛瘤生长有白色长毛。

蛹　长 8～15mm，暗红褐色。

茧　灰色杂有体毛。

④ 发生规律　辽宁、河北地区 1 年发生 2～3 代，陕西 1 年发生 2 代。以蛹在杂草丛、砖缝、浅土层、枯枝落叶层等处越冬。翌年 4 月初至 5 月底越冬蛹羽化，成虫发生在 5～6 月及 7～8 月，5～10 月为幼虫危害期。

成虫白天静伏，有趋光性，卵产在树冠外围叶片上，卵多在阴天或夜间湿度较大时孵化。幼虫耐饥能力强，共 7 龄，1～4 龄为群聚结网阶段，初孵幼虫在叶背吐丝缀叶 1～3 片成网幕，2 龄后网内食物不足而分散为 2～4 小群再结新网，更多的叶片被包进网幕中，使网幕增大，犹如一层白纱包缚着，5 龄后脱离网幕分散生活。

（10）斜纹夜蛾（*Spodoptera litura*）

斜纹夜蛾又名莲纹夜蛾、斜纹贪夜蛾、夜盗蛾。属鳞翅目夜蛾科。

① 分布及危害　遍布全国，以长江、黄河流域发生严重。食性很广，主要危害莲、睡莲、山茶、木槿、菊花、牡丹、香石竹、月季、木芙蓉、扶桑、绣球等植物。

② 被害状　初孵幼虫群集叶背取食下表皮和叶肉，仅留下叶脉和上表皮。

③ 形态识别（图 10-16）

成虫　体长约 18mm，灰褐色。前翅黄褐色，具有灰白色波浪线纹，肾形纹和环状纹均为黑褐色。后翅白色，具紫红色闪光。

卵　半球形，表面有网纹，卵块上覆盖有白色绒毛。

幼虫　老熟幼虫体长约 48mm，体色变化很大，发生少时为淡灰绿色，大发生时体色深，多为黑褐色或暗褐色。具黄色背线和亚背线。每体节两侧沿亚背线上缘常各有一半月

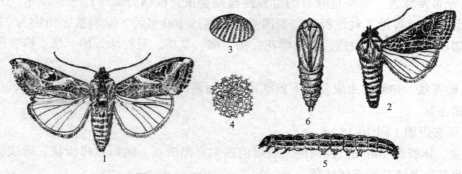

图 10-16　斜纹夜蛾（武三安，2007）

1. 雌成虫　2. 雄成虫　3. 卵　4. 卵壳表面花纹　5. 幼虫　6. 蛹

形黑斑，其中腹部第一节的黑斑大，近于菱形。气门线暗褐色，气门黑色。

④ 发生规律　1年发生4～9代，南、北方不一。其中华北地区3～4代，世代重叠。华东、华中地区5～6代。华南地区7～9代，其中广东地区全年发生，冬季各虫态均可见。在长江流域可以老熟幼虫、蛹越冬。成虫昼伏夜出，有趋光性，喜食糖醋酒等发酵物及取食花蜜作补充营养。卵多产在叶片背面。幼虫共6龄，有成群迁移习性，各龄幼虫皆有假死性。斜纹夜蛾在长江流域各地危害盛发期为7～9月，也是全年温度最高的季节。

（11）黄翅缀叶野螟（*Botyodes diniasalis*）

黄翅缀叶野螟又名杨黄卷叶螟。属鳞翅目螟蛾科。

① 分布及危害　国内分布于东北、河南、山西、河北、山东、上海、广东、四川、湖北、陕西、安徽、台湾等地。主要危害杨、柳等植物。

② 被害状　孵化后幼虫分散啃食叶表皮，随后吐丝缀嫩叶呈饺子状，或在叶缘吐丝将叶折叠，藏在其中取食。幼虫长大后，群集顶梢吐丝缀叶取食，危害严重时，3～5d即把嫩叶吃光，形成秃梢。

③ 形态识别（图10-17）

成虫　体长约14mm，头部褐色，两侧有白条。胸、腹部背面淡黄褐色。前、后翅均金黄色，前翅有4条褐色横波纹，外缘一条较宽，近中央处有个褐色肾形纹。

卵　扁圆形，乳白色，近孵化时黄白色。

幼虫　体长15～22mm，黄绿色，体两侧各有1条黄色纵带。

蛹　淡黄褐色，外披一层白色丝织薄茧。

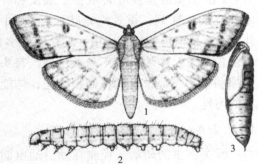

图10-17　黄翅缀叶野螟（李成德，2004）
1. 成虫　2. 幼虫　3. 蛹

④ 发生规律　在河南郑州一年发生4代，以幼虫在落叶、地被物及树皮缝内结茧越冬。翌年4月初幼虫开始活动，5月底至6月初幼虫先后老熟化蛹。6月上旬成虫开始羽化，6月中旬为出现盛期。成虫昼伏夜出，具强趋光性，卵聚产于叶背面，以中脉两侧最多，排列成鱼鳞状，成块或长条形，每块有卵50～100余粒。幼虫极活泼，稍受惊扰即从卷叶内弹跳逃跑或吐丝下垂，老熟幼虫在卷叶内吐丝结白色稀疏薄茧化蛹。

（12）大叶黄杨长毛斑蛾（*Pryeria sinica*）

大叶黄杨长毛斑蛾又名冬青卫矛斑蛾。属鳞翅目斑蛾科。

① 分布及危害　国内主要分布于华北、江苏、福建、上海等地，危害大叶黄杨、金边黄杨、丝棉木等植物。

② 被害状　以幼虫取食叶片，常将叶片吃光，削弱树势，损伤树形，影响观赏，降低城市绿化、美化效果。

③ 形态识别

成虫　虫体略扁，头、复眼、触角、胸、足及翅脉均为黑色。前翅略透明，基部1/3为淡黄色，端部有稀疏的黑毛，后翅色略浅，翅基部有黑色长毛。足基节及腿节着生暗黄色长毛。腹部橘红或橘黄色，上有不规则的黑斑。胸背及腹背两侧有橙黄色长毛。雌蛾体长 8～10mm，翅展 28～30mm，腹末有两簇毛丛，近腹面的毛丛基部黑色，端部暗黄色。雄蛾体长 7～9mm，翅展 25～28mm，腹末有一对黑色长毛束。

卵　椭圆形，略扁，长 0.5～0.7mm。初产黄白色，后渐变为苍白色。多排成长条状卵块，上覆有部分成虫体毛。

幼虫　老熟幼虫体长 15～18mm，粗短，圆筒形。初孵幼虫淡黄色，老熟后黑色。胸腹部淡黄绿色，前胸背板中央有一对椭圆形黑斑，呈"八"字形排列，在其两侧各有一圆点。臀板中央有一"凸"字形黑斑，两侧各有一长圆形黑斑。腹气门 8 对，圆形，黑色。

蛹　扁平，黄褐色，长 9～11mm。体表保留有 7 条不明显的褐色纵纹，腹部各节前缘有一列排列整齐的小刺，末端具臀刺 2 枚。茧丝质，灰白色或黄褐色，扁平，呈瓜子状，周围有白色的丝质膜。

④ 发生规律　1 年发生 1 代，以卵在枝梢上越冬，翌年 3 月越冬卵开始孵化并进行危害。2 龄幼虫群集在叶背取食下表皮和叶肉，残留上表皮。3 龄后开始分散危害，将叶片吃成孔洞、缺刻，重者吃光叶片。5 月中下旬幼虫老熟，吐丝下垂入 2～3cm 表土中结茧化蛹，9 月中旬羽化出成虫，羽化时间多在 5:00 左右，当天交配。成虫喜欢将卵产在 1～2 年生枝条上。卵块一般不易被发现。每头雌虫一生产卵 96～196 粒，进入产卵期后的雌虫受惊动也不飞翔，直到将卵粒产完，体能耗尽而死在卵块上。成虫有数头群集在一个枝条上的习性。

10.2.2.4　蛾类害虫的防治措施

蛾类害虫的防治要控制在幼龄幼虫期，选择高效低毒的化学制剂和生物制剂往往能收到较好的防治效果。

（1）生物防治

高龄幼虫期，喷施每毫升含孢子 $100×10^8$ 个以上的 Bt 乳剂 500～1000 倍液，在潮湿条件下喷雾使用。注意保护幼虫和蛹期的寄生性和捕食性天敌，如鸟类、姬蜂、寄生蝇等。

（2）物理机械防治

对刺蛾类害虫，早春及秋、冬季人工消灭越冬虫茧内的幼虫。及时摘除虫叶，杀死刚孵化尚未分散的幼虫。对袋蛾类害虫，秋、冬季树木落叶后，护囊暴露，结合冬季修剪摘除护囊，消灭越冬幼虫。对在土壤中越冬的害虫，冬季在根际周围和树冠下挖除虫茧或翻耕树冠下的土壤，还可以束草把诱集下树的幼虫集中烧毁。根据成虫的趋光性，结合防治其他园林害虫，成虫羽化期间在重点防治区域设置黑光灯诱杀成虫。

（3）化学防治

化学药剂应掌握在幼虫 2～3 龄阶段（幼虫初孵至盛孵时间）施用。常用药剂有 90% 晶体敌百虫 800～1000 倍液、80% 敌敌畏乳剂 1200～1500 倍液。或选用 2.5% 溴氰菊酯（敌杀死）乳油 1500～2000 倍液、10% 氯氰菊酯乳油 2000～2500 倍液、50% 巴丹可湿性粉剂 1500～2000 倍液、5% 高效灭百可乳油 1500～2000 倍液、30% 双神乳油 2000～2500 倍液，或其他菊酯类杀虫剂混配生物杀虫剂。

10.2.3 叶甲类

10.2.3.1 叶甲的识别

叶甲科（Chrysomelidae）也称金花虫科，体中小型，颜色变化较大，多具金属光泽。触角丝状，常不及体长之半。复眼圆形。幼虫蛞型，口器咀嚼式，触角3节，胸足3对，体表常具瘤突和毛丛。叶甲科绝大多数为食叶性害虫。

10.2.3.2 叶甲的危害特点

叶甲的成虫、幼虫均为咀嚼式口器，为植食性，因此，成虫、幼虫均会危害植物根、茎、叶、花等，许多种类对林木、果树、牧草造成严重危害。叶甲大多以成虫越冬，初孵幼虫多有群集习性，取食叶片部分叶肉，形成半透明斑。

10.2.3.3 常见甲虫种类

（1）柳蓝叶甲（*Plagiodera versicolora*）

柳蓝叶甲又名柳圆叶甲、柳树金花虫。属鞘翅目叶甲科。

① 分布及危害　国内分布于东北、华北、西北、西南和华东各地。以成虫、幼虫危害垂柳、旱柳、夹竹桃、泡桐、杨、乌桕等叶片。

② 被害状　幼虫孵出后，多群集危害，啃食叶肉，被害处灰白色，半透明网状。

③ 形态识别

成虫　体长约4mm，椭圆形，全体深蓝色，具强金属光泽，头部横宽，触角褐色，有细毛，前胸背板光滑，前缘呈弧形凹入，鞘翅上有排列成行的点刻。

卵　椭圆形，橙黄色。

幼虫　老熟幼虫体长6mm，体略扁平，灰黄色，中后胸背部有6个黑色瘤状突起，腹部每节有4个瘤突。

蛹　椭圆形，腹部背面有4列黑斑。

④ 发生规律　1年发生3～4代，以成虫在土缝内或落叶层下越冬。翌年4月上旬越冬成虫开始上树取食叶片，并在叶上产卵。卵常数十粒竖立成堆，卵期5d左右。成虫有假死性。幼虫有群集性，7～9月危害最严重，10月下旬成虫陆续下树越冬。

（2）椰心叶甲（*Brontispa longissima*）

椰心叶甲又名椰棕扁叶甲，俗称椰子虫。属鞘翅目叶甲科。椰心叶甲是一种重大危险性外来有害生物，属毁灭性害虫。

① 分布及危害　原产于印度尼西亚与巴布亚新几内亚，后广泛分布于太平洋群岛及东南亚。国内分布在广州、深圳、珠海、东莞、中山、茂名、阳江、清远、韶关等地以及广西、福建等沿海地区。椰心叶甲是棕榈科植物的重要害虫，主要寄主有椰子、槟榔、棕榈等20余种棕榈科经济植物或观赏植物。

② 被害状　成虫和幼虫均群栖潜藏于卷褶的心叶内危害，啃食叶肉，留下表皮及大量虫粪。受害心叶呈现失水青枯现象，新叶抽出伸展后为枯黄状，叶片不能进行光合作用。树木受害后先出现部分枯萎和褐色顶冠，树势减弱，严重危害时，顶部几个叶片均呈现火

燎焦枯，不久树势衰败至整株枯死。

③ 形态识别（图10-18）

成虫 体长8～9mm，体形稍扁。个体较小。头部、复眼、触角均呈黑褐色，前胸背面橙黄色，鞘翅蓝黑色有光泽，其上有由小刻点组成的纵纹数条。腹面黑褐色，足黄色。

卵 椭圆形，褐色，上表面有蜂窝状平突起，下表面无此结构。

幼虫 老熟幼虫体长8～9mm，体扁呈黄白色，头部黄褐色，尾突明显呈钳状。

蛹 与幼虫相似，但个体稍粗，出现翅芽和足，腹末仍有尾突，但基部的气门开口消失。

④ 发生规律 1年发生4～5代，世代重叠。每个雌虫可产卵100多粒，从卵发育至成虫约为50d。成虫惧怕阳光，白天多缓慢爬行，但早、晚趋于飞行。具有一定的飞翔能力，可靠飞行或借助气流进行一定距离的自然扩散。远距离传播是借助于各个虫态随寄主（主要是种苗、花卉）调运而人为传播。椰心叶甲繁殖速度快，每隔1～5d产卵，且有世代重叠现象，加上其飞行能力强，传播快，深藏于心叶，彻底除治极难。

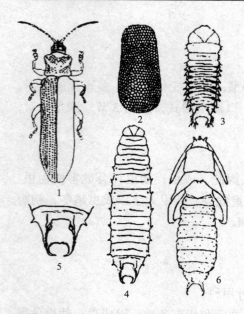

图10-18 椰心叶甲（武三安，2007）
1. 成虫 2. 卵块 3. 1龄幼虫 4. 老熟幼虫
5. 末龄幼虫骨盘 6. 蛹

10.2.3.4 叶甲的防治措施

（1）园林栽培措施防治

据报道，'肃抗1号'白榆品种对榆兰叶甲具有很好的抗虫活性，现已在河北地区大量推广。

（2）生物防治

注意保护天敌昆虫，如黑蚂蚁、瓢虫、寄生蜂、鸟类等。

（3）物理机械防治

结合养护管理工作，早春越冬成虫上树群集危害时，可利用其假死性将其震落杀灭，也可摘除卵块。苗圃于秋、冬季清除落叶、杂草以消灭越冬虫源。

（4）化学防治

发生严重时可喷洒80%敌敌畏乳油、50%马拉硫磷乳油1000倍液、10%溴氰菊酯乳油3000倍液或2.5%保富乳油2000倍液。

10.2.4 叶蜂类

10.2.4.1 叶蜂的识别

（1）三节叶蜂科（Argidae）

体重，飞行缓慢。触角3节，第三节最长。雌虫触角第三节似棒形，雄虫触角粗细均匀，下面有几排短刚毛或为分叉状（如音叉）。胫节有或无端前刺，前胫节有2个未变形的端距。

（2）叶蜂科（Tenthredinidae）

成虫体粗短，头阔，复眼大，单眼3个，触角7~10节，线状或棒状，仅枝叶蜂属的雄虫触角为栉齿状。前足胫节有2个端距。产卵管由2对扁枝构成，外侧一对称为锯导；中间一对称为"产卵锯"，产卵时用以锯开植物组织，故亦称叶蜂为"锯蜂"。幼虫有3对胸足，6~8对腹足。

10.2.4.2 叶蜂的危害特点

叶蜂分布很广，食性杂，近年来在我国不少地方发生危害，有的暴发成灾，给园林植物生产造成很大损失。叶蜂以幼虫群集于植株上取食叶片，初孵化幼虫啃食叶肉，被害处呈纱布状。稍大后将叶片吃成孔洞或缺刻，严重时将叶片吃光，只留下叶的主脉及枝干，影响树木正常生长，使花木失去观赏价值。

10.2.4.3 常见叶蜂种类

（1）蔷薇三节叶蜂（*Arge pagana*）

蔷薇三节叶蜂又名月季叶蜂、蔷薇叶蜂。属膜翅目三节叶蜂科。

① 分布及危害　国内分布于河南、江苏、浙江、四川、广东等省份。危害月季、黄刺玫、玫瑰、蔷薇、十姊妹、月月红等植物。

② 被害状　以幼虫取食叶片，常常数十头群集在叶片上危害，致花卉生长不良，严重时可将叶片全部吃光，仅留下叶脉，使植株失去观赏价值甚至死亡。

③ 形态识别（图10-19）

成虫　体长6~8mm，雄虫比雌虫略小。黑褐色，带有金属蓝光泽。触角鞭状，由3节组成，3.5~4.5mm，上生有绒毛。中胸盾片中叶呈倒钟形，盾侧纵沟深，中叶中部有一纵沟。

卵　椭圆形，长约1mm。初产时淡橙黄色，孵化前为绿色。

幼虫　老熟幼虫体长约20mm，黄绿色，头和臀板黄褐色，胸部第二节至腹部第八节每节上均有3横列黑褐色疣状突起。

蛹　离蛹，长约10mm，乳白色，羽化前为褐色。

茧　椭圆形，灰黄色。

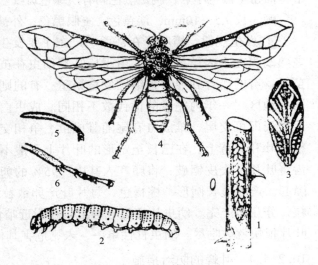

图10-19　蔷薇三节叶蜂（仿杨可四）
1.卵及卵粒排列形状　2.幼虫　3.蛹　4.雌成虫
5.触角放大　6.跗节放大

④ 发生规律　在广州地区1年发生8代，有世代重叠现象，以蛹在土中结茧越冬。每年3月幼虫开始危害，一直

延至11月。每代幼虫老熟后落地结茧化蛹，羽化后再爬出地面交配。雌蜂交尾后即用镰刀状的产卵器锯开月季枝条皮层，将卵产于其中，通常产卵可深至木质部。近孵化时，产卵处的裂缝开裂。

（2）樟叶蜂（*Mesonura rufonota*）

樟叶蜂属膜翅目叶蜂科。

① 分布及危害　国内分布于广东、福建、浙江、江西、湖南、广西及四川等地。此虫年发生代数多，成虫飞翔力强，所以危害期长，危害范围广。既危害幼苗，也危害林木。

② 被害状　苗圃内的香樟苗常常被成片吃光，当年生幼苗受害重的即枯死，幼树受害则上部嫩叶被吃光，形成秃枝。林木树冠上部嫩叶也常被食尽，严重影响树木生长，特别是高生长，使香樟分杈低、分杈多，枝条丛生。

③ 形态识别（图10-20）

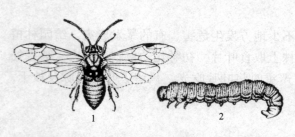

图10-20　樟叶蜂（上海市园林学校，1990）

1. 成虫　2. 幼虫

成虫　雌虫体长7～10mm，翅展18～20mm；雄虫体长6～8mm，翅展14～16mm。头黑色，触角丝状，共9节，基部2节极短，中胸发达，棕黄色，后缘呈三角形，上有"X"形凹纹。翅膜质透明，脉明晰可见。足浅黄色，腿节（大部分）、后胫和跗节黑褐色。腹部蓝黑色，有光泽。

卵　长圆形，微弯曲，长约1mm，乳白色，有光泽，产于叶肉内。

幼虫　老熟幼虫体长15～18mm，头黑色，体淡绿色，全身多皱纹，胸部及第1～2腹节背面密生黑色小点，胸足黑色间有淡绿色斑纹。

蛹　长7.5～10mm，淡黄色，复眼黑色，外被长卵圆形黑褐茧。

④ 发生规律　樟叶蜂在江西、广东1年发生1～3代，在浙江、四川为1～2代。以老熟幼虫在土内结茧越冬。由于樟叶蜂幼虫在茧内有滞育现象，第一代老熟幼虫入土结茧后，有的滞育到翌年再继续发育繁殖；有的则正常化蛹，当年继续繁殖后代。因此在同一地区，一年内完成的世代数不相同。成虫白天羽化，以上午最多。活动力强，羽化后当天即可交尾，雄成虫有尾随雌成虫、争相交尾的现象。交尾后即可产卵，卵产于枝梢嫩叶和芽苞上，在已长至定形的叶片上一般不产卵。产卵时，借腹部末端产卵器的锯齿将叶片下表皮锯破，将卵产入其中。95%的卵产在叶片主脉两侧，产卵处叶面稍向上隆起。产卵痕长圆形，棕褐色，每片叶产卵数粒，最多16粒。每雌成虫可产卵75～158粒，分几天产完。幼虫从切裂处孵出，在附近啃食下表皮，之后则食全叶，在大发生时，叶片很快就被吃尽。幼虫食性单一，未见危害其他植物。

10.2.4.4　叶蜂的防治措施

（1）生物防治

幼虫发生期，喷施每毫升含孢子$100×10^8$个以上的苏云金杆菌制剂400倍液。注意利用自然感染、寄生或捕食效果明显的天敌及微生物。

（2）物理机械防治

结合冬季耕翻土壤，破坏其越冬场所，消灭越冬幼虫。利用幼虫群集危害的习性，摘除虫叶，捕杀幼虫。人工摘除枝叶上的虫茧。剪除虫卵枝，降低虫口密度。

（3）化学防治

叶蜂类幼虫对化学药剂比较敏感，应待卵全部孵化后进行防治。喷施90%晶体敌百虫1000倍液或80%敌敌畏乳油2000倍液。幼虫下树入土期间可用25%速灭威粉剂撒于树干基部附近的土表层，杀死幼虫。大树难于喷雾时，可用40%氧化乐果10倍液打孔注射，每针10~20mL，胸径15cm以下的树打一针，每增加7~12cm增打一针。

◇ 任务实施

Ⅰ. 观察、鉴别及防治园林食叶害虫

【任务目标】

（1）了解食叶害虫的主要种类。
（2）掌握各类食叶害虫的危害特点。
（3）掌握各种食叶害虫的防治方法。
（4）熟悉食叶害虫的调查方法。

【材料准备】

① 用具　实体显微镜、放大镜、镊子、喷雾器、烧杯、量筒。

② 生活史标本　柑橘凤蝶、樟青凤蝶、杨扇舟蛾、槐树羽舟蛾、苹褐卷蛾、桉小卷蛾、黄刺蛾、青刺蛾、大袋蛾、舞毒蛾、美国白蛾、斜纹夜蛾、黄翅缀叶野螟、大叶黄杨长毛斑蛾、柳蓝叶甲、椰心叶甲、蔷薇三节叶蜂和樟叶蜂。

③ 杀虫剂　杀灭菊酯、敌敌畏、灭蛾灵、晶体敌百虫、多来宝，以及青虫菌、白僵菌、苏云金杆菌等制剂。

【方法及步骤】

1. 食叶害虫类群鉴别

（1）观察各种食叶害虫标本，区分蝶、蛾、叶甲、叶蜂等各类害虫。
（2）根据教材中的描述，观察区分几种蝶、蛾、叶甲、叶蜂成虫。
（3）根据教材中的描述，区分各个类群食叶害虫幼虫。

2. 食叶害虫危害观察

观察各种食叶害虫的生活史标本，观察并区别各种食叶害虫的危害状，对各被害状进行认真描述。

3. 食叶害虫防治

根据食叶害虫的种类及各种杀虫剂的特点选择稀释倍数，合理配制药液。配制药液可采取二次稀释法，即先将农药溶于少量水中，待均匀后再加满水，可以使药剂在水中溶解更为均匀，效果更好。

宜选择在阴天或早上喷药。使用手动式喷雾器，要正对着叶片喷雾。若使用弥雾机或高压电动喷雾器，则朝植株上方平行向前喷雾。喷药量以叶面湿润但不滴水最为理想。

【成果汇报】

列表区别不同种类食叶害虫的成虫、幼虫、危害状及防治方法（表10-3）。

表10-3　不同种类食叶害虫比较

害虫种类	害虫名称	成虫	幼虫	危害状	防治方法
蝶类	柑橘凤蝶				
	樟青凤蝶				
蛾类	杨扇舟蛾				
	槐树羽舟蛾				
蛾类	斜纹夜蛾				
	苹褐卷蛾				
	桉小卷蛾				
	黄刺蛾				
	青刺蛾				
	大袋蛾				
	舞毒蛾				
	美国白蛾				
	黄翅缀叶野螟				
	大叶黄杨长毛斑蛾				
叶甲类	柳蓝叶甲				
	椰心叶甲				
叶蜂类	蔷薇三节叶蜂				
	樟叶蜂				
其他					

Ⅱ．调查园林食叶害虫

【任务目标】

（1）了解园林植物食叶害虫的种类及危害情况。

（2）掌握园林植物食叶害虫的分布区域、发生条件和发生规律。

（3）熟悉食叶害虫的调查方法。

【材料准备】

毒瓶、幼虫瓶、放大镜、果枝剪、镊子、米尺、捕虫网、笔记本、铅笔及相关参考资料。

【方法及步骤】

在食叶害虫危害的绿地内选定样地,逐株查明主要害虫种类、虫期、虫口密度和危害情况等,样方面积可随机酌定。如样方内株数过多,可采用对角线法或隔行法,选标准木10~20株进行调查。若样株矮小(不超过2m),可全株统计害虫数量;若树木高大,不便于统计,可分别于树冠上、中、下部及不同方位取样枝进行调查。落叶和表土层中越冬幼虫和蛹茧的虫口密度调查,可在样树下树冠较发达的一面树冠投影范围内设置0.5m×2m的样方(0.5m一边靠树干),统计20cm深土层内主要害虫虫口密度。

【成果汇报】

列表区别不同立地类型食叶害虫的调查结果(表10-4)。

表10-4 园林绿地食叶害虫调查结果

调查日期	调查地点	样方号	绿地概况	害虫名称和主要虫态	样树号	害虫数量				虫口密度(头/株)或(头/m²)	危害情况	备注
						健康	死亡	被寄生	其他	总计			

◇ 自测题

1. 名词解释

虫口密度,有虫株率。

2. 填空题

(1)美国白蛾又名_____,属_____目_____科。

(2)樟青凤蝶成虫前翅有1列青蓝色的_____,后翅外缘有1列_____青蓝色斑,外缘波状,无_____。成虫有春、夏型之分,_____稍小。

(3)从杨扇舟蛾名称可以看出,该虫主要危害_____,成虫前翅顶角有一褐色大斑,幼虫头、尾翘起像_____。

(4)广州地区蔷薇三节叶蜂1年发生_____代,以_____在土中结茧越冬。每年_____月幼虫开始危害,一直延至_____月。

(5)椰心叶甲原产于_____与_____,后广泛分布于_____及_____。主要寄主有_____、_____、_____等。

(6)大叶黄杨长毛斑蛾1年发生_____代,以_____在_____上越冬,翌年_____月越冬卵开始孵化并进行危害。

3. 单项选择题

(1)柑橘凤蝶成虫分为( )。

  A.春型和夏型　　B.春型和秋型　　C.夏型和冬型　　D.秋型和冬型

(2)杨扇舟蛾以（　　）在枯落物等隐蔽处越冬。
　　A．卵　　　　　B．幼虫　　　　C．蛹　　　　D．成虫
(3)青刺蛾又名（　　）。
　　A．小青刺蛾　　B．绿刺蛾　　　C．小绿刺蛾　　D．褐边绿刺蛾
(4)椰心叶甲前胸背面（　　）。
　　A．红色　　　　B．黑色　　　　C．橙黄色　　　D．紫色
(5)柳蓝叶甲幼虫中后胸背部有6个（　　），腹部每节有4个瘤突。
　　A．黑色瘤状突起　　　　　　　B．红色瘤状突起
　　C．黑色刺状突起　　　　　　　D．红色刺状突起

4. 多项选择题

(1)大袋蛾又名（　　）。
　　A．大蓑蛾　　　B．小袋蛾　　　C．茶袋蛾
　　D．避债蛾　　　E．大皮虫
(2)下面关于美国白蛾的描述正确的是（　　）。
　　A．成虫有趋光性　　B．初孵幼虫吐丝缀叶成网幕　　C．又称秋千毛虫
　　D．幼虫共5龄　　　E．又称秋幕毛虫
(3)下面关于斜纹夜蛾的描述不正确的是（　　）。
　　A．又名夜盗蛾　　B．成虫夜伏昼出　　C．危害盛发期在3～5月
　　D．冬季各虫态均可见　　　　E．1年发生4～9代

5. 简答题

(1)食叶害虫的发生特点是什么？
(2)黄刺蛾和青刺蛾的区别有哪些？
(3)简述美国白蛾的发生规律。
(4)简述椰心叶甲的危害状。
(5)简述蛾类害虫的综合防治方法。
(6)简述叶蜂的综合防治方法。

◇ **自主学习资源库**

1. 江西省城市园林网：http://www.jx216.com.
2. 农资人：http://www.191.cn.
3. 中国农药第一网：http://www.nongyao001.com.
4. 中国园林网：http://zhibao.yuanlin.com/index.aspx.
5. 中国数字科技馆：http://www2.cdstm.cn.
6. 中国农技网：http://www.24ag.cn.

任务10.3 鉴别及防治园林植物钻蛀性害虫

◇ 工作任务

通过学习和训练,要求能全面掌握几种园林钻蛀性害虫各个虫态的形态特征,熟悉钻蛀性害虫的危害状,能准确地诊断;熟悉钻蛀性害虫的发生规律,掌握各类钻蛀性害虫的综合防治方法。

◇ 知识准备

钻蛀性害虫以危害木本植物为主,少数危害草本植物。以幼虫期危害为主,将枝干蛀食成孔洞、隧道,使养料、水分输送受阻,树干易折断,枯萎死亡。钻蛀性害虫还会传播病害,如松褐天牛传播松材线虫病。钻蛀性害虫受气候影响小,天敌种类少且寄生率、捕食率低,因而存活率高,种类相对稳定,防治难度大,是一类最具毁灭性的园林植物害虫。主要有:鞘翅目的天牛、吉丁虫,鳞翅目的透翅蛾、木蠹蛾、螟蛾,膜翅目的茎蜂、树蜂。这类害虫危害直接影响主干和主梢的生长,对寄主危害很大。

10.3.1 天牛类

10.3.1.1 天牛的识别

天牛科(Cerambycidae),中型至大型甲虫,体狭长。触角丝状,等于或长于身体,生于触角基瘤上。复眼多肾形,围绕在触角基部。跗节隐5节。幼虫圆筒形,前胸扁圆,头部缩于前胸内,多为钻蛀性害虫,蛀食树干、枝条及根部。

10.3.1.2 天牛类的危害特点

天牛对植株的危害以幼虫期最烈,幼虫多钻蛀树干,深入到木质部,做不规则隧道,常常阻碍植株的正常生长,削弱树势,降低产量,缩短寿命。在危害严重时,会导致植株的迅速枯萎与死亡。被蛀蚀的树木常易受其他害虫及病菌的侵入,并易受到风的吹折。木材受蛀害后,必然会降低产量,甚至失去工艺价值和商品意义。草本植物的茎根受害,也同样会引起减产、枯萎或死亡。寄生天牛的木材制成木器后,天牛还会外出危害他物。

10.3.1.3 常见天牛类害虫

(1)青杨天牛(*Saperda populnea*)

青杨天牛又名青杨楔天牛。属鞘翅目天牛科。

① 分布及危害 国内分布于东北、华北、华中、西北地区东部等地,危害杨柳科植物,以幼虫蛀食枝干,阻碍养分的正常运输。

② 被害状 幼树主干及大树枝条处形成纺锤状肿瘤,以致树干畸形、秃头,枝梢干枯,或遭风折。如果在幼树主干髓部危害,可使整株死亡。

③ 形态识别(图10-21)

成虫 体长11~14mm,黑褐色,密被浅黄色绒毛。前胸背面有2条由绒毛组成的金

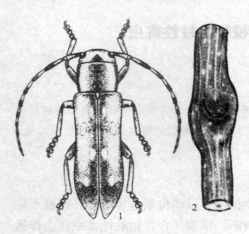

图 10-21　青杨天牛（李成德，2004）
1. 成虫　2. 危害状

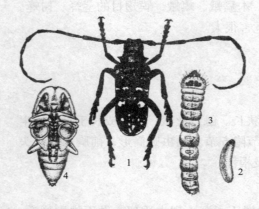

图 10-22　光肩星天牛（武三安，2007）
1. 成虫　2. 卵　3. 幼虫　4. 蛹

黄色纵带。每个鞘翅上有金黄色绒毛组成的圆斑4~5个，雄虫鞘翅上的圆斑常不明显。

幼虫　老熟幼虫体长10~15mm，初孵乳白色，老熟深黄色。前胸背面有"凸"形纹，背部有一明显的背中线。

卵　长约2.4mm，长卵形，一端稍尖，中间略弯。

蛹　长11~15mm，初乳白色，后渐为褐色，腹部背中线显著。

④ 发生规律　1年发生1代，以老熟幼虫在树枝的虫瘿内越冬，翌年3~4月（河南3月上旬、北京3月下旬、沈阳4月初）开始化蛹，3~5月（河南3月下旬、北京4月中旬、沈阳5月上旬）出现成虫。成虫有补充营养习性，卵产于1~3年生的枝干上，产卵刻槽呈马蹄形。初孵幼虫向刻槽两边的韧皮部侵害10~15d后蛀入木质部，被害部位渐膨大成椭圆形虫瘿，幼虫排泄的粪便和咬碎的木屑堆满虫道。寄生于幼虫和蛹的青杨楔天牛姬蜂、寄生于幼虫的管氏肿腿蜂为生物防治中非常有效的天敌。

（2）光肩星天牛（*Anoplophora glabripennis*）

光肩星天牛又名柳星天牛，俗名老牛、花牛，幼虫又称凿木虫。属鞘翅目天牛科。

① 分布及危害　国内分布于辽宁、河北、山东、河南、江苏、浙江、福建、安徽、陕西、山西、甘肃、四川、广西等地，主要危害杨、柳、元宝枫、樱花、榆、苦楝、桑等树种。

② 被害状　幼虫蛀食树干韧皮部和边材，被害树木质部被蛀成不规则坑道，常遭风折或枯死。天牛幼虫在生长期，被害树木和主枝上有排粪孔，孔口有树液和锯末状虫粪排出，虫粪堆积于地面，杨、榆等树干的主干枝杈处有大型虫苞。成虫补充营养，啃食嫩枝的皮和叶脉。

③ 形态识别（图10-22）

成虫　体长20~36mm，体色黑色中带紫铜色。鞘翅基部无颗粒，光滑，翅面刻点较密，有细小皱纹，每翅具大小不同的白绒毛斑约20个，排列很不规则。

卵　乳白色，长5.5~7.0mm，两端稍弯，近孵化时变为黄色。

幼虫　初孵幼虫乳白色，老熟略带黄色，体长约55mm。前胸大而长，背板后半部"凸"字形区色较深，其前沿无深褐色细边。

蛹　乳白色至黄白色，体长30~37mm，触角前端卷曲成环形，前胸背板两侧各有侧刺突一个。

④ 发生规律　山西、河北2～3年发生1代，辽宁、山东、河南、江苏1年发生1代或2年发生1代。多以幼虫（在隧道内）越冬，也可以卵壳内发育完全的幼虫或卵越冬。越冬幼虫3月下旬开始活动取食。幼虫共5龄，幼虫危害期在每年的3～11月。成虫羽化后取食嫩枝条的皮，以补充营养，其飞翔力弱，容易捕捉。

（3）松墨天牛（*Monochamus alternatus*）

松墨天牛又名松天牛、松褐天牛。属鞘翅目天牛科。

① 分布及危害　国内分布于河北、江苏、山东、浙江、湖南、广东、广西、台湾、四川、云南、西藏，国外分布于日本。主要危害马尾松，其次危害冷杉、云杉、黑松、雪松、落叶松、华山松、云南松、思茅松、栎、鸡眼藤、苹果红花。

② 被害状　成虫在树皮上咬一眼状刻槽产卵，这是识别松墨天牛危害松树的重要标记。初龄幼虫在韧皮部和木质部之间蛀食，秋天则蛀入木质部形成坑道，幼虫在坑道内蛀食留下的木屑大部分被推出堆积在树皮下，很易识别。

③ 形态识别（图10-23）

成虫　体长15～28mm，黄褐色。触角棕栗色，雄虫触角超出体长1倍多，雌虫触角约超出体长1/3。每一鞘翅具5条纵纹，由方形或长方形的黑色及灰白色绒毛斑点相间组成。

卵　长约4mm，乳白色，略弯曲，呈镰刀形。

幼虫　乳白色，扁圆筒形，头部黑色，前胸背板褐色，中央有波状横纹。老熟幼虫体长约43mm。蛹为离蛹，乳白色，体长20～26mm，圆筒形。

④ 发生规律　在广东1年发生2代，以老熟幼虫在木质部的坑道内越冬。翌年春天，越冬幼虫在坑道内化蛹，3月成虫羽化，咬一直径8～10mm的圆形羽化孔外出，啃食嫩枝、树皮作为补充营养，具弱趋光性。

图10-23　松墨天牛
（李成德，2004）

（4）云斑天牛（*Batocera horsfieldi*）

云斑天牛又名多斑白条天牛，是一种危害性很大的农林业害虫，国内以长江流域以南地区受灾最为严重。

① 分布及危害　国内广泛分布于河北、安徽、江苏、浙江、江西、湖北、湖南、福建、台湾、广东、广西、四川、云南等地。危害枇杷、无花果、乌桕、柑橘、紫薇、泡桐、苦楝、红椿、白蜡、榆等。

② 被害状　其成虫危害新枝皮和嫩叶，幼虫蛀食枝干，造成花木生长势衰退，凋谢乃至死亡。

③ 形态识别（图10-24）

成虫　体长32～65mm，体宽9～20mm。体黑色或黑褐色，密被灰白色绒毛。前胸背板中央有一对近肾形白色或橘黄色斑，两侧中央各有一粗大尖刺突。鞘翅上有排成2～3纵行的10多个斑纹。翅基有颗粒状光亮瘤突，约占鞘翅的1/4。触角从第二节起，每节有许

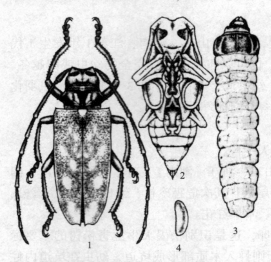

图 10-24 云斑天牛（李成德，2004）
1. 成虫 2. 蛹 3. 幼虫 4. 卵

多细齿；雄虫触角超出体长 3~4 节，雌虫触角较体长略长。

卵　长约 8mm，长卵圆形，淡黄色。

幼虫　体长 70~80mm，乳白色至淡黄色，头部深褐色，前胸硬皮板有一"凸"字形褐斑，褐斑前方近中线有 2 个小黄点，内各有刚毛一根。

蛹　长 40~70mm，乳白色至淡黄色。

④ 发生规律　2~3 年发生 1 代，以幼虫或成虫在蛀道内越冬。成虫于翌年 4~6 月羽化飞出，补充营养后产卵。卵多产在距地面 1.5~2m 处树干的卵槽内，卵期约 15d。幼虫于 7 月孵化，此时卵槽凹陷，潮湿。初孵幼虫在韧皮部危害一段时间后，即向木质部蛀食，被害处树皮向外纵裂，可见丝状粪屑，直至秋后越冬。第三年继续危害，于 8 月幼虫老熟化蛹，9~10 月成虫在蛹室内羽化，不出孔就地越冬。

10.3.1.4 天牛类害虫的防治措施

（1）植物检疫

严格执行检疫制度，对可能携带天牛的苗木、种条、幼树、原木、木材进行检疫，检验有无天牛的卵槽、入侵孔、羽化孔、虫瘿、虫道和活虫体。

（2）园林栽培措施防治

采取以预防为主的综合治理措施，对在天牛发生严重的绿化地，应选择抗性树种，如毛白杨、苦楝、臭椿、香椿、泡桐、刺槐等抗性树种可阻止光肩星天牛的扩散和危害。加强管理，增强树势。除古树名木外，伐除受害严重的虫源树，合理修剪，及时清除园内枯立木、风折木等。

（3）生物防治

保护并利用天敌，如花绒坚甲、肿腿蜂、啄木鸟等，在天牛幼虫期释放管氏肿腿蜂。可用白僵菌和绿僵菌防治天牛幼虫。

（4）物理机械防治

利用成虫飞翔力不强和具有假死性的特点，人工捕杀成虫。寻找成虫的产卵槽，可用锤击、手剥等方法消灭其中的卵。用铁丝钩杀幼虫，特别是当年新孵化后不久的小幼虫，此法更易操作。对公园及其他风景区古树名木上的天牛，可采用饵木诱杀，并及时修补树洞、涂白干基等，以降低虫口密度，保证其观赏价值。

（5）化学防治

在幼虫危害期，先用镊子或嫁接刀将有新鲜虫粪排出的排粪孔清理干净，然后塞入磷化铝片剂或磷化锌毒签，并用黏泥堵死其他排粪孔，或用注射器注射 80% 敌敌畏。在成虫羽化前喷 2.5%溴氰菊酯触破式微胶囊。

10.3.2 小蠹类

10.3.2.1 小蠹的识别

小蠹科（Scolytidae），体小，圆筒形，色暗。喙短而阔，不发达。鞘翅多短宽，两侧近平行，具刻点，周缘多具齿或突起。幼虫无足，似象甲幼虫。成虫和幼虫蛀食树皮和木质部，构成各种图案的坑道系统。很多种类是林木的重要害虫。

10.3.2.2 小蠹类的危害特点

大多数小蠹虫危害成熟林内的衰弱木、濒死木，因而称其为次期性害虫。成虫期除补充营养和交尾产卵时裸露外，均营荫蔽生活。小蠹类害虫分布广，数量大，往往在植株内密集成群，终生蛀食树皮和枝干，造成树木衰弱或迅速死亡。我国北方小蠹多1年发生1代，高温年份可出现2年发生3代或1年发生2代。北方小蠹多喜干旱，因此，高温少雨往往成为小蠹大量发生成灾的原因。小蠹营社群性生活，有一雌一雄和一雌多雄等类型。小蠹的坑道有繁殖坑道和营养坑道两种，繁殖坑道是由配偶成虫组成的窝穴，其中包括母坑道、子坑道、羽化孔、通气孔等。母坑道有纵向、横向或呈放射向的，有单纵坑、复纵坑、单横坑、复横坑或星坑等。营养坑道为新成虫羽化后取食植株干皮造成的痕迹，特征不明显。

10.3.2.3 常见小蠹类害虫

（1）柏肤小蠹（*Phloeosinus aubei*）

柏肤小蠹又名侧柏小蠹。属鞘翅目小蠹科。

① 分布及危害 国内分布于山西、河南、河北、山东、陕西、甘肃、四川、台湾等地。主要危害侧柏、圆柏、柳杉等。

② 被害状 以成虫蛀食枝梢补充营养，常将枝梢蛀空，遇风即折断。发生严重时，常见树下有成堆的被咬折断的枝梢。幼虫蛀食边材，繁殖期主要危害枝、干韧皮部，造成枯枝或树木死亡。

③ 识别特征（图 10-25）

成虫 体长 2.1～3.0mm，赤褐或黑褐色，无光泽。头部小，藏于前胸下。前胸背板宽大于长，体密布刻点及灰色细毛。鞘翅上各有9条纵纹，鞘翅斜面具凹面，雄虫鞘翅斜面有栉齿状突起。

卵 白色，圆球形。

幼虫 乳白色，体长 2.5～3.5mm，体弯曲。

蛹 乳白色，体长 2.5～3.0mm。

④ 发生规律 1年发生1代，以成虫在寄主枝梢越冬。翌年3～4月陆续飞出，寻找树势弱的侧柏或圆柏，蛀圆形孔侵入皮下。雌、雄虫在孔内交尾，后雌虫向上蛀咬单纵道母坑，并沿坑道两侧咬成卵

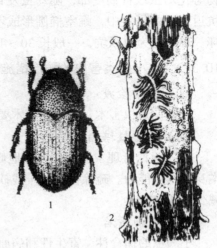

图 10-25 柏肤小蠹（武三安，2007）

1. 成虫 2. 被害状

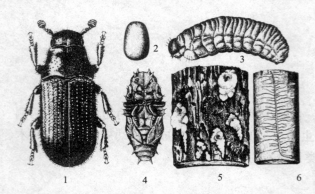

图10-26　华山松大小蠹（李成德，2004）
1. 成虫　2. 卵　3. 幼虫　4. 蛹　5. 坑道口凝脂　6. 坑道

室，在内产卵。4月中旬初孵幼虫出现，主要在韧皮部构筑坑道危害。5月中、下旬幼虫老熟化蛹。6月中、下旬为成虫羽化盛期，成虫羽化后飞至健康树木蛀咬新梢补充营养，常将枝梢蛀空，经风即折断。成虫10月中旬开始越冬。

（2）华山松大小蠹（*Dendroctonus armandi*）

华山松大小蠹又名大凝脂小蠹。属鞘翅目小蠹科。

① 分布及危害　国内分布于陕西、四川、湖北、甘肃、河南等地。主要以成虫、幼虫危害华山松的健康立木，导致被害木树势迅速衰弱，进而诱发其他近20余种小蠹虫的集中入侵危害。

② 被害状　该虫主要危害30年生以上活立木，栖居于树干下半部或中下部，成虫蛀入的坑道口有树脂和木屑形成的红褐色或灰褐色大型漏斗状凝脂，直径10～20 mm。

③ 形态识别（图10-26）

成虫　体长4.4～4.5mm，长椭圆形，黑褐色。前胸背板黑色，有光泽，基部宽，前端较狭。鞘翅刻点沟略凹陷，沟中刻点圆大，排列密集，沟间部较隆起、细网状、具颗粒。

卵　椭圆形，长约1mm，乳白色。

幼虫　体长约5mm，乳白色，头部淡黄色，口器褐色。

蛹　长约5mm，乳白色，腹部各节背面均有一横列小刺毛，末端1对刺状突起。

坑道　单纵坑道系统形成于韧皮部内，母坑道长30～60cm，子坑道长2～5cm。

④ 发生规律　1年发生1～3代，主要以幼虫越冬，部分以蛹和成虫在韧皮部内越冬。初孵化幼虫取食韧皮部，随幼虫发育子坑道渐变宽加长并接触到边材部分，幼虫化蛹于子坑道末端的蛹室中，蛹室椭圆形或不规则形，危害严重时树干周围韧皮部输导组织全遭破坏。母坑道为单纵坑，一般长30～40cm。

10.3.2.4　小蠹类害虫的防治措施

（1）加强检疫

严禁调运虫害木，发现虫害木要及时进行药剂或剥皮处理，以防止扩散。

（2）园林栽培措施防治

加强抚育管理，适时、合理地修枝、间伐，改善园内卫生状况，增强树势，提高树木本身的抗虫能力。疏除被害枝干或砍除被害木，及时运出园外，并对虫害木进行剥皮处理，减少虫源。

（3）生物防治

小蠹虫的捕食性、寄生性和病原微生物天敌资源非常丰富，包括线虫、螨类、寄生蜂、寄蝇、捕食性昆虫及鸟类等。维护森林生态系统的多样性、稳定性，减少杀虫剂的使用和人为对园林生态系统的干扰，保护捕食性天敌昆虫和鸟类在森林生态系统内的生存和繁殖，能加强天敌的作用，有效降低小蠹虫的危害。

（4）药剂防治

越冬代成虫入侵盛期（5月末至7月初），使用40%氧化乐果乳油、80%磷胺乳油100～200倍液喷洒活立木枝干，杀灭成虫。可挖开根颈处土层10cm深，撒施2%杀螟松粉、5%西维因粉或3%呋喃丹颗粒剂然后再覆土踏实，于树干基部打孔注射40%氧化乐果乳油。

10.3.3 吉丁虫类

10.3.3.1 吉丁虫的识别

吉丁甲科（Buprestidae），体长形，末端尖削。体壁上常有美丽的光泽。触角短，锯齿状。前胸与中胸嵌合紧密，不能活动，后胸腹板上有一条明显的横沟。幼虫体扁平，乳白色，前胸扁阔，多在木本植物木质部与韧皮部间危害。

10.3.3.2 吉丁虫的危害特点

吉丁虫成虫咬食叶片造成缺刻，幼虫蛀食枝干皮层或根部，被害处有流胶，为害严重时树皮爆裂，故名"爆皮虫"。幼虫孵化后在茎干皮下以螺旋式向上蛀食，粪便褐色，严重危害时虫道连绵，虫粪盘结，甚至造成整株枯死。

10.3.3.3 常见吉丁虫类害虫

（1）合欢吉丁虫（*Agrilus chrgsoderes*）

合欢吉丁虫属鞘翅目吉丁虫科。

① 分布及危害　是我国华北地区合欢树的主要蛀干害虫之一，其幼虫蛀食树皮和木质部边材部分，破坏树木输导组织，严重时造成树木枯死。

② 被害状　树干或枝上出现黑褐色流胶。

③ 形态识别（图10-27）

成虫　体长3.5～4mm，铜绿色，稍带有金属光泽，鞘翅无色斑。

卵　椭圆形，黄白色，长1.3～1.5mm，略扁。

幼虫　老熟时体长5～6 mm，头很小，黑褐色，胸部较宽，腹部较细，无足。

蛹　裸蛹，长4.2～5.5mm，宽1.6～1.9mm，初乳白色，后变成紫铜绿色，略有金属光泽。

④ 发生规律　合欢吉丁虫是完全变态发育昆虫，在北京1年发生1代，以幼虫在被害树干内过冬。翌年5月下旬幼虫老熟在隧道内化蛹。6月上旬（合欢花蕾期）成虫开始羽化外出，常在树皮上爬动，在

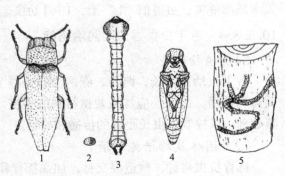

图10-27　合欢吉丁虫（武三安，2007）

1. 成虫　2. 卵　3. 幼虫　4. 蛹　5. 被害状

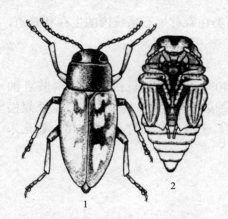

图10-28 杨十斑吉丁虫（李成德，2004）
1. 成虫　2. 蛹

树冠上咬食树叶，补充营养。多在干和枝上产卵，每处产卵1粒，幼虫孵化后潜入树皮危害，9～10月被害处流出黑褐色胶，一直危害到11月幼虫开始过冬。

（2）杨十斑吉丁虫（*Melanophila decastigma*）杨十斑吉丁虫属鞘翅目吉丁虫科。

① 分布及危害　国内分布于宁夏、内蒙古、甘肃、新疆等地。是西北地区杨树的一种毁灭性蛀干害虫。成虫取食嫩叶危害；幼虫取食枝干，初龄幼虫在韧皮部及木质部之间取食危害，老熟幼虫进入木质部内危害。

② 被害状　被害处树皮留有小粪粒和少量褐色胶液，树皮变为暗褐色或黑色，皮下形成不规则扁平虫道，并充塞黑褐色粪屑。受害幼龄树长势衰弱，严重时整株干枯死亡，死亡株直立，浇水后有倒伏的现象。

③ 形态识别（图10-28）

成虫　体长11～23mm，黑色。头顶部有细小刻点。前胸背板上有均匀的刻点，较头顶部的刻点细。每个鞘翅上有纵线4条，5～6个黄色斑。腹部末端两侧各有一个小刺突。

卵　椭圆形，长12～15 mm，初产时淡黄色，近孵化时灰色。

幼虫　老熟幼虫体长20～27 mm，黄白色。前胸背板宽度约为腹部中间体节的2倍，背板上有一个扁圆形点状突起区，中央有一个近似倒"V"形纹，前胸腹板点状突起区近方形，中央有一条纵沟。

蛹　黄白色，长11～19mm，复眼黑褐色，触角向后。

④ 发生规律　1年发生1代，以老熟幼虫在虫道内越冬。翌年4月中旬在木质部靠边材处做椭圆形蛹室化蛹，下旬羽化为成虫。5月中下旬成虫大量出现。成虫羽化出孔后取食叶片、叶柄和嫩枝皮作为补充营养，然后交尾产卵。成虫喜光，飞翔力强。夜晚及阴雨天气静伏在树杈处和树皮下，易于捕捉。5月下旬至6月上旬为产卵盛期，6月中旬幼虫大量孵化。幼虫孵出后侵入树皮内，孔口有黄褐色分泌物溢出，随后排出粪屑。6月下旬蛀入木质部危害，虫道似"L"形，10月幼虫老熟越冬。

10.3.3.4　吉丁虫类害虫的防治措施

（1）植物检疫

吉丁虫幼虫期长，跨冬、春两个栽植季节，携带幼虫、虫卵的枝干极易随种条、苗木调运而传播，因此，应加强栽植材料的检疫。从疫区调运被害木材时需经剥皮、火烤或熏蒸处理，以控制害虫长距离的传播和蔓延。

（2）园林栽培措施防治

选育抗虫树种，营造混交林，加强抚育和水肥管理，适当密植，提早郁闭，增强树势，避免受害。

（3）生物防治

保护并利用当地天敌，包括猎蝽、啮小蜂及斑啄木鸟等。斑啄木鸟是控制杨十斑吉丁虫最有效的天敌，可以林内悬挂鸟巢招引，同时防止人为干扰和捕杀。

（4）物理机械防治

及时清除虫害木或剪除被害枝丫，消灭虫源。利用吉丁虫的假死性、趋光性和活动习性在成虫羽化盛期人工捕杀成虫。利用吉丁虫对寄主树木树势的选择性，设立饵木诱杀。例如，杨十斑吉丁虫对新采伐杨树具有特殊的嗜好，在成虫羽化前采伐健康木，于5月上、中旬以堆式或散式设置在林缘外20m处引诱其入侵产卵，7月20日左右剥皮后暴晒，不仅可以杀死韧皮部内的幼虫，而且幼虫尚未入侵木质部，不影响饵木木材的利用价值。

（5）化学防治

成虫盛发期用50%杀螟松乳油1000倍液或40%乐果乳油800倍液连续2次喷洒有虫枝干。在幼虫孵化初期，用50%内吸磷乳油与柴油的混合液（1∶40），或40%氧化乐果乳油100倍液涂抹危害处，每隔10d连续涂抹3次。在幼虫出蛰或活动危害期用40%增效氧化乐果∶矿物油＝1∶（15～20）的混合物，在活树皮上涂3～5cm的药环，药效可达2～3个月。5月上、中旬成虫羽化出孔前，用涂白剂（生石灰∶硫黄∶水＝1∶0.1∶4）对树干2m以下的部位涂白。

10.3.4 钻蛀蛾类

10.3.4.1 钻蛀蛾类的识别

（1）木蠹蛾科（Cossidae）

中型至大型，体肥大。触角栉状或线状，口器短或退化。体一般具浅灰色斑纹。前、后翅中室保留有M脉基部，前翅有副室，后翅Rs脉与M_1脉接近，或在中室顶角外侧出自同一主干。幼虫粗壮，虫体白色、黄褐或红色，口器发达，头及前胸盾硬化，上颚强大，傍额片伸达头顶，趾钩双序或三序，环式。

（2）透翅蛾科（Sesiidae）

体中型，色彩鲜艳，触角棍棒状，末端有毛，单眼发达，喙明显，下唇须上弯，第三节短小，末端尖锐。翅极其狭长，除边缘及翅脉外，大部分透明，无鳞片，极类似蜂类，前后翅有特殊的、类似膜翅目的连锁机制。后翅$Sc+R_1$脉藏在前缘褶内，后足胫节第一对距在中间或近端部。腹部有一特殊的扇状鳞簇。

10.3.4.2 钻蛀性蛾类的危害特点

园林钻蛀性蛾类害虫主要包括鳞翅目的透翅蛾类、木蠹蛾、螟蛾等。钻蛀性蛾类害虫以幼虫钻蛀树干，危害树势衰弱或濒临死亡的植物，多为次期性害虫。除成虫期营裸露生活外，其他各虫态在韧皮部、木质部隐蔽生活。虫口数量稳定，受环境影响较小。蛀食枝干部位，影响输导系统传递养分、水分，往往危害严重。通过一系列栽培管理措施，加强土、肥、水管理，促使植物健康生长，是预防这类害虫大发生的根本途径。

10.3.4.3 常见蛾类害虫

（1）白杨透翅蛾（*Paranthrene tabaniformis*）

白杨透翅蛾属鳞翅目透翅蛾科，国内检疫害虫。

① 分布及危害　国内分布于西北、华北、东北、华东等地。危害各种杨树，也危害旱柳及黄柳，其中以毛白杨、银白杨、加拿大杨、中东杨受害最重。

② 被害状　幼虫钻蛀枝、干和顶芽，枝梢被害后枯萎下垂，顶芽生长受抑制，徒生侧枝，形成秃梢。苗木主干被害形成虫瘿，易遭风折，成残次苗。成虫羽化时，蛹体穿破堵塞的木屑将身体的2/3伸出羽化孔，遗留下的蛹壳经久不掉，极易识别。

③ 形态识别（图10-29）

成虫　体长11~20mm，外形似胡蜂，头顶有1束黄色毛簇。前翅窄长，褐黑色，中室与后缘略透明，后翅全部透明。腹部青黑色，有5条橙黄色环带。

卵　椭圆形，黑色，表面微凹，上有灰白色不规则的多角形刻纹。

幼虫　老熟幼虫体长30~33mm，初龄幼虫淡红色，老熟时黄白色。

蛹　体长12~23mm，近纺锤形，褐色。腹部末端周围有14个大小不等的臀棘。

④ 发生规律　在北京、河南、陕西1年发生1代，以幼虫在枝干虫道内越冬。翌年4月初，越冬幼虫恢复取食。成虫白天活动，喜光，夜晚则静止于枝叶上。卵多产于1~2年生幼树叶柄基部、有绒毛的枝干上、旧的虫孔内、受机械损伤的伤疤处及树干缝隙内。幼虫随苗木调运是其扩大危害范围的主要原因。

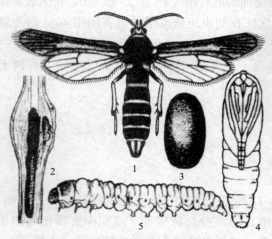

图10-29　白杨透翅蛾（李成德，2004）

1. 成虫　2. 危害状　3. 茧　4. 蛹　5. 幼虫

（2）咖啡木蠹蛾（*Zeuzera coffeae*）

咖啡木蠹蛾又名豹纹木蠹蛾、咖啡豹蠹蛾。属鳞翅目木蠹蛾科。

① 分布及危害　国内分布于安徽、江苏、浙江、福建、台湾、江西、河南、湖北、湖南、广东、四川、贵州、云南等地。食性杂，除危害核桃、石榴外，还危害柑橘、咖啡、杨、水杉等植物。

② 被害状　以幼虫蛀食枝干木质部，多沿髓部向上取食，隔一段距离向外咬一排粪孔，造成折枝或枯萎，甚至全株枯死。

③ 形态识别（图10-30）

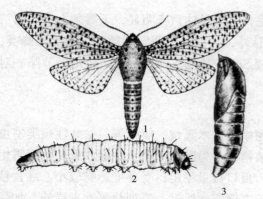

图10-30　咖啡木蠹蛾（李成德，2004）

1. 成虫　2. 幼虫　3. 蛹

成虫　体灰白色，长11~26mm。雌蛾

一般大于雄蛾。雌蛾触角丝状,雄蛾触角基半部羽状,端部丝状。胸背面有3对青蓝色斑,呈二纵列。腹部白色,有黑色横纹。前、后翅脉间布满大小不等的青蓝色斑点。

卵　近圆形,长约1mm,淡黄色。

幼虫　老熟幼虫体长20～35mm,体紫红色或深红色,头部黑褐色,尾部淡黄色。各节有很多粒状小突起,上有白毛1根。

蛹　长圆筒形,红褐色有光泽,长16～27mm,背面有锯齿状横带,腹末具刺6对。

④ 发生规律　1年发生1～2代,以幼虫在被害枝干内越冬,翌年春季转蛀新茎。4～5月开始化蛹,卵单粒散产于小枝、嫩梢顶端或腋芽处。初孵化幼虫先从枝条顶端的叶腋处蛀入,向枝条上部蛀食。老熟幼虫化蛹前,在隧道内吐丝结缀木屑堵塞两端,然后在隧道中化蛹。中间有一层较薄的隔膜,这是树皮被咬得很薄形成的。

10.3.4.4　蛾类害虫的防治措施

(1) 加强检疫

在引进或输出苗木时,严格检验,发现虫枝及时剪下烧毁,以杜绝虫源。

(2) 剪除虫枝

利用冬闲时间,摘除被害干梢、虫果,集中处理,可有效压低虫口密度。

(3) 物理防治

在成虫羽化盛期,设置黑光灯进行诱杀。

(4) 化学防治

幼虫孵化期喷洒50%杀螟松乳油1000倍液或30%桃小灵乳油2000倍液、10%天王星乳油6000倍液、25%灭幼脲1号1000倍液、50%辛硫磷乳油1500倍液。

◇ 任务实施

Ⅰ. 类群鉴别、危害观察及防治园林钻蛀性害虫

【明确目标】

(1) 了解钻蛀性害虫的主要种类。
(2) 掌握各类钻蛀性害虫的危害特点。
(3) 掌握各种钻蛀性害虫的防治方法。
(4) 熟悉钻蛀性害虫的调查方法。

【材料准备】

① 用具　实体显微镜、放大镜、镊子、喷雾器、烧杯、量筒。

② 生活史标本　青杨天牛、光肩星天牛、松墨天牛、云斑天牛、柏肤小蠹、华山松大小蠹、合欢吉丁虫、杨十斑吉丁虫、白杨透翅蛾、咖啡木蠹蛾。

③ 杀虫剂　甲氰菊酯、溴氰菊酯、敌敌畏、氧化乐果、顺式氰戊菊酯、杀螟松等制剂。

【方法及步骤】

1. 钻蛀性害虫类群鉴别

(1) 观察各种钻蛀性害虫标本,区分天牛、木蠹蛾、小蠹虫、吉丁虫、透翅蛾等各类害虫。

（2）根据教材中的描述，观察区分几种天牛、小蠹虫、吉丁虫的成虫。
（3）根据教材中的描述，区分各个类群钻蛀性害虫幼虫。

2. 钻蛀性害虫危害观察

观察各种钻蛀性害虫的生活史标本，观察并区别各种钻蛀性害虫的危害状，对各危害状进行认真描述。

3. 钻蛀性害虫防治

根据钻蛀性害虫的种类及各种杀虫剂的特点选择稀释倍数，合理配制药液。配制药液可采取二次稀释法，即先将农药溶于少量水中，待均匀后再加满水，可以使药剂在水中溶解更为均匀，效果更好。喷药时间宜选择在阴天或早上。

【成果汇报】

列表区别不同种类钻蛀性害虫的成虫、幼虫、危害状及防治方法（表10-5）。

表10-5 不同种类钻蛀性害虫比较

害虫种类	害虫名称	成虫	幼虫	危害状	防治方法
小蠹虫	柏肤小蠹				
	华山松大小蠹				
天牛	青杨天牛				
	光肩星天牛				
	松墨天牛				
	云斑天牛				
吉丁虫	合欢吉丁虫				
	杨十斑吉丁虫				
钻蛀蛾	白杨透翅蛾				
	咖啡木蠹蛾				
其他					

Ⅱ. 调查园林钻蛀性害虫

【任务目标】

（1）了解园林植物钻蛀性害虫的种类、危害情况。
（2）掌握园林植物钻蛀性害虫的分布区域、发生条件和发生规律。
（3）熟悉钻蛀性害虫的调查方法。

【材料准备】

毒瓶、幼虫瓶、放大镜、果枝剪、镊子、米尺、捕虫网、笔记本、铅笔及相关参考资料。

【方法及步骤】

在发生钻蛀性害虫的绿地中，选有树50株以上的样方，分别统计健康木、衰弱木、枯立木所占的百分比。

为了查明虫害程度，再从虫害木（衰弱木和濒死木）中各选3~5株，量其胸高、直径，从干基到树顶刮去一条宽不少于10cm的树皮，于害虫分布有代表性的部位，在树干南北方向及上、中、下部设20cm×50cm的样方，查明害虫种类、数量、虫态，并统计每平方米和单株虫口密度。

【成果汇报】

列表区别不同立地类型钻蛀性害虫的调查结果（表10-6、表10-7）。

表10-6　园林绿地钻蛀性害虫调查结果

调查日期	调查地点	样方号	总样数	害虫名称	周边植物状况	各类树木调查情况								备注
						健康木		衰弱木		濒死木		枯立木		
						株数（株）	百分比（%）	株数（株）	百分比（%）	株数（株）	百分比（%）	株数（株）	百分比（%）	

表10-7　园林绿地钻蛀性害虫危害程度调查结果

样树号	样树概况			害虫名称及危害部位	虫口密度				备注
	树高（m）	胸径（cm）	年龄		成虫（头/1000cm²）	蛹（头/1000cm²）	幼虫（头/1000cm²）	虫道（cm/1000cm²）	

◇ 自测题

1. 填空题

（1）青杨天牛又名_____，危害_____科植物，以_____在树枝的虫瘿内越冬，被害部位渐膨大成椭圆形_____。

（2）白杨透翅蛾属_____目_____科，国内检疫害虫。国内分布于_____、_____、_____、_____等地。危害各种杨树，其中以_____、_____、_____受害最重。

（3）白杨透翅蛾在北京、河南、陕西1年发生_____代，以_____在枝干虫道内越冬。

（4）杨十斑吉丁虫分布于_____、_____、_____、_____等地。

（5）小蠹的坑道有繁殖坑道和营养坑道两种，繁殖坑道包括_____、_____、_____、_____等。

2. 单项选择题

（1）合欢吉丁虫是（　　）合欢树的主要蛀干害虫之一。
　　A．东北地区　　　B．华北地区　　　C．西北地区　　　D．华南地区

（2）柏肤小蠹以（　　）蛀食枝梢补充营养，常将枝梢蛀空。
　　A．卵　　　　　　B．幼虫　　　　　C．蛹　　　　　　D．成虫

（3）青杨天牛的天敌主要有寄生于幼虫和蛹的青杨楔天牛姬蜂，寄生于幼虫的管氏（　　）。

　　A．赤眼蜂　　　　B．小茧蜂　　　　C．肿腿蜂　　　　D．黑卵蜂

（4）松材线虫病传播的中间媒介是（　　）。

　　A．松墨天牛　　　B．暗梗天牛　　　C．云斑天牛　　　D．黄斑星天牛

（5）合欢吉丁虫危害时在树干或枝上出现（　　）的流胶。

　　A．黑褐色　　　　B．红褐色　　　　C．黑色　　　　　D．白色

（6）松墨天牛成虫性成熟后，在树皮上咬一（　　）刻槽，这是识别松墨天牛危害松树的重要标记。

　　A．＂U＂形　　　　B．眼状　　　　　C．圆形　　　　　D．半圆形

（7）华山松大小蠹母坑道为（　　）。

　　A．单横坑　　　　B．单纵坑　　　　C．复纵坑　　　　D．复横坑

3. 多项选择题

（1）华山松大小蠹成虫蛀入的坑道口有树脂和木屑形成的（　　）大型漏斗状凝脂。

　　A．黄棕色　　　　B．灰褐色　　　　C．浅灰色

　　D．淡绿色　　　　E．红褐色

（2）1年发生1代的昆虫有（　　）。

　　A．青杨天牛　　　B．松墨天牛　　　C．杨十斑吉丁虫

　　D．白杨透翅蛾　　E．柏肤小蠹

（3）松墨天牛又名（　　）。

　　A．松天牛　　　　B．松褐天牛　　　C．白条天牛

　　D．星天牛　　　　E．楔天牛

4. 简答题

（1）钻蛀性害虫的发生特点是什么？

（2）简述白杨透翅蛾危害状。

（3）试述天牛类害虫的综合防治。

（4）吉丁虫的危害特点是什么？

（5）小蠹类害虫的综合防治方法有哪些？

◇自主学习资源库

（1）生物入侵网：http://ias.sppchina.com.

（2）中越农资网：http://www.cv-nz.com.

（3）寻苗苗友之家：http://xunmiao.com.

（4）茶树昆虫彩色图谱：http://211.67.160.206.

（5）天天花木网：http://www.hmw365.com.

任务10.4　鉴别及防治园林植物吸汁害虫

◇工作任务

通过学习和训练，要求能全面掌握几种园林植物吸汁害虫各个虫态的形态特征，熟悉吸汁害虫的危害状，能准确地诊断；熟悉吸汁害虫的发生规律，掌握各类吸汁害虫的综合防治方法。

◇知识准备

吸汁害虫危害植物的幼嫩部分，吸食植物体内的汁液，使叶片卷缩、变黄，使茎、花梗扭曲、畸形，植株短小甚至死亡。将唾液注入植物组织内进行体外消化，造成植物营养匮乏。同时，吸汁害虫能传播多种病毒病。有些种类排泄蜜露，影响植物的呼吸作用和光合作用，招致煤烟病和蚂蚁滋生，影响植株生长发育和果实的产量和质量。

吸汁害虫主要包括：同翅目的蚜虫、蚧虫、叶蝉、木虱、粉虱，半翅目的蝽，缨翅目的蓟马。这类害虫种类多、分布广、食性杂、繁殖力强、危害重，刺吸植物汁液，直接危害造成各种症状，间接传播病毒、疾病。

10.4.1　叶蝉类

10.4.1.1　叶蝉的识别

叶蝉科（Cicadeliidae），体小型，头部宽圆。触角刚毛状，位于两复眼之间。前翅革翅，后翅膜翅。后足胫节有棱脊，其上生有3~4列刺毛。若虫与成虫外形相似。该科昆虫活泼善跳，在植物上刺吸汁液，部分种类可传播植物病毒病。

10.4.1.2　叶蝉的危害特点

叶蝉是同翅目叶蝉科昆虫的通称，因多危害植物叶片而得名。若虫或成虫用口器刺吸汁液，叶片被害后出现淡白色点，而后点连成片，直至全叶苍白枯死。也有的造成枯焦斑点和斑块，使叶片提前脱落。有些种类还传播植物病毒病，如桑萎缩病。通常以成虫或卵越冬，在温暖地区，冬季可见到各个虫期，而无真正的冬眠过程。越冬卵产在寄主组织内，成虫蛰伏于植物枝叶丛间、树皮缝隙里，气温升高便活动。成虫、若虫均善走能跳，若虫取食倾向于原位不动，成虫活跃，大多具有趋光习性。

10.4.1.3　常见叶蝉类害虫

（1）大青叶蝉（*Cicadella viridis*）

大青叶蝉又名青叶蝉、大绿浮尘子。属同翅目叶蝉科。

① 分布及危害　广泛分布于我国各地，危害丁香、木芙蓉、杜鹃花、海棠、樱花、杨、柳、槐、榆、桑、梧桐、竹、月季、臭椿、圆柏、扁柏、梧桐等植物。

② 被害状　以成虫和若虫刺吸植物汁液，被害叶片呈现褪绿小斑点，造成提早落叶，

影响植物生长，且能传播病毒病。成虫产卵于枝条上，被害严重的枝条伤痕累累，冬季易受冻害或失去水分而枯死。

③ 形态识别（图10-31）

成虫 体长7.2～10.1mm，头、胸部黄绿色，头顶有一对黑斑，复眼三角形，绿色。前胸背板淡黄绿色，后半部深青绿色，小盾片淡黄绿色。前翅绿色，带有青蓝色泽，端部透明；后翅烟黑色，半透明。

卵 长卵圆形，白色微黄，长1.6mm，中间微弯曲，一端稍细，表面光滑。

幼虫 老熟若虫体长6～7mm，共5龄，初孵化黄绿色，3龄后出现翅芽。

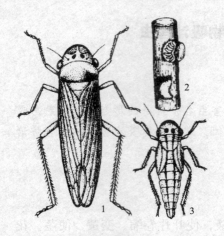

图10-31 大青叶蝉（武三安，2007）
1. 成虫 2. 卵 3. 若虫

④ 发生规律 1年发生3～5代，以卵在林木嫩枝和枝干部皮层内越冬。越冬卵3月下旬开始发育，初孵若虫常群集取食。成虫趋光性很强，羽化后尚需补充营养。成虫、若虫遇惊便斜行或横行。雌虫用锯状产卵器刺破寄主植物表皮，形成月牙形产卵痕，将成排的卵产于表皮下。夏季卵多产于禾本科植物的茎秆和叶鞘上，越冬卵则产于木本寄主苗木、幼树及树木侧枝上。天敌有蟾蜍、蜘蛛、寄生蜂、麻雀等。

（2）棉叶蝉（*Empoasca biguttula*）

棉叶蝉又名叶跳虫、二点浮尘子。属同翅目叶蝉科。

① 分布及危害 分布于东北、华北、西北、华中、西南、华东各地。危害菊、大丽花、锦葵、木芙蓉、扶桑、葡萄等植物。

② 被害状 不同花卉的叶部受棉叶蝉危害后，先褪绿变黄，再逐渐变红，边缘向下卷缩增厚，发生轻重不同的缩叶病。

③ 形态识别

成虫 体长约3mm，淡黄绿色，头部微呈角状，向前突出。近前缘处有2个小黑点，复眼黑褐色，前胸背板半圆形，前缘有3个白色斑点，后缘略向内侧弯曲。前翅狭长，为腹长的2倍，半透明，略带黄色。

卵 长肾状形，无色透明，孵化前淡绿色。

幼虫 若虫色淡绿至黄绿，老熟幼虫2mm。幼虫5龄，各龄间的差别主要以翅芽为准，前翅翅芽1龄仅有乳头状突起，2龄伸达后胸，3龄伸达第二腹节，4龄伸达第三腹节，5龄伸达第四腹节。

④ 发生规律 各地每年发生的代数不一，长江以南地区1年发生10代左右，越冬虫态尚不清楚。在南方以成虫呈半休眠状态在多年生的木棉上越冬。在长江下游每年3～4月先在杂草上出现，5月后转移到花木上危害。成虫昼伏夜出，卵多产在被害植物叶背面中脉组织中，孵化后，留下心脏形的孵化小孔。若虫幼龄期常群集一起危害。

10.4.1.4 叶蝉类害虫的防治措施

（1）园林栽培措施防治

加强管理，冬季清除寄主周围的杂草，清洁庭院，灭除越冬虫源。结合修剪剪除有产卵伤痕的枝条并集中烧毁，以减少虫源。

（2）物理机械防治

在成虫危害期，利用黑灯光诱杀，可消灭大量成虫。

（3）化学防治

在成虫、若虫危害期，可喷洒 5% 吡虫啉乳油 2000 倍液或 24% 万灵水剂、40% 氧化乐果乳油 1000～1500 倍液、20% 杀灭菊酯乳油 1500～2000 倍液。

10.4.2 蚧虫类

10.4.2.1 蚧虫的识别

（1）蜡蚧科（Coccidae）

雌虫卵形、长卵圆形、半球形或圆球形，体壁坚硬，体外被有蜡粉或坚硬的蜡质蚧壳。雄虫体长形纤弱，无复眼，触角 10 节，腹部末端有 2 条长蜡丝。

（2）粉蚧科（Pseudococcidae）

雌成虫卵圆形，少数长形、圆球形或不对称形。体壁柔软。前胸背板和头部无明显分界。腹部体节明显。后胸占去第一腹节背板，因此，从外面见到的第一腹节背板实际上是第二腹节背板。足短小或已退化。雄成虫体纤细，头、胸和腹分明，触角 3～10 节，单眼 4～6 个，无复眼，腹部倒数第二节有两个管状腺，由此分泌出 2 条白色细长并较坚韧的蜡丝。本科昆虫因体表被白色或乳黄色蜡质覆盖物，酷似白粉披身，通称粉蚧。

（3）绵蚧科（Margarodidae）

雌虫营自由生活。体椭圆形，身体柔软，腹部分节明显。触角 6～11 节，复眼退化，单眼 2 个。足发达，腹部气门 2～8 对。肛门位于身体的背面，卵产在卵囊中。雄虫体红色，翅黑色，具单眼和复眼，而其他科的雄虫仅具单眼。触角羽状，10 节。

（4）盾蚧科（Diaspididae）

雌成虫虫体常为圆形和长形。前部常由头、前胸、中胸组成，有时由头、胸部和第一或第一、第二腹节共同组成，这一部分常为虫体的宽大部分，其余则短而小，分节明显。有的种类整个虫体不分节。盾蚧常被蜡质介壳覆盖，因圆形介壳很似盾牌而得科名。

10.4.2.2 蚧虫类的危害特点

蚧虫种类繁多，分布极广，能危害多种花木，是园林植物上重要的害虫，常群集在花木的枝、叶及果实上，若虫和成虫用口针刺入寄主组织内吸取汁液，使寄主营养生理失调，生长衰弱，甚至导致枝叶枯萎而死亡。而且蚧虫的排泄物能诱发煤污病，直接影响植物的光合作用和呼吸作用，并使观赏价值下降。蚧虫的体外常覆有蜡质保护层，给触杀性药剂的杀虫效果带来一定的影响。蚧虫属于小型昆虫，大多数蚧虫属于固定不动而吸取植物汁液的生活方式。

10.4.2.3 常见蚧虫类害虫

（1）草履蚧（*Drosicha corpulenta*）

草履蚧又名草鞋蚧。属同翅目绵蚧科。

① 分布及危害　分布于河南、河北、北京、天津、山东、山西、陕西、辽宁、上海、浙江、江西、江苏、福建等地，危害月季、槐、悬铃木、杨、柳、白蜡、枫杨、泡桐、女贞、紫叶李、雀舌黄杨、刺槐、栎、桑等。

② 被害状　以若虫、雌成虫吸食嫩芽和枝条的汁液，使树木营养和水分损失过大，芽不能萌发，或幼枝、枝条甚至树干干枯死亡。不仅削弱树势，白色蜡丝随风飘动还妨碍市容及环境卫生。

③ 形态识别（图10-32）

成虫　雌成虫黄褐色，长7.8～10.0mm，扁平椭圆形，背面皱褶隆起，似草鞋状，故而得名。雄成虫紫红色，长5～6mm，头、胸淡黑色，前翅淡黑色，有许多伪横脉，停落时呈"八"字形，后翅平衡棒状。

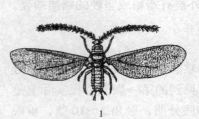

图10-32　草履蚧
1. 雄成虫（仿周尧）　2. 雌成虫（仿张翔）

卵　椭圆形，黄色，产于白色绵状卵囊内。

幼虫　若虫长卵形，长2mm左右，灰褐色。

雄蛹　圆筒形，长5mm左右，褐色，外被白色绵状物。

茧　长椭圆形，白色，蜡质絮状。

④ 发生规律　1年发生1代，多以卵囊在树木附近的土中越冬。翌年2月上旬到3月上旬孵化，2月中旬后随气温升高若虫开始出土上树，爬至嫩枝、幼芽等处吸食汁液。4月下旬出现成虫，雄成虫有趋光性。雌虫交尾后仍需吸食危害，至6月中下旬开始下树，钻入树干周围石块下、土缝等处，分泌白色绵状卵囊。产卵期6～8d，产卵后母体干缩死亡，卵在卵囊内度过夏、秋直至冬天。

（2）吹绵蚧（*Icerya purchasi*）

吹绵蚧又名棉团蚧、白条蚧。属同翅目绵蚧科。

① 分布及危害　原产于澳洲，现广布于热带和温带较温暖的地区。在我国主要分布于浙江、江苏、上海、福建、江西、广东、广西、四川、云南、湖北、湖南、安徽、山东、山西、河北、辽宁、陕西、台湾等地。被害植物近200种，主要有木麻黄、金橘、佛手、山茶、相思树、芙蓉、常春藤、重阳木、海桐、米兰、牡丹、菊花、凤仙花、桂花等。

② 被害状　以若虫、成虫群集在植物的叶背、嫩梢及枝条上危害，发生严重时，叶色发黄，造成落叶和枝梢枯萎，甚至整株枯死，并排泄蜜露，诱发煤污病，致使被害部位一片灰黑。

③ 形态识别（图10-33）

成虫　雌成虫椭圆形，橘红色，背面褐色，长4～7mm，腹面平坦，背面隆起，呈龟甲状。体被白色蜡粉及絮状蜡丝。雄成虫体小细长，橘红色，长2～3mm，前翅狭长，深紫色。

卵　长椭圆形，长0.7mm，橘红色，包藏在卵囊内。

若虫　卵圆形，眼、触角、复眼和足均为黑色。初孵若虫红色，长0.66mm。2龄若虫背面红褐色，长约2mm，上覆黄色粉状蜡质层。3龄若虫体毛更多，长3.0～3.5mm，体色暗淡。

雄蛹　橘红色，长3～4mm，被有白色蜡质薄粉，外裹白色蜡质丝茧。

④ 发生规律　每年发生代数各地不一，我国南部多数1年发生3～4代，长江流域1年发生2～3代，华北1年发生2代，各虫态均可越冬。浙江第一代卵和若虫发生盛期在5～6月，第二代在8～9月。初孵若虫很活跃，1、2龄向树冠外层迁移。2龄后，渐向大枝及主干爬行，成虫喜集居于主梢阴面、枝丫、枝条及叶片上。

（3）日本龟蜡蚧（*Ceroplastes japonicas*）

日本龟蜡蚧又名日本蜡蚧、枣龟蜡蚧、龟蜡蚧。属蜡蚧科。

① 分布及危害　国内分布于黑龙江、辽宁、内蒙古、甘肃、北京、河北、山西、陕西、山东、河南、安徽、上海、浙江、湖北、湖南、广东、广西、四川、贵州、云南等地，危害菊花、杜鹃花、月季、含笑、木瓜、月桂、无花果、悬铃木、柑橘、石榴、枇杷、冬青等。

② 被害状　若虫和雌成虫在枝梢和叶背中脉处吸食汁液危害，严重时枝叶干枯，花木生长衰弱。

③ 形态识别（图10-34）

成虫　雌成虫椭圆形，暗紫褐色，体长约3mm，蜡壳灰白色，背部隆起，表面具龟甲状凹线，蜡壳顶偏在一边，周边有8个圆突。雄成虫体棕褐色，体长约1.3mm，长椭圆形。翅透明，具2条翅脉。

卵　长0.2～0.3mm，椭圆形，初淡橙黄，后紫红色。

幼虫　雌若虫蜡壳与雌成虫蜡壳相似，雄若虫蜡壳椭圆形，雪白色，周围有放射状蜡丝13根。

雄蛹　长1mm，梭形，棕色，性刺笔尖状。

④ 发生规律　1年发生1代，以受精雌成虫在枝条上越冬。翌年5月雌成虫开始产卵，

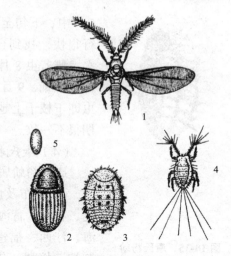

图10-33　吹绵蚧（武三安，2007）

1. 雄成虫　2. 雌成虫（带有卵囊）
3. 雌成虫（去除卵囊）　4. 1龄若虫　5. 卵

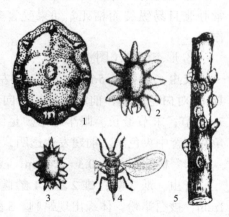

图10-34　日本龟蜡蚧（仿胡兴平等）

1. 雌成虫蜡壳　2. 雄成虫蜡壳
3. 若虫蜡壳　4. 雄成虫　5. 被害状

5月中、下旬至6月为产卵盛期。6~7月若虫大量孵化。初孵若虫爬行很快，找到合适寄主即固定于叶片上危害，以正面靠近叶脉处为多。雌若虫8月陆续由叶片转至枝干，雄若虫仍留叶片上，至9月上旬变拟蛹，9月下旬大量羽化。雄成虫羽化当天即行交尾。受精雌成虫即于枝干上越冬。该虫繁殖快、产卵量大、产卵期较长，若虫发生期很不一致。

（4）康氏粉蚧（*Pseudococcus comstocki*）

康氏粉蚧属同翅粉蚧科。

① 分布及危害　主要分布于黑龙江、吉林、辽宁、内蒙古、宁夏、甘肃、青海、新疆、山西、河北、山东、安徽、浙江、江苏、上海、江西、福建、台湾、广东、广西、云南、四川等地。危害金橘、刺槐、樟树、佛手瓜、苹果、梨、桃、李、杏、山楂、葡萄、君子兰、麒麟掌、竹节万年青、常春藤、茉莉花、糖槭等园林植物。

图10-35　康氏粉蚧
（武三安，2007）

② 被害状　若虫和雌成虫刺吸芽、叶、果实、枝及根部的汁液，嫩枝和根部受害常肿胀且易纵裂而枯死。幼果受害多成畸形果。排泄蜜露常诱发煤污病发生，影响光合作用。

③ 形态识别（图10-35）

成虫　雌体长5mm，宽3mm左右，椭圆形，淡粉红色，被较厚的白色蜡粉，体缘具17对白色蜡刺，前端蜡刺短，向后渐长，最末1对最长，约为体长的2/3。触角丝状，7~8节，末节最长。眼半球形。足细长。雄虫体长1.1mm，翅展2mm左右，紫褐色。触角和胸背中央色淡。前翅发达透明，后翅退化为平衡棒。尾毛长。

卵　椭圆形，长0.3~0.4mm，浅橙黄色，被白色蜡粉。

若虫　雌3龄，雄2龄。1龄椭圆形，长0.5mm，淡黄色，体侧布满刺毛。2龄体长1mm，被白蜡粉，体缘出现蜡刺。3龄体长1.7mm，与雌成虫相似。

雄蛹　体长1.2mm，淡紫色。

茧　长椭圆形，长2.0~2.5mm，白色棉絮状。

④ 发生规律　1年发生3代，以卵在各种缝隙及土石缝处越冬，少数以若虫和受精雌成虫越冬。寄主萌动发芽时开始活动，卵开始孵化分散危害，第一代若虫盛发期为5月中下旬，6月上旬至7月上旬陆续羽化，交配产卵。第二代若虫6月下旬至7月下旬孵化，盛期为7月中、下旬，8月上旬至9月上旬羽化，交配产卵。第三代若虫8月中旬开始孵化，8月下旬至9月上旬进入盛期，9月下旬开始羽化，交配产卵越冬；早产的卵可孵化，以若虫越冬；羽化迟者交配后不产卵即越冬。雌若虫期35~50d，雄若虫期25~40d。雌成虫交配后再经短时间取食，寻找适宜场所分泌卵囊产卵其中。单雌卵量：1代、2代200~450粒，3代70~150粒，越冬卵多产于缝隙中。此虫可随时活动转移危害。

（5）矢尖盾蚧（*Unaspis yanonensis*）

矢尖盾蚧属同翅目盾蚧科。

① 分布及危害　分布在广东、广西、湖南、湖北、四川、重庆、云南、贵州、江西、

浙江、江苏、上海、福建、安徽、河北等地。主要危害桂花、梅、山茶、芍药、樱花、丁香、柑橘、金橘等花木。

② 被害状　以若虫和成虫聚集在枝、叶、果实上，吮吸汁液，受害叶片卷缩发黄、凋萎，严重时全株布满虫体，导致树体死亡，还能诱发严重煤污病。

③ 形态识别

成虫　雌虫体长形，橙黄色，长约 2.8mm；前胸与中胸间、中胸与后胸间分界明显。雌介壳长形，黄褐色或棕黄色，边缘灰白色，长 2.8～3.5mm，前狭后宽，末端稍狭，背面中央有一条明显的纵脊，整个盾壳形似箭头而得名。蜕皮壳偏在前端，橙黄色。雄虫体细长，橙黄色，长约 1mm，白色，透明。雄介壳狭长，粉白色，长 1.5mm 左右，壳背有 3 条纵脊。

卵　椭圆形，橙黄色，表面光滑，约 0.2mm。

幼虫　初龄橙黄色，草鞋底形，触角及足发达。眼紫褐色。2 龄若虫淡黄色，椭圆形，后端黄褐色，触角及足消失，体长 0.2mm 左右。1 龄蜕皮壳位于前端，淡黄色，长 1.3～1.6mm。

雄蛹　前蛹橙黄色，椭圆形，腹部末端黄褐色，长约 0.8mm。蛹橙黄色，椭圆形，长约 1mm，腹部末端有生殖刺芽。触角分节明显，3 对足渐伸展，尾片突出。

④ 发生规律　1 年发生 2～3 代，以受精雌成虫在枝和叶上越冬，翌春 4～5 月产卵在雌介壳下。第一代若虫 5 月下旬开始孵化，多在枝和叶上危害。7 月上旬雄虫羽化，下旬第二代若虫发生。9 月中旬雄虫羽化，下旬第三代若虫出现。11 月上旬雄虫羽化，交尾后，以雌成虫越冬，少数也以若虫或蛹越冬。在温室内周年危害。

10.4.2.4　蚧虫类害虫的防治措施

（1）检疫措施

强化检疫措施，严禁疫区携虫苗木、接穗外运和引进。如发现有严重危害的蚧虫，可用磷化铝片剂熏蒸，经过认真防治后，才能调运。

（2）园林栽培措施防治

进行合理密植，合理施肥，清洁花圃，增强植株的抗虫力。选育抗虫植物品种是长远的目标。冬季或早春，结合修剪，剪去病虫枝、清除受害株并集中烧毁，以清除虫源，降低越冬虫口基数。

（3）生物防治

蚧虫天敌多种多样，种类十分丰富，如澳洲瓢虫可捕食吹绵蚧，大红瓢虫和红缘黑瓢虫可捕食草履蚧，红点唇瓢虫可捕食日本龟蜡蚧、桑白蚧、长白蚧等多种蚧虫，异色瓢虫、草蛉等可捕食日本松干蚧。寄生盾蚧的小蜂有蚜小蜂、跳小蜂、缨小蜂等。因此，应在园林绿地中种植蜜源植物，保护和利用天敌，在天敌较多时，尽可能不使用广谱性杀虫剂，在天敌较少时人工饲养繁殖天敌，发挥天敌的自然控制作用。

（4）化学防治

春季树木发芽前喷施 3～5°Be 石硫合剂或 5% 柴油乳剂。生长季节用 10% 吡虫啉可湿性粉剂 1500 倍液或 40% 速扑杀乳油、40% 乐斯本乳油、10% 高效灭百克乳油 2000 倍、

0.3~0.5°Be 石硫合剂、25% 杀虫净乳油 400~600 倍液。每隔 7~10d 喷 1 次，共喷 2~3 次，喷药时要求均匀周到。

10.4.3 蚜虫类

10.4.3.1 蚜虫的识别

（1）蚜科（Aphididae）

体小柔弱，触角末节自中部突然变细，分为基部和鞭部两个部分。翅膜质透明，前翅大，后翅小。前翅前缘外方具黑色翅痣。腹末有尾片，第五节背面两侧有 1 对腹管。

（2）绵蚜科（Eriosomatidae）

与蚜科相比，绵蚜科触角的次生感觉孔为环状，前翅中脉缩短、不分叉或二分叉，腹管退化，尾片不突出。身体上有丰富的蜡腺，分泌絮状的蜡质物。

10.4.3.2 蚜虫类的危害特点

蚜虫又称蜜虫、腻虫等，多属同翅目蚜科，为刺吸式口器昆虫，常群集于叶片、嫩茎、花蕾、顶芽等部位，刺吸汁液，使叶片皱缩、卷曲、畸形，严重时引起枝叶枯萎甚至整株死亡。蚜虫分泌的蜜露（蚜虫及蚧虫等从肛门排出的含糖液体）还会诱发煤污病、病毒病并招来蚂蚁危害等。

蚜虫腹部有管状突起（腹管），吸食植物汁液，不仅阻碍植物生长，形成虫瘿，传播病毒，而且造成花、叶、芽畸形。蚜虫繁殖能力强，1 年发生 10~30 代，世代重叠现象突出。干旱或植株密度过大有利于蚜虫危害。

10.4.3.3 常见蚜虫类害虫

（1）桃蚜（*Myzus persicae*）

桃蚜又名桃赤蚜、烟蚜、菜蚜、温室蚜，俗称腻虫。属同翅目蚜科。

① 分布及危害　分布于全国各地。危害海棠、牡丹、大丽花、菊花、百日草、金鱼草、金盏菊、樱花、蜀葵、梅、香石竹、仙客来、郁金香、一品红、白兰花等植物。

② 被害状　幼叶被害后，向反面横卷，呈不规则卷缩，最后干枯脱落，其排泄物诱发煤污病。

③ 形态识别（图 10-36）

成虫　无翅胎生雌蚜卵圆形，体长 2.4mm，体色绿、黄绿、粉红、淡黄等色，额瘤极显著，腹管圆柱形，稍长。有翅胎生雌虫的体型及大小似无翅蚜。头、胸部黑色，复眼红色，额瘤明显，腹部浅绿色。有翅雄蚜体长 1.3~1.9mm，体色深绿、灰黄、暗红或红褐色，头、胸部黑色。

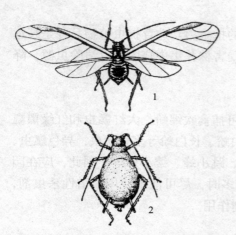

图 10-36　桃蚜（武三安，2007）

1. 有翅胎生雌蚜　2. 无翅胎生雌蚜

卵 椭圆形，长 0.7mm，初为绿色，后期黑色。

若蚜 体小，浅红色，只有翅芽。

④ 发生规律 北方1年发生20余代，南方30余代。北方主要以卵在寄主叶芽和花芽上越冬，翌春3月卵孵化，先群集在芽上，后转移到花和叶。5月至初夏进行孤雌生殖，并产生有翅的迁飞蚜扩散危害，10～11月又产生有翅蚜迁回桃、樱花等树木上。如果以卵越冬，则产生雌、雄性蚜，交尾产卵越冬。春末夏初及秋季是桃蚜危害严重的季节。

（2）苹果绵蚜（*Eriosoma lanigerum*）

苹果绵蚜属同翅目绵蚜科。

① 分布及危害 分布于山东、天津、河北、陕西、河南、辽宁、江苏、云南、西藏（拉萨）等地。危害苹果、山楂、山荆子、海棠、花红、沙果等植物。

② 被害状 1龄幼虫可随绵毛传播，经风雨吹落地面，可在根蘖或浅根上危害，久之根部肿大、畸形。发生严重时树势衰弱，产量降低，以致全树枯死，甚至全园毁灭。危害植物嫩梢、叶腋、嫩芽、根等部位，刺吸汁液，同时分泌体外消化液，刺激果树受害部组织增生，形成肿瘤，影响营养输导；叶柄被害后变成黑褐色，因光合作用受破坏，叶片早落；果实受害后发育不良，易脱落；侧根受害形成肿瘤后，不再生须根，并逐渐腐烂。诱发煤污病。

③ 形态识别（图 10-37）

成虫 无翅孤雌蚜体卵圆形，长1.7～2.2mm，头部无额瘤，腹部膨大，黄褐色至赤褐色。复眼暗红色，眼瘤红黑色。口喙末端黑色，其余赤褐色，生有若干短毛，其长度达后胸足基节窝。触角6节，第三节最长，为第二节的3倍，稍短或等于末3节之和，第六节基部有一小圆初生感觉孔。腹部体侧有侧瘤，着生短毛；腹背有4条纵列的泌蜡孔，分泌白色的蜡质和丝质物，群体在苹果树上严重危害时如挂棉绒。腹管环状，退化，仅留痕迹，呈半圆形裂口。尾片呈圆锥形，黑色。有翅孤雌蚜体椭圆形，长1.7～2.0mm，体色暗，较瘦。头胸黑色，腹部橄榄绿色，全身被白粉。复眼红黑色，有眼瘤，单眼3个，颜色较深。口喙黑色。触角6节，第三节最长，有环形感觉器24～28个，第四节有环形感觉器3～4个，第五节有环形感觉器1～5个，第六节基部有感觉器2个。翅透明，翅脉和翅痣黑色。前翅中脉1分支。腹部白色绵状物较无翅雌虫少。腹管退化为黑色环状孔。有性雌蚜体长0.6～1.0mm，淡黄褐色。触角5节，口器退化。头部、触角及足为淡黄绿色，腹部赤褐色。有性雄蚜体长0.7mm左右，体淡绿色。触角5节，末端透明，

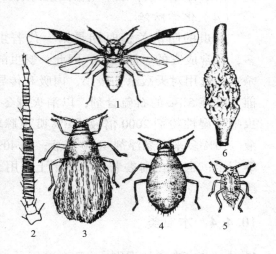

图 10-37 苹果绵蚜（李成德，2004）

1. 有翅胎生雌蚜 2. 有翅雌蚜触角腹面观
3. 无翅雌蚜（除去胸部蜡毛）4. 无翅雌蚜（除去全部蜡毛）5. 若虫 6. 危害状

无喙。腹部各节中央隆起，有明显沟痕。

卵　椭圆形，中间稍细，由橙黄色渐变褐色。

若蚜　分有翅与无翅两型。幼龄若虫略呈圆筒状，绵毛很少，触角5节，喙长超过腹部。4龄若虫体形似成虫。

④ 发生规律　以孤雌繁殖方式产生胎生无翅雌蚜。因地区不同发生代数不同，在华东地区1年可发生12～18代，在西藏每年可发生7～23代。主要以1龄或2龄若虫在苹果树干的粗皮裂缝、剪锯口、伤疤处及根部浅土等处越冬。翌年4月上旬苹果树开始萌芽时，越冬苹果绵蚜开始活动，繁殖危害。5月下旬至7月上旬为全年第一次发生高峰。7月中旬至8月中旬，气温较高，不利于苹果绵蚜繁殖，同时因其主要天敌蚜小蜂大量寄生，使苹果绵蚜种群数量显著下降，可基本抑制其发生。8月下旬至10月中下旬，由于气温下降，蚜小蜂数量减少，苹果绵蚜的数量又急剧增加，在10月形成第二次发生高峰。11月下旬大部分若虫开始越冬。

10.4.3.4　蚜虫类害虫的防治措施

（1）园林栽培措施防治

结合林木抚育管理，冬季剪除有卵枝叶或刮除枝干上的越冬卵。

（2）生物防治

瓢虫、草蛉等天敌已能大量人工饲养后适时释放。另外，也可用蚜霉菌等人工培养后稀释喷施。

（3）物理机械防治

盆栽花卉上零星发生时，可用毛笔蘸水刷掉，刷时要小心轻刷、刷净，避免损伤嫩梢、嫩叶。刷下的蚜虫要及时处理干净，以防蔓延。利用涂有黄色和胶液的纸板或塑料板，诱杀有翅蚜虫；或采用银白色锡纸反光，拒栖迁飞的蚜虫。

（4）化学防治

蚜虫的防治关键时期是第一代若虫危害期及危害前期。鉴于蚜虫繁殖快、世代多，经常成灾的可能性大，因此，蚜虫的测报显得十分重要。化学防治尽量少用广谱触杀剂，选用对天敌杀伤较小、内吸和传导作用大的药物。发生严重地区，木本花卉发芽前，喷施5°Bé的石硫合剂，以消灭越冬卵和初孵若虫。虫口密度大时，可喷施10%吡虫啉可湿性粉剂2000倍液或3%啶虫脒乳油2000～2500倍液、50%避蚜雾乳油3000倍液、10%多来宝悬浮剂4000倍液；用40%氧化乐果乳油50～100倍液涂茎，对梅、樱花等安全；也可在刮去老皮的树干上，用50%氧化乐果乳油30～50倍液涂5～10cm宽的药环。

10.4.4　木虱类

10.4.4.1　木虱的识别

木虱科（Psyllidae），体小型，状如小蝉，善跳跃。触角丝状，10节。端部生有2根不等长的刚毛。前翅翅脉三分支，每支再分叉。若虫体扁平，被蜡质。该科昆虫多为木本园林植物的重要害虫。

10.4.4.2 木虱类的危害特点

木虱类害虫种类很多，不同的地区种类及危害程度不同。成虫、若虫常分泌蜡质，盖在身体上，多危害木本植物。成虫、若虫吸食芽、叶、嫩梢汁液，使新梢萎缩，叶片早落。若虫分泌蜜露，招致煤烟病，影响叶片的光合作用。同时还可传播植物病毒病。常见的有梧桐木虱、樟叶木虱等。

10.4.4.3 常见木虱类害虫

（1）梧桐木虱（*Thysanogyna limbata*）

梧桐木虱属同翅目木虱科。

① 分布及危害　分布于北京、河南、陕西、山东、江苏、浙江等地，危害梧桐。

② 被害状　以成虫及若虫群集于叶背或幼枝嫩干上吮食树液，以幼树受害最重。若虫分泌的白色棉絮状蜡质物影响树木光合作用和呼吸作用，使叶面呈现苍白萎缩症状，并诱发霉菌寄生。危害严重时，树叶早落，枝梢干枯。

③ 形态识别（图10-38）

成虫　雌虫体长4～5mm，黄绿色。复眼深赤褐色，触角黄色，最后两节黑色。前胸背板弓起，前、后缘黑褐色。翅透明，脉纹茶黄色。雄虫体色和斑纹与雌虫相似，体稍小。

卵　略呈纺锤形，一端稍尖，长0.7mm左右，初产时淡黄白色或黄褐色，后渐变为淡红褐色。

幼虫　末龄若虫体略呈长圆筒形，被较厚的白色蜡质，全体灰白而微带绿色，触角10节。

④ 发生规律　1年发生2代，以卵在枝干上越冬。翌年4月底、5月初开始孵化，若虫共3龄，6月上、中旬羽化为成虫。第二代若虫发生期在7月中旬，8月上、中旬羽化，8月下旬产卵于枝上越冬。发生极不整齐，有世代重叠现象，成虫和若虫均有群集性。

图10-38　梧桐木虱（李成德，2004）

（2）樟个木虱（*Trioza camphorae*）

樟个木虱属同翅目木虱科。樟个木虱属检疫性害虫。

① 分布及危害　在我国原分布于浙江、福建、江西、湖南、台湾，在福建和江西南昌危害香樟较严重，近年来上海、江苏、河南等地也有发生。

② 被害状　以若虫刺吸叶片汁液，叶片受害后出现黄绿色椭圆形小突起，随着虫龄增长，突起逐渐形成紫红色虫瘿，影响植株的正常光合作用，导致提早落叶。

③ 形态识别

成虫　体长为2mm左右，翅展4.5mm左右，体黄色或橙黄色。触角丝状，复眼大而突出，半球形，黑色。

卵　扁纺锤形，乳白色，透明，孵化前为黑褐色。

幼虫　椭圆形，初孵为黄绿色，老熟时为灰黑色。体周有白色蜡质分泌物，随着虫体增长，蜡质物越来越多，羽化前蜡质物脱落。

④ 发生规律　华东地区1年发生1代，少数2代，以若虫在被害叶背处越冬。翌年4月成虫羽化，羽化后的成虫多群集在嫩梢或嫩叶上产卵。两代若虫孵化期分别在4月中、下旬和6月上旬。

10.4.4.4　木虱类害虫的防治措施

（1）检疫措施

苗木调运时加强检查，禁止带虫材料进出。

（2）园林防治

选育抗虫品种，冬季剪除带卵枝条，清除枯叶杂草，降低越冬虫口基数。结合修剪，剪除带卵枝条。

（3）生物防治

保护并利用天敌，如赤星瓢虫、黄条瓢虫、草蛉等均捕食梧桐木虱的卵和若虫。

（4）化学防治

若虫发生盛期（叶背出现白色絮状物时）喷施机油乳剂30～40倍液、25%扑虱灵可湿性粉剂、40%速扑杀乳油或1%杀虫素2000倍液。

10.4.5　粉虱类

10.4.5.1　粉虱的识别

粉虱科（Aleyodidae），体小型，体表被白色蜡粉。翅短圆，前翅有翅脉2条，前一条弯曲，后翅仅有1条直脉。成虫、若虫吸吮植物汁液，是许多木本植物和温室花卉的重要害虫。

10.4.5.2　粉虱类的危害特点

粉虱是因虫体和翅具有白蜡粉而得名，成虫体纤弱而小，上面覆盖着一层白色粉状的蜡质。粉虱通常群集在植物叶背危害，用口针插入寄生组织内，吸吮汁液，使叶片萎黄、脱落。除直接刺吸植物汁液，致植株衰弱外，若虫和成虫还分泌蜜露，诱发煤污病的发生，并可以传播植物病毒病。虫口密度高时，叶片出现黑色，严重影响光合作用。园林上常见种类有黑刺粉虱和白粉虱等。

10.4.5.3　常见粉虱类害虫

（1）黑刺粉虱（*Aleurocanthus spiniferus*）

黑刺粉虱又名橘刺粉虱。属同翅目粉虱科。

① 分布及危害　分布于广东、广西、福建、浙江、江苏、江西、湖南、安徽、湖北、四川、海南、台湾等地。危害月季、蔷薇、白兰、米兰、玫瑰、阴香、香樟、榕树、椰子、散尾葵、桂花、九里香、柑橘等数十种植物。

② 被害状　以若虫群集于叶背吸食汁液。其排泄物还能诱发煤污病，感病植株病虫交加，养分丧失，光合作用受阻，树势衰弱，芽叶稀瘦，以致枝叶发黑、枯竭脱落，严重发

生时甚至引起枝枯树死。

③ 形态识别（图10-39）

成虫　雌虫体长约1.3mm，体橙黄色，覆有蜡质白色粉状物。前翅紫褐色，有7个不规则白斑。后翅无斑纹，较小，淡紫褐色。复眼红色。雄虫体较小。

卵　长椭圆形，基部有一小柄黏附在叶背面，初产时淡黄色，孵化前呈紫黑色。

幼虫　共3龄，初孵幼虫椭圆形，体扁平、淡黄色，体周缘呈锯齿状，尾端有4根尾毛。后渐变为黑色，并在体躯周围分泌一白色蜡圈，随虫体增大蜡圈也增粗。老熟幼虫体漆黑色，体背有14对刺毛。

蛹　椭圆形，边缘附有白色绵状蜡质，背面中央有一隆起纵脊，体背盘区胸部有9对刺，腹部有10对刺。两侧边缘雌蛹有刺11对，雄蛹有刺10对，都向上竖立。

④ 发生规律　在长江中下游1年发生4代，以老熟幼虫在寄主叶背越冬。翌年3月化蛹，4月上、中旬成虫开始羽化，在广东夏、秋季发生严重。成虫羽化时，蛹壳背面呈"⊥"形裂孔。成虫白天活动，卵多产在叶背，老叶上的卵比嫩叶的多，每雌虫产卵约20粒。第一代的1～2龄若虫盛发期是全年防治的关键时期。

（2）白粉虱（*Trialeurodes vaporariorum*）

白粉虱又名温室粉虱、小白蛾。属同翅目粉虱科。

① 分布及危害　分布于东北、华北、江浙一带。危害瓜叶菊、万寿菊、三色堇、美人蕉、天竺葵、茉莉花、大丽花、扶桑、一串红、一品红、倒挂金钟、金盏菊、月季、牡丹、绣球、佛手等园林植物。

② 被害状　以成虫和幼虫群集在寄主植物叶背，吮吸汁液危害，导致叶片变黄、凋萎，甚至干枯死亡，影响植物光合作用和生长发育。成虫、幼虫还排泄大量蜜露，诱发煤污病，传播病毒病。

③ 形态识别（图10-40）

成虫　体浅黄色，体长1.0～1.2mm，触角短丝状，翅白色，被有白色蜡质粉。

卵　长椭圆形，长0.2～0.5mm，初产淡黄色，后变黑褐色。

幼虫　体长0.5mm左右，长椭圆形，扁平，淡黄绿色。体周围有白色放射状蜡丝。

蛹　椭圆形，长0.8mm左右，稍隆起，淡黄色，蛹壳背面覆盖白色絮状蜡丝。

④ 发生规律　1年发生9～10代，在温室内

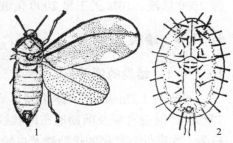

图10-39　黑刺粉虱（武三安，2007）
1. 成虫　2. 蛹壳

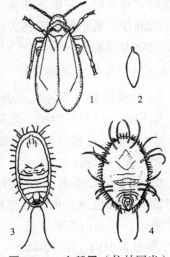

图10-40　白粉虱（仿林国光）
1. 成虫　2. 卵　3. 若虫　4. 蛹壳

终年繁殖，世代重叠，以各种虫态在温室植物上越冬。成虫多产卵于嫩叶背面，每一雌虫可产卵100～200粒。成虫一般不大活动，常在叶背群集，营有性生殖，也能孤雌生殖。成虫具有趋光、趋黄色特性。

10.4.5.4 粉虱类害虫的防治措施

（1）加强检疫

注意检查进入塑料大棚和温室的各类花卉，尽可能避免将虫带入。

（2）园林栽培措施防治

勤除杂草，定期修剪，疏除徒长枝、叶枝，确保通风透光，以减轻危害。

（3）物理机械防治

利用白粉虱成虫对黄色的趋性，可在植株间、温室内悬挂或插黄色塑料板，板上刷一层重机油，再适当震动受害植株使其惊飞，使飞舞的成虫趋向和粘到黄色板上，起到诱杀作用。

（4）化学防治

成虫、若虫盛发期，可用68%灭虱宁800倍液、25%扑虱灵2000倍液、25%溴氰菊酯2000倍液、10%天王星2000倍液防治，喷药时必须充分喷及叶背。

10.4.6 蝽类

10.4.6.1 蝽类的识别

网蝽科（Tingidae），体小型，扁平。前胸背板向后延伸，盖住小盾片，两侧有叶状"侧突"，前胸背板及前翅遍布网状纹。若虫群集于叶背，刺吸汁液，造成缺绿斑点或叶片枯萎，受害处有黏稠的排泄物及虫蜕。

10.4.6.2 蝽类的危害特点

蝽类为半翅目昆虫，体小型至中型，体壁坚硬而体略扁平，刺吸式口器。很多种类胸部腹面常有臭腺，可散发恶臭，属于不完全变态（渐变态）。多为植食性，刺吸植物茎叶或果实的液汁，是重要的园林害虫，部分种类为捕食性，为天敌昆虫。卵多为鼓形或长卵形，产于植物表面或组织内。

10.4.6.3 常见蝽类害虫

（1）梨网蝽（*Stephanitis nashi*）

梨网蝽又名梨花网蝽、梨冠网蝽、军配虫。属半翅目网蝽科。

① 分布及危害　全国分布，危害海棠、梅、樱花、杜鹃花、月季、木瓜、扶桑、花红、桃等园林植物。

② 被害状　成虫、若虫群栖在叶背刺吸汁液，造成叶片正面出现苍白或黄色失绿斑，叶背面有黄褐色斑，虫体分泌和排泄的黑点状物使叶背呈黑褐色，常导致煤污病发生。受害严重时，叶苍白甚至早落。

③ 形态识别（图10-41）

成虫　体长3.4mm，体扁，黑褐色。前胸两侧扇状扩张并具网状花纹，翅半透明，布满网状花纹,停栖时两翅合并呈"X"形黑色线纹。

卵 香蕉形,浅黄色,卵上覆盖黑褐色胶质物。

若虫 若虫似成虫,体小,乳白色,腹部两侧有数个刺突。

④ 发生规律 华中和华南1年发生5～6代,华北1年发生3代,陕西1年发生4代。以成虫在杂草、落叶层、土缝、树皮裂缝中越冬。翌年4月越冬成虫开始活动危害,4月下旬开始产卵,卵产在叶背组织中,卵上盖有黑褐色胶状物,有光泽。有世代重叠现象,以7～9月危害严重,于11月寻找合适场所越冬。

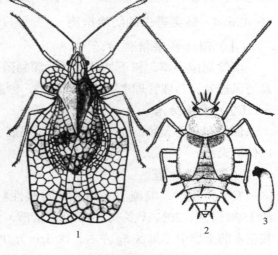

图10-41 梨网蝽(李成德,2004)
1. 成虫 2. 若虫 3. 卵

(2) 杜鹃冠网蝽(*Stephanitis typica*)

杜鹃冠网蝽又名拟梨冠网蝽,俗称军配虫。属半翅目网蝽科。

① 分布及危害 分布于吉林、浙江、江西、贵州、湖北、湖南、广东、台湾等地。寄主有杜鹃花、檫树、梨、榆、马醉木等盆栽花木。在广州多危害杜鹃花。

② 被害状 成虫和若虫群集于寄主叶背吸食汁液,整个受害叶背面呈锈黄色,正面形成很多苍白斑点,受害严重时斑点成片,以致全叶失绿,远看一片苍白,提前落叶,不再形成花芽。可见许多黑褐色虫粪和蜕皮,严重影响杜鹃花生长。

③ 形态识别(图10-42)

成虫 体长3.5～4.0mm,体形扁平,黑褐色。前胸背板发达,具网状花纹,向前、后延伸分别盖住头部和小盾片。前翅宽大,质薄透明,具网状花纹,两前翅中间接合成明显的"X"形斑纹。

卵 长椭圆形,一端弯曲,呈香蕉形。长约0.6mm,初产时淡绿色,半透明,后变淡黄色。

若虫 若虫初孵时乳白色,后渐变暗褐色,体长约1.9mm。

④ 发生规律 在广东1年发生10代,以成虫和若虫越冬。翌年春天,成虫取食一段时间后交配产卵,卵产于叶背主脉旁的叶肉组织内,上面附有黄褐色胶状物。一年中7～8月危害最重,9月虫口密度最高,10月下旬后陆

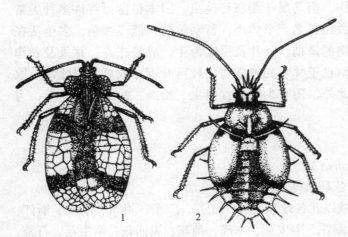

图10-42 杜鹃冠网蝽(武三安,2007)
1. 成虫 2. 若虫

续越冬。高温、干燥、通风的环境容易引起该虫大量繁殖。

10.4.6.4 螨类害虫的防治措施

（1）园林栽培措施防治

清除周围杂草、树下枯枝落叶，深翻园地土壤，冬季涂白树干，以减少越冬成虫。注意通风透光，合理管理水肥，增强树势，创造不利于该虫的生活条件。

（2）生物防治

保护和利用天敌，如草蛉、蜘蛛、蚂蚁、捕食性螨等。当天敌较多时，尽量不喷药剂，以保护天敌。

（3）化学防治

发生严重时，喷施10%吡虫啉可湿性粉剂2000~3000倍液、29%净叶宝（烟碱）乳油1500倍液、20%灭多威乳油3000倍液，消灭若虫和成虫。用3%呋喃丹颗粒剂埋入盆栽花木的土壤中（每盆5g左右，深5cm），可达到防治该类害虫的目的。

10.4.7 蓟马类

10.4.7.1 蓟马的识别

（1）蓟马科（Thripidae）

触角6~9节，第3~4节上具叉状感觉器，翅狭长，末短尖，脉少、无横脉，腹末圆锥状。雌虫产卵器发达，锯状，尖端下弯。

（2）管蓟马科（Phlaeothripidae）

大多数种类体暗色或黑色，翅白色、煤烟色或有斑纹。触角8节，少数7节，具锥状感觉器。腹部第九节宽大于长，比末节短；腹部末节管状，无产卵器。翅面光滑无毛。

10.4.7.2 蓟马类的危害特点

蓟马是一种靠植物汁液为生的昆虫，幼虫呈白色、黄色或橘色，成虫则呈棕色或黑色。进食时会造成叶子与花朵的损伤。蓟马属于缨翅目昆虫，因本目昆虫有许多种类常栖息在大蓟、小蓟等植物的花中，故而得名。个体小，行动敏捷，能飞善跳，多生活在植物花中取食花粉和花蜜，或以植物的嫩梢、叶片及果实为生，成为花卉、林果及农作物的一害。在蓟马中也有许多种类栖息于林木的树皮与枯枝落叶下，或草丛根际间，取食菌类的孢子、菌丝体或腐殖质。此外，还有少数捕食蚜虫、粉虱、蚧虫、螨类等，为害虫的天敌。

10.4.7.3 常见蓟马类害虫

（1）花蓟马（*Frankliniella intonsa*）

花蓟马又名台湾蓟马。属缨翅目蓟马总科。

① 分布及危害　分布于长江流域以北各地和上海、江苏、广东、贵州、湖南、浙江、台湾等地。危害香石竹、唐菖蒲、大丽花、美人蕉、木槿、菊花、凤仙花、牵牛花、石蒜、扶桑、木芙蓉、月季、夜来香、茉莉花、橘等多种植物。

② 被害状　花冠受害后出现横条或点状斑纹，花冠变形、萎蔫以致干枯，影响观赏价值。叶部受害，在新叶上出现银灰色的条斑，引起落叶，影响长势。

③ 形态识别

成虫　体长 1.4mm。褐色，头、胸部稍浅，前腿节端部和胫节浅褐色。触角第一、第二和第 6~8 节褐色，第 3~5 节黄色，但第五节端半部褐色。前翅微黄色。触角 8 节，较粗。雄虫较雌虫小，黄色。

卵　肾形，长 0.2mm，宽 0.1mm，孵化前显现出两个红色眼点。

若虫　2 龄若虫体长 1.0 mm 左右，黄色，复眼红色。

④ 发生规律　南方 1 年发生 11~14 代，华北、西北地区 1 年发生 6~8 代，世代重叠严重。以成虫在枯枝落叶层或表土层中越冬。翌年 4 月中、下旬出现第一代，10 月下旬至 11 月上旬开始越冬。成虫羽化后 2~3d 开始交配产卵，卵多产在花瓣、花丝、嫩叶内，成虫有很强的趋光性。每年 6~7 月、8 月至 9 月下旬是危害高峰期。

（2）榕管蓟马（*Gynaikothrips uzeli*）

榕管蓟马又名榕母管蓟马。属缨翅目管蓟马科。

① 分布及危害　分布在福建、台湾、广东、海南、广西、贵州、江西、上海，随苗木、盆景调运传播到北方的黑龙江、辽宁、内蒙古、河北、河南、山东等地的温室内。国外分布于日本、印度、印度尼西亚、西班牙、北美、墨西哥、埃及、阿尔及利亚。危害榕树、杜鹃花、无花果、龙船花等。

② 被害状　该虫对榕树偏爱，集中危害，使受害榕树生长发育受抑，光合作用减弱。成虫、若虫锉吸榕树等植物的嫩芽、嫩叶，致使形成大小不一的紫红褐色斑点，后沿中脉向叶面折叠，形成饺子状的虫瘿，数十头至上百头成虫、若虫在虫瘿内吸食危害。受害严重者多数树叶成饺子状，且布满红褐色斑点，降低植物观赏价值和经济价值。

③ 形态识别

成虫　雌蓟马体长 2.6mm 左右，黑色。触角 8 节，第一、第二节棕黑色，第 2~5 节及第六节基半部黄色。前足腿节黄色。翅无色。头长是宽的 1.4 倍，是前胸长的 1.7 倍。头顶单眼区呈锥状隆起，有六角形网纹，复眼大。中胸前基腹片发达，后胸背片有纵向交错纹及网纹。前翅很宽，边缘直，不在中部收缩。雄成虫小。

卵　肾形，乳白色。

若虫　共 4 龄。1、2 龄的足和口器等外形与成虫相似，1 龄若虫分节不明显，2 龄若虫分节明显，3 龄若虫出现白色翅芽，4 龄若虫触角伸长且向头背后弯，体色由乳黄色变成深色。

④ 发生规律　榕管蓟马在四川、广西、云南等地 1 年可发生 9~11 代、而在福建福州 1 年发生 13~15 代、在重庆 1 年发生 6~9 代，世代重叠严重。气候暖和地区无明显的越冬现象，在冬季特别寒冷的地方，以成虫、若虫、蛹等虫态在表土层、枯枝落叶和树枝缝隙、虫瘿内等处越冬。在四川、云南等地，每年 5~6 月和 9~10 月是该虫发生高峰期，7~8 月高温季节虫口数量明显减少。榕管蓟马常与大腿榕管蓟马发生混合危害。

10.4.7.4 蓟马类害虫的防治措施

（1）检疫措施

移植或运输植物之前，先进行药剂熏蒸处理，严格控制蓟马随植物运输而广泛传播。

（2）园林防治

清除杂草和枯枝落叶，减少虫源。喷水、灌水、浸水对蓟马有良好的抑制作用。

（3）化学防治

在蓟马危害高峰期前，可喷洒 2.5% 鱼藤精乳油 500～800 倍液、15% 哒嗪酮乳油 1000～2000 倍液、10% 蚜虱净超微可湿性粉剂 3000～5000 倍液，均有良好效果。用番桃叶、乌桕叶或蓖麻叶兑水 5 倍煎煮，过滤后喷洒。盆栽花木可用 3% 呋喃丹颗粒剂 3～5g、15% 铁灭克颗粒剂 1～2g 施入盆土中。

◇ 任务实施

Ⅰ. 类群鉴别、危害观察及防治园林吸汁害虫

【任务目标】

（1）了解吸汁害虫的主要种类。

（2）掌握各类吸汁害虫的危害特点。

（3）掌握各种吸汁害虫的防治方法。

（4）熟悉吸汁害虫的调查方法。

【材料准备】

① 用具　实体显微镜、放大镜、镊子、喷雾器、烧杯、量筒。

② 生活史标本　大青叶蝉、棉叶蝉、草履蚧、吹绵蚧、日本龟蜡蚧、矢尖盾蚧、苹果绵蚜、桃蚜、梧桐木虱、樟叶木虱、黑刺粉虱、白粉虱、梨网蝽、杜鹃冠网蝽、花蓟马、榕管蓟马。

③ 杀虫剂　吡虫啉、灭多威、多来宝、氧化乐果、杀虫净等制剂。

【方法及步骤】

1. 吸汁害虫类群鉴别

（1）观察各种吸汁害虫标本，区分叶蝉、蚧虫、蚜虫、木虱、粉虱、蓟马等各类害虫。

（2）根据教材中的描述，观察并区分几种叶蝉、蚧虫、蚜虫的成虫。

（3）根据教材中的描述，区分各个类群吸汁害虫的幼虫（若虫）。

2. 吸汁害虫危害观察

观察各种吸汁害虫的生活史标本，观察并区别各种吸汁害虫的危害状，对各被害状进行认真描述。

3. 吸汁害虫防治

根据吸汁害虫的种类及各种杀虫剂的特点选择稀释倍数，合理配制药液。配制药液可采取二次稀释法，即先将农药溶于少量水中，待均匀后再加满水，可以使药剂在水中溶解更为均匀，效果更好。宜选择在阴天或早上喷药。

【成果汇报】

列表区别不同种类吸汁害虫的成虫、幼虫（若虫）、危害状及防治方法（表10-8）。

表10-8 不同种类吸汁害虫比较

害虫种类	害虫名称	成　虫	幼虫（若虫）	危害状	防治方法
叶 蝉	大青叶蝉				
	棉叶蝉				
蚧 虫	草履蚧				
	吹绵蚧				
	日本龟蜡蚧				
	矢尖盾蚧				
蚜 虫	绵蚜				
	桃蚜				
木 虱	梧桐木虱				
	樟个木虱				
粉 虱	黑刺粉虱				
	白粉虱				
蓟 马	花蓟马				
	榕管蓟马				
网 蝽	梨网蝽				
	杜鹃冠网蝽				

Ⅱ. 调查园林吸汁害虫

【任务目标】

（1）了解园林植物吸汁害虫的种类、危害情况。

（2）掌握园林植物吸汁害虫的分布区域、发生条件和发生规律。

（3）熟悉吸汁害虫的调查方法。

【材料准备】

毒瓶、幼虫瓶、放大镜、果枝剪、镊子、米尺、捕虫网、笔记本、铅笔及相关参考资料。

【方法及步骤】

调查危害细嫩枝梢的害虫时，可选有50株以上树木的样方，逐株统计健康株数、主梢健壮侧梢受害株数和主侧梢都受害株数。从被害株中选出5～10株，查清虫种、虫口数、虫态和危害情况。对于虫体小、数量多、定居在嫩梢上的害虫如蚜虫、蚧虫等，可在标准木的上、中、下部各选取样枝，截取10cm长的样枝段，查清虫口密度，最后求出平均每10cm样枝段的虫口密度。

【成果汇报】

列表区别不同立地类型吸汁害虫及样株的调查结果（表10-9、表10-10）。

表10-9　园林绿地吸汁害虫调查结果

调查日期	调查地点	样方号	绿地概况	调查株数	被害株数	被害株率(%)	害虫种类及虫态	危害情况			备注
								仅侧梢受害株数	仅主梢受害株数	主、侧梢均受害株数	

表10-10　园林绿地吸汁害虫样株调查结果

调查日期	调查地点	样方号	绿地概况	样株调查						害虫名称和主要虫态	虫口密度（头/株或头/m²）	备注
				样树号	树高	胸径和根径	树龄	被害梢数	被害株率(%)			

◇ 自测题

1. 名词解释

吸汁害虫，蜜露。

2. 填空题

（1）日本龟蜡蚧又名＿＿＿＿、＿＿＿＿、＿＿＿＿，以＿＿＿＿、＿＿＿＿吸食汁液，危害＿＿＿＿。

（2）桃蚜又名＿＿＿＿、＿＿＿＿、＿＿＿＿、＿＿＿＿，俗称＿＿＿＿。

（3）梧桐木虱1年发生＿＿＿＿代，以＿＿＿＿在枝干上越冬，若虫共＿＿＿＿龄。发生极不整齐，有＿＿＿＿现象，成虫和若虫均有＿＿＿＿性。

（4）园林常见蚧虫有＿＿＿＿、＿＿＿＿、＿＿＿＿、＿＿＿＿4个科。

（5）吹绵蚧雌成虫椭圆形，橘红色，体被＿＿＿＿及＿＿＿＿。雄成虫体小，细长，橘红色，长＿＿＿＿mm，前翅狭长，＿＿＿＿色。成虫喜集居于＿＿＿＿、＿＿＿＿及＿＿＿＿上。

（6）利用白粉虱成虫对＿＿＿＿的趋性，可在植株间、温室内悬挂或插黄色塑料板，板上刷一层＿＿＿＿，再适当震动受害植株使其惊飞，使飞舞的成虫趋向和粘到黄色板上，起到＿＿＿＿。

3. 单项选择题

（1）梨网蝽成虫两前翅中间接合成明显的（　　）形斑纹。
　　A．"M"　　　　B．"X"　　　　C．"Y"　　　　D．"T"

（2）黑刺粉虱（　　）的1～2龄若虫盛发期是全年防治的关键时期。
　　A．第一代　　B．第二代　　C．第三代　　D．第四代

（3）大青叶蝉雌成虫用锯状产卵器刺破寄主植物表皮，形成（　　）产卵痕。
　　A．圆形　　　B．方形　　　C．椭圆形　　D．月牙形

（4）春末夏初及（　　）是桃蚜危害严重的季节。

A. 初春 B. 夏末 C. 秋季 D. 初冬

（5）花蓟马成虫多产卵在花瓣、花丝及（　　）内。

A. 嫩叶 B. 果实 C. 枝梢 D. 树皮

（6）杜鹃冠网蝽在广东1年发生（　　）代。

A. 2 B. 5 C. 8 D. 10

4. 多项选择题

（1）绵蚜以（　　）群集刺吸植物汁液，引起生长不良，并诱发煤污病。

A. 幼虫 B. 蛹 C. 成虫

D. 若虫 E. 卵

（2）桃蚜又名（　　）。

A. 赤蚜 B. 烟蚜 C. 温室蚜

D. 瓜蚜 E. 菜蚜

（3）白粉虱以下描述正确的是（　　）。

A. 1年发生9～10代 B. 成虫多产卵于嫩叶背面

C. 成虫常在叶背群集 D. 在温室内终年繁殖

E. 成虫具有趋光、趋黄色特性

5. 简答题

（1）吸汁害虫的发生特点是什么？

（2）简述吹绵蚧的发生规律。

（3）试述蚧虫的综合防治措施。

（4）木虱的危害特点是什么？

（5）蚜虫的综合防治措施有哪些？

◇ 自主学习资源库

1. 图虫：http://www.tuchong.com.

2. 中国星火计划网：http://www.ccain.net.

3. 展览馆：http://zlg.kepu.gov.cn.

4. 中国园林网：http://zhibao.yuanlin.com/index.aspx.

5. 濮阳第一苗圃：http://www.pymp.cn.

6. 中国农药第一网：http://www.nongyao001.com.

7. 中国数字科技馆：http://www2.cdstm.cn.

8. 宜宾翠屏农业信息中心：http://www.ybcpnmj.gov.cn.

9. 中国农资人论坛：http://www.191.cn/read.php?tid=126189.

模块 6 园林植物微生物病害及其防治技术

园林植物病害多种多样，不同的病害危害部位及病原不同，症状表现和发病特点也有很大差异。实际生产中需要识别病害，然后根据不同病害的发生特点有针对性地采取防治措施。本模块要求在前文学习病害一般知识和技能的基础上，识别各种具体病害，并且在简要分析病害发生规律的基础上，制订防治技术方案。由于化学防治是病害防治的重要措施之一，为了让学生能够根据病害的种类科学选取药剂进行化学防治，专门安排"杀菌剂"学习项目，介绍常见杀菌剂的重要理化性质、防治对象和使用方法等。本模块包括2个项目4个任务，框架如下：

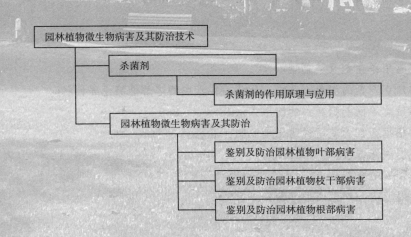

项目11 杀菌剂

在园林植物病害的综合防治中,虽然化学防治往往由于使用不当,会造成环境污染、病菌产生抗药性等问题,但目前为止,化学防治依然为见效快的防治方法。因此,掌握杀菌剂的种类及作用原理,科学合理地使用杀菌剂,成为园林植物微生物病害防治的重要内容。通过本任务的学习和训练,要求能够牢固把握几大类杀菌剂的杀菌机理并进行合理应用。

◇ **知识目标**

(1)了解杀菌剂类别以及每类杀菌剂的常用种类。
(2)了解杀菌剂的杀菌原理。
(3)了解常用杀菌剂的所属类别、剂型和毒性。
(4)掌握常用杀菌剂重要的理化性质、杀菌原理、防治对象和使用方法。
(5)能够根据病害的种类正确选用杀菌剂。
(6)能够根据病害的不同发生阶段,确定用保护性或内吸性杀菌剂。
(7)通过了解杀菌剂的毒性,增强生态安全保护意识。

◇ **技能目标**

(1)认识常用杀菌剂及其剂型。
(2)能够辨识药剂的颜色、气味、形状、在水中的溶解性等主要性状。
(3)能够确定不同剂型药剂的使用方法。
(4)能够根据药剂的使用说明正确配制药液。
(5)能配制波尔多液。
(6)能熬制石硫合剂。
(7)能够对石硫合剂原液进行稀释使用。

任务11.1 杀菌剂的作用原理与应用

◇ **工作任务**

了解杀菌剂的类别;掌握每种杀菌剂的重要理化性状、杀菌原理、防治对象、使用方法,了解其剂型、毒性以及注意事项;能够正确配制与使用各种药液;学习生产中常用的药剂——

波尔多液和石硫合剂的配制或熬制、使用方法。

◇ 知识准备

11.1.1 杀菌剂的作用原理

杀菌剂是指在一定剂量或浓度下，具有杀死植物病原菌或抑制其生长发育功能的药剂。其作用原理可以分为：保护作用、治疗作用和化学免疫。

（1）保护作用

保护作用是在植物未患病前喷洒杀菌剂预防植物病害发生。一般保护剂有两个主要使用时期：一是在植物休眠期或者播种栽植前，清除初侵染源，如病菌的越冬越夏场所、中间寄主和土壤等，消灭或减少侵染源对植物造成侵染的可能性；二是在植物生长期，未发病前喷洒杀菌剂，防止病原菌侵染。

（2）治疗作用

治疗作用是在植物发病或感病后施用杀菌剂，使之对被保护的植物或病原菌起作用，从而达到减轻或消除病害的目的。根据病原菌对植物的侵染程度和用药方式，化学治疗可以分为表面化学治疗和内部化学治疗。

① 表面化学治疗　是在植物的表面直接喷洒杀菌剂，将附着在植物表面的病原菌杀死，如用于防治白粉病的石硫合剂。

② 内部化学治疗　是杀菌剂通过植物叶、茎、根部吸收或渗入植物体内并传导至作用部位而起到的治疗作用。这类药剂称为内吸性杀菌剂。它们主要有2种传导方式：一是药剂被吸收到植物体内以后随着蒸腾流向植物顶部的叶、芽，即向顶性传导；二是药剂被植物体吸收后于韧皮部内沿光合作用产物的运输向下传导，即向基性传导。此外，还有些杀菌剂，如乙磷铝可向上、下传导。

（3）化学免疫

化学免疫是利用化学物质使被保护植物获得对病原菌的抵抗能力。目前比较肯定的具有化学免疫功能的化合物有 2,2-二氯-3,3-二甲基环丙羧酸、乙磷铝等化合物。

11.1.2 园林常用杀菌剂的应用

11.1.2.1 无机杀菌剂

（1）波尔多液

波尔多液是用硫酸铜、生石灰和水配成的天蓝色胶状悬浮液，呈碱性，有效成分是碱式硫酸铜，几乎不溶于水，应现配现用，不能贮存。波尔多液有多种配比，使用时可根据不同植物对铜或石灰的敏感程度及防治对象选择配制（表11-1）。

波尔多液的配制方法通常采用稀硫酸倒入浓石灰乳法：以 4/5 的水溶解硫酸铜，1/5 的水溶解生石灰成石灰乳，然后将硫酸铜溶液缓慢倒入浓石灰乳中，边倒入边搅拌即成。注意不能将石灰乳倒入硫酸铜溶液中，否则会产生络合物沉淀，降低药效，产生药害。

表 11-1　波尔多液的几种配比（质量比）

原料	1% 等量式	1% 半量式	0.5% 倍量式	0.5% 等量式	0.5% 半量式
硫酸铜	1	1	0.5	0.5	0.5
生石灰	1	0.5	1	0.5	0.25
水	100	100	100	100	100

波尔多液属于保护类药剂，防治对象很广，可以防治树木的霜霉病、锈病、炭疽病、疮痂病、溃疡病和黑星病等。

（2）石硫合剂

石硫合剂是用生石灰、硫黄和水按照一定的比例熬制而成的红褐色透明液体，有臭鸡蛋气味，呈现强碱性，有效成分为多硫化钙，溶于水，容易被空气中的氧气和二氧化碳分解，游离出硫和少量硫化氢。因此，必须贮存在密闭容器中，或在液面加一层油防止氧化。

① 石硫合剂的熬制方法　原料配比是 1 份生石灰、2 份硫黄粉和 10~12 份水。把足量的水加入铁锅中加热，放入生石灰制成石灰乳，煮到沸腾时，把事先用少量水调好的硫黄糊徐徐加入石灰乳中，边倒边搅拌，同时记下水位线，以便随时添加开水，补足蒸发掉的水分，直到溶液呈红褐色，锅底渣滓呈现黄绿色即可。熬制需要 45~60min，期间溶液颜色会变为黄—橘黄—橘红—砖红—红褐。

② 石硫合剂的稀释计算　熬制的石硫合剂原液的浓度一般可以达到 22~28°Be，使用时需要兑水稀释使用。早春树体萌芽前使用的石硫合剂浓度一般为 3~5°Be，植物生长期使用的浓度一般为 0.1~0.5°Be。稀释计算方法是：

$$加水倍数 = （原液浓度 - 目的浓度） \div 目的浓度$$

石硫合剂的防治对象很广，不仅可以防病，而且可以杀螨、杀虫。在实际生产中，往往在早春树体萌芽前遍施一次 3~5°Be，以减少病虫源。石硫合剂可以防治的病害很广，包括锈病、白粉病等，也可以防治蚜虫和螨类。

商品药剂有：29% 的水剂，20% 的膏剂，30%、40%、45% 的固体结晶。使用时与其他药剂的间隔期为 15~20d。

（3）碱式硫酸铜

碱式硫酸铜又名绿得宝、杀菌特、保果灵，为波尔多液的换代产品。对人、畜及动物天敌安全，不污染环境。常见的剂型有 30% 的悬浮剂。一般稀释成 400~500 倍液喷雾。

11.1.2.2　有机硫杀菌剂

（1）代森锌

代森锌遇碱或含铜药剂、吸湿、见光容易分解。属于保护类杀菌剂。防治霜霉病、晚疫病、炭疽病、黑星病、葡萄黑痘病等。对人、畜低毒，对植物安全。常见剂型有 60%、65% 和 80% 的可湿性粉剂，4% 粉剂。

（2）代森锰锌

代森锰锌又名喷克、大生、速克净。遇酸、碱容易分解，遇到高温且潮湿时易分解。

杀菌谱广，低毒，保护性杀菌剂。对霜霉病、锈病、炭疽病、疫病和各种叶斑病等多种病害有效。常与内吸性杀菌剂混配使用。常见剂型有25%的悬浮剂、70%的可湿性粉剂等。

（3）福美双

福美双又名秋兰姆、赛欧散、阿锐生。遇酸容易分解，不能和含铜药剂混用。保护性杀菌剂。主要用于防治土传病害，对霜霉病、疫病、炭疽病、灰霉病等有较好防效。对人、畜低毒。常见的剂型有50%、75%、80%的可湿性粉剂。可以喷雾或土壤处理。喷雾时，用50%可湿性粉剂稀释500~800倍喷雾；土壤处理时，用50%的可湿性粉剂100g，处理土壤500kg，做温室苗床处理。

（4）克露

克露又名霜脲锰锌。是由霜脲氰和代森锰锌混合而成，属于低毒杀菌剂。对霜霉病、疫病有效。单独用有效期短，与保护性杀菌剂混用可以延长持效期。常见剂型有72%的可湿性粉剂、5%的粉尘剂。一般用72%的可湿性粉剂稀释500~700倍。

11.1.2.3 取代苯类杀菌剂

（1）百菌清

百菌清又名达克宁。属于低毒、广谱、保护性杀菌剂。在植物表面有良好的黏着性，不易受雨水冲刷，一般药效期7~10d。对霜霉病、疫病、炭疽病、灰霉病、锈病、白粉病以及各种叶斑病有较好的效果。常见的剂型有：50%、75%的可湿性粉剂，2.5%、10%、30%的烟剂，40%的悬浮剂。烟剂对家蚕、柞蚕、蜜蜂有毒害作用。

（2）敌磺钠

敌磺钠又名敌克松、地克松。药剂的水溶液遇光、热和碱水解。属于保护性药剂，中毒。对腐菌病、丝囊菌、黑穗菌和多种土传病菌等有特效。剂型有：50%、70%的可湿性粉剂，5%的颗粒剂，2.5%的粉剂。主要用于土壤处理和种子处理，也可喷雾。防治苗木的立枯病、猝倒病，可用160g 2.5%的粉剂加入3.2kg的土，配成药土均匀撒施。注意：不能与碱性农药或抗生素类药混用。

11.1.2.4 有机杂环类杀菌剂

有机杂环类杀菌剂包括化学结构中含有二硫戊环、嘧啶、噻唑、噁唑、苯并咪唑类和三唑类杀菌剂。

（1）三唑酮

三唑酮又名百理通、粉锈宁。属于内吸性杀菌剂，具有保护、治疗、熏蒸作用。具有广谱、高效、低毒、用量低、持效期长等特点。对子囊菌亚门、担子菌亚门和半知菌亚门真菌引起的病害均有效，对白粉病、锈病有特效，对根腐病、叶枯病也有很好的防治效果。常见的剂型有15%、25%的可湿性粉剂，20%的乳油。可以进行喷雾、种子处理和土壤处理。一般使用浓度为15%的可湿性粉剂稀释700~1500倍，喷雾，每隔15d喷药1次，共喷2~3次。

（2）腈菌唑

腈菌唑又名叶斑清、灭菌强、特菌灵、果垒，是一种杂环类杀菌剂。具有较强的内吸性。具有高效、低毒、广谱的特点。对子囊菌亚门、担子菌亚门和半知菌亚门病原菌引起的多种病害具有良好的预防和治疗效果，如白粉病、锈病、黑星病和腐烂病等。常见剂型有12%、12.5%、25%、40%的乳油。一般使用浓度为12%的乳油稀释3000～4000倍，喷雾使用。

（3）丙环唑

丙环唑又名敌力脱、丙唑灵、氧环宁、必扑尔。对光较稳定，水解不明显，在酸、碱介质中稳定。具有内吸性，有保护和治疗作用。属新型广谱、低毒杀菌剂。可被根、茎、叶吸收，并可在植物体内向上传导。可防治子囊菌、担子菌亚门和半知菌引起的病害，如白粉病、锈病、叶斑病、白绢病，但对卵菌病害如霜霉病、疫霉病、腐霉病无效。常见的剂型有25%的乳油、25%的可湿性粉剂。一般使用方法是25%的乳油兑水稀释喷雾。

（4）多菌灵

多菌灵又名苯并咪唑44号。遇酸、碱容易分解。是内吸性杀菌剂，在植物体内向上传导。具有广谱、高效、低毒的特点。对子囊菌亚门、担子菌亚门和半知菌亚门病原菌引起的多种病害有良好的预防和治疗效果。可以防治园林植物上多种病害。常见剂型有：25%、40%、50%、80%的可湿性粉剂，40%的悬浮剂等。可以进行叶面喷雾、种子处理和土壤处理等。单独使用或者与其他杀菌、杀虫剂混用。

（5）甲基托布津

甲基托布津又名甲基硫菌灵。具有内吸性，在植物体内向上传导。广谱，对多种植物病害有预防和治疗作用，如灰霉病、白粉病、炭疽病、褐斑病、叶霉病、轮纹病等。持效期5～7d。常见剂型有：50%、70%的可湿性粉剂，40%的胶悬剂。一般使用浓度为50%的可湿性粉剂稀释500倍或70%的可湿性粉剂稀释1000倍，喷雾。可与多种药剂混用，但是不能和含铜药剂混用。

（6）咪鲜胺

咪鲜胺又名施保克、施百克。具有良好的传导性能，具有良好的保护和铲除作用。具有高效、低毒、广谱的特点。对子囊菌亚门和半知菌亚门引起的多种病害极佳。速效性好，持效期长。常见的剂型有25%的乳油、45%的水乳剂。可用来喷雾、浸蘸等。一般使用浓度为45%的水乳剂稀释1000～2000倍，喷雾。

（7）噁醚唑

噁醚唑又名世高、敌萎丹。是内吸杀菌剂。具有低毒、广谱、治疗效果好、持效期长的特点。可以用于防治子囊菌亚门、担子菌亚门和半知菌亚门病原菌引起的叶斑病、炭疽病、白粉病和锈病等。常见剂型有10%的水分散粒剂、3%的悬浮种衣剂。一般使用浓度为10%的水分散粒剂稀释6000～8000倍，喷雾。

（8）噁霉灵

噁霉灵又名土菌消。具有内吸性。是低毒的土壤消毒剂，对腐霉菌、镰刀菌引起的猝倒病、立枯病等土传病害有较好的效果。常见的剂型有：15%、30%的水剂，70%的可湿性粉剂。使用时可以将15%的水剂稀释800～1000倍，进行苗床淋洗或灌根，用药量为

$0.9\sim1.8g/m^2$；营养土消毒，每平方米用原药 $2\sim3g$，兑适量水喷洒拌匀即可。

（9）嘧霉胺

嘧霉胺又名施佳乐。是一种新型杀菌剂，属苯胺基嘧啶类。具有内吸、熏蒸作用。对常用的非苯胺基嘧啶类杀菌剂已经产生抗药性的灰霉病菌有特效。药效快、稳定。常见剂型为40%的悬浮剂。一般使用方法为每亩用 $25\sim95mL$，兑水 $30\sim75L$ 喷雾。

11.1.2.5 其他常用杀菌剂

（1）多氧清

多氧清又名多抗霉素、宝丽安、多克菌、多氧霉素、多效霉素、兴农660。是广谱、低毒核苷类农用抗生素，具有较好的内吸传导作用。可以防治白粉病、黑斑病等多种叶部病害。作用机制是干扰病原真菌细胞壁几丁质的合成。剂型有1%和3%的水剂。

（2）武夷菌素

武夷菌素具有保护和治疗作用。是广谱、低毒类抗生素类杀菌剂。对多种真菌和细菌病害有抑杀作用，包括白粉属、单丝壳属、叶霉、灰霉、炭疽属、霜霉属、疫霉属、镰刀属、黑星属、尾孢属等多种真菌，以及部分细菌，并且有刺激生长的作用。剂型有1%的水剂。使用时，有效浓度为 $50\sim60mg/L$，持效期为 $7\sim9d$。注意：本剂不适宜与强碱性农药混用，药液稀释后应及时用完。喷药应均匀周到，存于阴凉干燥处。

（3）克菌康

克菌康又名中生菌素。抗生素类药剂。低毒。对农作物的细菌病害和部分真菌病害有很高的活性。剂型有3%的可湿性粉剂。防治细菌性角斑病，在发病初期用 $1000\sim1200$ 倍的药液喷雾，隔 $7\sim10d$ 施用1次，共 $3\sim4$ 次。

（4）农抗120

农抗120又名抗霉菌素120、120农用抗菌素。广谱、低毒抗生素类杀菌剂，对许多病原真菌具有强烈的抑制和治疗作用，如白粉病、锈病、枯萎病等。剂型有4%的水剂。用法为：防治苹果树腐烂病，可以用10倍药液涂抹腐烂病斑；防治海棠锈病时，用4%的水剂稀释 $600\sim800$ 倍喷雾。

（5）农用链霉素

农用链霉素低毒、广谱，可用于防治各种作物细菌性病害。剂型有72%的可溶性粉剂。注意防潮、防日晒和高温，贮存于阴凉、干燥处。

（6）梧宁霉素

梧宁霉素又名四霉素、11371抗生素。低毒。是防治苹果树腐烂病的生物药剂。可以用本剂5倍药液涂抹病部，或者 $20\sim40$ 倍液喷雾。注意：本剂不适宜与酸性农药混用。配制好的药液不适宜久存，应该现配现用。

（7）新植霉素

新植霉素又名链霉素、土霉素。低毒。用于防治各种细菌性病害。剂型有90%的可溶性粉剂。使用时的浓度是 $167\sim211g/hm^2$，每 $7\sim10d$ 喷1次，幼苗期可以减少用量，其他生育期看病情适当增加或减少。

（8）三乙磷酸铝

三乙磷酸铝又名疫霉灵、疫霜灵、乙磷铝。在植物体内能上、下传导，具有保护和治疗作用。持效期20d以上，连续使用容易引起病菌抗药性。低毒。对霜霉属和疫霉属真菌引起的病害有较好的防治效果。常见的剂型有：30%的胶悬剂，40%、80%、90%的可溶性粉剂。可以喷雾、灌根、土壤处理和茎干注射。用40%可湿性粉剂稀释200倍喷雾，每隔10~15d喷1次。

（9）异菌脲

异菌脲又名扑海因。低毒。具有保护、治疗双重作用。具有广谱性。对灰霉病、菌核病、苹果斑点病、落叶病、梨黑星病等均有较好的效果。常见剂型有50%的可湿性粉剂、25%的悬浮剂。

（10）腐霉利

腐霉利又名速克灵、杀霉利。具有保护、治疗双重作用。低毒。对灰霉病、菌核病、叶斑病防治效果好。常见的剂型有：50%的可湿性粉剂，30%的颗粒熏蒸剂，25%的胶悬剂。一般使用方法为50%的可湿性粉剂稀释1000~2000倍喷雾，也可以熏蒸。

（11）乙烯菌核利

乙烯菌核利又名农利灵。低毒。对多种植物的灰霉病、褐斑病、菌核病有良好的效果。常见的剂型有50%的可湿性粉剂。一般使用方法为50%的可湿性粉剂600~1500倍液喷雾。也可进行土壤处理。

（12）特立克

特立克是通过人工培养的方法将真菌中半知菌亚门木霉菌属的孢子粉浓缩而成。本剂对病原菌具有普遍的颉颃作用。低毒。可以防治霜霉病、灰霉病、叶霉病、根腐病、猝倒病、立枯病、白绢病、疫病、菌核病等。剂型有2亿个活孢子/g的可湿性粉剂。使用方法为：防治立枯病、猝倒病、白绢病、根腐病、疫病等，可以拌种，用药量为种子量的5%~10%；防治根腐病、白绢病等根部病害时，用本剂1500~2000倍液灌根，每棵灌250mL；防治霜霉病、灰霉病、叶霉病等，可以采用600~800倍液喷雾。在发病初期，每隔7~10d喷1次。注意：本剂不能与酸、碱性农药混用，更不能与杀菌农药混用；发病初期用，并且做到均匀周到；药剂保存在阴凉干燥处。

◇ **任务实施**

Ⅰ．识别与应用杀菌剂

【任务目标】

（1）掌握杀菌剂的识别方法，能够识别供试杀菌剂。

（2）掌握药液的配制方法，能够正确配制药液。

（3）能够安全用药，增强环境保护意识。

【材料准备】

70%的甲基托布津可湿性粉剂、2.5%的敌克松粉剂、25%的丙环唑乳油、40%的乙磷铝可湿性粉剂、3%的多抗霉素水剂、2亿个活孢子/g的特立克可湿性粉剂。5mL、25mL、100mL的具塞量筒，100mL、250mL、500 mL、1000 mL的烧杯，托盘天平、药匙、称量纸、搅拌棒、pH试纸、恒温水浴箱、药液桶等。

【方法及步骤】

1. 物理性状观察

观察所示杀菌剂的形态、气味、颜色等物理性状，并且做好记录。合格乳油应该为单相透明的溶液，合格可湿性粉剂和粉剂应该为均匀细小的粉末，未有结块。

2. 检验可湿性粉剂的湿润性和悬浮率

① 湿润性检验　取标准硬水200mL注入500mL烧杯中，将烧杯放置在25℃恒温水浴中，使其液面与水浴的水平面相平。待硬水升温至25℃时，称取5g供试可湿性粉剂，置于表面皿上，将全部试样从与烧杯口平齐的位置一次性均匀地倒入该烧杯的液面上，立即用秒表计时，直到试样全部润湿为止（留在液面上的细粉末可以忽略不计）。记下润湿时间，取平均值，作为该样品的润湿时间。

② 悬浮率检验　称取供试可湿性粉剂2g于100mL具塞量筒中，加水到40mL，轻轻摇均匀后静置30min，用吸管吸去上部的溶液，将称重后的滤纸放在漏斗中，过滤剩下的溶液，过滤后将滤纸放在烘箱中烘干并称重，计算悬浮率，重复3次，求平均值。

3. 检验乳油的分散性和稳定性

① 乳油的分散性　将装有500mL标准硬水的大烧杯放置于25℃恒温水浴中，待温度稳定后，用移液管吸取供试乳油1mL，离液面1cm处自由滴下。若乳油滴入水中能迅速分散成白色透明溶液，则为扩散完全；若呈白色微小油滴下沉或大粒油珠迅速下沉，搅动后呈现乳浊液，但很快又析出油状沉淀物，则为扩散不完全。

② 乳油的稳定性　将25～30℃的标准硬水100mL加入250mL烧杯中，用移液管吸取供试乳油0.5mL，在缓慢加入硬水中时不断搅拌，加完乳油后继续用2～3r/min的速度搅拌30s，立即将乳剂转入一清洁干燥的100mL具塞量筒中，在25℃的水浴中静置1h，无乳油或沉淀物为合格。

4. 记录药剂的作用特点、防治对象、使用方法、毒性等

观察所示药剂标签，阅读其作用特点、防治对象、使用方法和毒性并做记录。

5. 农药配制

① 溶于水的药剂的配制　从供试药剂中选择一种可以溶于水的乳油、可湿性粉剂或者水剂。

确定农药的使用浓度和使用量　仔细阅读农药标签或说明书，根据农药特点、防治对象、植物种类和气温高低等情况，合理确定用药量和使用浓度。

按照用药量称取（或量取）药剂　根据用药量，用天平（或量筒）称取（或量取）药剂，放入盛放药液的药液桶中。

药液配制　先在药液桶中加入1/3的清水，然后将称好的药剂倒入药液桶中，再用剩余的清水冲洗量器，并全部加入药液桶中搅拌均匀。

② 不溶于水的粉剂和粒剂的配制　用土配制20倍的敌克松粉剂，称取一定量的敌克松粉剂，再称药剂质量19倍的土。先用少量的土和药剂均匀混合，再边加土边搅拌，直到所需要的土全部混合完。

【成果汇报】

（1）写出供试药剂的形态、颜色、气味、剂型、作用特点、防治对象、使用方法和毒性。

（2）选出一种防治白粉病的药剂，按照 900kg/hm² 的药液量，配制喷洒 300m² 草坪的药液。

Ⅱ. 配制和使用波尔多液

【任务目标】

（1）掌握波尔多液的配制方法，能够正确配制波尔多液。

（2）比较不同配制方法与波尔多液质量的关系。

【材料准备】

① 材料　硫酸铜、生石灰、水、广泛试纸等。

② 用具　天平、药匙、量筒、烧杯、玻璃棒等。

【方法及步骤】

1. 确定波尔多液的配比

防治对象不同，要求配制波尔多液所用的硫酸铜和生石灰的比例不同，如石灰等量式、石灰半量式等。本次实验预配制 1∶1∶100 的等量式波尔多液 200mL。

2. 配制硫酸铜和生石灰的母液

每一个处理都分别称取硫酸铜和生石灰各 2g，加入 40mL 水配制成 1∶20 的硫酸铜液 a、加入 20mL 水配制成 1∶10 的氢氧化钙母液 b。然后依照表 11-2 所列不同方式配制波尔多液。配制过程中要求边加边搅拌，充分混匀后静置，计时。

表 11-2　配制波尔多液的不同方式

处理	硫酸铜液 A	氢氧化钙液 B	操作方式
1	在 a 中加入 60mL 水	在 b 中加入 30mL 水	A 倒入 B 中后再加 50mL 水
2	在 a 中加入 60mL 水	在 b 中加入 80mL 水	A 和 B 同时加入第三个容器中
3	在 a 中加入 140mL 水	a 中不再加水	将 A 倒入 B 中
4	a 中不再加水	在 b 中加入 140mL 水	将 B 倒入 A 中

3. 波尔多液胶粒观察

观察不同配制方式得到的液体的颜色、分散均匀程度等。记录一定时间（10min、20min、30min）后波尔多液的沉降体积。

【成果汇报】

（1）写出不同配制方法观察到的现象。

（2）考虑配制高质量的波尔多液最好采用哪种方法。

Ⅲ. 熬制和使用石硫合剂

【任务目标】

（1）掌握石硫合剂的熬制方法，能够正确熬制石硫合剂。

（2）掌握石硫合剂原液的稀释计算，能够正确使用石硫合剂。

【材料准备】

硫黄粉、生石灰、天平、瓦锅（或生铁锅、大烧杯）、电炉、量筒、烧杯、玻璃棒、漏斗、纱布、波美比重计等。

【方法及步骤】

1. 石硫合剂的熬制

① 原料称重　按照1∶2∶10的比例分别称取生石灰、硫黄粉和水。

② 调制硫黄糊　取少量热水调制硫黄糊。

③ 调制石灰浆　将生石灰放入锅中，加少量水使块状生石灰消解成粉状后，加少量水调成糊状，然后加入足量的水，调成石灰浆。

④ 加热并且标记水位线　将调好的石灰浆加热至沸腾，然后把调成糊状的硫黄糊自锅边缓缓加入，边加边搅拌，使其混合均匀。加完后记下水位线。

⑤ 熬煮　强火熬煮40~60min，熬制过程中不要搅拌，熬煮过程中损失的水量应在熬制结束15min前用热水一次性补足。

⑥ 停止加热　锅内溶液呈现赤褐色、残渣呈草绿色时停火。

⑦ 纱布过滤　经过冷却沉淀后取出上清液，或用4~5层纱布滤去渣滓，得到的深红棕色溶液即为石硫合剂原液。

2. 原液浓度的测定

将冷却的石硫合剂原液倒入量筒中，插入波美比重计，注意原液的深度应大于波美比重计长度，使比重计漂浮在药液中。比重计上刻有波美比重数值，液面水平的读数即原液的波美度。

在无波美比重计时，可以用一个浅色的玻璃瓶，先称出质量，再装满清水称出水的质量，把清水甩掉，装满石硫合剂原液，称得原液质量，用水的质量去除原液质量，所得到的数字就是原液的普通密度，再查换算表换算成波美度。

3. 石硫合剂的稀释

根据下列公式进行稀释：

加水稀释倍数＝（原液浓度－稀释液浓度）÷稀释液浓度

【成果汇报】

（1）写出石硫合剂的熬制过程。

（2）请计算如果把熬制的100g浓度为22°Be的原液加水稀释成0.5°Be的药液，需要加水的质量。

◇ 自测题

1. 选择题

（1）下列适合防治霜霉病的药剂有（　　　）。

　　A．三唑酮　　　　B．腐霉利　　　　C．乙磷铝　　　　D．新植霉素

（2）下列药剂中，只有内吸作用的是（　　　），只有保护作用的是（　　　），同时具有保护

和治疗作用的是（　　）。

　　A．百菌清　　　　B．代森锌　　　　C．乙磷铝　　　　D．多菌灵

（3）下列适合防治海棠锈病的药剂有（　　）。

　　A．石硫合剂　　　B．粉锈宁　　　　C．农用链霉素　　D．乙磷铝

（4）下列适合防治仙客来灰霉病的药剂有（　　）。

　　A．异菌脲　　　　B．腐霉利　　　　C．百菌清　　　　D．新植霉素

（5）下列适合防治杨树腐烂病的药剂有（　　）。

　　A．多菌灵　　　　B．农用链霉素　　C．梧宁霉素　　　D．新植霉素

（6）下列适合防治樱花根癌病的药剂有（　　）。

　　A．腐霉利　　　　B．农用链霉素　　C．多菌灵　　　　D．乙磷铝

（7）下列药剂中属于广谱性的药剂有（　　），属于选择性的药剂有（　　）。

　　A．乙磷铝　　　　B．多菌灵　　　　C．腐霉利　　　　D．多抗霉素

（8）下列药剂中适合防治立枯病的药剂有（　　）。

　　A．乙磷铝　　　　B．敌克松　　　　C．特立克　　　　D．农用链霉素

（9）下列药剂中适合防治白粉病的药剂有（　　）。

　　A．石硫合剂　　　B．粉锈宁　　　　C．多抗霉素　　　D．农用链霉素

2. 简答题

（1）乙磷铝和克露都是防治霜霉属、疫霉属所致病害的药剂，它们在使用上有何不同？

（2）春季在桃树上发现桃细菌性穿孔病和桃缩叶病同时发生，桃缩叶病是由子囊菌亚门外囊菌属的真菌引起的病害，桃细菌性穿孔病是由细菌引起的病害，请选择合适的杀菌剂，有效防治这两种病害。

◇自主学习资源库

1. 中国农资网：http://www.ampcn.com/trad.
2. 中国农药网：http://www.agrichem.cn.
3. 方都化工网：http://www.16ds.com.
4. 中国农药第一网：http://www.nongyao001.com.

项目 12　园林植物微生物病害及其防治

园林植物病害种类繁多，其中真菌、细菌、病毒、植原体等微生物引发的病害称为园林植物微生物病害。根据其危害部位及危害方式，将其分为叶部病害、茎干部病害和根部病害。防治园林植物微生物病害，首先，要能准确识别病害；其次，要熟悉其发生发展规律，并依此制订科学有效的综合防治方案，长期有效地控制其发生和危害。通过本项目3个任务的学习和训练，要求能够牢固把握园林植物微生物病害的症状表现、发生规律及综合防治技术。

◇ **知识目标**

（1）熟悉各类病害的症状特点。
（2）熟悉各类病害的发生特点。
（3）熟悉各类病原物形态特征。
（4）掌握各类病害的防治技术。

◇ **技能目标**

（1）能够正确进行病害调查。
（2）能够根据病害的发生特点制订防治方案。
（3）能够根据病害防治方案科学开展防治。

任务12.1　鉴别及防治园林植物叶部病害

◇ **工作任务**

叶部病害是主要危害植物叶部的病害，病原物种类很多，各有其症状表现、发生特点和防治技术。经过学习和训练，能够熟悉各类叶部病害的症状特点，结合病原物鉴定，准确识别病害；熟悉叶部病害的发生特点，掌握其防治技术。

◇知识准备

12.1.1 叶斑病类

叶斑病是指病害在叶片上产生斑点、斑块类症状的病害，包括褐斑病、黑斑病、角斑病、灰霉病、穿孔病等。

12.1.1.1 叶斑病的危害特点、病原鉴别及发病规律

（1）金叶女贞褐斑病

① 分布与危害　在全国范围内都有发生。主要表现为女贞病叶大量脱落。

② 症状　主要危害女贞叶片。发病初期，在叶片上出现失绿水渍状小圆斑，后变为紫色或褐色，逐渐扩大呈圆形、椭圆形或不规则形病斑，大小为（10～19）mm×（6～16）mm。后期，叶片正面病斑中央呈现浅黄或灰白色，微凸起，边缘呈现褐色，病斑上有明显的轮纹；叶片背面病斑中央凹陷，颜色较正面浅。潮湿条件下，叶片背面生许多黑色小霉点。先发病于老叶、叶缘、叶基，再向中央发展。严重时病斑连在一起，造成大量落叶。亦可危害嫩枝，形成褐斑。

③ 病原　为素馨生棒孢（*Corynespora jasminiicola*）。该病菌适宜生长温度为25～30℃，孢子萌发适温为18～27℃。分生孢子梗1～8个隔膜，层出梗1～2个，褐色，罕分枝，偶见屈膝状孢梗，其大小为（118.8～940.5）μm×（5～10）μm。分生孢子淡褐色至褐色，倒棍棒形、圆柱形或鼠尾形，直立或弯曲，顶生或侧生，8～34个假隔膜，0～（3～5）个横带，大小为（99～257.4）μm×（8.7～18.2）μm。

④ 发病规律　病原菌以菌丝体和分生孢子在病落叶和枯枝上越冬，分生孢子由气流或雨水传播，由伤口、气孔侵入，潜育期10～20d。偏施氮肥而磷肥和钾肥不足、模纹栽植过密不通风、长势衰弱者，植株发病重。降雨早、雨量大、降水次数多，当年发病重。

（2）月季黑斑病

① 分布与危害　也称月季褐斑病，是一种世界性病害，在月季、玫瑰栽培地区均有发生。寄主有月季、玫瑰、黄刺玫、金樱子等蔷薇属的多种植物。受害叶片早落，严重时，中、下部叶落光，严重影响植株的生长发育，也有少数品种不落叶。

② 症状　在月季上，主要危害叶片，也危害叶柄和嫩梢。病害发生时，叶片正面出现褐色小斑，逐渐发展成近圆形或深褐色的病斑，直径8～15mm，病斑周围有黄色晕圈，病斑间可以相互连接成片。以下部叶片发生重。叶柄和嫩梢受害后，常产生红色至紫色病斑（图12-1）。

③ 病原　有性态为蔷薇双壳（*Diplocarpon rosae*），

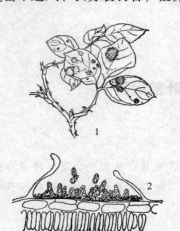

图12-1　月季黑斑病（武三安，2007）
1. 症状　2. 病原菌的分生孢子盘及分生孢子

属子囊菌亚门；无性态为蔷薇盘二孢（*Marssonina rosae*，异名蔷薇放线孢），属半知菌亚门。子囊盘生在寄主角质层下，暗褐色圆形，直径100～250μm。子囊圆筒形，有短柄，大小为（70～80）μm×15μm。侧丝线形，具隔膜，顶端膨大。子囊孢子矩圆形或椭圆形，大小不等，分隔处缢缩，无色，20～25μm。分生孢子盘也生在寄生角质层下，多与菌丝相连；分生孢子梗短，不明显，无色；分生孢子长卵形至椭圆形，双胞，无色，大小不一，分隔处略缢缩，多数一端细胞较狭小，直或稍弯。

④ 发病规律　以分生孢子盘在植株的病部或地面的病落叶上越冬。翌年产生分生孢子进行初次侵染。分生孢子借助雨水、灌溉水的飞溅传播。分生孢子穿透寄主的角质层直接侵入。病菌可以多次侵染，整个生长季节均可以发病。多雨、多露、多雾及叶片沾水过夜有利于病菌侵入。发病的适宜温度在25℃左右，30℃以上病害受到抑制。温度适宜时，潜育期为8～12d。

(3) 樱花褐斑穿孔病

① 分布与危害　该病是樱花叶部的一种重要病害。分布于全国各地。除了危害樱花外，还有梅、樱桃、碧桃、李、杏。病叶穿孔，而且提前脱落，影响其生长发育。

② 症状　主要危害叶片，也侵染新梢和果实。发病初期，感病叶片出现针尖大小的紫褐色斑点，逐渐扩大成圆形或近圆形病斑，直径1～5mm，边缘清晰并略带环纹，外围有时呈现紫色或红褐色，中央灰白色或褐色。后期偶尔在病斑两面产生灰褐色霉状物，即分生孢子器，以叶背为多。病斑常干枯脱落，呈现穿孔状，穿孔边缘整齐。新梢上的病斑紫褐色，斑上亦产生褐色霉状物（图12-2）。

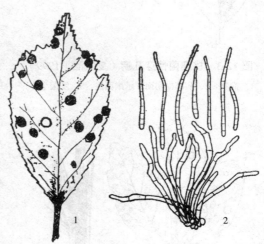

图 12-2　樱花褐斑穿孔病（武三安，2007）
1. 症状　2. 病原菌的分生孢子梗及分生孢子

③ 病原　病原菌为核果尾孢菌（*Cercospora circumscissa*），无性阶段属于半知菌亚门丝孢纲丛梗孢目尾孢属真菌。分生孢子梗10～16根成束生长，橄榄色，不分枝，直立或弯曲，0～1个分隔，着生在分生孢子座上。分生孢子细长，鞭状，倒棍棒状或圆柱形，棕褐色，直立或稍弯。有性阶段属于子囊菌亚门，产生子囊壳。

④ 发病规律　以子囊壳在病叶中越冬，也可以菌丝在枝梢上越冬。翌春温度、湿度适宜时，在病部产生分生孢子，借助风雨传播，自气孔侵入寄主。气温22℃时开始发生，26～28℃形成发病高峰。多雨年份发病重，土壤瘠薄发病严重，夏季干旱、树势衰弱发病也重。日本樱花和日本晚樱抗病性弱，发病重。

(4) 桃细菌性穿孔病

① 分布与危害　分布广泛，是桃常见病害。

② 症状　主要危害叶片，新梢和果实也能发病。叶片在发病初期为水浸状小圆斑，后逐渐扩大为圆形或不规则形病斑，边缘有黄绿色晕圈，以后病斑脱落、穿孔，严重时造成

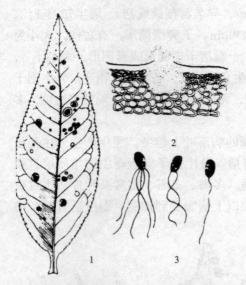

图 12-3 桃细菌性穿孔病（夏宝池，1999）

1. 症状　2. 病部横切面，示细菌液　3. 细菌个体

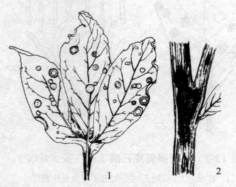

图 12-4 牡丹炭疽病（林焕章，1999）

1. 被害叶　2. 受害茎

病斑相连，叶片脱落。新梢受害部位发生溃疡斑，在新叶出现时，新梢上出现暗褐色小疱疹，直径 2～10mm。开花前后病斑表皮破裂，病菌溢出，开始传播。溃疡斑多在夏季发生，多以嫩梢皮孔为中心形成暗紫色斑点，后期变为暗褐色至紫褐色，呈现圆形或椭圆形，稍微凹陷，边缘水浸状。一般不容易扩展，1周后很快干枯（图 12-3）。

③ 病原　属于细菌中的黄单胞杆菌属（*Xanthomonas*）。菌体短杆状，单极生 1～6 根鞭毛。革兰染色呈阴性反应。

④ 发生规律　病菌在病梢上越冬。翌年早春，病菌从病部溢出，借助风雨和昆虫传播，从叶片气孔及枝条和果实皮孔、伤口侵入。雨水多、湿度大有利于病害发生。管理粗放、树体衰弱、偏施氮肥均可诱发该病。

（5）牡丹（或芍药）炭疽病

① 分布与危害　分布于美国、日本等国家。我国上海、南京、无锡、郑州、北京、西安等地均有发生。是牡丹上常见的病害，对芍药的危害最严重。

② 症状　可以危害牡丹（或芍药）的茎、叶、叶柄、芽鳞和花瓣等部位。对幼嫩组织的危害最大。茎部被侵染，初期出现浅红褐色、长圆形、略下陷的小斑，后扩大为不规则的大斑，中央略呈浅灰褐色，边缘为浅红褐色，病茎扭曲畸形，严重时会引起折倒。幼茎被侵染后快速枯萎死亡。叶片受害，沿叶脉和叶脉间产生小而圆形的病斑，颜色与茎上病斑相同，后期病斑可以形成穿孔。幼叶受害后皱缩卷曲。芽鳞和花瓣受害后常发生芽枯和畸形花。遇到潮湿天气，病部表面出现粉红色略带黏性的分生孢子堆（图 12-4）。

③ 病原　炭疽属（*Colletotrichum*）的一种病菌。分生孢子盘生于寄主角质层或表皮下，成熟后突破表皮。分生孢子梗无色至褐色，分生孢子短圆柱形、单胞、无色。分生孢子萌发后产生褐色、厚壁的附着孢，此为鉴别该病菌的重要特征。该菌在 5～30℃均能生长，最适生长温度为 25～30℃，10℃以下生长缓慢，35℃或以上停止生长。产孢最适温度为 30℃，低于 15℃和高于 35℃不能产孢子。最适菌丝生长的 pH 是 5～6，在 pH 6～11 的范围内产孢子，pH 4～5 不产孢子，最适分生孢子产生的 pH 是 11。

④ 发病规律　病菌以菌丝体在病叶、病茎上越冬。翌年生长期，环境条件适宜时，越

冬菌丝便产生分生孢子盘和分生孢子。分生孢子借助雨水传播。一般高温多雨的年份病害发生较多，通常于8~9月雨水多时发病严重。

12.1.1.2 叶斑病的防治措施

（1）植物检疫

对于可以通过苗木、种子、块根或块茎传播的叶斑病类，在进行苗木、种子等材料的调运时，实行检疫。

（2）园林防治

选用抗病的树种和品种。通过合理密植、合理的水肥管理、科学修剪等措施增强树势，提高树体抗病力。

（3）物理防治

及时清除落叶、落果，剪除病梢，发现病叶及时摘除。

（4）生物防治

选用农用链霉素、新植霉素、宁南霉素等生物源药剂控制叶斑类病害的发生，如喷洒4%的宁南霉素可湿性粉剂500倍液防治桃细菌性穿孔病。

（5）化学防治

早春树体萌芽前喷布3~5°Bé石硫合剂；在病害发生初期，喷65%的代森锌可湿性粉剂400倍液、20%的噻唑锌悬浮剂500倍液效果好，也可选用百菌清、多菌灵、甲基托布津、咪鲜胺、叶斑清等。

12.1.2 白粉病类

白粉病是园林植物发生普遍又严重的病害，除了针叶树之外，许多观赏植物都有白粉病。一般多发生在寄主生长的中后期，可侵害叶片、花、花柄和新梢，削弱植株的长势，并且影响植物的观赏性。

症状为：初期在叶片上形成褪绿斑，继而长出白色菌丝层，并产生白粉状的分生孢子，一些白粉病后期常在病部产生黑色小粒点。

12.1.2.1 白粉病的危害特点、病原鉴别及发病规律

（1）月季白粉病

① 分布与危害　我国各地都有发生。对月季危害较大，病重时引起早期落叶、枯梢、花蕾畸形或完全不能开放，降低产量及观赏性。连年发生则削弱其生长，造成植株矮小。也危害蔷薇、玫瑰等植物。

② 症状　感病部位有芽、叶片、嫩梢、花器等器官。病芽萌发的叶片正、反面都有白粉层，叶片皱缩反卷、变厚，为紫绿色，渐渐干枯。嫩梢和叶柄发病时病斑略肿大，节间缩短；叶柄和皮刺上的白粉层很厚，难剥离。花蕾受害后被满白粉层，逐渐萎缩干枯。最典型的病症是在受害部位布满白色的粉状斑（图12-5）。

③ 病原　属子囊菌亚门白粉菌目的蔷薇单丝壳菌（*Sphaerotheca pannosa*）。无性态为白尘粉孢霉菌（*Oidium leucoconium*），月季上只有无性态，蔷薇、丁香等寄主植物上才有

闭囊壳形成。分生孢子梗上着生成串的分生孢子。分生孢子椭球形。

④ 发病规律　以菌丝体在芽中和病组织中越冬，闭囊壳也可越冬，但一般无闭囊壳产生。由分生孢子或子囊孢子通过风雨传播，直接侵入或者从气孔侵入受害部位。一年多次再侵染。一年的盛发期在5～6月和9～10月。多施氮肥、栽植过密、光照不足、通风不良等加重病害的发生。温暖潮湿的气候发病迅速。品种之间存在抗病性差异，一般小叶无毛的蔓生多花品种较抗病，芳香族的品种较易感病。

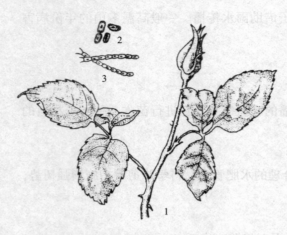

图 12-5　月季白粉病（林焕章，1999）
1. 症状　2. 分生孢子　3. 分生孢子串生

（2）丁香白粉病

① 分布与危害　在北京、哈尔滨、长春、太原等地均有发生。该病主要危害叶片，影响植物的光合作用，削弱树势，降低观赏价值。

② 症状　主要侵染叶片。发病初期，在叶上产生零星的粉状圆斑，后逐渐扩大成片，叶面布满茸毛状白色粉层。后期变为灰白色至稀薄的灰尘色，并在其中逐渐产生黑色小点。

③ 病原　为子囊菌亚门核菌纲白粉菌目叉丝壳属的丁香叉丝壳菌（*Mircosphaera syringae-japonicae*）。秋季产生的黑色小粒点是其闭囊壳。闭囊壳聚生或散生，球形或扁球形，附属丝多次二叉状分枝，闭囊壳内含有多个子囊，卵形至卵圆形，子囊孢子卵形至椭圆形。无性世代为粉孢霉属。

④ 发病规律　以菌丝体和闭囊壳在落叶上越冬。主要以分生孢子借助气流传播，以分生孢子进行多次再侵染，秋末在病部产生闭囊壳。树丛过密，通风透光不良，发病重。

12.1.2.2　白粉病的防治措施

（1）园林防治

合理密植，科学施肥，适度修剪，控制湿度等。

（2）生物防治

防治白粉病可以选用多抗霉素、农抗120等生物药剂。

（3）物理机械防治

清扫枯枝落叶并烧毁或深埋，剪除有病的叶、枝条或芽、花。

（4）化学防治

发芽前喷3～4°Be的石硫合剂（瓜叶菊上禁用），生长季节喷25%的粉锈宁可湿性粉剂2000倍液，或70%的甲基托布津可湿性粉剂1000～1200倍液、50%的退菌特800倍液、15%的绿帝可湿性粉剂500～700倍液，在温室内可用45%的百菌清烟剂熏蒸，每亩用250g。

12.1.3 锈病类

12.1.3.1 锈病的危害特点、病原鉴别及发病规律

锈病是园林常见病害，由担子菌亚门的锈菌引起，由于锈孢子器和夏孢子堆一般呈现黄色，冬孢子呈现褐色，似铁锈，所以称为锈病。有的单主寄生，有的转主寄生。病原物一生可产生多种类型的孢子。叶部锈病虽然不能使寄主致死，但常常能造成落叶、果实畸形，削弱生长势，降低产量和观赏性。

（1）玫瑰锈病

① 分布与危害　我国玫瑰产区普遍发生。受害植株叶片早落，生长不良，不仅影响观赏，而且影响玫瑰花的产量。

② 症状　主要侵染叶片和芽，枝条和果实也能受侵染。受害叶片正面有不显著的性孢子器，叶片背面或叶柄上黄色稍微隆起的小斑点为锈孢子器，后长大，达到0.5～1.5mm，散出橘红色的粉末，病斑外围往往有褪色环圈。以后则在叶背散生近圆形的橘黄色的粉堆——夏孢子堆，直径1.5～5.0mm，散生或聚生。生长季

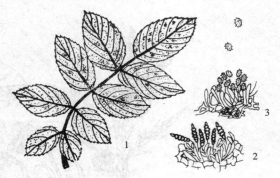

图12-6　玫瑰锈病（武三安，2007）
1. 症状　2. 冬孢子堆　3. 夏孢子堆和夏孢子

节末期，在叶背出现冬孢子堆，初为橘红色，后成为深棕褐色，最后为黑色小粉堆（图12-6）。

③ 病原　引起玫瑰和蔷薇锈病的病菌种类很多，国内已知的有3种，均属多孢锈属（*Phragmidium*）。其中短尖多孢锈菌危害大、分布广，属担子菌亚门冬孢菌纲锈菌目多孢锈属。锈孢子近似圆形或椭圆形，直径为（23～29）μm×（19～24）μm，壁上有瘤状突起，内含物黄色，萌发后壁无色；夏孢子堆橘黄色，夏孢子圆形或椭圆形，直径为（16～22）μm×（9～26）μm，壁上有细刺，内含物黄色，萌发后壁无色；冬孢子堆黑色，冬孢子初期棕色，后变为棕褐色，圆柱形，大小为（63～95）μm×（25～28）μm，一般4～7个隔膜；孢子顶端有圆锥形突起，高7～12μm，孢壁厚4～6μm，密生瘤状突起，孢子柄长146～195μm，无色，大部分呈铲状。

④ 发病规律　以菌丝体在芽内或在发病部位越冬，冬孢子在枯枝落叶上越冬。可以夏孢子进行重复侵染，由气孔侵入，风雨传播。锈孢子可以产生6次或更多，这在锈菌中是独特的。在夏季温度较高和冬季寒冷的地区，一般病害不太严重。温度27℃以上时，孢子的萌发力和侵染力明显下降，冬季温度过低能促进冬孢子的死亡。在四季温暖、多雨或多雾的地区及年份则病害重。

（2）海棠锈病

① 分布与危害　该病是海棠及其他仁果类观赏植物上的常见病害。英国、美国、日本、朝鲜等国家都有报道，在我国发生普遍。该病使得海棠叶片布满病斑，严重时叶片枯黄早落。引起该病的病菌有转主寄生性，其转主寄主为圆柏和松柏等。

② 症状　在海棠上，主要危害海棠的叶片、叶柄、嫩枝和果实。发病初期，叶片正面

出现橙黄色、有光泽的圆形小病斑，扩大后病斑边缘有黄绿色的晕圈。病斑上着生有针头大小的褐黄色点粒，即病原菌的性孢子器。病部组织变厚，叶背病斑稍微隆起。叶背隆起的病斑上长出黄白色的毛状物，即病原菌的锈孢子器。病斑最后枯死，变黑褐色。叶柄和果实上的病斑隆起，多呈现纺锤形，果实畸形，有时开裂。嫩梢发病时病斑凹陷，病部容易折断。圆柏等针叶树受侵染，针叶和小枝条上着生大大小小的瘤状物，即菌瘿。菌瘿的大小相差很大，小的直径1～2mm，大的可以达到20～26mm。感病的针叶和小枝生长衰弱或枯死，菌瘿吸收水膨胀成橘黄色的胶状物（图12-7）。

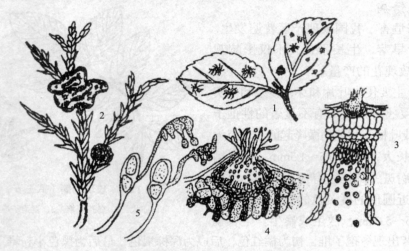

图12-7　海棠锈病（武三安，2007）
1. 海棠叶片症状　2. 圆柏上的症状　3. 锈孢子器　4. 性孢子器　5. 冬孢子萌发产生担孢子

③ 病原　该病的病原菌有两种：山田胶锈菌（*Gymnosporangium yamadai*）和梨胶锈菌（*G. haraeanum*）。属担子菌亚门冬孢菌纲锈菌目胶锈菌属。性孢子器扁瓶形，埋生在海棠叶片正面病部组织的表皮下，孔口外露，大小为（120～170）μm×（90～120）μm。性孢子器内生有许多无色、单胞、纺锤形或椭圆形的性孢子，大小为12μm×（3～3.5）μm。锈子腔细圆筒形或管状，多丛生于叶片病斑的背面，毛状。每个锈子腔长5～6mm，直径0.2～0.5mm。锈子腔内生有很多锈孢子，球形或近球形，大小为（18～20）μm×（19～24）μm，锈孢子淡黄色，表面有瘤状细点。冬孢子角呈红褐色或咖啡色，初短小，后渐渐伸长，呈圆锥形，一般长2～5mm，顶部宽0.5～2mm，基部宽1～3mm。冬孢子角内形成大量的冬孢子，冬孢子长椭圆形或纺锤形，双胞，黄褐色，大小为（33～62）μm×（14～28）μm。由冬孢子萌发生成的担孢子卵形，无色，大小为（10～15）μm×（8～9）μm。

④ 发病规律　以菌丝体在圆柏等针叶树枝条上越冬。圆柏等植物上的冬孢子萌发大量的担孢子，借风传播到海棠上，直接侵入寄主表皮并蔓延，经约10d后便在叶片正面产生性孢子器，2～3周后在叶背面产生锈孢子器。8～9月锈孢子成熟，由风传播到圆柏上，侵入嫩梢越冬。病害发生的严重程度和两类寄主的生长距离，以及春季雨水的多少、寄主植物种和品种的抗病性有密切的关系。凡是两类寄主植物相距较近，或同处于5km范围内，病菌容易传播，发病重。在海棠发芽展叶期间，春季雨水多，有利于冬孢子的萌发和飞散，

病害发生重。寄主抗病性有差异。如圆柏、龙柏容易受梨锈病菌的侵染，圆柏、翠柏中度感病，柱柏、金羽柏则较抗病。

12.1.3.2 锈病的防治措施

（1）植物检疫

在进行苗木调运时，严格检疫，剔除有锈病的植株。

（2）园林防治

合理配置园林植物。防治海棠锈病时，圆柏等转主寄主应与海棠间隔 5km 以上。如果不可避免有两类寄主生长，则应该选抗病较强的种类。

（3）物理机械防治

剪除有病的枝、叶等，减少菌源。

（4）生物防治

可以用茶籽饼 50g 加水少量浸泡 24h，滤去渣滓后，加 5kg 水喷雾。

（5）化学防治

防治海棠锈病，春雨前在针叶树上喷 0.5°Be 的石硫合剂和 84% 的杀毒矾 300 倍液；春季在海棠上喷 1% 的石灰倍量式波尔多液，或 25% 的粉锈宁可湿性粉剂 1500～2000 倍液，8～9月在夏孢子成熟前，在海棠上喷 65% 的代森锌可湿性粉剂 500 倍液或粉锈宁。防玫瑰锈病，春季到秋季在玫瑰上喷洒 0.5～0.8°Be 的石硫合剂或多菌灵可湿性粉剂 800 倍液，约 15d 施用 1 次。秋末或冬季喷 2°Be 的石硫合剂。

12.1.4 煤污病类

煤污病发生在多种木本植物的幼苗和大树上，主要危害叶片，有时也危害枝干，严重时叶片和嫩枝条表面覆满黑色煤烟状物，妨碍植物正常的光合作用，影响植物生长。

12.1.4.1 煤污病的危害特点、病原鉴别及发病规律

① 分布与危害　在南方各地普遍发生，北方也有发生。寄主广泛，发病部位的黑色"煤烟层"削弱植物的生长势，影响观赏效果。

② 症状　主要危害植物叶片，也能危害植物嫩枝和花器。典型的症状是在受害部位产生黑色"煤烟层"。

③ 病原　有多种。常见的有：小煤炱菌属（*Meliola* sp.），属子囊菌亚门核菌纲；煤炱菌（*Capnodium* sp.），属子囊菌亚门腔菌纲座囊菌目，其无性阶段为散播烟霉菌（*Fumago vagans*），属半知菌亚门丝孢菌纲丛梗孢目烟霉属。其中，煤炱菌菌丝体有隔，暗色。无性阶段产生分生孢子器，有性阶段产生子囊腔和子囊孢子，子囊孢子之间无囊间菌丝（图12-8）。

④ 发病规律　主要以菌丝、分生孢子和子囊孢子在被害部位越冬。翌年温度、湿度适宜

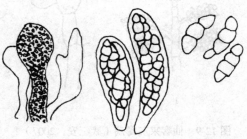

图 12-8　煤污病病原形态

时，叶片及枝条表面有植物的渗出物、蚜虫的蜜露、蚧虫的分泌物，分生孢子和子囊孢子就可以在其上萌发并在其上生长发育。菌丝和分生孢子可以由气流、蚜虫和蚧虫等传播，进行再侵染。

12.1.4.2 煤污病的防治措施

（1）植物检疫

调运苗木时，应该剔除具有煤污病的植株。

（2）园林栽培措施防治

合理安排好植物密度；适时修剪、整枝，改善通风透光条件，降低林内湿度。

（3）物理机械防治

剪除有病的枝叶。

（4）化学防治

喷杀虫剂防治蚜虫，可以用吡虫啉、木烟碱等。在春季植物萌芽前喷布 3~5°Be 石硫合剂清除菌源，或在发病季节喷 0.3°Be 石硫合剂。

12.1.5 霉状物类

该类病害的典型病症是在植物受害部位产生灰色或黑色霉层。

12.1.5.1 霉状物病害的危害特点、病原鉴别及发病规律

（1）仙客来灰霉病

① 分布与危害 该病是世界性病害，在我国普遍发生。常造成叶片、花瓣的腐烂坏死，降低观赏性，减弱植株长势。

② 症状 主要危害仙客来的叶片、叶柄及花冠等部位。发病初期，叶缘部分常出现暗绿色水渍状病斑。病斑可以扩展到整个叶片，叶片变为褐色焦枯。湿度大时，在病部长出灰色霉层，即病菌的分生孢子和分生孢子梗。叶柄和花柄发病也出现水渍状腐烂，生灰色霉层。花瓣发病时，则出现变色，白色品种变为淡褐色，红色品种花瓣褪色，并出现水渍状病斑，严重时，花瓣腐烂，生出灰色霉层。

③ 病原 有性态为富克尔核盘菌（*Sclerotinia futckeliana*），属子囊菌亚门；无性态为灰葡萄孢霉（*Botrytis cinerea*），属半知菌亚门。分生孢子梗细长，直立，有分枝，长 1~3mm，顶端膨大呈球形，上面有许多小梗，分生孢子聚生成葡萄穗状。分生孢子卵形或椭圆形，少数球形，无色或淡色，单胞，大小为（8~14）μm×（6~9）μm（图 12-9）。

④ 发病规律 病菌以分生孢子、菌丝或菌核在病叶或其他病组织内越冬。在湿度大的温室内可以周年发病。在温度高达 20℃时，产生大量分生

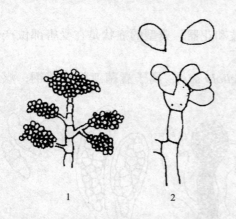

图 12-9 仙客来灰霉病（武三安，2007）
1. 分生孢子梗分枝情况 2. 分生孢子梗及分生孢子

孢子，借助风雨传播侵染。高温、高湿利于发病。病害的发生和品种有关系，荷兰 S 系、法国哈里奥品系抗病。在土壤黏重、排水不良、光照不足、连作地块容易发病。

（2）香石竹灰霉病

① 分布与危害　在我国发生普遍。主要引起香石竹的花瓣和花蕾腐烂枯死，有时也引起茎叶腐烂枯死，降低观赏性。

② 症状　主要发生在花瓣和花蕾上，有时也引起茎叶腐烂。花瓣发病初期在其边缘出现淡褐色水渍状斑，随着病害的发展，褐色病斑逐渐扩大，产生灰色霉层，即病菌的分生孢子。如果气候潮湿，则造成软腐，最后枯死。花蕾发病时，为水渍状不规则斑，发软腐烂，整个花不能开放，有灰色粉末状霉层（图 12-9）。

③ 病原　与仙客来灰霉病病原相同。

④ 发病规律　病菌以菌核越冬。气温 20℃左右、湿度高时，容易发病。黄花品种比红花品种发病重。

12.1.5.2　霉状物病害的防治措施

（1）植物检疫

植株调运时要进行检疫。

（2）园林栽培措施防治

加强栽培管理。加强棚室的通风管理，降低室内湿度。合理施肥，增施钙肥，控制氮肥用量。密度合理，如仙客来的密度以 25 株 /m² 为宜。

（3）物理机械防治

及时清除病株并销毁，清除田间的病残体。

（4）化学防治

在发病初期，及时用药。以后根据发病的情况，交替轮换用药。可施用 50% 的扑海因可湿性粉剂 1000~1500 倍液，或 50% 的速克灵可湿性粉剂 1000~2000 倍液、45% 的特克多悬浮液 300~800 倍液、10% 的多抗霉素可湿性粉剂 1000~2000 倍液、5% 的农利灵可湿性粉剂 800~1000 倍液、75% 的百菌清 500~700 倍液。也可用农抗武夷菌素、春雷霉素等生物药剂和化学农药异菌脲等。

12.1.6　畸形病类

（1）桃缩叶病

① 分布与危害　在桃上发生普遍。

② 症状　主要危害叶片，严重时也危害枝梢、花和幼果。被害叶片畸形、皱缩、扭曲和变色。病叶较肥大，厚薄不均匀，质地松脆，呈现淡黄色至红褐色。后期在病叶表面长出一层灰白色粉状物，即病菌的子囊层。病叶最后干枯脱落（图 12-10）。

③ 病原　是由畸形外囊菌侵染所致的一种真菌性病害。病菌的有性阶段形成子囊和子囊孢子，子囊裸露，无包被，很多子囊于叶片角质层下排列成一层。子囊圆筒形，上宽下窄，顶端平截，无色，大小为（16.2~40.5）μm×（5.4~8.1）μm。子囊下部有足孢，足孢

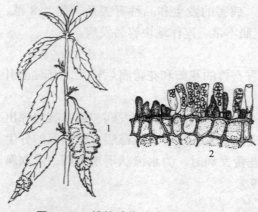

图12-10 桃缩叶病（武三安，2007）
1. 病叶症状　2. 病菌子囊及子囊孢子

圆筒形，无色。子囊内含8个子囊孢子，子囊孢子无色，单胞，圆形或椭圆形，直径为1.9～5.4μm。子囊孢子在子囊外均可以芽殖的方式产生芽孢子。芽孢子卵圆形，有厚壁或薄壁两种，薄壁的能继续芽殖，厚壁的不能再芽殖，但能抵抗不良环境。

④ 发病规律　以子囊孢子或芽孢子在桃芽鳞片外表或芽鳞间隙越冬。翌春，在桃芽展开时，孢子萌发侵染嫩叶和嫩梢。子囊孢子能直接产生侵染丝侵入寄主；芽孢子还有接合作用，接合后再产生侵染丝侵入寄主。以后在病部扩展，产生子囊孢子或芽孢子。没有再侵染。以产生子囊孢子或芽孢子在桃芽鳞片外表或芽鳞间隙越夏。一年只有1次侵染。低温和高湿有利于病害的发生。一般气温在10～16℃时最容易发病，而温度在21℃以上时发病很少。在早春桃萌芽展叶期，低温多雨的年份或地区，该病发生严重；如果早春温暖、干燥，则发病轻。从品种来看，以早熟桃发病较重，晚熟桃发病轻。

⑤ 防治措施

植物检疫　调运树苗时要进行检疫，剔除病株。

园林栽培措施防治　加强栽培管理，提高树体抗病力。

物理防治　及时清除落叶、落果，剪除病梢和病叶。

药剂防治　早春桃萌芽前喷布3°Bé石硫合剂，生长季节可以用代森锰锌、甲基托布津等喷药防治。

（2）郁金香碎色病毒病

① 分布与危害　该病为世界性病害，在我国郁金香栽培地区均有发生。该病引起鳞茎退化，花变小，单色花变为杂色花，影响观赏效果，严重时有毁种的危险。寄主范围广，能侵害山丹、百合、万年青等。

② 症状　侵染叶片和花冠。受害叶片出现淡绿色或灰白色条斑；受害花瓣畸形，花色中间杂有淡黄色或白色条纹或不规则斑点，称为"碎锦"。

③ 病原　为郁金香碎色病毒（tulip breaking virus）。

④ 发病规律　该病在鳞茎内越冬，由蚜虫进行非持久性传播。

⑤ 防治措施

植物检疫　严格做好种球、苗木调运时的植物检疫。

园林栽培措施防治　繁育无毒的苗木。选用健康无病的枝条、种球作为繁殖材料；建立无毒母本园以提供无毒健康系列材料，采用茎尖组培脱毒幼苗。勤除杂草，及时清除病株并集中处理。在防虫温室或网室隔离栽培，尽量远离其他花卉、蔬菜。

物理防治　在温室或网室中栽培，可以对土壤进行蒸汽消毒，保持100℃或更高，持续0.5～1.0h，可以同时杀灭地下害虫和土传的其他病菌。

化学防治 一是防治蚜虫。蚜虫是其传毒媒介，灭杀蚜虫可以减少病害传播。可以选用的药剂有吡虫啉、乐果、辟蚜雾、木烟碱等，切断传播途径。二是在农事操作中注意对用具及手的消毒。方法是用肥皂水清洗，或者用10%的漂白粉处理农具20min。三是种子、鳞茎和球根等的消毒。有两种方法：第一种方法是抑制种子所带病毒。可以用75%的酒精浸泡1min、0.1%的升汞浸泡1.5min或者10%的磷酸三钠溶液浸泡15 min，然后用蒸馏水彻底洗去种子表面的药液，于35℃温水中自然冷却24h，播种在无菌土中。第二种方法是种子脱毒。将带有病毒的种子按照抑制病毒的方法处理后，再将种子置于40%的聚乙二醇溶液中，在38.5℃的恒温下处理48h，种子脱毒率可以达到77.7%。或将鳞茎在45℃的温水中浸泡1.5~3.0h。四是喷病毒制剂。可以喷施病毒A、病毒特、病毒灵、83增抗剂、抗病毒1号等药液。

◇ 任务实施

Ⅰ. 观察园林植物叶部病害及病原形态

【任务目标】

（1）熟悉园林植物各类叶部病害的症状特点。

（2）熟悉园林植物各类叶部病害的病原物形态特征。

【材料准备】

① 标本　各类叶部病害标本，包括：叶斑病类、白粉病类、锈病类、煤污病、灰霉病类和畸形叶部病害类的实物标本、玻片标本和照片。

② 用具　放大镜、显微镜、培养皿、镊子、剪刀、刀片、挑针、蒸馏水、载玻片、盖玻片等。

【方法及步骤】

1. 观察各类叶部病害的症状

① 病状　仔细观察各类叶部病害的病斑分布、形状、大小、颜色、是否有轮纹等病状。

② 病症　用放大镜观察其典型的病症，并且做好记录。

2. 观察各类叶部病害病原物

① 临时玻片标本的制作　取洁净的载玻片和盖玻片，在载玻片中央滴入1滴蒸馏水，用挑针从霉状物挑取少量，或者用剪刀切取病组织，或者用刀片轻轻刮少量白粉、锈粉等，使其在水中分散均匀，然后盖上盖玻片即可。

② 镜下观察　将做好的临时玻片或永久性玻片放在显微镜下观察。详细记录其中真菌的菌丝体、无性繁殖体或有性繁殖体的形态特征。

【成果汇报】

（1）将观察到的病害症状特征填写到表12-1中。

表12-1　观察结果记录

序　号	病害名称	发病部位	病状表现	病症类型	病原特征

（2）写出3种防治每种叶部病害的化学防治药剂。

Ⅱ．调查和防治园林植物叶部病害

【任务目标】

（1）熟悉园林植物叶部病害的田间调查方法。
（2）掌握园林植物叶部病害的防治技术。

【材料准备】

病害标本采集箱、放大镜、镊子、笔记本、铅笔及其相关资料。

【方法及步骤】

1. 调查叶部病害

在大面积绿地上选取样方，样方大小一般为草本 $1m^2$、灌木 $16m^2$、乔木 $100m^2$，样方面积一般应该占调查总面积的 0.1%~0.5%。在苗圃、花圃中进行病害调查，一般可以采用对角线式、五点式、"Z"字形等进行植株取样。对绿篱、行道树、多种花木配置的花坛进行调查时，可以采用线形、带状调查或逐株调查。在每株植物东、西、南、北各个方向分别选取 10~20 片叶子。按表 12-2 记录各级病害的感病株数，计算叶部病害的发病率和病情指数。

表 12-2 叶部病害分级标准

级 别	代表值	分级标准
1	0	健康
2	1	1/4 以下叶面积感病
3	2	1/4~1/2 叶面积感病
4	3	1/2~3/4 叶面积感病
5	4	3/4 以下叶面积感病

发病率是感病株数占调查总株数的百分比，表明病害发生的普遍程度：

发病率 =（感病株数 ÷ 调查株数）×100%

病情指数是反映病害发生的普遍程度和严重程度的综合指标：

病情指数 = $\sum$［(病害级别代表值 × 该级样本数) /（最高级代表值 × 总样本数)］×100

2. 防治叶部病害

① 根据调查结果制订防治方案　根据调查结果，对照前面所学知识，制订病害防治方案。

② 根据防治方案开展防治　一般叶部病害采取的防治措施主要有以下几个方面：

植物检疫　对可以随着种子、苗木调运进行远距离传播的病害，严格进行植物检疫。

园林防治　包括选用抗病品种、植物布局、合理设置栽植密度、水肥管理、合理修剪、清扫落叶、摘除病叶或病枝、保证植株通风透光良好等园林栽培养护管理措施。

生物防治　选用生物药剂开展病害防治。

物理机械防治　包括高低温处理等。

药剂防治　一是对症下药，根据病害种类选取高效、低毒的环保型药剂；二是选择合适的用药方式，一般叶部病害采取喷雾法防治；三是确定用药时间，一般在发病初期及时喷药；四是计算用药剂量和药液量，首先根据防治对象的面积等估算药液量，然后根据稀释倍数计算所需要的药剂量；五是配制药液，一般采用两步稀释法；六是喷药，力求做到均匀周到，不漏喷。

【成果汇报】

（1）将叶部病害调查结果填入表12-3中。

表12-3 叶部病害调查结果

调查日期	调查地点	样方号	病害名称	树种	总叶数（片）	病叶数（片）	发病率（%）	病害分级					病情指数	备注
								1	2	3	4	5		

（2）写出其中一种病害的防治方案。

◇ 自测题

1. 填空题

（1）女贞褐斑病的典型病症是_____，月季黑斑病的典型病症是_____。

（2）月季白粉病的典型病症是_____，海棠锈病的典型病症是_____。海棠锈病的转主寄主有_____等。

（3）适合桃缩叶病发生的温度、湿度条件是_____。

（4）仙客来灰霉病的典型病症是_____，适宜其发生的湿度条件是_____。

（5）郁金香病毒病的传播途径是_____。

2. 判断题

（1）樱花褐斑穿孔病和桃细菌性穿孔病都是细菌性病害。（　　）

（2）海棠锈病和玫瑰锈病都具有转主寄生性。（　　）

（3）桃缩叶病和郁金香病毒病都是由病毒引起的病害。（　　）

（4）桃缩叶病一年有多次侵染。（　　）

（5）玫瑰锈病一年有多次侵染。（　　）

3. 简答题

（1）简述海棠锈病的发生规律。

（2）如何防治郁金香碎色病毒病？

（3）经过调查，得知仙客来有个别植株发生灰霉病，请列出防治该病的药剂。

（4）写出化学防治桃缩叶病的关键用药时期。

（5）月季是某城市的市花，8月调查发现，月季上白粉病和黑斑病混合发生，请制订防治方案。

◇ 自主学习资源库

1. 中国森防信息网：http:// www.forestpest.org.

2. 中国大学MOOC：南京林业大学林木病理学. https://www.icourse163.org/course/preview/

NJFU-1206634822/?tid=1206945245.

3. 国家农业科学数据共享中心：http://trop.agridata.cn.

4. 国家网络森林医院：http:// www.slyy.org.

任务12.2　鉴别及防治园林植物枝干部病害

◇ **工作任务**

　　枝干部病害是主要危害植物枝干的病害，病原物种类很多，症状各异，发生规律和防治技术各有其特点。主要学习任务有：熟悉各类枝干部病害的症状特点，结合病原物鉴定，识别病害；熟悉枝干部病害的发生特点，掌握其防治技术。

◇ **知识准备**

12.2.1　腐烂病类

　　腐烂病是林木的重要病害，主要危害树木主干、主枝等重要部位，造成树皮腐烂，深达木质部，影响树木养分和水分输送，造成树势衰弱甚至死亡。病原菌属于弱寄生菌，具有潜伏侵染的特性，树木一旦感病，很难彻底治愈，而且容易传播，对树木危害严重。

（1）杨树腐烂病

①分布与危害　杨树腐烂病又称杨树烂皮病，是杨树的重要枝干病害，是我国北方公园、绿地、行道树和苗圃杨树的常见病和多发病，常引起杨树大量枯死。新移栽的杨树发病尤重，发病率可达90%以上。该病除危害杨属各树种外，也危害柳、核桃、板栗、榆、槭、樱、桑树、木槿等木本植物。

②症状　主要发生在杨树的枝干和侧枝、枝条上。幼树和大树都可能感病。初发病时主干或大枝出现不规则水肿块斑，淡褐色，病部皮层变软、水渍状、浅褐色，易剥离和具酒糟味，后病部失水干缩和开裂，皮层纤维分离，木质部浅层褐色，后期病部出现针头状黑色小突起（分生孢子器），遇雨后挤出橘黄色卷丝（孢子角），枝、干枯死，进而全株死亡（图12-11）。

③病原　有性态为子囊菌亚门核菌纲球壳菌目黑腐皮壳菌属的污黑腐皮壳（*Valsa sordida*）。无性态为半知菌亚门腔孢纲球壳菌目壳囊孢属的金黄壳囊孢菌（*Cytospora chrysosperma*）。病菌分生孢子器埋在不规则的子座中，单室或多室，具有明显的孔口，大小为（77～340）μm×（150～700）μm。分生孢子梗长12～24μm，宽1.2～3.6μm。分生孢子长3～7μm，宽0.8～1.5μm。病原菌是弱寄生菌，只危害树势衰弱的树木。

④发生规律　病菌以菌丝、分生孢子器和子囊壳在病组织内越冬。翌春，孢子借风、雨、昆虫等媒介传播。自伤口或死亡组织侵入寄主。潜育期一般为6～10d。病菌生长的最适温度为25℃，孢子萌发的最适温度为25～30℃。杨树腐烂病于每年3～4月开始发病，5～6月为发病盛期，9月病害基本停止扩展。子囊孢子于当年侵入杨树，翌年表现症状。

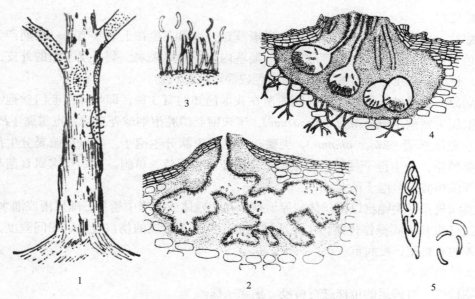

图12-11 杨树腐烂病（武三安，2007）
1. 病株上的干腐和枯枝型症状　2. 分生孢子器　3. 分生孢子梗和分生孢子　4. 子囊壳　5. 子囊及子囊孢子

立地条件不良或栽培管理不善，削弱了树木的生长势，有利于病害的发生；土壤瘠薄，低洼积水，春季干旱，夏季日灼，冬季冻害等，容易引发此病；移植多次或假植过久的苗木、强度修剪的树木容易发病。

⑤防治措施

植物检疫　加强出圃苗木检查和管理，严禁带病苗木出圃；对插条进行消毒处理；重病苗木要烧毁，以免传播。

园林栽培措施防治　选育抗病品种。日本白杨、沙兰杨、毛白杨、意大利214杨、新疆杨等较抗病，小叶杨、小美旱杨等易感病。一般抗逆性强的杨树品系，如抗冻、抗旱、抗盐碱及抗虫的品种，也都较抗杨树腐烂病。加强栽培管理，提高抗病力。随起苗随栽植，避免假植时间过长。避免伤根和干部皮层损伤，定植后及时浇水等。

生物防治　可以用梧宁霉素涂抹病斑或喷雾。具体做法是：先用刮刀在病部周围划一椭圆形的圈，在病疤中深划几刀，深达健康组织，随后用本剂5倍液，用刷子蘸药涂病疤周围以及2cm宽的树皮，也可以在冬、春季用20～40倍液喷雾。

化学防治　一是树干涂白。可防止冻裂和日灼，减轻病虫害发生。于春初（5月以前）或秋末（11月以后）涂白可起到预防杨树腐烂病发生的作用。涂白剂的配方为生石灰10份、硫黄粉1份加水40kg。冬前树干涂白，增强树势，是防治该病的主要措施。二是化学药剂防治。发病初期用70%甲基托布津可湿性粉剂300倍液或45%代森铵水剂200倍液喷雾，坚持2～3年，可控制该病发生。发病期用小刀将病组织划破或刮除病斑后用843康复剂3倍液或10%碱水涂抹病部，用21%复生水剂5倍液涂干。

（2）仙人掌茎腐病

①分布与危害　该病是仙人掌类观赏植物发生普遍而严重的病害，常引起病部腐烂而

导致全株死亡。

②症状　多发生在茎基部，可向上逐渐蔓延，也可发生在上部茎节处。初期产生水渍状暗灰色或黄褐色病斑，并逐渐软腐。后期茎内组织腐烂失水，剩一层干缩的外皮，或仅留髓部。最后全株死亡，组织上出现灰白色或深红色霉状物。

③病原　别名仙人掌软腐病。病原菌在我国已知的有3种，即半知菌亚门丝孢纲丛梗孢目镰孢属尖镰孢（*Fusorium oxysporum*），半知菌亚门腔孢纲球壳孢目茎点霉属（*Phoma*）和大茎点霉属真菌（*Macrophoma*）。尖镰孢产生镰刀状分生孢子。茎点霉菌属分生孢子器埋生或半埋生，分生孢子梗短；分生孢子小，卵形，无色，单胞。大茎点霉属真菌与茎点霉菌属真菌相似，但孢子稍大。

④发病规律　尖镰孢以菌丝体或厚垣孢子在病残体或土壤中越冬。随风雨或灌水传播，也可通过昆虫和田间操作传播。主要通过嫁接、昆虫等造成的伤口侵入。田间湿度大，使用未腐熟的有机肥，发病重。

⑤防治措施

植物检疫　对调运的植株进行检疫，剔除病株。

园林栽培措施防治　定植后要加强通风透光，降低棚内湿度。科学管理肥水。基肥要充分腐熟，适时、适量浇水，适量多施钾肥。

化学防治　首先，土壤要消毒。土层穴施40%的福尔马林50倍液，$1000mL/m^2$，覆盖1~2周，待药液挥发后栽植。或者用50%的多菌灵可湿性粉剂（或70%的五氯硝基苯）与80%的代森锌可湿性粉剂等量混合，$10g/m^2$，均匀撒于地面，深翻耙匀后再进行栽植。其次，仙人掌定植后，7~10d喷一次50%的多菌灵500倍液或75%的百菌清800倍液，在早晨或傍晚对植株均匀喷雾。定期向植株喷施50%的多菌灵500倍液、50%的代森铵水溶液800倍液或2%的硫酸铜水溶液。发现病株后，首先拔除病株，然后将污染的土壤用50%多菌灵500倍液处理，并向叶面喷高效80%代森锰锌1000倍液或64%杀毒矾800倍液进行防治。

12.2.2　溃疡病类

12.2.2.1　溃疡病的危害特点、病原鉴别及发病规律

（1）杨树溃疡病

①分布与危害　杨树溃疡病是杨树的一种危险性病害。该病1955年在北京被首次发现，以后逐渐扩大到河北、河南、山东、陕西和江苏等地。1959年又在沈阳被发现，1977年在内蒙古赤峰和辽宁朝阳、盖县等地杨树林普遍发生。据近几年的调查，辽宁鞍山、锦州、营口、朝阳、大连、营口等普遍发生。除了危害杨树外，还危害柳、刺槐、油桐等多种阔叶树。

②症状　病害主要发生于树干和主枝上，典型病斑有两种类型：一种是水泡型，另一种是枯斑型。水泡型病斑呈圆形或椭圆形，直径约1cm，边缘不明显，手压病斑有褐水流出。后期病斑干缩下陷，病斑处皮层变褐色，中央有裂缝，腐烂成溃疡斑。病害严重时，水泡密集，可导致树皮全部腐烂。水泡型病斑仅发生于幼树树干和光皮树种的枝干上。在光皮杨树上，病

斑第二年会继续扩大，后期出现黑色针头状分生孢子器，影响输导组织的养分输入，致使植株枯死。而枯斑型病斑是先在树皮上出现直径数毫米大小的水浸状圆斑，稍隆起，手压有柔软感，后干缩成微陷的圆斑，黑褐色。水泡型病斑是杨树溃疡病的重要特征（图12-12）。

③ 病原 是一种腐生型弱寄生性病原真菌，有性阶段为子囊菌亚门葡萄座腔菌属的茶藨子葡萄座腔菌（*Botryosphaeria ribis*），无性阶段为半知菌聚生小穴壳菌（*Dothiorella gregaia*）。有性阶段产

图12-12 杨树溃疡病（武三安，2007）
1. 树干受害症状 2. 分生孢子器 3. 子囊壳 4. 子囊及子囊孢子

生子囊腔和子囊孢子。圆形的子囊腔埋生在树皮下，开口向外，子囊排列在子囊腔内，子囊内生子囊孢子。无性阶段产生分生孢子器，圆球形的分生孢子器埋生在树皮下，开口向外，里面生分生孢子。

潜伏侵染是杨树溃疡病菌的重要特点。溃疡病菌进入树皮后，如果树木生长旺盛，抗病性强，病菌便停止发展，处于潜伏状态。当不良环境（逆境）因素造成树势衰弱后，处于潜伏状态的病原菌开始活动造成危害。

④ 发生规律 病菌主要以菌丝体（也可以未成熟的子实体）在树木病组织内或自然界中越冬。翌年4月气温上升到10℃时病菌开始活动，5月下旬至6月形成第一个发病高峰。7~8月气温增高时病势减缓，9月出现第二个发病高峰，此时病菌来源于当年春季病斑形成的分生孢子，常发生在弱树主干的中下部，严重时病斑扩展到主干上部及枝条和移栽的大苗上，10月以后停止。秋季在病斑上形成子囊腔和子囊孢子。病菌孢子主要借雨水、风、昆虫传播，通过带菌苗木和接穗等繁殖材料的调运可进行远距离传播。经皮孔、伤口或自表皮直接侵入危害。

杨树溃疡病的发病高峰期出现的时间在不同地区有所不同。一般而言，春季气温10℃以上，相对湿度60%以上时，病害开始发生，24~28℃时最适宜发病。从发病到形成分生孢子期需要1~2个月，潜育期约1个月，因此病原菌孢子飞散高峰之后1个月左右就发病。病害的发生发展与降水量、相对湿度成正相关，凡降水量和相对湿度出现高峰，在其不久后，必然出现发病高峰。在18~25℃的范围内，相对湿度、降水量的多少对病害的发生发展起主导作用。干旱瘠薄地发病重。不同品种抗性有差别。107杨、69杨、84K杨抗性强。病害发生和树龄也有关系。同一树种不同龄期感病指数不相同，大多随树龄的增大抗病性逐渐增加。此外，在发生"暖秋"和"倒春寒"的年份幼树发病较重，在黏土上生长的幼树发病重于砂壤土和砂土，水肥条件差的幼树发病重于水肥适当的幼树，农田新植幼树发病重于宜林荒地新植幼树。

（2）槐树溃疡病

① 分布与危害 又称为槐树腐烂病或烂皮病。我国江苏、河北、河南、北京、天津、合

肥、济南、大连等省市都有发生。轻者造成苗木、幼树或大树枝枯，重者苗木整株枯死。寄主有槐和龙爪槐。

② 症状　多发生在2～4年生幼树的主干或大树的1～2年生枝条上。表现为两种：一种是由镰孢霉属真菌引起的溃疡，枝干上最初出现黄褐色水渍状近圆形病斑，渐发展成为梭形斑，其长径为1～2cm，较大的病斑中央略凹陷，有酒糟味，呈现典型的湿腐状。病斑常可以环切主干，致使上部枝干枯死。随后，病斑上出现橘红色分生孢子堆。如果病斑当年环切主干，病斑多能于当年愈合。另一种是由小穴壳属真菌引起的溃疡。其初期症状和镰刀菌引起的相似，但病斑颜色较深，边缘为紫黑色，长径可达到20cm以上，病斑发展迅速，也可以环切树干。后期，病部产生黑色小点状的分生孢子器。随后，病部逐渐干缩下陷，周围很少生愈伤组织（图12-13）。

③ 病原　有两种：一种为三隔镰孢菌（*Fusarium tricinctum*），属半知菌亚门丝孢纲瘤座孢目镰孢菌属，产生大、小两种类型的分生孢子，大孢子镰刀形，多分为三隔，小孢子长椭圆形，单生。另一种为多主小穴壳菌（*Dothiorella ribis*），属半知菌亚门腔孢纲球壳孢目小穴壳属，子座内有数个分生孢子器集生；分子孢子器球形，有乳头状孔口；分生孢子单胞，无色，长椭圆形至菱形。

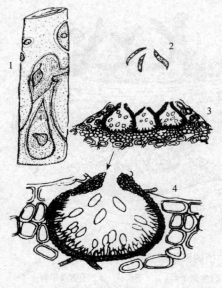

图12-13　槐树溃疡病（武三安，2007）
1. 小穴壳菌引起的症状　2. 三隔镰孢菌的大孢子　3. 小穴壳菌子座和集生的分生孢子器　4. 小穴壳菌分生孢子器和分生孢子

④ 发病规律　病菌有潜伏侵染的特性，上述两种病原菌终年存在健康的绿色树皮内，当树皮失水到一定程度即可引起病害，表现症状。病菌多自皮孔、叶痕侵入寄主，也可以从断枝、残桩及其修剪伤口、虫伤和死芽等处侵入。潜育期约1个月。病害早春到夏初发展迅速，夏季槐进入生长旺季，病害逐渐停止发展。植株生长衰弱是诱发该病的重要原因之一。

12.2.2.2　溃疡病的防治措施

（1）植物检疫

对调运的苗木或接穗严格进行检疫，剔除带病的苗木或接穗。加强出圃苗木检查，烧毁病苗，禁止用于造林。

（2）园林栽培措施防治

① 培育抗性苗木　选择抗性强的杨树品种，如107杨、69杨、84K杨等，适地适树进行育苗。杨树育苗应选择在无溃疡病区苗圃，至少在苗圃附近无杨树溃疡病株，从无病区采取扦插条。

② 营造混交林　杨与刺槐、紫穗槐等混栽，也可在杨树林内适当种植豆科等灌木，增加土壤中的氮肥，减少病菌的传播和加强树干基部的遮阴，减少烂皮病的发生。

③ 加强栽植前管理　早春苗木出圃后，栽植前要放入水中浸泡48～72h，使苗木充分吸水。有条件的地方，植树苗应在坑内浇灌底水或打泥浆。起苗、打包、运输过程中尽量

保护苗木，尽量减少运输和假植时间，以免苗木失水，影响造林成活率。栽后及时灌水，以提高苗木生长势。同时要注重适时造林，适地适树。

④ 加强栽后管理　冬、春季合理修枝打杈，适时间伐，增加林内通风透光条件，培养良好树形；控制肥水，防止大肥大水造成树木徒长；中耕、除草、灌溉、排涝等措施有利于增强树势，减轻发病程度。于春初（5月以前）或秋末（11月以后）涂白树干可起到预防烂皮病发生的作用。一般配料为生石灰∶硫黄粉∶水为10∶1∶40，再加少许盐，涂于1m以下的干基部。冬前涂白树干，增强树势，是防治该病的主要措施。

（3）生物防治

采用生物源药剂梧宁霉素5倍液，用毛刷蘸药，直接涂在病斑上，涂药范围要超过病部1~2cm。也可刀割涂抹，即采用消毒刻刀，纵向划伤树干，间隔宽度为0.5cm左右，然后涂上梧宁霉素5倍液，分别于4月下旬和5月上旬涂药一次。

（4）化学防治

初发病的林地，在发病高峰前的4~5月和8月初，对树干普遍喷药预防。药剂可选用2∶2∶100倍波尔多液、碳酸氢钠10倍液、40%多菌灵50倍液、70%甲基托布津100倍液、50%代森铵100倍液或50%退菌特100倍液。对已产生病斑的病株，轻刮表皮，清除病斑，树干涂抹10%的碱水（碳酸钠）防治。或者采取腐必清原液，用毛刷蘸药，直接涂在病斑上，涂药范围要超过病部1~2cm。也可刀割涂抹，即采用消毒刻刀，纵向划伤，间隔宽度为0.5cm左右，然后涂上腐必清原液，分别于4月下旬和5月上旬涂药一次。

12.2.3　锈病类

12.2.3.1　锈病的危害特点、病原鉴别及发病规律

（1）松瘤锈病

① 分布与危害　在我国多个省份普遍发生，主要危害松属的二针松和三针松以及壳斗科的树种，如樟子松、云南松、黄山松等。松瘤锈病是一种世界性的严重病害。在马尾松和兴凯湖松上都严重发生。有转主寄生性，转主寄主是栎树，如麻栎、白栎、蒙古栎等。

② 症状　受害松树在主干、侧枝、嫩枝和裸根上形成肿瘤。每一主干可形成一个或多个瘤，肿瘤多为单生，少数连生，一般为球形或半球形，少数为垫状增生，且连年增大。幼树受害后常在主干上形成肿瘤，生长矮小。间接症状还表现为生长衰退、结实能力部分或全部丧失，因而也可说是一种引起种子败育的种实病害。每年早春从木瘤的缝隙处溢出橘黄色的蜜滴，此为病菌的性孢子混合液。4~5月，瘤皮层下生出一层黄色粉末，初有被膜，此为病菌的锈孢子。在壳斗科植物的叶背面初生黄色的夏孢子堆，以后在夏孢子堆中长出毛状的冬孢子柱（图12-14）。

③ 病原　为松栎柱锈菌（*Cronartium quercuum*）。产生性孢子、锈孢子、夏孢子、冬孢子和担孢子5种类型孢子。性孢子和锈孢子在松树上产生，夏孢子和冬孢子则在壳斗科植物的叶片上产生。性孢子器产生性孢子梗和性孢子。性孢子无色，棒状或长瓜子形。锈孢子橘黄色，串生，椭圆形或卵圆形。夏孢子橘黄色，圆形、卵形或椭圆形，表面有锥刺。

冬孢子黄色，梭形，壁光滑。担孢子梨形或圆形，有喙状疣，无色光滑。

④ 发生规律　具有转主寄生现象。以菌丝体在松树上越冬，翌年产生性孢子、锈孢子。以锈孢子借风扩散传播至转主寄主。在秦巴山区该病转主植物（夏、冬孢子寄主）为栓皮栎、麻栎、锐齿栎、槲栎、板栗和茅栗。其锈孢子可传播的水平距离为100m，垂直距离为10m。在转主寄主上依次产生夏、冬孢子和担孢子。以担孢子借风等扩散传播侵染松树。结果表明，锈孢子和夏孢子的萌发温度为4～32℃，最适为12℃。冬孢子萌发温度为8～24℃，最适为16～20℃。相对湿度在65%以上时，湿度越大，越有利于各种孢子萌发。

栎叶幼嫩期易被侵染，老叶则抗侵染。在兴凯湖畔栎展叶期恰与锈孢子成熟期一致，所以病害易发生流行。若栎展叶时遇晚霜，这一年病害就轻，对松树的侵染也轻。

（2）竹秆锈病

① 分布与危害　又称为竹褥病。分布于我国江苏、浙江、安徽、山东、湖南、湖北、河南、陕西、贵州、四川和广西等地。主要危害淡竹、刚竹、早竹、

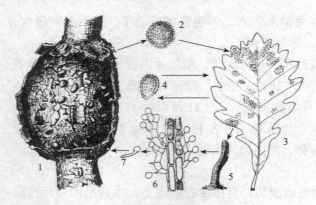

图12-14　松瘤锈病（武三安，2007）

1. 病瘤上的疱囊　2. 锈孢子　3. 蒙古栎叶上的冬孢子柱
4. 夏孢子　5. 冬孢子柱　6. 冬孢子萌发产生担子及担孢子
7. 担孢子萌发的状态

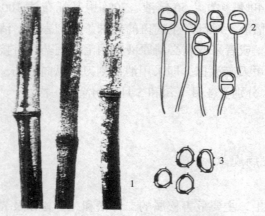

图12-15　竹秆锈病症状及病菌形态

1. 竹秆上的症状　2. 冬孢子　3. 夏孢子

箭竹和毛竹等竹类。竹秆被侵染处变黑，材质变脆，影响工艺价值。

② 症状　多侵染竹秆下部或近地面的秆基部，严重时也侵染上部甚至小枝。感病部位于春天（2～3月）在病部产生明显的椭圆形、长条形或不规则形、紧密不容易分离的橙黄色垫状物，多生于竹节处。最终发病部位为黑褐色枯斑。病斑逐年扩展，当绕竹秆一周时，病竹枯死。地势低洼、通风不良、较阴湿的竹林发病重（图12-15）。

③ 病原　为皮下硬层锈菌（*Stereostratum corticioides*），属于担子菌亚门冬孢菌纲锈菌目硬层锈菌（毡锈菌）属。产生夏孢子、冬孢子。夏孢子堆生于寄主茎干的角质层下，后突破角质层外露，圆形或长圆形，褐色，粉状；夏孢子近球形或卵形，淡黄褐色或近无色，单细胞，有刺。冬孢子堆圆形或椭圆形，生长在角质层下，多群生，常常紧密连接成片，似毡状，后突破角质层裸露，黄褐色；冬孢子亚球形至广椭圆形，两端圆，双细胞，无色或淡黄色，具细长的柄。

④ 发病规律 病竹上只产生夏孢子和冬孢子堆,未见性孢子和锈孢子堆阶段,也未发现其转主寄主。病菌以菌丝体或不成熟的冬孢子堆在病组织内越冬,菌丝可以在寄主体内存活多年。每年9月、10月开始生冬孢子堆,翌年4月中、下旬冬孢子堆脱落后形成夏孢子堆。5~6月是夏孢子飞散盛期。新竹放枝展叶时是大量夏孢子侵染的时期。夏孢子借助风传播,通过伤口侵入当年新竹和老竹,有时也可直接侵入新竹,经7~9月的潜育期,病竹开始表现症状。地势低洼、通风不良地块发病重。病害多发生在2年生以上的竹上,但是1年生竹也可侵染。

12.2.3.2 锈病的防治措施

（1）植物检疫

禁止将疫区的苗木、幼树运往无病区,防止其扩散蔓延。

（2）园林栽培措施防治

加强竹林的抚育管理,清除转主寄主。在松树林方圆100m以内,不种植其转主寄主。

（3）化学防治

在适宜病害传播的季节,及时喷药预防。喷洒的药剂有:65%的福美铁(或福美锌)可湿性粉剂300倍液或65%的代森锌500倍液。发现病斑,可用松焦油或松焦油+柴油(1:1,1:3,1:5)、75%的百菌清乳剂或70%的代森锰锌可湿性粉剂涂干,效果好。

12.2.4 枝枯病类

12.2.4.1 枝枯病的危害特点、病原鉴别及发病规律

（1）月季枝枯病

① 分布与危害 又名月季普通茎溃疡病。在我国多个区域发生。除了危害月季外,还可以危害玫瑰、蔷薇等多种蔷薇属的植物。

② 症状 常引起月季枝条顶梢部分干枯,重者整株枯死。枝条感病部位最初出现苍白、黄色或红色的小点,后扩大为椭圆形至不规则形的病斑,中央浅褐色或灰白色,并有一个清晰的紫色边缘。后期病斑下陷,表皮纵向开裂。病斑通常环绕枝条一周。

③ 病原 为半知菌亚门腔孢纲球壳孢目盾壳霉属。分生孢子器扁球形,埋生在寄主表皮下,孔口在表皮稍微显露,内生分生孢子梗和分生孢子。

④ 发病规律 以菌丝体或分生孢子器在病枝条上越冬。以分生孢子通过风雨传播。通过伤口侵入,嫁接及修剪时的切口易感染此病。病害发生与植株长势和管理水平有密切关系。凡老、弱、残株及水肥缺乏株发病严重,健壮旺株则不发病。湿度大、管理跟不上、过度修剪发病重。6~9月高温、干旱季节发病最严重。

（2）毛竹枯梢病

① 分布与危害 分布于我国安徽、江苏、上海、浙江、福建和江西。被害毛竹枝条、竹梢枯死,严重者成片竹林死亡。

② 症状 7月上、中旬开始发病,先在当年新竹梢头或枝条分权部位陆续出现浅褐色斑点,随着气温升高,扩展为大小不一的深褐色菱形斑,在病枝基部内侧形成深褐色较长舌形斑。

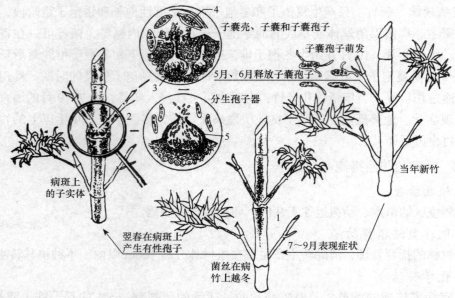

图 12-16 毛竹枯梢病（中南林学院，1986）
1. 主梢上病斑 2. 病枯竹上有性子实体 3. 子囊壳 4. 子囊、子囊孢子及侧丝 5. 分生孢子器

病斑扩展，病梢、病枝及其以上部分相继枯死，竹叶脱落；被害严重者，整株枯死（图 12-16）。

③ 病原 病菌有性阶段病原为竹喙球菌（*Ceratosphaeria phyllostachydis*），属于真菌子囊菌亚门核菌纲球壳菌目喙球菌属。子囊壳埋生在毛竹病枝的组织内，聚生，偶有单生，扁球形到球形，暗色，顶生一个圆筒形的暗色长喙突破寄主表皮而外露，喙的外壁具有稠密的细长毛；子囊圆筒形，基部有一个很短的柄，内含 8 个子囊孢子，双行排列，偶有单行排列或排列不整齐的；子囊壁单膜，子囊孢子椭圆形，大小（19~34）μm×（6~11）μm，无色至淡黄色，具有 3 个横隔膜，少数具有 4~5 个横隔膜，在横隔膜处无明显的缢缩现象。

④ 发病规律 病原主要以菌丝体在病组织越冬，一般可以存活 3 年，个别可以达到 5 年。病组织上的有性子实体于每年 4 月下旬开始发育，5 月上旬至 6 月上中旬成熟，在饱和空气湿度条件下溢出孢子，孢子随着风雨扩散传播。

（3）松烂皮病

① 分布与危害 又称枝枯病、垂枝病和枯梢病。可以危害 20 多种松树。在美国、英国、德国都有发生；在我国东北、山东、河北、陕西、四川、江苏和北京等地都有发生。

② 症状 病害发生在主干、侧枝上，主要危害皮层部分。被害枝针叶在 1~3 月逐渐变黄绿、褐色至红褐色。当针叶变为红褐色时，被害枝干则明显表现因为失水而干缩起皱的病状，针叶渐渐脱落。若小枝感病，则表现为枯枝状。若侧枝基部的皮部发病，侧枝则枯死下垂，呈现弯曲状。主干皮部发病时，开始有轻微的流脂现象，随后流脂加剧，病皮干缩下陷，容易和木质部分离。4 月，由病皮下生长出病菌子实体即子囊盘。初为黄褐色，后暗褐色，单生或簇生。成熟的子囊盘呈现杯状或盘状，雨后张开变大，表面为淡黄褐色，干后收缩变黑并且僵化。

③ 病原 为铁锈薄盘菌（*Cenangium feruginosum*），属子囊菌亚门盘菌纲柔膜菌目薄盘菌属。子囊盘初生于表皮下，当表皮破裂后外露。子囊盘杯状，无柄，子实层淡黄至淡

黄褐色，后干缩变黑。子囊棍棒状，子囊孢子单胞，椭圆形。该菌为林木的习居菌，腐生，当树势衰弱时病菌会对松树致病，引起枯枝或烂皮等症状。

④ 发病规律　病菌于秋季侵染松树后，以菌丝在树皮内越冬。翌年1~3月，针叶先表现为枯萎症状，以后在病皮下产生子囊盘。子囊的放散时间在7月中旬至8月中旬。成熟的子囊孢子必须在雨后才能靠风放散。自伤口侵入皮层组织，越冬后下一年表现症状。该病菌为弱寄生菌，病害只有在松树受到旱、涝、冻害及虫伤，或因管理不善、营养不良等因素的影响而生长衰弱的条件下，才能侵染危害。

12.2.4.2　枝枯病的防治措施

（1）植物检疫

加强对调运苗木的检疫，及时清除带病植株。

（2）园林栽培措施防治

清除菌源，秋、冬季彻底剪除病枯枝集中烧毁。施足基肥，生长期可喷0.13%尿素溶液，以增强植株长势。修剪应在晴天进行，剪口修剪、嫁接后管理要跟上，促使伤口早日愈合。

（3）化学防治

休眠期喷施5°Be石硫合剂。5~6月喷施25%多菌灵可湿性粉剂600倍液、50%退菌特可湿性粉剂1000倍或50%百菌清可湿性粉剂500倍液。发病时可喷50%退菌特可湿性粉剂、70%百菌清可湿性粉剂或50%多菌灵可湿性粉剂1000倍液。

12.2.5　丛枝病类

12.2.5.1　丛枝病的危害特点、病原鉴别及发病规律

（1）泡桐丛枝病

① 分布与危害　又称扫帚病、鸟巢病、疯枝病、疯桐病、桐龙病。泡桐不仅是我国主要的速生用材树种之一，东南亚、拉丁美洲、非洲的一些国家也广泛种植。据统计，我国已栽植泡桐10亿株以上，但泡桐丛枝病的危害对林业生产造成了很大影响。河南省5年生幼树发病率一般在40%~60%，严重者可达80%以上。

② 症状　典型症状有丛枝和花变叶两种。开始多发生于个别枝条上，典型症状为丛枝型，即病枝上的不定芽和腋芽大量萌发，抽出许多纤细柔弱的小枝，这些小枝还可以反复多次抽出更多纤细柔弱的小枝，其上叶片小而黄，有时皱缩，具有不明显的花叶症状。远看病枝形似鸟巢，落叶后呈扫帚状。丛生的病枝常于冬季枯死，如连年发病，可导致全株枯死。花变叶型表现为花瓣变为叶状，花柄或柱头伸出小枝，花萼明显变薄，花托多裂，花蕾变形，有越季开花现象（图12-17）。

图12-17　泡桐丛枝病（宋建英，2005）

③ 病原　为植原体（phytoplasmas）。植原体多为圆形或椭圆形，无细胞壁。少数不规则形，质粒大小为100～670nm，内含类似细胞核样的结构和核质样的纤维。多存在于病丛枝韧皮部筛管细胞内，通过筛板孔移动从而侵染整个植株。

④ 发病规律　植原体在病株上越冬。它可在寄主体内移动，秋季随树液流向根部，春季又随树液流向地上部。若在树液向上流动前施药，可阻止病原体向树干上部运行。4月、5月出现丛枝，6月底到7月初丛枝停止生长，叶片卷曲干枯。病原体大量存在于泡桐韧皮部疏导组织的筛管中。修剪病枝可在发病盛期（7月中旬或9月中旬）进行，以阻止上部病原体向根部运行。带病种根、菟丝子、茶翅蝽、烟草盲蝽、小绿叶蝉是其传播介体，种子、接触、摩擦等不能传播。

与病害流行相关的因素有以下几个：首先，与品种有关。兰考泡桐属于重感病型；白花泡桐、台湾泡桐属于轻感病型。其次，与育苗方式有关。比较几种育苗方式的苗木发病率，其高低顺序为：留根或平茬育苗＞当年采根育苗＞实生苗的根育苗＞实生育苗。最后，与土壤含水量、营养元素有关。研究结果发现，磷的含量越高，泡桐丛枝病发病越轻；相反，钾含量越高，发病越重。含水量低，发病重。此外，还与当地的生态环境、体内生长素和细胞分裂素的高低有关。

（2）竹丛枝病

① 分布与危害　又称扫帚病，是使竹类产生丛枝症状的病害的总称，是竹林最具有破坏性的病害之一。该病在我国分布普遍，江苏、浙江、安徽、上海、湖南、山东等地均有发生，是刚竹、淡竹、紫竹和毛竹等的常见病。

② 症状　植株最初在少数枝条上发病，病枝条在春梢停止生长后仍继续延伸成多节细长的蔓枝，病枝节间缩短，其上叶片呈鳞片状，此后病枝逐年侧枝丛生，形成典型的鸟巢状。每年4～6月在病枝梢端叶鞘内产生大量白色米粒状物。9～10月仍有少数病枝梢内产生此物（图12-18）。

③ 病原　主要为竹瘤座菌（*Balansia take*），属子囊菌亚门核菌纲球壳菌目瘤座菌属。病枝梢端叶鞘内形成的白色米粒状物为病菌的假子座，其内生有多个不规则而互相连通的腔室，大量的分生孢子产生于其中。分生孢子细长，无色，由3个细胞组成。病菌的有性态一般在6～7月或10～11月产生，在假子座的一侧产生一层垫状子座，两者相连处缢缩。子座浅褐色，子囊壳埋生在子座内，瓶状；子囊孢子线形，无色。近年来研究发现，有多种其他病原也可以引起竹丛枝病，包括竹针孢座囊菌（*Aciculosporium take*）、异香柱菌属（*Heteroepichloe*）、竹暗球腔菌（*Phoeosphoerin bambusae*）以及植原体，需

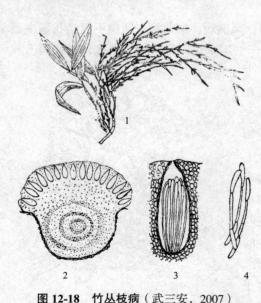

图12-18　竹丛枝病（武三安，2007）

1. 病枝（丛枝）　2. 假菌核和子座切面
3. 子囊壳和子囊　4. 子囊孢子

要进一步研究。

④ 发病规律　病菌在病枝内越冬，翌春在病枝新梢上产生分生孢子成为初侵染源。借助雨水传播，由新梢的心叶侵入生长点，刺激新梢在健康春梢停止生长后仍继续伸长而表现症状，2~3年后渐形成鸟巢状或丛枝团的典型症状。竹尖胸沫蝉也是其传播媒介，研究发现，病菌的分生孢子通过风雨黏附在竹尖胸沫蝉的泡沫中，而泡沫有助于孢子的附着和萌发。在南京病害于4月下旬开始发生，且多发生在4年以上的竹林内。该病为局部侵染，一般竹鞭不带病。养护管理不善、生长不良和过密的竹林容易发病。

12.2.5.2　丛枝病的防治措施

（1）植物检疫

进行苗木调运时，严格剔除有病植株。

（2）园林栽培措施防治

选育和推广抗病品种，改进育苗技术，采用当年插根当年出圃的育苗方式，加强水肥管理，增强其生长势。

（3）物理机械防治

剪除病枝并烧毁。

（4）化学防治

因植原体对四环素族药物敏感，在泡桐丛枝病发病初期，尽早用四环素、土霉素注射入树干髓心进行治疗，用药量为1万~2万单位/mL。由于竹丛枝病是由真菌引起，早春可用1~2°Be石硫合剂喷药保护，发病期可用7%甲基托布津1000倍液或50%多菌灵500倍液进行治疗。

12.2.6　枯萎病类

以香石竹枯萎病为例：

① 分布与危害　香石竹枯萎病是香石竹发生普遍而且严重的病害。该病危害香石竹、石竹、美国石竹等石竹属的多种植物。

② 症状　危害植株根颈部，是维管束病害，造成植株枯萎死亡。

③ 病原　属半知菌亚门丝孢纲瘤座孢目瘤座孢科镰孢霉属的石竹尖镰孢菌（*Fusarium oxysporum*）。小型分生孢子从单生瓶状小梗生出，卵形、椭圆形或圆柱形，多数直，少数弯曲，大小为（4.5~10）μm×（2~4）μm；大型分生孢子镰刀形，薄壁，2~5个分隔，以3个分隔为多，大小（25.0~35.4）μm×（3.5~5.0）μm。厚垣孢子丰富，球形，直径4.8~7.4μm，侧生、间生或顶生，多数单生。

④ 发病规律　病菌在病株上或随病残体在土壤中越冬。采自病株上的繁殖插条及分根苗是该病重要的初侵染源，同时也是远距离传播的载体。由伤口或根部直接侵入。通过雨水和灌溉水传播。高温和高湿利于发病，适温为25~30℃。偏施氮肥、连作发病重。

⑤ 防治措施

加强检疫　对调运的苗木严格进行检疫，发现病株及时清除。

园林栽培措施防治 勿栽培带菌苗或在病田采芽扦插繁殖。加强管理,降低发病率。搞好田间排灌,防止田间湿度过大,注意经常保持通风,防止高温多湿引起发病。注意灌溉水,不用流经病田的水作灌溉水,最好用清洁的渠水或过滤渗透的地下水灌溉。提倡使用保得生物肥或酵素菌沤制的堆肥或腐熟有机肥。施足基肥,增施磷、钾肥。每公顷施腐熟有机肥12 000~15 000kg、过磷酸钙600kg、硫酸钾225kg作基肥,苗期根据香石竹生长情况适当补施氮肥,促进小苗快长快发,生长良好,增强抗病能力。及时进行追肥、除草、松土等工作。实行轮作,避免连作。苗床要搭防雨设施,并要求通风良好,移栽时不要伤根颈。

生物防治 土壤中加入恶臭假单胞菌或甲壳质细菌,对该菌具有颉颃作用。

化学防治 发现凋萎病株,立即将病株连根拔除,并使其周围土壤干燥,而后用1%等量式波尔多液,或敌克松500倍液、50%的克菌丹500倍液、50%的多菌灵500倍液、甲基托布津1000倍液浸灌。为避免病菌产生抗药性,几种药剂宜交替使用。也可用50%克菌丹可湿性粉剂、50%多菌灵或75%百菌清500倍液浇灌病株附近的土壤。

◇**任务实施**

Ⅰ. 观察园林植物枝干部病害的症状及病原物形态

【任务目标】

(1)熟悉园林植物各类枝干部病害的症状特点。

(2)熟悉园林植物各类枝干部病害的病原物特征。

【材料准备】

① 标本 各类枝干部病害标本,包括腐烂病类、溃疡病类、枯枝病类、枯萎病类、丛枝病类等枝干部病害的实物标本、玻片标本以及照片等。

② 用具 放大镜、显微镜、培养皿、镊子、剪刀、刀片、挑针、蒸馏水、载玻片、盖玻片等。

【方法及步骤】

1. 观察各类枝干部病害的症状

① 病状 仔细观察各类枝干部病害的分布、形状、大小、颜色、质地等病状。

② 病症 用放大镜观察其典型的病症,并且做好记录。

2. 观察各类枝干部病害病原物

① 制作临时玻片标本 取洁净的载玻片和盖玻片,在载玻片中央滴入1滴蒸馏水,用挑针从霉状物上挑取少量霉,或用剪刀切取病组织,或者用刀片轻轻刮少量点粒等,使材料在水滴中分散均匀,然后盖上盖玻片。

② 镜下观察 将做好的临时玻片或永久性玻片放在显微镜下观察。详细记录其中真菌的菌丝体、无性繁殖体或有性繁殖体的形态特征。

【成果汇报】

将观察到的病害症状特征填写到表12-4中。

表 12-4　观察结果记录

序　号	病害名称	发病部位	病状表现	病症类型	病原特征	病原分类地位

Ⅱ. 调查和防治园林植物枝干部病害

【任务目标】

（1）熟悉园林植物枝干部病害的田间调查方法。

（2）掌握园林植物枝干部病害的防治技术。

【材料准备】

病害标本采集箱、放大镜、剪枝剪、笔记本、铅笔及其相关资料。

【方法及步骤】

1. 调查田间枝干部病害

在苗圃、花圃中进行病害调查，一般可以采用对角线式、五点式、"Z"字形等进行植株取样。对绿篱、行道树、多种花木配置的花坛进行调查时，可以采用线形、带状调查或逐株调查。按表 12-5 的分级标准记录各级病害的病株数，计算其发病率和病情指数。

表 12-5　枝干部病害分级标准

级　别	代表值	分级标准
1	0	健康
2	1	病斑的横向长度占树干周长的 1/5 以下
3	2	病斑的横向长度占树干周长的 1/5～3/5
4	3	病斑的横向长度占树干周长的 3/5 以上
5	4	全部感病或死亡

2. 防治枝干部病害

（1）根据调查结果，对照前面所学知识，制订病害防治方案。

（2）根据防治方案开展防治。一般枝干部病害采取的防治措施主要有以下几种：

① 植物检疫　在进行苗木调运时对危险性的茎干病害进行检疫，严格剔除有病植株。

② 园林防治　选用健壮苗木。加强苗木栽培前后的护理，包括移栽前的保湿遮阴、移栽后及时浇水等。科学进行园林养护，包括合理管理水肥、合理修剪、树干涂白等。修剪时，健株和病株要分开，先剪健株再剪病株。树干涂白一般是在 5 月前或 11 月至上冻前进行，用生石灰、硫黄粉和水按照 10∶1∶40 的比例配制成涂白液，涂抹树干，高度一般为 1.5m 左右。

③ 生物防治　用生物药剂或自然颉颃菌等进行防治。

④ 药剂防治　一是对症下药。根据病害种类选取高效、低毒的环保型药剂。二是选择合适的用药方式。一般枝干部病害采取涂抹药剂法防治。一般需要先刮除病斑，然后涂抹药液。用刀子

刮去病皮，刮成梭形，边缘光滑，以利于愈合，刮的范围要超出病皮2cm左右。或者采用划线治疗法，即用刻刀在病斑上划出韭菜叶子一般宽的线条，深达木质部，然后在病皮上涂抹药。三是计算用药剂量和药液量。首先根据防治对象的发病株数和面积估算药液量，然后根据稀释倍数计算所需要的药剂量。茎部用药剂浓度要高于叶部喷药。四是配制药液。一般采用两步稀释法。

【成果汇报】

（1）将枝干部病害调查结果填入表12-6中。

表12-6　枝干部病害调查结果

调查日期	调查地点	样方号	病害名称	树种	总株数（株）	病株数（株）	发病率（%）	病害分级				病情指数	备注

（2）写出主要枝干部病害的防治方案。

◇ 自测题

1. 填空题

（1）杨树腐烂病又名_____病，主要危害树木的_____、_____等部位。

（2）仙人掌茎腐病主要侵染仙人掌的_____部位，在_____场所越冬。

（3）杨树溃疡病典型的病斑有两种，即_____、_____，一年的两个发病高峰分别是_____、_____。喷药防治杨树溃疡病的关键时期是_____、_____。

（4）松瘤锈病的转主寄主有_____、_____等。

（5）月季枝枯病的病菌在_____部位越冬，通过_____、_____等传播，由_____途径侵入。

（6）引起泡桐丛枝病的病原为_____，其传播介体有_____，治疗该病所用的药剂有_____。

（7）松材线虫病的传播介体是_____。

2. 判断题

（1）杨树腐烂病和杨树溃疡病的病原都具有潜伏侵染的特性。（　　）

（2）槐树溃疡病和杨树溃疡病是由相同的病原引起的病害。（　　）

（3）所有枝干部病害的病菌都是在枝干被害部位越冬。（　　）

3. 简答题

（1）简述杨树腐烂病的发生规律。

（2）如何对杨树腐烂病开展药剂防治？

（3）简述松瘤锈病的侵染循环。

（4）如何防治松材线虫病？

（5）某个香石竹花圃枯萎病发生普遍，请提出防治措施。

◇ **自主学习资源库**

1. 中国森防信息网：http:// www.forestpest.org.
2. 吉林大学精品课程：http:// jpkc.jluhp.edu.cn.
3. 国家农业科学数据共享中心：http:// trop.agridata.cn.
4. 国家网络森林医院：http:// www.slyy.org.
5. 河南农业信息网：http://www.hnnongye.com.

任务12.3　鉴别及防治园林植物根部病害

◇ **工作任务**

根部病害是主要危害植物根部的病害，种类很多，由不同病原物引起，各有其症状特点、发生规律和防治技术。主要学习任务有：熟悉园林植物各类根部病害的症状特点，结合病原物鉴定，识别病害；熟悉根部病害的发生特点，掌握其防治技术。

◇ **知识准备**

12.3.1　苗木立枯病

（1）分布与危害

在园林植物常见，寄主范围很广，包括：1年生和2年生草本花卉如瓜叶菊、蒲包花、一串红等，球根花卉和宿根花卉如秋海棠、唐菖蒲、鸢尾、香石竹等，木本植物如雪松、五针松、落叶松、刺槐、泡桐、枫杨等。

（2）症状

发病时期不同，表现不同的症状类型（图12-19）。

① 烂芽型　播种后6～7d，生出胚根和胚轴时，被病菌侵染，种芽组织被破坏而腐烂。

② 猝倒型　幼苗出土后60d之内，嫩茎尚未木质化，病菌从根颈处侵入，产生褐色斑点，迅速扩大成水渍状腐烂，随后苗木倒伏。此时苗木嫩叶还是绿色。

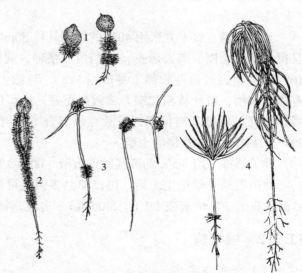

图12-19　苗木立枯病症状（武三安，2007）
1. 烂芽型　2. 茎叶腐烂型　3. 猝倒型　4. 立枯型

③ 茎叶腐烂型　幼苗1~3年生都会发病。幼苗的茎叶腐烂，常有白色丝状物，干枯茎叶上有细小颗粒状块状菌核。

④ 立枯型　幼苗出土60d以后，苗木已经木质化，在发病的条件下，病菌侵入根部，引起根部皮层变色腐烂，苗木枯死且不倒伏。

（3）病原

可以分为非侵染性病原和侵染性病原两大类。非侵染性病原包括以下因素：积水，土壤干燥表土板结，地表温度过高灼伤根颈，以及农药污染等。侵染性病原主要是真菌中的腐霉菌、镰刀菌和丝核菌。腐霉菌属于鞭毛菌亚门卵菌纲，镰刀菌属于半知菌亚门丝孢纲瘤座孢目镰孢属，丝核菌属于半知菌亚门无孢目丝核菌属。3种病原都有较强的腐生性，平时能在植物残体上腐生。它们分别以卵孢子、厚垣孢子和菌核度过不良环境，一旦遇到合适的寄主和潮湿的环境，即可以萌发侵染危害苗木。

（4）发病规律

土壤带菌是主要的侵染来源。病菌可以借助雨水和灌溉水传播，在适宜的条件下进行再侵染。发病严重的一般与以下因素有关：前作是瓜类、茄科等感病植物；土壤中病菌残体多；种子质量差，发芽势弱，发芽率低；幼苗出土后遇到连续阴雨天，光照不足，幼苗木质化程度差，抗病力低；在栽培上播种迟、覆土深、揭草不及时、施用生肥等。

（5）防治措施

① 园林栽培措施防治　加强栽培管理，培育壮苗，提高抗病力。推广高床育苗或营养钵育苗，不选用排水不良、土质黏重的地块作为圃地。精选种子，适时播种。加强苗期管理，培育壮苗。对购买的苗木严格检查，清除病株。

② 生物防治　播种时施用壳聚糖，用量为30~75kg/hm^2。壳聚糖对病害的作用，主要是通过非选择性地提高土壤放线菌的数量，从而提高颉颃放线菌的绝对数量而实现的。

③ 化学防治

土壤消毒　每平方米用40%的福尔马林50mL加水6~12L，在播种前15d喷洒土壤并且覆盖塑膜1周后揭去薄膜。5d后可以播种。或用多菌灵药土上盖下垫。具体方法是：用10%的多菌灵可湿性粉剂（每亩用5kg），与细土混合，药与土比例为1∶200。多菌灵具有内吸作用，对丝核菌和镰刀菌效果更好。还可以用五氯硝基苯为基础的混合药剂处理土壤，如五氯硝基苯与代森锌或敌克松混合（比例为3∶1），4~6g/m^2，以药土沟施。或用2%~3%的硫酸亚铁浇灌土壤。

种子消毒　用0.5%的高锰酸钾溶液（60℃）浸泡种子2h。

幼苗喷药　幼苗出土后，可以喷洒多菌灵可湿性粉剂500~1000倍液、70%的敌克松可湿性粉剂500倍液或1∶1∶200的波尔多液，每隔10~15d喷洒1次。

12.3.2　根朽病

（1）分布与危害

根朽病是一种常见的病害，60多个国家曾先后做过报道。在我国东北、华北地区以及云南、四川、甘肃等地有报道。据记载，侵害的针阔叶树种达到200种以上，主要危害红松、落叶松、白桦、蒙古栎、椴树、柳、桑和梨树等，导致根系和根颈部分腐朽，直至全株枯萎死亡。樱桃、牡丹、芍药、杜鹃花、香石竹等也能受害。

（2）症状

发生在寄主植物根部和根颈部，引起皮层和木质部腐朽。针叶树被害后在根颈处发生大量流脂现象，皮层和木质部之间产生白色扇形的菌膜。在病根皮层内、病根表面及病根附近土壤内，可见到深褐色或黑色扁圆形的根状菌索。秋季，在已经死亡的病株干基和周围地面，常出现成丛的蜜环菌子实体（图 12-20）。

（3）病原

为小蜜环菌（*Armillariella mellea*），属于担子菌亚门层菌纲伞菌目小蜜环菌属。产生白色扇形的菌膜、深褐色或黑色扁圆形的根状菌索和成丛的伞形子实体。

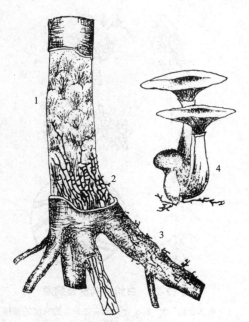

图 12-20　花木根朽病（武三安，2007）
1. 皮下的菌扇　2. 皮下的菌索　3. 根皮表面的菌索　4. 子实体

（4）发病规律

病菌腐生性强，可广泛地存留在土壤或树木残桩上。成熟的担孢子可随气流传播侵染伐桩及带伤的衰弱木。菌索可在土壤中扩展延伸，当接触到健康的根部时，用化学或机械的方法直接侵入根内，或通过根部表面的伤口侵入。根部受伤是发病的主要条件。施肥不当，造成根部肥害，皮层腐烂，容易使病菌侵入。土壤板结、积水导致通气不良，缺乏有机肥造成营养不良，降低抗性，病菌也会侵入危害。

（5）防治措施

① 植物检疫　加强苗木调运时病害的检疫，发现病苗及时剔除。

② 园林栽培措施防治　通过合理的养护管理，使花木生长健壮，增强抗病力。

③ 物理防治　发现病株及时清除并销毁，将病土移去，换上无病的新土，并且栽植新的植株。

④ 化学防治　在经济林区或果园内，发现病株，可将病根切除，涂抹防水剂加以保护。在病株干基周围挖 20cm 深土壤，撒入 5406 细胞分裂素粉剂，然后覆土，可促进树木生根和伤口愈合。病株周围土壤可用二硫化碳浇灌处理，既消毒土壤，又促进对病原菌有拮抗作用的绿色木霉菌的大量繁殖。或用 40% 的甲醛 100 倍液开沟浇灌土壤。

12.3.3　白绢病

（1）分布与危害

白绢病是世界性的病害，在我国江苏、浙江等省都有发生。寄主范围很广，能侵害 62 科 200 多种植物。在兰花上主要危害卡特兰、文心兰、蝶兰和万代兰等，国兰中也有发现。还可以危害牡丹、芍药、鸢尾、非洲菊、郁金香和香石竹等。下面以兰花白绢病为例介绍。

（2）症状

主要危害根以及根颈部分，被害兰花在茎基部出现水渍状的褐色病斑，并有明显的白色羽毛状物，呈现辐射状蔓延，侵染相邻的健康植株，病部逐渐呈现褐色腐烂，使全株枯死。后期在根部皮层腐烂处见有油菜籽大小的菌核，初期为白色，后期为褐色，表面光滑（图12-21）。

（3）病原

兰花白绢病的病原为白绢薄膜革菌（*Pellicularia rolfsii*），属于担子菌亚门层菌纲隔担子菌目薄膜革菌属。无性态为齐整小核菌（*Sclerotium rolfsii*），属于半知菌亚门丝孢纲无孢目小核菌属。菌丝体白色疏松，或集结成菌丝束贴于基物上；菌核表生，初为白色，后变为褐色。有性世代少见。

（4）发病规律

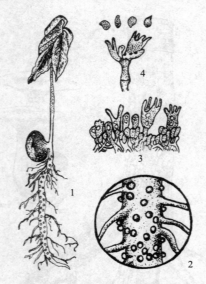

图12-21 白绢病病株及病原

1. 病体症状 2. 病根放大示病部着生的病菌的菌核
3. 病菌的子实层 4. 病菌的担子和担孢子

病原菌以菌丝或菌核在病残体、杂草或土壤内越冬。翌年菌丝萌发，在土壤中蔓延，从兰花基部侵入危害。菌核在土壤中能存活4~5年。病原菌可由病苗、病土或水流传播。直接侵入或通过伤口侵入，潜育期1周左右。

（5）防治措施

① 植物检疫　加强对调运苗木的检疫，及时清除有病苗木。

② 园林栽培措施防治　增施有机肥，提高植物抗病力。发病重的地区实行轮作。

③ 物理防治　清除菌源，及时拔除病株、残体。

④ 化学防治　发病初期选择70%的五氯硝基苯可湿性粉剂、50%的多菌灵可湿性粉800倍液浇灌，以后用1%的硫酸铜溶液浇灌根，具有明显的防治效果。

12.3.4　纹羽病

12.3.4.1　紫纹羽病

（1）分布与危害

紫纹羽病又称紫色根腐病，是多种林木、果树和农作物上常见的一种根部病害。在我国东北、山东、河南、河北、江苏、浙江、安徽、北京等地都有分布。林木中的柏树、松树、杉树、刺槐、柳树、杨树、栎树、漆树等都容易受害。

（2）症状

从小根开始发病，逐渐蔓延到侧根及主根，甚至树干基部，皮层腐烂，容易和木质部剥离。发病初期木质部黄褐色，湿腐，后期变为淡紫色。病根和干基表面有紫色丝网状的菌索，有的形成一层较厚的毛绒状紫褐色菌膜，如膏药状贴在干基处，夏天在表面有一层很薄的白粉状孢子层，在病根表面菌丝层中有时还有紫色球状的菌核。病株地上部分表现为顶梢不抽芽或发芽很少，叶形短小、发黄、皱缩卷曲，随即变黑枯死，但叶片不脱落，枝条干枯，最后全株枯萎死亡（图12-22）。

（3）病原

病原为紫卷担子菌（*Helicobasidium purpureum*），属于担子菌亚门层菌纲银耳目卷担子菌属。病菌产生紫色丝网状的菌索、白粉状的孢子层，有的产生毛绒状的紫褐色菌膜、紫色球状的菌核。

（4）发病规律

病原利用菌丝、菌核和菌索在土壤中生活。菌核可以在土壤中长期存活，遇到合适的条件便萌发侵入。利用林木根部的相互接触传播蔓延。担孢子在病害的传播中不起作用。通过苗木调运远距离传播。低洼潮湿、排水不良的地区，有利于病害的滋生，病害发生一般较重。

（5）防治措施

① 植物检疫 对调运的苗木进行检疫，及时清除病株。

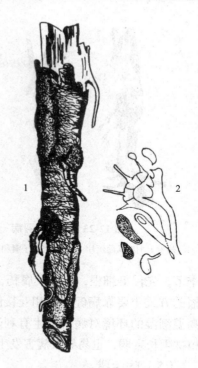

图12-22 紫纹羽病（武三安，2007）
1. 病根症状 2. 病菌的担子和担孢子

② 园林栽培措施防治 选择好花圃和栽培地。以排水良好、土壤疏松的地方育苗和栽植。选用健康苗木栽植。生长期间，加强栽培管理。

③ 化学防治 重病区土壤可以用多菌灵（5～10g/m²）消毒，或用禾本科植物轮作3～5年后育苗或造林。可疑苗木用20%的硫酸铜溶液浸泡5min，或1%的硫酸铜溶液浸泡3h，或20%的石灰水浸泡0.5h。感病初期，可将病根全部切除，切面用0.1%的升汞水消毒，周围土壤用20%的石灰水或25%的硫酸亚铁浇灌，或用多菌灵5～10g/m²消毒。

12.3.4.2 白纹羽病

（1）分布与危害

在我国分布广泛，辽宁、山东、江苏、浙江、安徽、贵州、陕西、湖北、江西、海南等地均有分布。被害的寄主有26科40种，包括牡丹、芍药、垂柳、雪松、大叶黄杨、云杉、冷杉、银杏、苹果、泡桐、垂柳等观赏植物。

（2）症状

开始时细根腐烂，逐渐蔓延到侧根和主根。病根表面可以见到白色或灰白色的丝网状物，即根状菌索，外部的栓皮层如鞘状套于木质部的外面。有时在病根木质部生有黑色圆形的菌核。地上部近土面根际出现灰白色或灰褐色的薄绒布状菌丝膜，有时形成小黑点，即子囊壳。这时，植株地上部分叶片逐渐变黄、凋萎，直到全枯萎死亡（图12-23）。

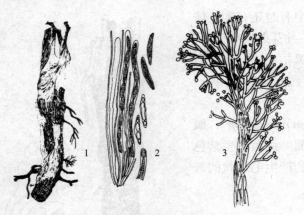

图 12-23　根白纹羽病（武三安，2007）
1. 病根上羽纹状菌丝片　2. 病菌的子囊和子囊孢子　3. 病菌的分生孢子梗

（3）病原

病原为子囊菌亚门核菌纲球壳目的褐坚壳菌（*Rosellinia necatrix*），菌丝在生长过程中有时产生黑色圆形的菌核。有性阶段产生子囊壳、子囊和子囊孢子。子囊壳黑色球形，子囊长囊状，子囊间有侧丝，内生近长梭形的子囊孢子。

（4）发病规律

病菌以菌索或菌核在土壤中或病株残体上越冬。在生长季节，先侵染细根，使得其腐朽，以至于消失，然后到大根。病菌可直接或从伤口侵入。传播的方式主要靠病健根的相互接触及病残体和土壤的移动。孢子在病害传播中的作用不大。高温潮湿的环境对病害发生有利。该病常年发生，5～8月蔓延很快。此外，栽培管理不良，植株生长衰弱，也易导致病害发生。

（5）防治措施

① 植物检疫　加强对调运苗木的检疫，发现病株及时清除。

② 园林栽培措施防治　优选圃地，苗圃轮作。应以排水良好、砂壤土育苗为宜。重病苗圃应休闲或用禾本科植物轮作5～6年后方可继续育苗。选栽无病苗木。加强园地或苗圃管理。雨后及时排除积水，合理施肥。

③ 化学防治　对可疑苗木用10%的硫酸铜溶液或20%的石灰水、70%的甲基托布津500倍液浸渍1h后再栽植，也可以用47℃的温水浸渍40min，或用45℃的温水浸泡1h，以杀死苗木根部的菌丝。病害发生后立即在病株周围挖沟隔离，清除病株和病残物。病穴及时用五氯酚钠250～300倍液、70%的甲基托布津1000倍液、50%的苯来特1000～2000倍液或石灰粉消毒。对树木根部进行外科治疗，将病根或病茎、病斑彻底刮除，并且用抗菌剂401的50倍液或1%的硫酸铜溶液消毒伤口，再涂抹波尔多液等保护剂，然后覆土。

◇ 任务实施

Ⅰ. 观察园林植物根部病害的症状及病原物形态

【任务目标】

（1）熟悉园林植物各类根部病害的症状特点。

（2）熟悉园林植物各类根部病害的病原物特征。

【材料准备】

① 标本　各类根部病害标本，包括立枯病、猝倒病、根朽病、白绢病、紫纹羽病、白纹羽病、根结线虫病等根部病害类的实物标本、玻片标本以及照片等。

②用具　放大镜、显微镜、培养皿、镊子、剪刀、刀片、挑针、蒸馏水、载玻片、盖玻片等。

【方法及步骤】

1. 观察各类根部病害的症状

①病状　仔细观察各类根部病害的形状、大小、颜色、质地等病状。

②病症　用放大镜观察其典型的病症，并且做好记录。

2. 观察各类根部病害病原物

①临时玻片标本的制作　取洁净的载玻片和盖玻片，在载玻片中央滴入1滴蒸馏水，用挑针、剪刀或者刀片取少量病组织，使材料在水滴中分散均匀，然后盖上盖玻片。

②镜下观察　将做好的临时玻片或永久性玻片放在显微镜下观察。详细记录其中真菌的菌丝体、无性繁殖体或有性繁殖体的形态特征。

③病原鉴定　根据观察结果，查找资料，写出病原的分类地位。

【成果汇报】

将观察到的病害症状和病原物特征填写到表12-7中。

表12-7　观察结果记录

序　号	病害名称	发病部位	病状表现	病症类型	病原特征

Ⅱ．调查和防治园林植物根部病害

【任务目标】

（1）熟悉园林植物根部病害的田间调查方法。

（2）掌握园林植物根部病害的防治技术。

【材料准备】

病害标本采集箱、放大镜、枝剪、笔记本、铅笔及其相关资料。

【方法及步骤】

1. 调查根部病害

在大面积绿地上选取样方，$1m^2$为一个样方，样方面积一般应该占调查总面积的0.1%～0.5%。在苗圃、花圃中进行病害调查，一般可以采用对角线式、五点式、"Z"字形等进行植株取样。对绿篱、行道树、多种花木配置的花坛进行调查时，可以采用线形、带状调查或逐株调查，记录所调查的苗木数量和感病、枯死苗木的数量。计算根部病害的发病率。

2. 根部病害防治技术

（1）根据调查结果，对照前面所学知识，制订病害防治方案。

（2）根据防治方案开展防治。一般根部病害采取的防治措施主要有以下几种：

①植物检疫　严格剔除病株。

②园林防治　改良土壤，创造适宜花木生长的土壤条件。拔除病株，或者剪掉病根，然后对伤口进行处理。

③化学防治 对病树下的土壤进行消毒。根据不同的病害选用不同的药剂进行处理。

【成果汇报】

（1）将根部病害调查结果填入表 12-8 中。

表 12-8 根部病害调查结果

调查日期	调查地点	样方号	病害名称	树种	苗木状况及数量				发病率（%）	死亡率（%）	备注
					健康	感病	死亡	合计			

（2）写出主要根部病害的防治方案。

◇ 自测题

1. 填空题

（1）根朽病的典型病症为_____、_____、_____。其病菌属于_____菌亚门，因此，广泛存留在土壤和树木残桩上。

（2）兰花白绢病主要危害兰花的_____、_____部位，典型病症是_____、_____。

（3）紫纹羽病的典型病症是_____、_____、_____、_____。其病原属于_____亚门。

（4）白纹羽病的典型病症是_____、_____、_____。其病原属于_____亚门。

2. 简答题

（1）育苗时，为预防根部病害，如何对苗床土壤进行消毒？

（2）当发现林地中有根朽病病株时，该如何处理？

（3）写出可以防治兰花白绢病的 3 种药剂。

（4）如何对患有紫纹羽病的病株周围的土壤进行消毒？

（5）如何防治白纹羽病？

◇ 自主学习资源库

1. 中国农资网：http://www.zhongnong.com.
2. 中国森防信息网：http:// www.forestpest.org.
3. 国家农业科学数据共享中心：http:// trop.agridata.cn.
4. 国家网络森林医院：http:// www.slyy.org.
5. 园林学习网：http://www.ylstudy.com.

模块 7 园林植物其他有害生物及其防治技术

除了前面所介绍的昆虫、微生物等会对园林植物造成危害，还有一些螨类、线虫、软体动物和杂草等有害生物也会对园林植物造成危害。近年来，螨类、线虫、软体动物对花卉等园林植物造成了很大的危害，无论是南方的露天种植花卉还是北方的温室栽培花卉都深受其害。通过本模块的学习和训练，要求能够根据园林植物的受害表现准确地判断有害物类型，并采取有效措施控制。本模块包括4个学习项目共4个工作任务。

项目 13　园林植物有害螨类及其防治技术

园林螨害是园林生态系统中的组成类群，园林害螨能够通过吸取汁液和传播病害危害园林植物，使其失去观赏价值和绿化效果，甚至造成植株成片死亡。通过本项目的学习，要能够准确判别害螨种类，了解其生物学特性，进而能够有效运用所学防治措施控制螨害。

◇ 知识目标

（1）了解螨类特征和生物学特性以及叶螨与瘿螨的鉴别特征。
（2）熟悉常用杀螨剂的性能及使用方法。
（3）掌握园林植物主要害螨的控制技术。

◇ 技能目标

（1）能识别螨类害虫的特征及危害状。
（2）能调查螨类害虫的发生情况并选择适当药剂。
（3）能制订综合防治方案并实施。

任务13.1　识别及防治园林有害螨类

◇ 工作任务

经过学习和训练，能够准确判定园林螨害对植物造成的危害症状，能够识别主要害螨类型，了解螨害发生发展规律，能够正确运用防治技术有效、及时控制螨害。

◇ 知识准备

13.1.1　园林有害螨类的识别

螨类属于节肢动物门蜘蛛纲蜱螨目。它们的识别特征是：无触角，无复眼，无翅，有4对足（少数只有2对）。螨类体长小于1mm，常为圆形或椭圆形，一般分为前体段和后体段。前体段又分为颚体段和前肢体段，后体段分为后肢体段和末体段。颚体段（相当于昆虫的头部）与前肢体段相连，着生有口器，口器由于食性不同分咀嚼式和刺吸式两类；末体段（相当于昆虫的腹部）与后肢体段紧密相连，很少有明显分界，肛门和生殖孔一般开口于该体段的腹面，体分节不明显（图13-1）。

13.1.2 园林常用杀螨剂

部分杀虫剂和杀菌剂具有杀螨功能，如阿维菌素、噻嗪酮、氟虫脲、丁硫克百威、氧化乐果、马拉硫磷、溴氰菊酯、甲氰菊酯、氯氰菊酯和石硫合剂等。此外，为防治螨类危害，还有人工合成的专门防治螨害的杀螨剂。园林常用杀螨剂有：

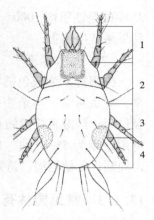

图 13-1 螨的形态
1. 颚体段 2. 前肢体段
3. 后肢体段 4. 末体段

（1）哒螨灵

商品名称为哒螨酮、速螨酮、扫螨净、哒螨净，属杂环类杀螨剂。杀螨谱广，触杀性强，无内吸作用、传导作用和熏蒸作用；能抑制螨的变态，对叶螨的各个生育期（卵、幼螨、若螨和成螨）均有较好的防治效果；速效性好，持效期长，可达30~60d；与常用杀螨剂无交互抗性。制剂有15%乳油、20%可湿性粉剂等。在螨类活动期喷雾使用。

（2）噻螨酮

商品名称为尼索朗、除螨威。为非内吸性杀螨剂，对螨类的各虫态都有效；速效，持效期长；与有机磷、三氯杀螨醇无交互抗性。用于防治果树等保护植物上的多种螨类。在螨类活动期常量喷雾使用。制剂有5%尼索朗乳油和5%尼索朗可湿性粉剂。

（3）四螨嗪

商品名称为阿波罗、螨死净。为特效杀螨剂，主要对螨卵表现高的生物活性，对幼龄期的螨有一定防效，有较长的持效性。卵期喷洒使用。有效成分及制剂对光、空气和热稳定。制剂有20%悬浮剂、50%悬浮剂。

（4）苯丁锡

商品名称为托尔克、螨完锡、螨锡，又名杀螨锡。可有效地防治活动期的各虫态植食性螨类，并可保持较长时间的药效。主要用于观赏植物的瘿螨科和叶螨科螨类，尤其对全爪螨属和叶螨属的害螨有高效，对捕食性节肢动物无毒。制剂有50%可湿性粉剂、25%悬浮剂等。

（5）三氯杀螨醇

三氯杀螨醇又叫开乐散，具有较强的触杀和胃毒作用，速效，持效期15~20d，无内吸作用。对人、畜低毒，对多种天敌无害。对成螨、幼螨及卵均有效。常见剂型有20%乳油、40%乳油。该药剂对苹果某些品种有药害，在茶树上不宜使用，不能与碱性药剂混用，连续使用易产生抗药性。

（6）三唑锡

三唑锡又叫倍尔霸、三唑环锡、灭螨锡，为触杀作用强的广谱杀螨剂。中等毒性。可杀灭若螨、成螨和夏卵，对冬卵无效。常见剂型有25%可湿性粉剂、20%悬浮剂。通常用

25%可湿性粉剂1000~2000倍液均匀喷雾。该药不能与碱性药混用，对柑橘新叶、嫩梢、幼果易产生药害。

（7）浏阳霉素

浏阳霉素为灰色链霉菌浏阳变种提炼出的抗生素类杀螨剂，低毒，对人、畜、植物安全，对鱼有毒，不杀伤捕食螨，不易产生抗性，对叶螨、瘿螨均有效。具触杀作用，无内吸作用，药液直接喷施在螨体上药效很高，对成螨、若螨及幼螨有高效，但不能杀死螨卵。常用剂型为5%乳油、10%乳油。通常用10%乳油稀释1000倍喷雾。该药剂喷雾时要均匀周到；药效迟缓，持效期长，可与多种杀虫剂、杀菌剂混用；该药剂保存要求干燥避光。

13.1.3 常见园林有害螨类及其防治技术

13.1.3.1 叶螨

（1）叶螨的识别

叶螨是叶螨科的所有螨类，因危害植物叶片而得名。因其体色多为红色、暗红色、黄色，俗称红蜘蛛、黄蜘蛛。叶螨体微小，长1mm以下，圆形或椭圆形，雄螨腹部尖削口器刺吸式。背刚毛24根或26根横排分布。叶螨的一生经过卵、幼螨、前期若螨、后期若螨和成螨5个阶段。幼螨具3对足，若螨和成螨具4对足。每一虫态之前有一个静止期，在此期间，螨体固定于叶片或丝网上，后足卷曲，不再取食，准备蜕皮。叶螨的生活周期短，繁殖迅速，当气温25℃时，完成一个世代大约需要16d，气温30℃时需要12~14d，1年完成世代数最多可达30代。常造成极其严重的危害。

（2）叶螨的危害特点

危害植物的叶、茎、花等，刺吸植物的茎、叶，初期叶正面有大量针尖大小失绿的黄褐色小点，后期叶片从下往上失绿卷缩脱落，造成大量落叶。有时从植株中部叶片开始发生，叶片逐渐变黄。

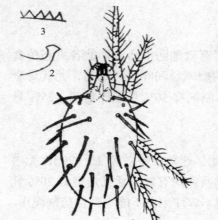

图13-2 朱砂叶螨（武三安，2007）
1. 雌成螨背面 2. 雄成螨阳具 3. 肤纹突

（3）常见叶螨种类

① 朱砂叶螨（*Tetranychus cinnabarinus*）

分布与危害 危害香石竹、菊花、凤仙花、茉莉花、月季、桂花、一串红、鸡冠花、蜀葵、木槿、木芙蓉、万寿菊、天竺葵、鸢尾、山梅花等。被害叶片初呈黄白色小斑点，后逐渐扩展到全叶，造成叶片卷曲，枯黄脱落。

形态特征（图13-2） 雌成螨体长0.5~0.6mm，一般呈红色、锈红色，螨体两侧常有长条形纵行块状深褐色斑纹，有时分隔成前后两块。雄成螨菱形，淡黄色，体长0.3~0.4mm，末端瘦削。若螨略呈椭圆形，体色较深，体侧透露出较明显的块状斑纹。卵圆球形，长0.13mm，淡红到粉红色。

发生规律 世代数因地而异。1年发生12～20代。以受精雌成螨在土块缝隙、树皮裂缝及枯叶等处越冬。在高温的7～8月发生严重。10月中、下旬开始越冬。高温干燥利于其发生。降雨特别是暴雨，可冲刷螨体，降低虫口数量。

② 柑橘全爪螨（*Panonychus citri*）

分布与危害 又称柑橘红蜘蛛，我国江苏、江西、福建、浙江、广东、台湾、湖北、四川、云南、贵州等地均有

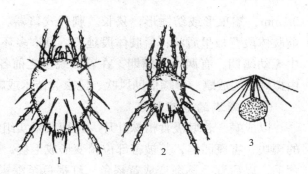

图13-3 柑橘全爪螨（刘永齐，2001）
1. 雌成螨 2. 雄成螨 3. 卵

分布。寄主植物除柑橘类外，还有桑、梨、桃、樱桃、葡萄、枇杷等30科40多种多年生和1年生植物。苗木和幼树受害最严重。以成螨、若螨、幼螨群集在叶片、嫩枝和果实上刺吸汁液。被害叶片呈现许多灰白色小斑点，严重时全叶灰白色，造成大量落叶和枯梢，影响树势和产量。猖獗发生时，果实表面布满灰白色失绿斑点，全果苍白，影响产量。

形态特征（图13-3） 雌成螨体长0.3～0.4mm，卵圆形，暗红色；背毛多，着生于瘤突上，故称"瘤皮红蜘蛛"；足4对。雄成螨体略小，楔行，鲜红色，末体较尖锐，足较长。幼螨体色较淡，足3对。若螨个体较小，形状、色泽近成螨，足4对。卵直径约0.13mm，略呈扁球形，红色有光泽；顶端有一垂直卵柄，柄端有10～12条向四周散射的附属丝，附着于叶、枝、果上。

发生规律 柑橘红蜘蛛在年平均温度15℃以上的长江中、下游大部分橘产区1年发生12～15代，在20℃以上的华南橘产区1年发生18～24代，世代重叠；主要以卵和成螨在叶背和枝条裂缝中特别是潜叶蛾危害的僵叶上越冬。一般2～6月为发生期，3～6月为高峰期，开花前后常造成大量落叶，7～8月高温季节数量很少，部分橘产区9～11月发生也多，有的年份秋末和冬季大发生，造成大量落叶。

（4）叶螨的防治

预测预报 及时检查叶面、叶背，最好借助放大镜进行观察，及时做好预测预报。

园林栽培措施防治 及时灌水，增强植物的抗虫能力，可有效减轻其危害。及时清除绿地中的枯草层、病虫枝及杂草，集中烧毁。绿地周围房屋的屋檐下常是过冬螨虫的栖息地，要加以检查和防治。

生物防治 保护和释放天敌，如瓢虫、草蛉、小花蝽及植绥螨等捕食螨。

化学防治 螨害发生严重时，使用哒螨灵、噻螨酮、苯丁锡和阿维菌素等杀螨剂防治。药剂应交替轮换使用，避免害螨产生抗药性，以延长农药有效使用年限。

13.1.3.2 瘿螨

（1）瘿螨的识别

因常在植物上形成虫瘿而得名；又因其使叶片背面变黄，似生锈一样，而称锈壁虱、锈瘿螨；还因其刺激寄主叶片增生、增厚，形似毛毡状，而叫毛毡病。体极微小，长约

0.1mm，蠕虫形或纺锤形，狭长。刺吸式口器。成螨、若螨只有两对足，位于体躯前部。前肢体段背板呈盾状；后肢体段延长，具许多环纹。瘿螨以孤雌生殖为主。瘿螨的生活史中无幼螨期，有两个若螨期，在若螨蜕皮之前各有静止期，第二若螨的静止期称为拟蛹，由拟蛹变为成螨。瘿螨借助风吹、昆虫、苗木或爬行等方式传播扩散。

（2）瘿螨的危害特点

以成螨、若螨吸食植株叶片、花穗及果实组织汁液。幼叶被害部在叶背先出现黄绿色的斑块，害斑凹陷，其被害部位畸变形成毛瘿，毛瘿内的寄主组织因受刺激而产生灰白色茸毛，以后茸毛逐渐变成黄褐色、红褐色至深褐色。叶片被害部位出现增生、增厚现象，表面凹凸不平，失去光泽，甚至肿胀、扭曲。

（3）葡萄锈壁虱（*Eriophyes vitis*）及其防治

① 分布与危害　主要危害叶片，也危害嫩梢、幼果及花梗。叶片受害，最初叶背面产生许多不规则的白色病斑，逐渐扩大，其叶表隆起呈泡状，背面病斑凹陷处密生一层毛毡状白色茸毛，茸毛逐渐加厚，并由白色变为茶褐色，最后变成暗褐色。病斑大小不等，病斑边缘常被较大的叶脉限制呈不规则形。严重时，病叶皱缩、变硬，表面凹凸不平，因此又称为葡萄毛毡病。枝蔓受害，常肿胀成瘤状，表皮龟裂。

② 形态特征　属叶瘿螨科。体圆锥形，长 0.1～0.3mm，具很多环节；近头部有两对软足，腹部细长，尾部两侧各生一根细长的刚毛。

③ 发生规律　以成螨在芽鳞或被害叶片上越冬。翌春随着芽的萌动，由芽内移动到幼嫩叶背茸毛内潜伏危害，吸食汁液，刺激叶片产生毛毡状茸毛，以保护其进行危害。

④ 防治措施

园林栽培措施防治　冬季修剪后，把病残枝叶收集起来烧毁。

物理机械防治　发病初期及时摘除病叶并且深埋，防止扩大蔓延。

化学防治　芽开始萌动时，喷一次 3～5°Be 石硫合剂，以杀死越冬成螨。发芽后再喷一次 0.3～0.4°Be 石硫合剂或浏阳霉素、苯丁锡、阿维菌素等杀螨剂防治。

◇任务实施

识别及防治园林有害螨类

【任务目标】

（1）熟悉园林有害螨类主要特征及主要类群。
（2）熟悉园林有害螨类代表种。
（3）能够识别园林有害螨类主要危害状并通过鉴定能够判别主要类群。
（4）能根据园林有害螨类种类及其生物学特性制订防治方案并组织实施。

【材料准备】

① 用具　实体显微镜、放大镜、镊子、解剖针、培养皿、毛笔。
② 玻片标本　园林有害螨类玻片标本。
③ 新鲜采集标本　校园及其周边园林有害螨类标本及危害植物。

【方法及步骤】

1. 常见林木害螨识别

观察叶螨成体的结构、分段、口器、足的特点。观察瘿螨科的外部特征。

2. 常用杀螨药剂观察

观察杀螨剂,阅读杀螨剂标签,了解杀螨剂的剂型、规格、作用方式、使用方法。

【成果汇报】

(1) 绘制叶螨形态图。

(2) 写出常见杀螨剂的性能及使用方法。

◇ 自测题

1. 填空题

(1) 螨类属于_____门_____纲_____目。它们的识别特征:_____触角,_____复眼,_____翅,有_____对足(少数只有_____对)。

(2) 园林常用专门防治螨害的杀螨剂有:_____、_____、_____、_____、_____、_____等。

(3) 叶螨的危害特点:危害植物的叶、茎、花等,_____植物的茎、叶,初期叶面有大量针尖大小失绿的_____小点,后期叶片从_____往_____大量_____脱落,造成大量落叶。

(4) 瘿螨因常在植物上形成_____而得名;又因其使叶片背面变黄,似生锈一样,而称_____、_____;还因其刺激寄主叶片增生、增厚,形似毛毡状而叫_____。

2. 简答题

(1) 如何区别昆虫和螨类?

(2) 简述叶螨和瘿螨的主要特征。

(3) 列出几种常用杀螨剂,说明其作用方式及防治范围。

(4) 简述柑橘红蜘蛛的生活史,指出其具体控制措施。

◇ 自主学习资源库

1. 国家农业科学数据共享中心: http:// trop.agridata.cn.

2. 园林学习网: http://www.ylstudy.com.

3. 中国桂花网: http://www.guihuayuan.com.

4. 国家网络森林医院: http:// www.slyy.org.

项目14　园林植物线虫病害及其防治技术

　　园林植物线虫病害是指由植物寄生线虫侵袭和寄生引起的植物病害。线虫侵入植物后，吸收其体内营养而影响其正常的生长发育，同时线虫代谢过程中的分泌物还会刺激寄主植物的细胞和组织生长，导致植株出现畸形。植物寄生线虫属于线形动物门线虫纲，因此，就防治技术而言，把它作为一类有害动物来学习；但植物寄生线虫形体微小，其对植物的危害特性又呈现为明显的植物病害特点，因此，就其发生发展规律而言，要把它作为一类病害把握。

◇ **知识目标**

（1）了解园林植物寄生线虫的识别特征。
（2）掌握园林植物寄生线虫主要类群的识别和特性。
（3）掌握园林植物寄生线虫主要类群对植物的危害情况。
（4）掌握主要园林植物寄生线虫的防治方法。

◇ **技能目标**

（1）能够识别园林植物寄生线虫的危害状，并能够分离鉴定主要类群。
（2）能够根据鉴定结果制订防治方案。
（3）能够正确组织实施防治措施。

任务14.1　识别及防治园林植物线虫病害

◇ **工作任务**

　　经过学习和训练，能够准确描述植物线虫的形态、习性及致病特点；掌握危害园林植物主要线虫的形态识别；熟悉常用杀线虫剂种类、性能和使用方法；能够合理运用防治措施控制危害园林植物的主要线虫。

◇知识准备

14.1.1 园林植物寄生线虫病害的识别

14.1.1.1 植物寄生线虫的一般性状

线虫是一类低等动物,属于线形动物门线虫纲。寄生在植物上的线虫都非常微小,体形细长、线状,一般体长在 0.5~1.0mm,宽为 0.03~0.05mm。大部分线虫两性异体,同形。少数线虫的雌虫呈近球形或梨形,但在幼虫阶段仍呈线形。线虫体壁通常无色透明或为乳白色。

线虫的生活史分为卵、幼虫和成虫 3 个阶段。多数线虫在 3~4 周内完成整个生活史,一年可繁殖数代。植物寄生线虫大部分生活在土壤耕作层。最适于线虫发育的气温为 20~30℃,最适宜的土壤温度为 10~17℃,多数线虫在砂壤土中容易繁殖和侵染植物。

14.1.1.2 寄生线虫危害的症状表现

由于大多数种类的线虫在土壤中生活,所以线虫病害多数发生在植物的根和地下茎上。线虫对植物的致病作用,除了吻针对寄主刺伤和虫体在寄主组织内穿行所造成的机械损伤之外,虫体还分泌各种酶和毒素,使寄主组织和器官发生各种病变。园林植物线虫病害的主要症状表现为以下两种类型:

① 全株性症状　根系和地下茎受害后,反映到全株上,植株生长衰弱矮小,发育缓慢,叶色变淡甚至萎黄,类似缺肥、营养不良的现象。

② 局部性症状　由于线虫取食时寄主细胞受到线虫唾液(内含多种酶如酰胺酶、转化酶、纤维酶、果胶酶和蛋白酶等)的刺激和破坏作用,常引起各种异常的变化,其中最明显的是瘿瘤、丛根及茎叶扭曲等畸形症状,若将根结剖开,可见到白色的线虫。有的线虫可危害树木的木质部,破坏疏导组织,使全株萎蔫直至枯死。这与细菌和个别真菌引起的枯萎病症状基本相似,如松材线虫病。

14.1.2 常用杀线虫剂

用于防治植物寄生线虫的药剂称为杀线虫剂。除辛硫磷、毒死蜱、阿维菌素等部分杀虫剂具有杀线虫效能外,还有一些专用的杀线虫剂。

14.1.2.1 熏蒸剂

通过在土壤中扩散起到消毒作用的挥发性液体或气体杀线虫剂。是一类开发与应用最早的杀线虫剂类型,多数品种因药效差或环境安全性问题已被禁用,仅有少数品种在生产上仍有应用。

(1)棉隆

棉隆又叫必速灭,是一种高效、低毒、无残留的环保型广谱性综合土壤熏蒸消毒剂。施用于潮湿的土壤中时,在土壤中分解成有毒的异硫氰酸甲酯、甲醛和硫化氢等,迅速扩散至土壤颗粒间,有效地杀灭土壤中各种线虫、病原菌、地下害虫及萌发的杂草种子,从而达到清洁土壤的效果。使用时先进行旋耕整地，浇水保持土壤湿度，每亩用98%微粒剂20～30kg，进行沟施或撒施，用旋耕机旋耕均匀，盖膜密封20d以上，揭开膜敞气15d后播种。

（2）威百亩

威百亩又叫维巴姆、保丰收、硫威钠、线克，其在土壤中降解成异氰酸甲酯发挥熏蒸作用，通过抑制生物细胞分裂和DNA、RNA、蛋白质的合成以及造成生物呼吸受阻，能有效杀灭根结线虫、杂草等有害生物，从而获得洁净的土壤。可作为溴甲烷的替代产品。能预防线虫、真菌、细菌、地下害虫等引起的各类病虫害，兼防马唐、看麦娘、莎草等杂草。

14.1.2.2 非熏蒸剂

并不直接杀死线虫，而是麻醉并影响线虫的取食、发育和繁殖，延迟其对作物的侵入和危害。该类药剂只针对危害植物的线虫，对捕食性线虫安全。

（1）灭线磷

灭线磷又叫益收宝、灭克磷、益舒宝、丙线磷，为触杀性杀线虫兼杀虫剂，无内吸和熏蒸作用，高毒。可防治植物线虫及地下害虫。常见剂型有5%颗粒、10%颗粒、20%颗粒剂。可以穴施或沟施，在穴内或沟内施药后先覆一薄层的有机肥，再播种覆土。

（2）克百威

克百威又叫呋喃丹、虫螨威，是广谱性杀虫、杀线虫剂，具有触杀和胃毒作用。它与胆碱酯酶结合不可逆，因此毒性甚高。能被植物根部吸收，并输送到植物各器官，以叶缘最多。土壤处理持效期长，适用于多种害虫的防治，也可专门用作种子处理剂使用。克百威毒性高，使用时应注意安全，对蔬菜、果树、茶叶等直接食用的作物禁止使用。

（3）治线磷

治线磷又叫硫磷嗪、虫线磷，属于硫代磷酸酯类化合物，是乙酰胆碱酯酶抑制剂，具有内吸、胃毒、触杀作用。属高毒杀线虫剂。剂型有25%、46%乳油，5%、10%颗粒剂。用于多种根结线虫以及土壤害虫的防治。

14.1.3 园林植物常见线虫病害及其防治技术

14.1.3.1 松材线虫病及其防治

在我国，松材线虫（*Bursaphelenchus xylophilub*）主要危害黑松、赤松、马尾松、海岸松、火炬松、黄松等植物，被称为松树的"癌症"。松材线虫为国内检疫性有害生物之一。

（1）危害特点

病原线虫侵入树体后，通过取食木质部内髓射线和轴向薄壁细胞，抑制管胞形成，从而使树木的形成层细胞分裂活动停止，水分输导受阻，呼吸增强。松树的外部症状表现为针叶陆续变色，松脂停止流动，萎蔫，而后整株干枯死亡，枯死的针叶红褐色，当年不脱落。

（2）发生规律

松材线虫导致松树发病多发生在每年7～9月。高温干旱气候适合病害发生和蔓延，低温则能限制病害的发展；土壤含水量低，病害发生严重。在我国，传播松材线虫的主要是松褐天牛（*Monochamus alternatus*），主要分布在天牛的气管中，一只天牛可携带成千上万条线虫,最高可达 28 万条。当天牛在松树上咬食补充营养时,松材线虫幼虫就从天牛取食造成的伤口进入树脂道,然后蜕皮成为成虫,并开始繁殖,此时松树呼吸速率增强;6~20d 后,树脂分泌减少直至停止,新一代线虫的卵和幼虫出现;20~30d 后,针叶发病,直至枯死。天牛补充营养 2~3 周后,飞到健康松树上产卵并孵化为幼虫,以蛹越冬。翌年晚春,天牛羽化时,松材线虫幼虫在蛹室周围迅速迁移到天牛成虫身上,并进入气管。

(3)防治措施

① 严格进行植物检疫　松材线虫主要通过疫木扩散蔓延,因此,加强疫木管理、杜绝人为传播是松材线虫病治理中的关键。严格检查来自疫区的松属、雪松属、冷杉属和落叶松属等植物的苗木、接穗、插条、盆景、木材、枝丫、根桩、木片、包装铺垫材料等。严禁将病树、病苗、受侵染的木质光缆、电缆盘、包装材料和木质铺垫材料等从疫区运到非疫区。对检疫中发现的病木应及时彻底地处理。

② 控制媒介天牛　由于松材线虫的生活史与其媒介昆虫有密切的关系,因此,如能有效地控制媒介昆虫,便可达到遏制松材线虫病扩散蔓延的目的。松褐天牛是松材线虫最重要的一种传播媒介,目前防治松褐天牛一般采用喷洒化学药剂、不育剂,熏蒸病死木,诱杀天牛,烘干、水浸病死木,以及生物防治等措施。

③ 化学防治　目前对松材线虫病的治疗主要是利用高效内吸性杀虫剂进行树干打孔注射或根部浇灌。丰索磷、治线磷作树干注射剂治疗松材线虫病均有不同程度的效果,其疗效分别达 92.5% 和 94.7%,但如果大面积应用,成本太高,所以只适用于小面积观赏树种和名贵树种。

14.1.3.2　根结线虫病及其防治

危害植物的根部,通常引起寄主根部形成瘿瘤或根结,因此称为根结线虫病。分布广泛,寄主范围广泛,可寄生 2000 多种植物,常见的园林植物都是其寄主。植物发病后,不仅地下部分发病,而且地上部分凋萎、枯死,失去观赏价值,在经济上造成很大损失。从幼苗到成株均可受害,但苗期受害最重。

(1)危害特点

主要发生在幼嫩的主根和侧根上。被害根上产生大小不等、圆形或不规则形的瘤状虫瘿,直径可达到 1~2cm,有的仅 2mm 左右。虫瘿初期表面光滑,淡黄色,后粗糙,色加深,肉质,剖视可见到内有白色稍微发亮的小粒状物,镜检可观察到梨形的雌根结线虫。病株根系吸收能力减弱,生长衰弱,叶小发黄,容易脱落或枯萎,有时也会发生枝枯,严重时整株枯死。

(2)发病规律

一年发生多代,以卵、幼虫、成虫在病瘤或土壤中越冬。幼虫孵化不久即离开病瘤钻入土中,在适宜的条件下侵入幼根。由于根结线虫分泌的消化液的刺激作用,寄主植物上的刺吸点周围形成数个巨形细胞,并在巨形细胞周围形成一些特殊的导管,幼虫不断从导管吸收营养,得以生长发育,同时刺激周围的细胞增生,形成虫瘿。有的植物如果在幼虫侵入时不能诱发形成巨型细胞和特殊导管,线虫就得不到营养而死亡。如马尾松、杉树、紫穗槐、桃、柑橘、棉花、豌豆等，根结线虫虽然能侵入，但是不能寄生。可随苗木、土壤和灌水、雨水而传播。根结线虫本身移动范围很小，为30～70cm，大多数根结线虫在表土层5～30cm移动，1m以下很少。但在种植多年生植物的土壤中，可深达5m或更深。温度对根结线虫的影响最大。北方根结线虫最适温度为15～25℃，南方根结线虫最适温度为25～30℃，超过40℃或低于5℃任何根结线虫都会缩短活动时间或失去侵染能力。土壤湿度与根结线虫的存活有密切关系，当土壤干燥时，卵和幼虫容易死亡。根结线虫一般在中性砂壤土或土壤含水量20%左右时活动最频繁，寄主植物也最容易发病。

（3）防治措施

① 加强检疫　防止疫区扩大。

② 园林防治　选择无病苗圃地育苗。与不容易感染的植物轮作，如松、杉、柏等。土壤深翻和淹水可减轻病害。

③ 物理防治　保护地可以用蒸汽消毒，高温暴晒土壤，高温闷棚。

④ 化学防治　可于定植前进行土壤处理，选用10%克线磷、3%米乐尔、20%益舒宝等颗粒剂，每亩3～5kg均匀撒施后耕翻入土。20%益舒宝颗粒剂具有缓释、相容性好的特点，具有胃毒、触杀、内吸作用，防效显著，并兼治地下害虫。

⑤ 生物防治　可用8亿个孢子/g蜡质芽孢杆菌可湿性粉剂+1.8%阿维菌素乳油或5亿个孢子/g淡紫拟青霉颗粒剂+5%阿维菌素乳油进行防治。

◇ 任务实施

分离与鉴定园林植物线虫

【任务目标】

（1）准确识别根结线虫和茎干、叶部线虫的危害状。

（2）能够分离线虫并识别线虫形态特征。

（3）能够有效运用所学知识控制主要园林植物线虫的危害。

【材料准备】

① 用具　实体显微镜、放大镜、漏斗、铁架、解剖针、培养皿、浅盘、筛盘、筛网。

② 线虫危害状标本　带线虫的根部、茎叶、木片、土壤等。

【方法及步骤】

1. 漏斗分离法

将漏斗（直径10～15cm）架在漏斗架上，下面接一段10cm长的橡皮管，橡皮管上装一个截流夹。

具体操作步骤如下：将10g木屑或细木片用双重纱布包好，放在盛满清水的漏斗中（由于线虫的趋水性和自身的重量，线虫离开植物组织后在水中蠕动，最后沉降到漏斗末端的橡皮管中）；24h后打开弹簧夹，用离心管或小瓶接取约5mL的水样；静置20min左右或1500r/min离心3min，倾去离心管内上层清液后，即获得浓度较高的线虫水悬浮液。

用此方法分离松材线虫时，分离温度应保持在25℃左右。温度太高或太低均会影响松材线虫的分离效果。

2. 浅盘分离法

浅盘分离法的装置由两个大小不同的不锈钢浅盘和线虫滤纸组成。先将口径较小的浅盘底部换成 10 目筛网，称为筛盘，筛盘套在大的浅盘上面。然后将线虫滤纸平铺在筛盘的筛网上，用水淋湿滤纸边缘与筛盘结合部位。接着将待分离线虫的木屑或薄木片放置其上，从两个浅盘的夹缝中注水，至淹没供分离的材料为止。在室温（20～25℃）下静置 3d 后，去掉筛网，将下面浅盘中的水样连续通过 40 目和 500 目的套筛，将 500 目筛上含线虫的残留物冲洗到小培养皿中镜检，观测计数。

【成果汇报】

分组运用所学知识设计防治方案，并按组实施防治，统计分析防治效果，进行组间评价。

◇ 自测题

1. 填空题

（1）线虫是一类_____，属于_____门_____纲。

（2）线虫的生活史分为_____、_____和_____ 3 个阶段。多数线虫在_____周内完成整个生活史，一年可繁殖数代。

（3）园林植物线虫病害的主要症状表现为_____、_____两种类型。

2. 选择题

（1）（　　）属于国内检疫性有害生物。
　　A．根结线虫　　　B．松材线虫　　　C．叶部线虫　　　D．枝干线虫

（2）根结线虫主要发生在（　　）上。
　　A．幼嫩的支根和侧根　　　　　B．幼嫩的主根
　　C．老的支根和侧根　　　　　　D．老的主根

（3）松材线虫导致松树发病多发生在每年（　　）月。
　　A．3～4　　　B．5～6　　　C．7～9　　　D．10～11

（4）在我国，传播松材线虫的主要是（　　）。
　　A．桑天牛　　　B．松褐天牛　　　C．星天牛　　　D．云斑天牛

3. 简答题

（1）如何防治松材线虫病？

（2）花木根结线虫病的典型症状如何？

◇ 自主学习资源库

1. 191 农资人：http://www.191.cn。
2. 园林学习网：http://www.ylstudy.com。
3. 国家网络森林医院：http:// www.slyy.org。
4. 赤峰农牧业信息网：http://www.cfagri.gov.cn。

项目15　园林植物其他有害动物及其防治技术

园林植物在生长过程中，除了可能遭受害虫、害螨和植物线虫等有害动物的危害外，还可能遭受蜗牛、蛞蝓等软体动物和鼠妇、马陆等其他节肢动物的危害。园林其他有害动物的共同特点是：食性杂，即寄主种类多；它们昼伏夜出进行危害，或傍晚、清晨危害；它们的幼体、成体取食植物的幼嫩部分，将其咬成大小不等的孔洞，或咬断根部及嫩茎；它们的危害还为一些病菌侵入植物体提供了便利条件。

◇ 知识目标

（1）了解园林有害软体动物的特征和主要类群及生物学特性。
（2）掌握园林植物其他有害动物的控制技术。
（3）熟悉常用杀软体动物药剂的性能及使用方法。

◇ 技能目标

（1）能识别园林有害软体动物的特征及主要类群。
（2）能调查园林有害软体动物的发生情况并选择适当的防治方法。
（3）能制订综合防治方案并实施。

任务15.1　识别及防治园林其他有害动物

◇ 工作任务

经过学习和训练，能够准确识别蜗牛、蛞蝓等软体动物和鼠妇、马陆等其他节肢动物的主要类群及其危害状，熟悉其生活习性，进而能够有效运用所学知识控制其危害。

◇ 知识准备

15.1.1　蛞蝓及其防治技术

蛞蝓俗称鼻涕虫，属软体动物门腹足纲柄眼目蛞蝓科。雌雄同体，外表看起来像没壳的蜗牛，体表湿润、有黏液。园林常见为野蛞蝓（*Agriolimax agrestis*），主要危害月季、唐菖蒲、蝴蝶兰、牡丹、芍药、兰花、君子兰、扶桑、桂花、金橘、瓜叶菊等常见花卉。

（1）形态特征

① 成体　像没有壳的蜗牛，伸直时体长 30～60mm，体宽 4～6mm；内壳长 4mm，宽 2.3mm。长梭形，柔软、光滑而无外壳，体表暗黑色、暗灰色、黄白色或灰红色。触角 2 对，暗黑色，下边一对短，约 1mm，称前触角，有感觉作用；上边一对长约 4mm，称后触角，端部具眼。口腔内有角质齿舌。体背前端具外套膜，为体长的 1/3，边缘卷起，其内有退化的贝壳，即盾板，上有明显的同心圆线，即生长线。同心圆线中心在外套膜后端偏右。呼吸孔在体右侧前方，其上有细小的色线环绕。黏液无色。在右触角后方约 2mm 处为生殖孔。

② 卵　椭圆形，韧而富有弹性，直径 2.0～2.5mm，白色透明，可见卵核，近孵化时色变深。

③ 幼体　初孵幼体长 2.0～2.5mm，淡褐色，体形同成体。

（2）生活习性

以幼体、成体在花木根部、潮湿的泥地上越冬。露地栽培花卉 5～7 月受害最重；温室栽培花卉周年发生。野蛞蝓怕光，强光下 2～3h 即死亡，因此均夜间活动。从傍晚开始出动，22:00～23:00 时达高峰，清晨之前又陆续潜入土中或隐蔽处。耐饥力强，在食物缺乏或不良条件下能不吃不动。阴暗潮湿的环境下易于大发生，当气温 11.5～18.5℃、土壤含水量为 20%～30% 时，对其生长发育最为有利。野蛞蝓雌雄同体，异体受精，也可同体受精繁殖。卵产于湿度大、有遮蔽的土缝中，每隔 1～2d 产一次，每次 1～32 粒，每处产卵 10 粒左右，平均产卵量为 400 余粒。

（3）防治措施

① 园林栽培措施防治　施用腐熟的有机肥，在危害区地面上撒石灰粉、草木灰等。

② 生物防治　蛙类能大量吞食蛞蝓。

③ 化学防治　傍晚在近根处撒施 6% 密达颗粒剂（0.5kg/亩）、10% 多聚乙醛与麸皮的混合物（1:4）。

④ 物理机械防治　蛞蝓对甜味、腥味等有趋性，用带这些气味的物质诱杀，这些物质中可混有一定比例的蜗牛敌等农药。蛞蝓具有较好的药用价值，可以人工捕捉。也可以在其身上撒盐使其脱水而死。

15.1.2　蜗牛及其防治技术

蜗牛属于软体动物门腹足纲，取食腐烂植物质，产卵于土中。主要危害菊花、月季、紫薇、兰花、大丽花、玉簪、扶桑、观赏橘、蜡梅、八仙花等花卉。代表种为同型巴蜗牛（*Bradybaena similaris*）。

（1）形态特征

同型巴蜗牛贝壳中等大小，壳质坚厚，呈扁球形，有 5～6 个螺层，前几个螺层增长缓慢，稍膨大，螺旋部低矮，种螺层增长迅速，体螺层增长迅速膨大，在体螺层周缘或缝合线上常有一暗色带，壳顶钝。缝合线深，壳面呈黄褐色或红褐色，有稠密而细微的生长线，壳口呈马蹄形，口缘锋利，轴缘外折，遮盖部分脐孔。脐孔小而深。个体之间形态差异大。卵圆球形，乳白色有光泽，渐变淡黄色，近孵化前土黄色。

（2）生活习性

1年发生1代，多在4~5月产卵，少部分则在秋季产卵。卵多产于蔬菜等作物根部附近湿土中或枯叶石块下。卵壳质脆，阳光下易硬裂。初孵幼螺取食叶肉留下表皮，昼伏夜出，以成螺蛰伏于落叶、土块、土隙或冬种蔬菜等作物地里越冬。秋季产卵孵出的幼螺也可越冬。雨后活动性增强，爬行后留下黏液痕迹。雨后或浇水后，夜晚21:00~22:00或清晨7:00~8:00取食危害。温暖多雨、低洼地有利于蜗牛危害。

（3）防治措施

① 园林栽培措施防治　清除种植场所内的杂草及杂物；在种植场外堆集杂草和树叶进行诱集，之后集中处理。

② 物理机械防治　在花圃四周或室内盆下撒石灰粉，形成隔离带。

③ 化学防治　危害重时撒6%密达颗粒剂（0.5kg/亩）、6%蜗灭颗粒剂或10%多聚乙醛颗粒剂（1kg/亩）。

15.1.3　鼠妇及其防治技术

鼠妇又称潮虫，在南方也叫西瓜虫、团子虫，属节肢动物门甲壳纲软甲亚纲等足目潮虫科。在全国各地均有分布。在园林上主要危害仙人掌、仙人球、金钟花、绒毛掌、松鼠尾、铁线蕨、秋海棠、仙客来、苏铁、天竺葵等，危害方式为咬断须根、球根及地上幼嫩部分，也可危害叶片造成缺刻，重者可食光叶肉，仅剩叶脉和叶柄。

（1）形态特征

成体体形扁平，体长12~16mm，共14节，前、后两端尖。有复眼1对，触角2对，口器是咀嚼式口器，胸部分7个环节，每节有同形等长的足1对。雌体小，灰褐色；雄体大，灰蓝色。常见种为卷球鼠妇（*Armadillidium vulgare*）。

（2）生活习性

卷球鼠妇2年发生1代，以成体、幼体在土壤中越冬，翌年3月大量出现危害。喜温暖潮湿、有遮蔽的场所，昼伏夜出，具负趋光性。成体、幼体白天潜伏在花盆排水孔或潮湿的盆外壁，夜间取食，行动快，假死性强，受惊动身体立刻卷缩，头尾几乎相接呈球形。

（3）防治措施

① 园林栽培措施防治　有机肥彻底腐熟后才能使用，清除地里或室内多余的杂草及各种废弃物，或种植地周围撒石灰粉阻隔鼠妇进入种植场地。

② 物理机械防治　越冬成虫和幼虫开始活动时，傍晚用枯叶、杂草设堆诱集，清晨捕杀。

③ 化学防治　发生严重时可喷药防治，常用2.5%溴氰菊酯乳油50~100mL，加水500mL 稀释后，喷于10~20kg 干细土，拌匀成毒土，撒在株、行间或鼠妇的潜藏场所进行毒杀；或用80%敌敌畏乳油、45%马拉硫磷乳油1000倍液，或2.5%溴氰菊酯乳油、20%氰戊菊酯300倍液喷雾。

15.1.4 马陆及其防治技术

马陆又叫千足虫,属节肢动物门多足纲倍足亚纲。在国内各地均有发生。除危害草坪外,还危害仙客来、瓜叶菊、洋兰、铁线蕨、海棠、吊钟海棠、文竹等一些花卉植物的幼根和幼嫩小苗的嫩茎、嫩叶,使受害株枯萎,或分枝不正常,同时形成的伤口容易被病菌侵入,造成病害而致幼苗腐烂死亡。

(1) 形态特征

马陆体呈圆筒形,茶褐色,有光泽,全体长 25~30mm。头部有 1 对触角,除头节无足,头节后的 3 个体节每节有 1 对足外,其他体节每节有足 2 对。卵白色,圆球形,初孵化的幼体白色,细长,经几次蜕皮后,体色逐渐加深。幼体和成体都能蜷缩成环状。体节上有臭腺,能分泌一种有毒臭液,气味难闻,使得家禽和鸟类都不敢啄它。常见如土马陆(*Julus terrestris*)和温室马陆(*Oxidus gracilis*)。

(2) 生活习性

马陆喜阴湿,在温室内一般生活在盆底下的盆内或盆底与土间的土表,也有在温室的盆架缝隙和砖块底下。白天隐居,晚间活动危害。受外物触碰时,会将体卷曲成圆环形,呈假死状态,间隔一段时间后,复原活动。卵产于草坪土表或盆底的土表,卵成堆产,卵外有一层透明黏性物质。每头可产卵 300 粒左右,在适宜温度下,卵经 20d 左右孵化为幼体,数月后成熟。1 年繁殖 1 次,寿命可达 1 年以上。

(3) 防治措施

① 园林栽培措施防治 在温室内,清除砖盆、砖块;清除剥剪下来的枝叶,保持室内清洁,或在马陆经常出没的地方撒上生石灰,使其潮湿的生长环境变干燥。

② 物理机械防治 人工捕杀马陆成虫,或寻找马陆成虫聚群活动和繁殖的虫巢,用开水、火烧等办法进行杀灭。

③ 化学防治 在马陆危害严重时,可用 20% 杀灭菊酯乳油 2000 倍液或 50% 辛硫磷 1000 倍液喷治。

◇ 任务实施

识别及防治园林植物其他有害动物

【任务目标】

(1) 准确识别蛞蝓、蜗牛、鼠妇和马陆等常见园林有害动物。

(2) 能够掌握蛞蝓、蜗牛、鼠妇和马陆等常见园林有害动物的生物学特性。

(3) 能够有效运用所学知识控制蛞蝓、蜗牛、鼠妇和马陆等常见园林有害动物的危害。

【材料准备】

① 用具 实体显微镜、放大镜、镊子、解剖针、培养皿。

② 活体标本 蛞蝓、蜗牛、鼠妇和马陆等常见园林有害动物。

③ 浸渍标本 蛞蝓、蜗牛、鼠妇和马陆等常见园林有害动物。

【方法及步骤】

（1）在课前分组捕捉蛞蝓、蜗牛、鼠妇和马陆等常见园林有害动物活体，在实训室利用实体显微镜观察其形态特征。

（2）到田间观察蛞蝓、蜗牛、鼠妇和马陆等常见园林有害动物对植物的危害状，观察它们的生活习性。

（3）分组运用所学知识设计防治方案，并按组实施防治，统计分析防治效果，进行组间评价。

【成果汇报】

（1）拍摄所观察的软体动物并鉴定其类群。

（2）写出防治方案，并分析结果，得出结论。

◇ 自测题

1. 填空题

（1）蛞蝓俗称_____，属于_____门_____纲柄眼目蛞蝓科。

（2）同型巴蜗牛1年发生_____代，多在_____月产卵，少部分则在秋季产卵。卵多产于蔬菜等作物_____部附近湿土中或枯叶石块下。

（3）马陆卵产于草坪_____或盆底的_____，卵成堆产，卵外有一层_____物质，每头可产卵300粒左右。在适宜温度下，卵经_____d左右孵化为幼体，数月后成熟。

2. 简答题

（1）危害园林植物的软体动物主要有哪些？

（2）野蛞蝓有哪些生物学特性，如何根据其特性制订防治措施？

（3）卷球鼠妇有哪些生物学特性，如何根据其特性制订防治措施？

（4）同型巴蜗牛有哪些生物学特性，如何根据其特性制订防治措施？

◇ 自主学习资源库

1. 国家农业科学数据共享中心：http:// trop.agridata.cn.

2. 园林学习网：http://www.ylstudy.com.

3. 嘎嘎昆虫网：http://gaga.biodiv.tw.

4. 国家网络森林医院：http:// www.slyy.org.

项目 16　园林寄生植物、杂草及其防治技术

园林植物在生长过程中，不可避免地将受到园林寄生植物和园林杂草的危害。园林寄生植物由于摄取寄主植物的营养或缠绕寄主而使寄主植物发育不良；园林杂草具有传播方式多、繁殖与再生力强、生活周期一般比园林植物短、成熟的种子随熟随落、抗逆性强、光合作用效益高等特点，杂草的危害不仅表现为与园林植物争夺养料、水分、阳光和空间，而且有些园林杂草还是病虫害的中间寄主，会助长病虫害发生。

◇知识目标

（1）了解园林寄生植物、杂草的识别特征。
（2）掌握园林寄生植物、杂草的主要类群和识别特性。
（3）掌握主要园林寄生植物、杂草的防治方法。

◇技能目标

（1）能够识别园林寄生植物、杂草的危害状，并能够鉴定主要类群。
（2）能够根据鉴定结果制订防治方案。
（3）能够正确组织实施防治措施。

任务16.1　识别及防治园林寄生植物、杂草

◇工作任务

经过学习和训练，能够准确判定园林寄生植物、杂草种类，能够准确判断园林寄生植物、杂草的危害特性，能够采取有效措施防除园林寄生植物、杂草。

◇知识准备

16.1.1　园林寄生植物、杂草的识别

园林寄生植物、杂草是指对园林栽培植物的正常生长发育构成危害和影响的植物，主要包括园林寄生性种子植物和草坪杂草。

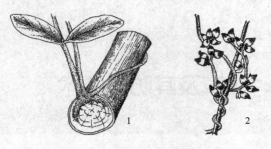

图 16-1　常见寄生性种子植物
（中南林学院，1986）
1. 桑寄生　2. 菟丝子

(1) 园林寄生性种子植物识别

在种子植物中，有少数种类由于缺少叶绿素或某种器官发生退化而成为异养生物，在其他植物上营寄生生活，被称为寄生性种子植物。寄生性种子植物都是双子叶植物，全世界有 2500 种以上，分属于 12 个科。其中包括桑寄生科（Loranthaceae）和菟丝子科（Cuscutaceae）等。根据对寄主的依赖程度不同，寄生性种子植物可分为两类（图 16-1）：

① 半寄生　这类植物有叶绿素，能进行正常的光合作用，但根多退化，导管直接与寄主植物相连，从寄主植物内吸收水分和无机盐，如桑寄生。

② 全寄生　这类植物没有叶片或叶片退化成鳞片状，因而没有足够的叶绿素，不能进行正常的光合作用，导管和筛管与寄主植物相连，从寄主植物内吸收全部或大部分养分和水分，如菟丝子。

(2) 草坪杂草识别

凡是生长在人工种植的土地上，除目的栽培植物以外的所有植物都是杂草。杂草具有生命力强大、结实性惊人、种子成熟与出苗期参差不齐、繁殖方式多种多样、传播途径广泛、抗逆性强等许多特性，常常和栽培植物争夺水肥直至取代栽培植物而成为优势物种。在园林植物栽培中具有降低园林植物产量，影响园林产品品质，传播病虫害，以及造成人、畜中毒等危害。

根据不同的分类依据可将园林杂草进行不同的分类，根据杂草的形态特征和化学防治中的实际意义，大致可以分为三大类。

① 阔叶杂草　包括所有的双子叶杂草，茎圆形或四棱形，叶片宽阔，具网状叶脉，叶有柄，如白车轴草、马蹄金、水花生、天胡荽、繁缕、酢浆草、猪殃殃、田旋花、马齿苋等。此外，还包括一些叶片较宽的单子叶杂草，如鸭跖草等。

② 禾本科杂草　属单子叶杂草，叶片狭窄而长，平行叶脉，叶无柄。与莎草科的区别为：茎圆或略扁，节和节间有区别，节间中空；叶鞘开张，常有叶舌。如野燕麦、马唐、牛筋草、两耳草、狗尾草、白茅草、雀麦等。

③ 莎草科杂草　属单子叶植物杂草，叶片狭窄而长，平行叶脉，叶无柄。与禾本科的区别为：茎三棱形或扁三棱形，无分节，茎常实心；叶鞘不开张，无叶舌。如香附子、水蜈蚣、异型莎草、水莎草、碎米莎草等。

16.1.2　除草剂及其应用

16.1.2.1　除草剂的作用原理及分类

用以杀灭或控制杂草生长的农药称为除草剂。按不同的性能、作用方式和使用方法有不同的分类。

（1）按作用方式分类

① 选择性除草剂　除草剂在不同植物间具有选择性，即能毒害或杀死杂草而不伤害栽培植物，甚至只毒杀某种杂草，而不损害作物和其他杂草，凡具有这种选择性作用的除草剂称为选择性除草剂。

② 灭生性除草剂　除草剂对植物缺乏选择性或选择性小，草、苗不分，"见绿就杀"。灭生性除草剂能杀死所有植物。

（2）按使用方法分类

① 茎叶处理剂　指用于杂草苗后，施用在杂草茎叶上而起作用的除草剂。

② 土壤处理剂　也叫作苗前封闭剂，施用于土壤中，通过杂草的根、芽鞘或下胚轴等部位吸收而发挥除草作用，可防除未出土杂草，对已出土的杂草效果差一些，一般在作物播前、播后苗前或移栽前施用。很多除草剂既可作为土壤处理剂，也可作为茎叶处理剂，被称为土壤处理剂是因为它在土壤中的药效更强些。

（3）按药剂在杂草体内的传导性能分类

① 触杀型除草剂　这类除草剂与杂草接触后，只对接触部位起作用，而不能或很少在杂草体内传导。药效表现迅速，但是当喷雾不匀时杂草会死而复生。

② 内吸传导型除草剂　这类除草剂在被杂草吸收后，能够在杂草体内传导，到达未着药部位，甚至传遍全株。药效表现相对慢一些，但杂草所受的伤害不易恢复。有的除草剂既可触杀，又可内吸，但会有一种方式是主要作用方式。

16.1.2.2　园林常用除草剂

（1）2,4-D 丁酯

2,4-D 丁酯是一种选择性内吸传导型、激素型除草剂。主要防除 1 年生和多年生阔叶杂草及莎草、藜、苍耳、问荆、芥、苋、萹蓄、荜草、马齿苋、独行菜、蓼、猪殃殃、繁缕等，对禾本科植物安全。2,4-D 丁酯有很强的挥发性，药剂雾滴可在空气中飘移很远，因此该药施用时应选择无风或风小的天气进行，喷雾器的喷头最好戴保护罩，防止药剂雾滴飘移到其他植物上，使敏感植物受害。

（2）二甲四氯

二甲四氯为苯氧乙酸类选择性内吸传导激素型除草剂，可以破坏双子叶植物的输导组织，使生长发育受到干扰，茎叶扭曲，茎基部膨大变粗或者开裂。作用速度比 2,4-D 慢。主要防除异型莎草、水苋菜、蓼、大巢菜、猪殃殃、毛茛、荠菜、蒲公英、刺儿菜等阔叶杂草和莎草科杂草，对稗草无效。禾本科植物的幼苗期对二甲四氯很敏感，3～4 叶期后抗性逐渐增强。在气温低于 18℃时效果明显变差，对未出土的杂草效果不好。

（3）稳杀得

稳杀得又叫氟草除、氟草灵、吡氟禾草灵，是一种高度选择性的苗后茎叶处理剂，对阔叶作物安全，对双子叶杂草无效。杂草主要通过茎叶吸收传导，根也可以吸收传导。防除一年生和多年生禾本科杂草，如旱稗、狗尾草、马唐、牛筋草、野燕草、看麦娘、雀麦、臂形草、芦苇、狗牙根、双穗雀稗等。喷洒时必须充分、均匀，使杂草茎叶都能受药，方能获得好的效果。

（4）高效盖草能

高效盖草能是一种苗后选择性芳氧苯氧丙酸类苗后茎叶处理除草剂，茎叶处理后能很快被禾本科杂草的叶子吸收。主要防除一年生或多年生禾本科杂草，如稗草、千金子、马唐、牛筋草、狗尾草、看麦娘、雀麦、野燕麦、狗牙根、双穗雀稗等杂草，对阔叶杂草及莎草无效，对阔叶植物安全。杂草在吸收药剂后很快停止生长，幼嫩组织和生长旺盛的组织首先受抑制。施药后48h可观察到杂草的受害症状，从施药到杂草死亡一般需6～10d。

（5）精禾草克

精禾草克又叫精喹禾灵，是一种芳基苯氧基丙酸类选择性、内吸传导型、茎叶处理低毒除草剂。在禾本科杂草与双子叶作物之间有高度选择性，茎叶可在几小时内完成对药剂的吸收作用。药剂在植物体内向上部和下部移动，对一年生杂草在24h内可传遍全株，使其坏死。对禾本科杂草有很高的防效，如野燕麦、马唐、看麦娘、牛筋草、狗尾草、狗牙根、双穗雀稗、两耳草、芦苇等，对莎草及阔叶杂草无效，对阔叶植物安全。

（6）禾草灵

禾草灵是高度选择性苗后处理剂，主要供叶面喷雾，可被杂草根、茎、叶吸收，但在其体内传导性差。根吸收药剂，绝大部分停留在根部，杀伤初生根，只有很少量的药剂传导到地上部。叶片吸收的药剂，大部分分布在施药点上、下叶脉中，破坏叶绿体，使叶片坏死，但不会抑制杂草生长。对幼芽抑制作用强，将药剂施到杂草顶端或节间分生组织附近，能抑制生长，破坏细胞膜，导致杂草枯死。用于防除稗草、马唐、毒麦、野燕麦、看麦娘、早熟禾、狗尾草、画眉草、千金子、牛筋草等一年生禾本科杂草。对多年生禾本科杂草及阔叶杂草无效。

（7）西玛津

西玛津是选择性内吸型土壤处理除草剂。易被土壤吸附在表层，形成毒土层，浅根性杂草幼苗根系吸收到药剂即被杀死。对根系较深的多年生或深根性杂草效果较差。用于防除狗尾草、画眉草、虎尾草、莎草、苍耳、野苋、马齿苋、灰菜、马唐、牛筋草、稗草、荆三棱、藜等一年生阔叶杂草和禾本科杂草。

（8）莠去津

莠去津又叫阿特拉津，是内吸型选择性苗前、苗后封闭除草剂。以根吸收为主，茎叶吸收很少。杀草作用和选择性同西玛津，易被雨水淋洗至土壤较深层，对某些深根性杂草也有效，但易产生药害。持效期较长。它的杀草谱较广，可用于防除马唐、稗草、狗尾草、莎草、看麦娘、蓼、藜、十字花科、豆科等一年生禾本科杂草和阔叶杂草。

（9）敌草隆

内吸型除草剂，低剂量时具选择性，高剂量时为灭生性。可用于防除马唐、狗尾草、稗草、旱稗、野苋菜、蓼、藜、莎草等一年生禾本科杂草和阔叶杂草，对多年生杂草香附子等也有良好的防除效果。

（10）乙草胺

乙草胺是选择性芽前处理除草剂，主要通过单子叶植物的胚芽鞘或双子叶植物的下胚轴吸收，吸收后向上传导，主要通过阻碍蛋白质合成而抑制细胞生长，使杂草幼芽、幼根生长停止，进而死亡。可用于防除一年生禾本科杂草和部分小粒种子的阔叶杂草。对马唐、狗尾草、牛筋草、稗草、千金子、看麦娘、野燕麦、早熟禾、硬草、画眉草等一年生禾本科杂草有特效，对藜科、苋科、蓼科、鸭跖草、牛繁缕、菟丝子等阔叶杂草也有一定的防效，但是效果比对禾本科杂草差，对多年生杂草无效。

（11）丁草胺

丁草胺为酰胺类选择性内吸传导芽前除草剂。主要通过杂草的幼芽吸收，而后传导至全株而起作用。芽前和苗期均可使用。杂草吸收丁草胺后，体内蛋白酶被抑制和破坏，影响蛋白质的形成，抑制幼芽和幼根正常生长发育，从而死亡。可防除稗草、异型莎草、碎米莎草、千金子等一年生禾本科杂草及莎草。

（12）氟乐灵

氟乐灵是选择性芽前土壤处理剂，主要通过杂草的胚芽鞘与胚轴吸收。对已出土杂草无效。对禾本科和部分小粒种子的阔叶杂草有效，持效期长。可防除稗草、马唐、牛筋草、石茅高粱、千金子、大画眉草、雀麦、马齿苋、繁缕、蓼、萹蓄、蒺藜、猪毛草等一年生的禾本科杂草和部分阔叶杂草。本药易挥发、易光解，水溶性极小，不易在土层中移动。

（13）秀百宫

秀百宫又叫啶嘧磺隆、草坪清、绿坊、金百秀，选择性内吸型芽前除草剂。可被杂草茎、叶和根部吸收，随后在其体内传导，通过抑制其体内侧链氨基酸的生物合成，而造成生长停滞，茎叶褪绿，逐渐枯死，一般情况下4～5d内新生叶片褪绿，然后扩展到整个植株，20～30d杂草彻底死亡。用于防除禾本科、莎草科杂草及阔叶杂草，对稗草、狗尾草、具芒碎米莎草、绿苋、早熟禾、荠菜、宝盖草、繁缕、巢菜防效特别突出。尤其对香附子、水蜈蚣等多年生莎草科杂草有卓越效果。

（14）苯达松

苯达松又名排草丹、灭草松，是一种具选择性的触杀型苗后除草剂，用于杂草苗期茎叶处理。可防除一年生阔叶杂草和莎草科杂草。如萹蓄、鸭跖草、蚤缀、苍耳、地肤、苘麻、麦家公、猪殃殃、荠菜、播娘蒿（麦蒿）、马齿苋、刺儿菜、藜、蓼、龙葵、繁缕、异型莎草、碎米莎草、球花莎草、油莎草、莎草、香附子等。对禾本科杂草无效。

（15）草甘膦

草甘膦为内吸传导型慢性广谱灭生性除草剂，主要抑制植物体内烯醇丙酮基莽草素磷酸合成酶，从而抑制莽草素向苯丙氨酸、酪氨酸及色氨酸的转化，使蛋白质的合成受到干扰导致植物死亡。草甘膦是通过茎叶吸收后传导到植物各部位的，可防除禾本科杂草、莎草科杂草、阔叶杂草和杂灌木等40多科的植物。草甘膦入土后很快与铁、铝等金属离子结合而失去活性，对土壤中潜藏的种子和土壤微生物无不良影响。草甘膦为灭生性除草剂，施药时切忌污染作物，以免造成药害；对多年生恶性杂草，如白茅、香附子等，在第一次用药后1个月再施1次药,才能达到理想的防治效果;在晴天高温时用药效果好,在药液中加适量柴油或洗衣粉,可提高药效。

16.1.3 园林寄生植物、杂草的防治

16.1.3.1 园林常见寄生性种子植物的防治技术

(1)桑寄生

① 分布与危害 国内主要分布于台湾、海南、福建、广东、广西、四川、云南、湖南等长江流域以南各地区,黄河流域以北也有少量分布。寄主范围非常广泛,包括针叶、阔叶树种数十个科的植物。

② 症状 被害树木的枝条或主干出现大小、多少不等的寄生物小灌丛,其植株叶对生,稀互生或轮生,通常厚而革质,全缘,有的退化为鳞片叶,无托叶。花两性或单性,具苞片或小苞片,雄蕊与花被片同数,对生且着生其上。果为浆果,果皮具黏胶质,稀核果。由于桑寄生的枝叶与寄主植物大多迥然不同,故很易分辨。尤其是落叶性寄主树种,秋、冬季常绿的寄生物与无叶的寄主对比异常鲜明。受害树木一般表现为落叶早,翌年放叶迟,叶变小,延迟开花或不开花,易落果或不结果。被寄生处肿胀,木质部纹理紊乱,出现裂缝或空心,易风折。严重时枝条枯死或全株枯死。

③ 发生规律 春季开花,秋季结果。果实成熟时呈鲜艳红褐色,招引雀鸟啄食。种子能忍受鸟体内高温及抵御消化液的作用,不被消化,随鸟粪排出后即黏附于花木枝干上。在适温下吸收清晨露水即萌发长出胚根,先端形成吸盘,然后生出吸根,从伤口、芽眼或幼枝皮层直接钻入。侵入寄主植物后在木质部内生长延伸,分生出许多细小的吸根与寄主的输导组织相连,从中吸取水分和无机盐,以自身的叶绿素制造所需的有机物。同时也直接夺取寄主植物的部分有机物。寄主植物被侵害后生长势逐渐减弱,枝干逐渐萎缩干枯,最后甚至整株死亡。

④ 防治措施

人工防治 坚持每年进行一次全面的清除,以控制其扩展。砍除时,要从吸根侵入部位往下30cm处砍,除尽根出条和组织内部吸根延伸所及的枝条,砍除时间应在果实成熟之前。

化学防治 必要时可用硫酸铜、2,4-D丁酯进行防治。

(2)菟丝子

① 分布与危害 国内分布于华北、华东、中南、西北及西南各地。菟丝子的寄生范围较广,可寄生于豆科、茄科、番茄科、无患子科等许多科的木本和草本植物。

② 症状 菟丝子叶片退化为鳞片状,茎为黄色丝状物,纤细、肉质,绕于寄主植物的茎部,以吸器与寄主的维管束系统相连接,不仅吸收寄主的养分和水分,还造成寄主输导组织的机械性障碍。其缠绕寄主上的丝状体能不断伸长、蔓延。花卉苗木受害时,枝条被寄生物缠绕而生缢痕,生长发育不良,树势衰弱,观赏效果受影响,严重时嫩梢和全株枯死。成株受害,由于菟丝子生长迅速而繁茂,极易把整个树冠覆盖,不仅影响叶片的光合

作用，而且夺取营养物质，致使叶片黄化易落，枝梢干枯，长势衰弱，轻则影响植株生长和观赏效果，重则致全株死亡。

③ 发生规律　菟丝子以种子繁殖和传播。花小，白色或淡红色，簇生。果为蒴果，成熟开裂，种子2~4枚。菟丝子种子成熟后落入土中，休眠越冬后，翌年3~6月温度、湿度适宜时萌发。幼苗胚根伸入土中，胚芽伸出土面，形成丝状的菟丝在空中来回旋转，遇到适宜寄主就缠绕在上面，在接触处形成吸根伸入寄主。吸根进入寄主组织后，部分组织分化为导管和筛管，分别与寄主的导管和筛管相连，从寄主吸取养分和水分。当寄生关系建立后，菟丝子就和它的地下部分脱离，茎继续生长并不断分枝，以至覆盖整个树冠。一般夏末开花，秋季陆续结果。

④ 防治措施

园林防治　加强栽培管理。一般埋于3cm以下的菟丝子种子难于出土，于未萌发前进行中耕深埋，使之不能发芽出土。

机械防治　一经发现立即人工铲除，或连同寄生受害部分一起剪除。由于其断茎有发育成新株的能力，故剪除必须彻底，剪下的茎段不可随意丢弃，应晒干并烧毁，以免再传播。在菟丝子发生普遍的地方，应在种子未成熟前彻底拔除，以免成熟种子落地，增加翌年侵染源。

化学防治　在5~10月菟丝子生长期间，菟丝子开花结籽前，于树冠喷施6%的草甘膦水剂200~250倍液。也可在菟丝子蔓延初期喷洒鲁保1号生物制剂，喷洒前先打断菟丝子的茎蔓，造成伤口，菟丝子容易感病死亡。还可用5%五氯酚钠和2%扑草净进行芽前土壤处理。

16.1.3.2　草坪杂草的防治技术

（1）草坪杂草的防治措施

① 生物颉颃抑制杂草　是新建植草坪防治杂草的一种有效途径，主要通过加大草坪播种量，或播种时混入先锋草种，或通过强化水肥管理，以促进草坪草的生长，增强与杂草竞争的能力。

② 合理修剪抑制杂草　大多数草坪植物的分蘖力很强，耐强修剪，而大多数杂草尤其是阔叶杂草则再生能力差，不耐修剪。通过合理的修剪不仅可以促进草坪植物的生长，还可以抑制杂草的生长。

③ 人工拔除　人工拔除杂草是我国目前草坪杂草防除中使用最为广泛的一种方法，其优点是安全、无污染，缺点是费工、费时、增加管理成本，并且容易在草坪上形成缺苗和斑秃状的裸露土地。人工拔除适合于小面积草坪上的1年生或越年生杂草的防除，宜在草坪土壤湿度适中时使用。湿度太大，易将杂草和草坪草一起大块拔起，形成斑秃状；湿度太小，则杂草的宿根不易拔除。一般草坪上草龄较大的非宿根性杂草宜采用人工拔除的方法，拔除后的杂草应带出草坪进行集中处理。

④ 化学除草　主要是指用除草剂来抑制杂草生长或杀死杂草的方法，是去除杂草的有效方法。采用化学药剂防除草坪杂草具有省工、省时、经济、效果持久等优点。但若使

用不当，不仅达不到预期目的，甚至还会对草坪草产生不同程度的伤害，因此，应根据防除对象、草坪类型、药剂特性、施药方法和施药时间等因素安全合理选用除草剂，并坚持"先试验，后推广"的原则，保证用药安全。

（2）常见草坪杂草的化学防除技术

① 草坪建植前处理　草坪铺植或播种前采取多次间隔浇水、薄施化肥的方法促进土壤内的杂草种子和根茎充分萌发，然后选用草甘膦、百草枯等灭生性除草剂进行防除。每 $100m^2$ 可用 10% 草甘膦水剂 75～150mL 兑水 10～15kg，或 20% 的百草枯水剂 15～30mL 兑水 10～15kg，对茎叶进行均匀喷雾。也可每 $100m^2$ 用 98% 棉隆微粒剂 750～1000kg 拌土进行沟施或撒施，盖膜密封 20d 以上，揭开膜敞气 15d 后播种、铺植。或者每 $100m^2$ 用 48% 的氟乐灵乳油 20～25mL 兑水 6～8kg 均匀喷布土表，随即混土 2～3cm 即可铺播草坪。

② 成坪杂草处理　马蹄金草坪杂草化学防除技术：在杂草 3～5 叶期，每 $100m^2$ 可用 10.8% 高效盖草能乳油 5～20mL 兑水 5～10kg、15% 精稳杀得乳油 5～15mL 兑水 5～10kg、5% 精禾草克乳油 10～30mL 兑水 5～10kg 或 36% 禾草灵乳油 30～45mL 兑水 7～9kg 对准杂草均匀喷雾来防治禾本科杂草。

狗牙根、结缕草等暖季型草坪杂草化学防除技术：在杂草 3～5 叶期，每 $100m^2$ 可用 72% 的 2,4-D 丁酯乳油 9～15mL 兑水 8～10kg、20% 二甲四氯钠盐水剂 40～60mL 兑水 8～10kg 或 48% 苯达松水剂 15～20mL 兑水 7～9kg 对准杂草均匀喷雾来防治阔叶杂草和莎草；或用 36% 禾草灵乳油 30～45mL 兑水 7～9kg 对准杂草均匀喷雾来防治一年生禾本科杂草；或用 25% 秀百宫水分散剂 1.5～3.0g 兑水 10～15kg 对准杂草均匀喷雾来防治禾本科杂草、莎草和阔叶杂草。

早熟禾、黑麦草、剪股颖等冷季型草坪杂草化学防除技术：与狗牙根、结缕草等暖季型草坪杂草的化学防除技术相比较，除了不能用秀百宫进行杂草防除外，其余技术措施相同。

③ 休眠期杂草处理　当气温在 10℃ 以下时，狗牙根、结缕草等暖季型草坪将进入休眠期，休眠期内，草坪地上部分死亡，地下部分存活。休眠期内，每 $100m^2$ 草坪可用 10% 草甘膦水剂 75～150mL 兑水 10～15kg 或 20% 的百草枯水剂 15～30mL 兑水 10～15kg，对准杂草茎叶进行喷雾防除。注意必须在草坪草地上部分彻底枯死，完全进入休眠期以后才能使用；对暖季型草坪草和冷季型草坪草混播的草坪，不宜使用这种方法防除杂草。

◇任务实施

识别及防治园林寄生植物、杂草

【任务目标】

（1）准确识别菟丝子、桑寄生和牛筋草等常见园林寄生植物、杂草。

（2）能够掌握菟丝子、桑寄生和牛筋草等各种常见园林寄生植物、杂草的生物学特性。

（3）能够有效运用所学知识控制园林寄生植物、杂草的危害。

【材料准备】

① 用具　实体显微镜、放大镜、镊子、解剖针、培养皿。

② 活体标本　菟丝子、桑寄生和牛筋草等常见园林寄生植物、杂草。

③ 干制标本　菟丝子、桑寄生和牛筋草等常见园林寄生植物、杂草。

【方法及步骤】

1. 观察菟丝子、桑寄生和牛筋草

在课前分组采集菟丝子、桑寄生和牛筋草等常见园林寄生植物、杂草，在实训室利用实体显微镜观察其形态特征。

2. 到田间地头观察

到田间观察菟丝子、桑寄生和牛筋草等常见园林寄生植物、杂草对目标植物的危害状，观察它们的生活习性。

3. 运用所学知识控制危害

分组运用所学知识设计防治方案，并按组实施防治，统计分析防治效果，进行组间评价。

【成果汇报】

（1）拍摄所观察的园林寄生植物、杂草，并鉴定。

（2）写出各组防治方案，并分析结果，得出结论。

◇ 自测题

1. 填空题

（1）最常见和危害最大的寄生性种子植物是_____科和_____科等。

（2）根据对寄主的依赖程度不同，寄生性种子植物可分为_____和_____两类。

（3）杂草具有_____强大、_____惊人、种子成熟与出苗期_____、繁殖方式多种多样、传播途径广泛、_____性强等许多特性。

（4）根据杂草的形态特征和化学防治中的实际意义，大致可以分为_____、_____和_____三大类。

（5）除草剂按其作用方式可以分为_____和_____两类，按其使用方法可以分为_____和_____两类。

（6）砍除桑寄生时，要从吸根侵入部位往下_____cm砍，除尽_____和组织内部_____延伸所及的枝条，砍除时间应在_____之前。

（7）防治菟丝子应该在_____月间，于_____喷施6%的_____水剂200～250倍液。也可在菟丝子蔓延初期喷洒_____生物制剂，可用_____和_____进行芽前土壤处理。

（8）_____是我国目前草坪杂草防除中使用最为广泛的一种方法。

（9）草甘膦为_____性除草剂，施药时_____污染作物，以免造成药害；对多年生恶性杂草，在第一次用药后_____个月再施_____次药，才能达到理想防治效果。

2. 简答题

（1）杂草防除方法主要哪几种？目前园林植物栽培中主要使用哪些方法？

（2）请写出调查得出的常用除草剂。在植物栽培的不同阶段是否应该选用不同的除草剂类型？应该如何正确使用除草剂？

◇ 自主学习资源库

1. 北京科普之窗：http://www.bjkp.gov.cn。
2. 园林学习网：http://www.ylstudy.com。
3. 昆明市园林局：http://ylj.km.gov.cn。
4. 国家网络森林医院：http:// www.slyy.org。
5. 国家农业科学数据共享中心：http:// trop.agridata.cn。

参 考 文 献

北京农业大学，1981．昆虫学通论（上、下册）[M]．北京：中国农业出版社．
陈岭伟，2002．园林植物病虫害防治 [M]．北京：高等教育出版社．
陈雅君，李永刚，2012．园林植物病虫害防治 [M]．北京：化学工业出版社．
程亚樵，丁世民，2009．园林植物病虫害防治技术 [M]．北京：中国农业大学出版社．
迟德赛，严善春，2001．城市绿地植物虫害及其防治 [M]．北京：中国林业出版社．
丁梦然，2001．园林花卉病虫害防治彩色图谱 [M]．北京：中国农业出版社．
方中达，1996．植病研究方法 [M]．北京：中国农业出版社．
韩熹来，1995．农药概论 [M]．北京：中国农业大学出版社．
韩召军，2001．植物保护通论 [M]．北京：高等教育出版社．
黄少彬，2006．园林植物病虫害防治 [M]．北京：高等教育出版社．
黄少彬，孙丹萍，朱承美，2000．园林植物病虫害防治 [M]．北京：中国林业出版社．
江世宏，2007．园林植物病虫害防治 [M]．重庆：重庆大学出版社．
孔德建，2009．园林植物病虫害防治 [M]．北京：中国电力出版社．
雷朝亮，荣秀兰，2003．普通昆虫学 [M]．北京：中国农业出版社．
李本鑫，2012．园林植物病虫害防治 [M]．北京：机械工业出版社．
李成德，2004．森林昆虫学 [M]．北京：中国林业出版社．
李传仁，2010．园林植物病虫害防治 [M]．北京：化学工业出版社．
李梦楼，2002．森林昆虫学通论 [M]．北京：中国林业出版社．
倪汉文，姚锁平，2004．除草剂使用的基本原理 [M]．北京：化学工业出版社．
邱强，1999．花卉病虫原色图谱 [M]．北京：中国建材工业出版社．
邵力平，1984．真菌分类学 [M]．北京：中国林业出版社．
佘德松，李艳杰，2011．园林病虫害防治 [M]．北京：科学出版社．
宋建英，2005．园林植物病虫害防治 [M]．北京：中国林业出版社．
宋瑞清，2001．城市绿地植物病害及其防治 [M]．北京：中国林业出版社．
孙丹萍，2007．园林植物病虫害防治技术 [M]．北京：中国科学技术出版社．
田世尧，2000．新农药使用技术问答 [M]．广州：广东科技出版社．
王琳瑶，张广学，1983．昆虫标本技术 [M]．北京：科学出版社．
王瑞灿，孙企农，1999．园林花卉病虫害防治手册 [M]．上海：上海科学技术出版社．
吴雪芬，2009．园艺植物病虫害防治 [M]．苏州：苏州大学出版社．
夏希纳，2004．园林观赏树木病虫害无公害防治 [M]．北京：中国农业出版社．
萧刚柔，1992．中国森林昆虫 [M]．北京：中国林业出版社．
徐明慧，1993．花卉病虫害防治 [M]．北京：金盾出版社．
徐明慧，1993．园林植物病虫害防治 [M]．北京：中国林业出版社．
徐天公，2003．园林植物病虫害防治原色图谱 [M]．北京：中国农业出版社．
杨子琦，曹华国，2002．园林植物病虫害防治图鉴 [M]．北京：中国林业出版社．
张淑梅，卢颖，2007．园林植物病虫害防治 [M]．北京：北京大学出版社．
张随榜，2010．园林植物保护 [M]．北京：中国农业出版社．

张中社，江世宏，2010. 园林植物病虫害防治 [M]. 北京：高等教育出版社.
郑进，孙丹萍，2003. 园林植物病虫害防治 [M]. 北京：中国科学技术出版社.
周继汤，1999. 新编农业使用手册 [M]. 哈尔滨：黑龙江科学技术出版社.
朱天辉，2003. 园林植物病理学 [M]. 北京：中国农业出版社.